지게차

운전기능사 필기
총정리문제

한국산업인력공단 주관·시행

건설기계교육아카데미 편저

도서출판 책과상상
www.SangSangbooks.co.kr

머리말 preface...

건설 및 유통구조가 대형화되고 기계화됨에 따라 각종 건설공사, 항만 또는 생산작업 현장에서 지게차 등의 운반용 건설기계가 많이 사용되고 있습니다. 이에 따라 고성능 기종의 운반용 건설기계의 개발과 더불어 지게차의 안전운행과 기계수명 연장 및 작업능률 제고를 위해 숙련공의 양성이 요구되고 있습니다.

이 교재는 국가기술자격법 시행규칙 개정됨에 따라 최근 전면개편된 한국산업인력공단의 출제 기준에 맞춰 다음과 같은 구성적 장점을 통해 수험생 여러분들에게 지게차운전기능사 자격시험 합격의 지름길을 제공할 것입니다.

1. 국가직무능력표준(NCS)을 활용하여 현장직무 중심으로 개편된 한국산업인력공단의 출제 기준에 따라 본문을 구성함으로써 필기시험 기본 학습서로서의 역할을 충실히 하고자 하였습니다.

2. 제1부 지게차 장비구조와 제2부 지게차 작업 및 안전관리 편은 각각의 이론 내용에 이어 공단 출제문제와 유형을 같이하는 적중한 종부분 문제로써 정리와 필기시험 대비가 가능하도록 하였습니다.

3. 제3부에서는 한국산업인력공단이 주관하여 시행한 최근의 지게차운전기능사 CBT 시험 출제문제를 복원하여 재구성한 7회분의 CBT 문제를 상세한 해설과 함께 수록함으로써 문제은행 방식의 자격시험에 효과적으로 대비하도록 하였습니다.

책을 쓰는 동안 내용의 오류가 없도록 나름 최선의 노력을 다했지만, 여전히 부족함이 있을 것입니다. 이는 이후 독자들의 의견과 개정 과정을 통해 꾸준히 개선해 나가도록 하겠습니다.

끝으로, 이 교재의 발간을 위해 도움을 주신 많은 교육 현장의 선생님들과 (주)도서출판 책과 상 의 임직원 여러분들에게 감사의 말씀을 드립니다.

저자 일동

출제기준

- **시행기관**: 한국산업인력공단
- **자격종목**: 지게차운전기능사
- **직무내용**: 지게차를 사용하여 작업현장에서 화물을 직재 또는 하역하거나 운반하는 직무
- **시험방법**: 필기, 객관식(전과목 혼합, 60문항)
- **합격기준**: (필기·실기) 100점을 만점으로 하여 60점 이상
- **시험시간**: 1시간

필기과목: 지게차 주행, 화물 적재, 운반, 하역, 안전관리

주요항목	세부항목	세세항목
1. 안전관리	1. 안전보호구 착용 및 안전장치 확인	1. 안전보호구 2. 안전장치
	2. 위험요소 확인	1. 안전표시 2. 안전수칙 3. 위험요소
	3. 안전운반 작업	1. 장비사용설명서 2. 안전운반 3. 작업안전 및 기타 안전 사항
	4. 장비 안전관리	1. 장비안전관리 2. 일상 점검표 3. 작업요청서 4. 장비안전관리 교육 5. 기계·기구에 관한 사항
2. 작업 전 점검	1. 외관점검	1. 타이어 공기압 및 손상 점검 2. 조향장치 및 제동장치 점검 3. 엔진시동 전·후 점검
	2. 누유·누수 확인	1. 엔진 누유점검 2. 유압 실린더 누유점검 3. 제동장치 및 조향장치 누유점검 4. 냉각수 점검
	3. 계기판 점검	1. 게이지 및 경고등, 방향지시등, 전조등 점검
	4. 마스트·체인 점검	1. 체인 연결부위 점검 2. 마스트 및 베어링 점검
	5. 엔진시동 상태 점검	1. 축전지 점검 2. 예열장치 점검 3. 시동장치 점검 4. 연료계통 점검
3. 화물 적재 및 하역작업	1. 화물의 무게중심 확인	1. 화물의 종류 및 무게중심 2. 작업장치 선택 3. 화물의 결착 4. 포크 삽입 확인
	2. 화물 하역작업	1. 하역작업 2. 유압장치 취급
4. 화물운반작업	1. 전·후진 주행	1. 전·후진 주행 방법
	2. 화물 운반작업	1. 유도자 수신호 2. 출발 전 확인
5. 운전시야확보	1. 운전시야확보	1. 적재물 낙하 및 충돌사고 예방 2. 접촉사고 예방
	2. 장비 및 주변상태 확인	1. 주기장 선정 2. 주차 제동장치 체결 3. 주차 시 안전조치
6. 작업 후 점검	1. 안전주차	1. 주기장 선정 2. 주차 제동장치 체결 3. 주차 시 안전조치
	2. 연료 상태 점검	1. 연료 잔량 및 누유 점검
	3. 외관점검	1. 휠 볼트, 너트 상태 점검 2. 그리스 주입 점검 3. 윤활유 및 냉각수 점검
	4. 작업 및 관리일지 작성	1. 작업일지 2. 장비관리일지
7. 도로주행	1. 교통법규 준수	1. 도로주행 관련 도로교통법
	2. 안전운전 준수	1. 주행 시 안전운전
	3. 건설기계관리법	1. 건설기계관리법 2. 도로교통법
8. 응급대처	1. 고장 시 응급처치	1. 고장표시판 설치 2. 고장내용 점검 3. 고장유형별 응급조치
	2. 교통사고 시 대처	1. 교통사고 유형별 대처 2. 교통사고 후 조치
9. 장비구조	1. 엔진구조 익히기	1. 엔진본체 구조와 기능 2. 윤활장치 구조와 기능 3. 연료장치 구조와 기능 4. 흡배기장치 구조와 기능
	2. 전기장치 익히기	1. 시동장치 구조와 기능 2. 충전장치 구조와 기능 3. 등화장치 구조와 기능 4. 퓨즈 및 계기장치 구조와 기능
	3. 전·후진 주행장치 익히기	1. 조향장치 구조와 기능 2. 변속장치 구조와 기능 3. 동력전달장치 구조와 기능 4. 제동장치 구조와 기능 5. 주행장치 구조와 기능 6. 기타 부속장치
	4. 유압장치 익히기	1. 유압펌프 구조와 기능 2. 유압실린더 및 모터 구조와 기능 3. 컨트롤밸브 구조와 기능 4. 유압탱크 구조와 기능 5. 유압유 6. 기타 부속장치
	5. 작업장치 익히기	1. 마스트 구조와 기능 2. 체인 구조와 기능 3. 포크 구조와 기능 4. 가이드 구조와 기능 5. 조작레버 장치 구조와 기능 6. 기타 지게차의 구조와 기능

NCS(국가직무능력표준) 안내

▽ NCS(국가직무능력표준)와 NCS 학습모듈

- 국가직무능력표준(NCS, National Competency Standards)이란 산업현장에서 직무를 수행하기 위해 요구되는 지식·기술·소양 등의 내용을 국가가 산업부문별·수준별로 체계화한 것으로 국가적 차원에서 표준화한 것을 의미합니다.
- NCS 학습모듈은 NCS 능력단위를 교육 및 직업훈련 시 활용할 수 있도록 구성한 교수·학습자료입니다. 즉, NCS 학습모듈은 학습자가 직무능력을 제고하기 위해 요구되는 학습 요소(학습 내용)를 NCS에서 규정한 업무 프로세스나 세부 지식, 기술을 토대로 재구성한 것입니다.

▽ NCS 개념도

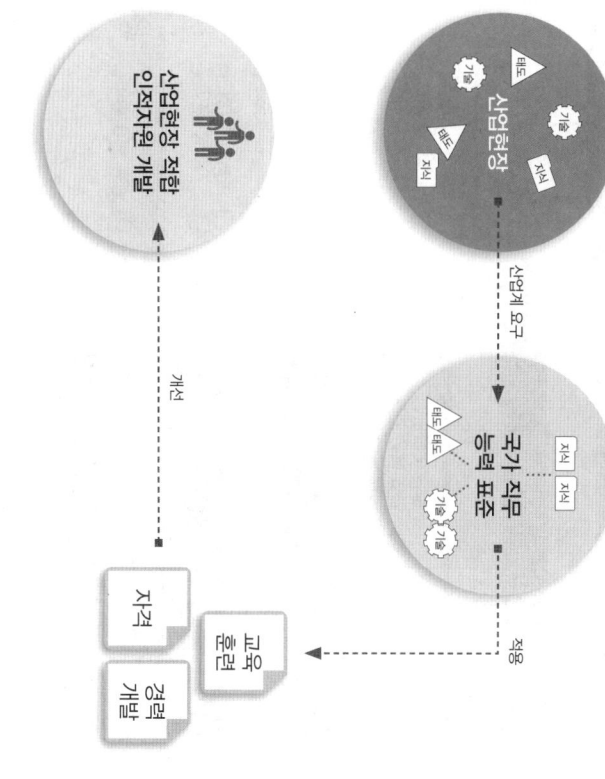

▽ NCS 학습모듈의 특징

- NCS 학습모듈은 산업계에서 요구하는 직무능력을 교육훈련 현장에 활용할 수 있도록 성취목표와 학습의 방향을 명확히 제시하는 가이드라인의 역할을 합니다.
- NCS 학습모듈은 특성화고, 마이스터고, 전문대학, 4년제 대학교의 교육기관 및 훈련기관, 직장교육기관 등에서 표준교재로 활용할 수 있으며 교육과정 개편 시에도 유용하게 참고할 수 있습니다.

▽ NCS와 NCS 학습모듈의 연결 체제

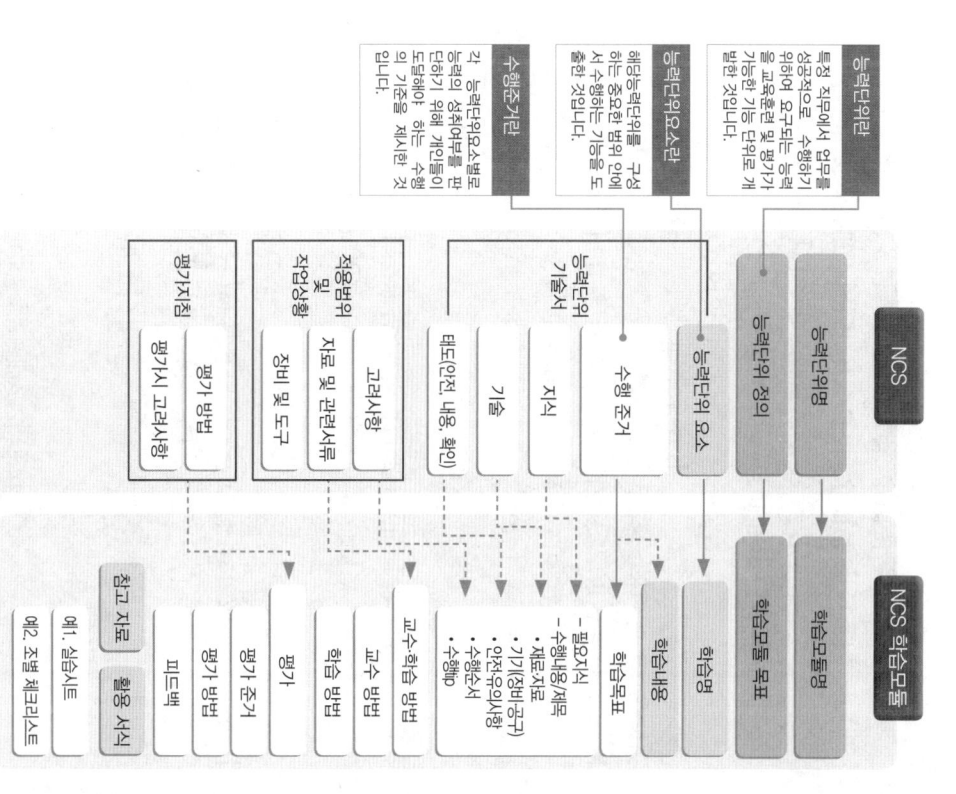

▽ NCS의 활용영역

구분	활용 콘텐츠
근로자	평생경력개발경로, 자가진단도구
기업	현장수요 기반의 인력채용 및 인사관리기준, 직무기술서
교육훈련기관	직업교육 훈련과정 개발, 교수계획 및 매체·교재개발, 훈련기준 개발
자격시험기관	자격종목설계, 출제기준, 시험문항, 시험방법

과정평가형 자격취득 안내

과정평가형 자격은 국가기술자격법에 근거하여 국가직무능력 표준(NCS)에 따라 설계된 교육·훈련과정을 체계적으로 이수한 교육·훈련생에게 내·외부 평가를 통해 국가기술자격을 부여하는 제도로 개념의 국가기술자격 취득 제도로서 2015년부터 시행되고 있다.

▷▷ NCS(국가직무능력표준)와 NCS 학습모듈

과정평가형 자격은 국가기술자격법에 근거하여 국가직무능력표준(NCS)에 따라 설계된 교육·훈련과정을 체계적으로 이수한 공모를 통하여 지정된 교육·훈련기관의 단위과정별 교육·훈련을 이수하고 내부평가에 합격한 자

▷▷ 시행 대상

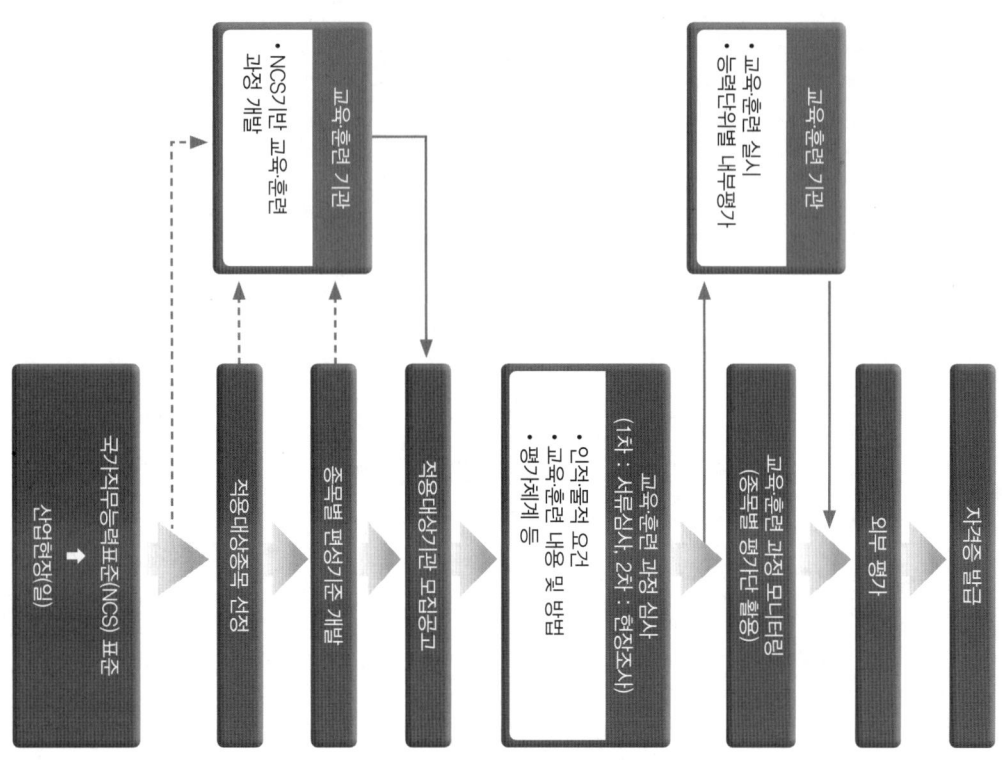

▷▷ 과정평가형 자격 운영 절차

국가직무능력표준(NCS) 표준 (산업현장일)
→ 적용대상종목 선정
→ 종목별 평가기준 개발
→ 적용대상기관 모집공고
→ 교육훈련 과정 심사 (1차: 서류심사, 2차: 현장조사)
→ 교육훈련 과정 모니터링 (종목별 평가기준 활용)
→ 외부 평가
→ 자격증 발급

교육훈련 기관
· 교육훈련 실시
· 능력단위별 내부평가

교육훈련 기관
· NCS기반 교육훈련 과정 개발

▷▷ 교육훈련생 평가

① 내부평가(지정 교육·훈련기관)
  ㉮ 평가대상: 능력단위별 교육·훈련과정의 75% 이상 출석한 교육·훈련생
  ㉯ 평가방법
    ㉠ 지정받은 교육·훈련과정의 능력단위별로 평가
    ㉡ 능력단위별 내부평가 계획에 따라 자체 시설·장비를 활용하여 실시
  ㉰ 평가시기
    ㉠ 해당 능력단위에 대한 교육·훈련이 종료된 시점에서 실시하고 공정성과 투명성이 확보되어야 함. 내부평가 결과 평가기준 재점수의 일정수준(40%) 미만인 경우에는 교육·훈련 종료 후 실시하는 재교육 후 능력단위별 1회에 한해 재평가 실시

② 외부평가(한국산업인력공단)
  ㉮ 평가대상: 단위과정별 내부평가 결과를 모두 능력단위의 내부평가에 합격한자
  ㉯ 평가방법
    ㉠ 1차 시험: 지필평가(주관식 및 객관식 시험)
    ㉡ 2차 시험: 실무평가(작업형 수행 및 면접 등)

▷▷ 합격자 결정 및 자격증 교부

① 합격자 결정 기준
  내부평가 및 외부평가 결과를 각각 100점을 만점으로 하여 평균 80점 이상 득점한 자

② 자격증 교부
  자격증 교부 신청인에게 필요로 하는 능력보유 여부를 판단할 수 있도록 산업현장에서 교육·훈련 기관명·기간·시간 및 NCS 능력단위 등을 기재하여 발급

NCS 및 과정평가형 자격에 대한 내용은 NCS국가직무능력표준 홈페이지 (www.ncs.go.kr)에서 보다 자세하게 설명볼 수 있습니다.

CBT 필기시험제도 안내

▷▷ 변경된 제도 개요

기능사 CBT(컴퓨터 기반 시험) 필기시험제도는 한국산업인력공단이 상설로 시험장과 외부기관의 시설 및 장비를 임차하여 시행하기 때문에 시험장 사정에 따라 시험일자가 달라질 수 있으며, 수험생들의 신청에 의하는 시험장은 조기 마감될 수 있으므로 주의하여야 합니다.

▷▷ 원서접수 기간 및 접수처

- 한국산업인력공단이 주관 및 시행하는 기능사 정기 CBT 필기시험 및 상시 CBT 필기시험과 관련한 정보는 큐넷 홈페이지(http://www.q-net.or.kr)를 방문하여 확인합니다.
- 기능사 필기시험의 원서접수는 인터넷으로만 가능하며 정기 및 상시시험 모두 큐넷 홈페이지(http://www.q-net.or.kr)에서 접수할 수 있습니다.
- 기능사 상시시험 종목 : 한식조리기능사, 양식조리기능사, 일식조리기능사, 중식조리기능사, 제과기능사, 제빵기능사, 미용사(일반), 미용사(피부), 미용사(네일), 미용사(메이크업), 굴착기운전기능사, 지게차운전기능사, 건축도장기능사, 방수기능사
- ※ 건축도장기능사 2종목은 정기검정과 병행 시행

▷▷ CBT 부별 시험시간 안내

구분	입실시간	시험시간	비고
1부	09:30	09:50~10:50	시험실 입실 시간은 시험 시작 20분 전
2부	10:00	10:20~11:20	
3부	11:00	11:20~12:20	
4부	11:30	11:50~12:50	
5부	13:00	13:20~14:20	
6부	13:30	13:50~14:50	
7부	14:30	14:50~15:50	
8부	15:00	15:20~16:20	
9부	16:00	16:20~17:20	
10부	16:30	16:50~17:50	

※ 시행지역별 접수인원에 따라 일일 시행횟수는 변동될 수 있으며, 지역에 따라 원거리 시험장으로 이동할 수 있습니다.

01 CBT 필기시험 체험하기

CBT 필기시험 응시를 위해 지정된 좌석에 앉으면 해당 컴퓨터 단말기가 시험감독관 좌석에 연결되었음을 알리는 연결 성공 표시창에 최종 확인할 수 있습니다.

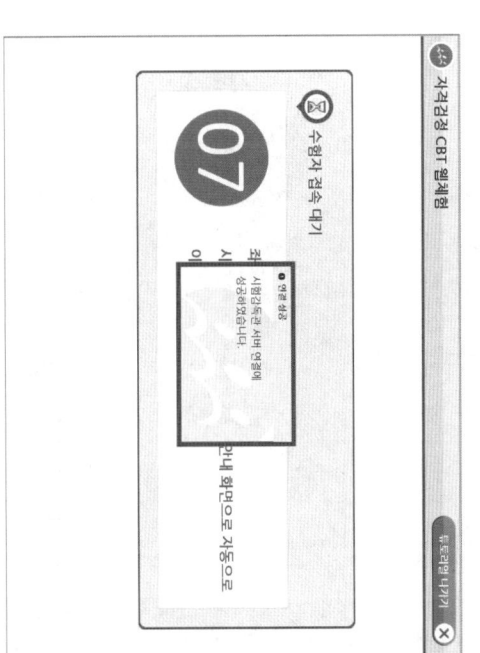

중이 시험과 달리 CBT 필기시험은 시험이 종료된 후 시험점수의 합격 여부를 확인할 수 있으며, 이 경우는 시험일경 합격자 발표일에 최종 확인할 수 있습니다.

CBT 필기시험 응시자를 위한 단말기가 시험감독관 서버에 연결되었음을 알리는 시작화면이 나타납니다.

02
수험자 접속 대기 화면에서 좌석번호를 확인합니다. 좌석번호 확인이 끝나면 시험감독관의 지시에 따라 시험 안내 화면으로 자동으로 이동합니다.

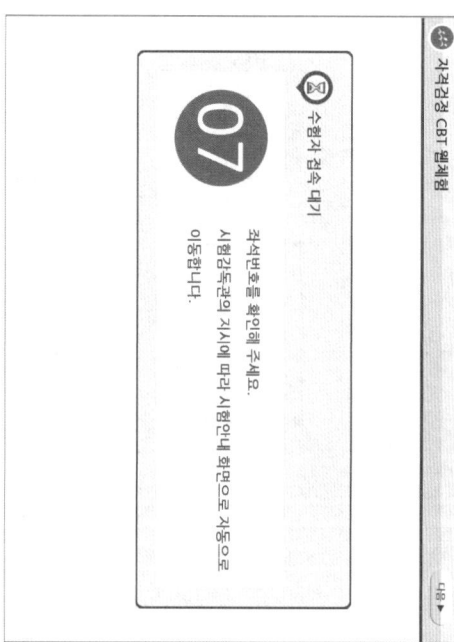

03
수험자 정보를 확인합니다. 감독관의 신분 확인 절차가 진행됩니다. 신분 확인이 모두 끝나면 시험을 시작할 수 있습니다.

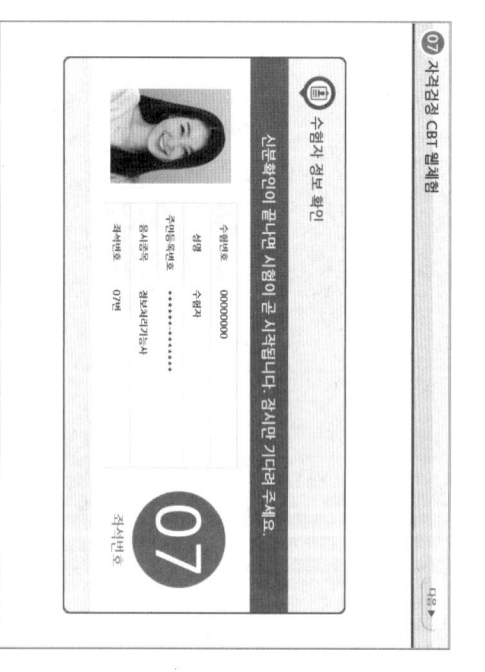

04
CBT 필기시험에 대한 안내사항이 나타납니다. 화면은 예제이며, 실제 기능사 필기시험은 총 60문제로 구성되며, 60분간 진행됩니다.

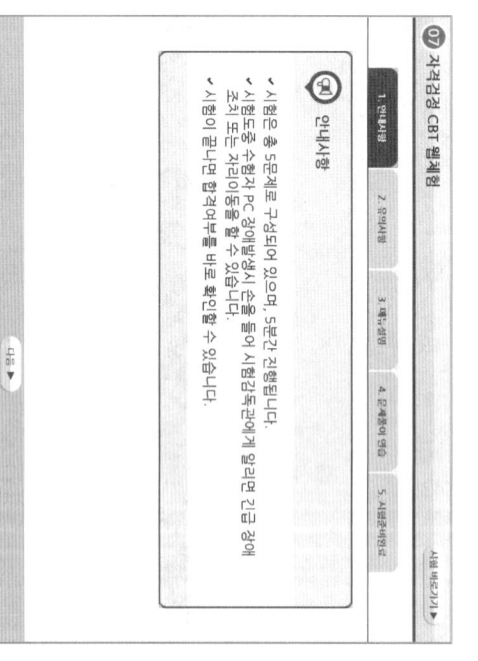

05
다음 항목에서 시험과 관련된 유의사항을 확인합니다. 특히, 시험과 관련한 부정행위 적발 시 퇴실과 함께 시험은 무효 처리되어 불합격 될 뿐만 아니라, 이후 3년간 국가기술자격검정 응시할 수 있는 자격이 정지되므로 부정행위로 인정되는 내용을 꼼꼼히 확인하도록 합니다.

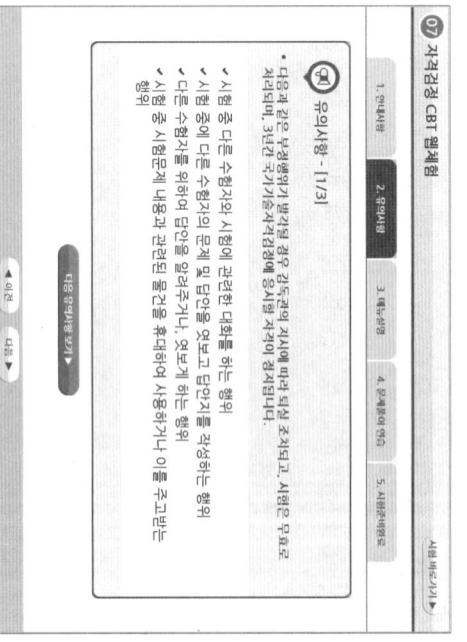

06 메뉴설명 항목에서는 문제풀이와 관련된 메뉴에 대한 설명을 확인할 수 있습니다. CBT 화면에서는 글자 크기를 크게 하거나 작게 할 수 있을 뿐 아니라, 화면 배치를 1단 또는 2단 화면 보기 혹은 한 문제씩 보기로 선택할 수 있습니다.

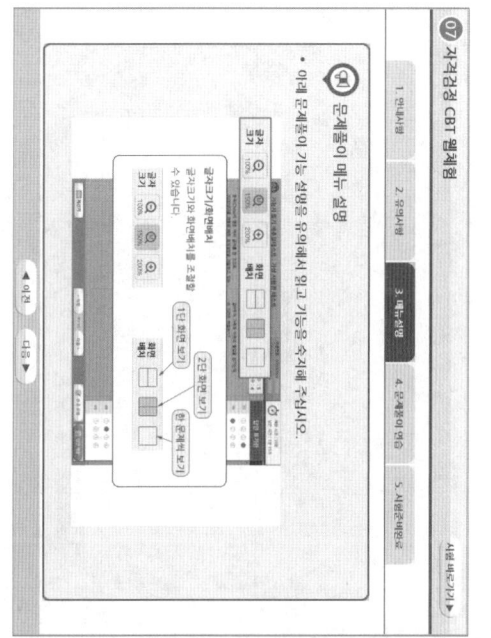

07 문제풀이 연습 항목에서는 실제 문제풀이를 보는 과정을 연습할 수 있습니다. 실제 시험에서 실수하지 않도록 하기 위해 [다음] 버튼 및 CBT 문제풀이 연습 버튼을 클릭합니다.

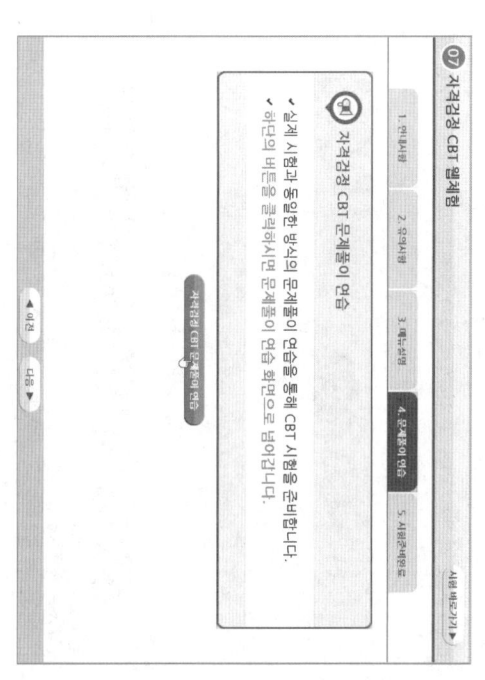

08 보기의 연습 문제는 국가기술자격시험의 정부 위탁기관인 한국산업인력공단의 일부 청사 소개지를 묻는 것입니다. 현재 한국산업인력공단 본부는 울산광역시에 소재하고 있습니다. 문제 아래의 보기에서 변호 해당 항목을 클릭하거나 답안 표기란의 변호 항목에 해당 답안을 클릭하여 답안을 체크합니다.

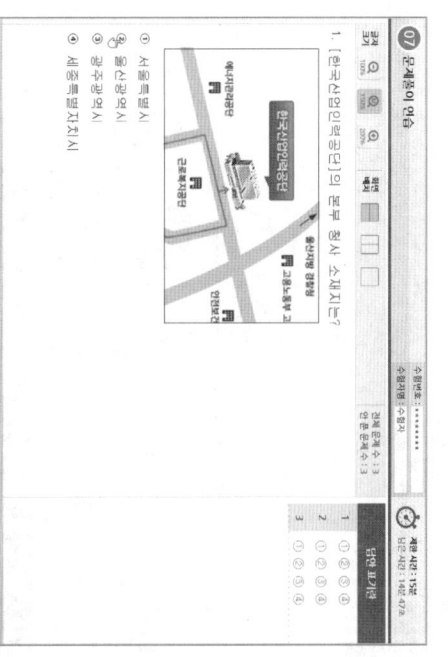

09 문제 아래의 보기를 클릭하면 오른쪽 답안 표기란의 답안 목록 블럭하면 화면과 같이 선택한 답안이 OMR 카드에 색인한 것과 같이 채워집니다.

답안을 수정할 때는 마찬가지로 방법으로 수정하고자 하는 문제의 보기 항목이나 답안 표기란의 보기 항목에서 수정하고자 하는 답안을 클릭합니다.

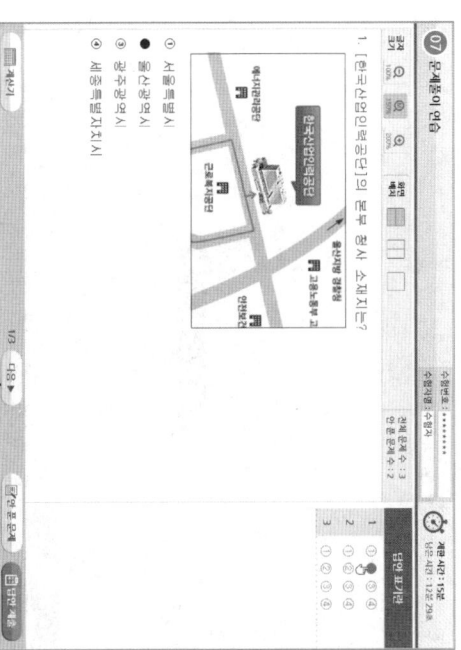

10

문제를 풀고 나면 다음 문제를 풀기 위해 화면 하단의 [다음] 버튼을 클릭하여 문제를 계속 풀어나가면 됩니다. 참고로 하단 버튼 중 [계산기]를 클릭하면 간단한 공학용 계산기를 사용하여 계산할 문제를 푸는 데 도움을 받을 수 있습니다.

계산이 끝나고 계산기를 화면에서 사라지게 하려면 계산기 창의 오른쪽 상단에 있는 닫기 버튼을 클릭합니다.

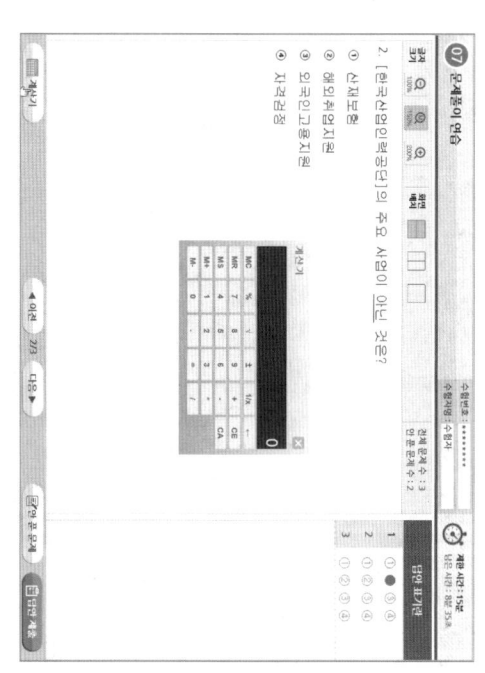

11

문제를 풀이 연습이 끝나면 하단의 [답안 제출] 버튼을 클릭하여 답안을 제출합니다.

어려운 문제의 경우 하단의 [다음] 버튼을 클릭하여 다음 문제를 풀 수도 있습니다. 단, 이러한 경우 답안을 제출하기 전에 하단의 [안 푼 문제] 버튼을 클릭하여 혹시 풀지 않은 문제가 있는지 최종적으로 확인하도록 합니다.

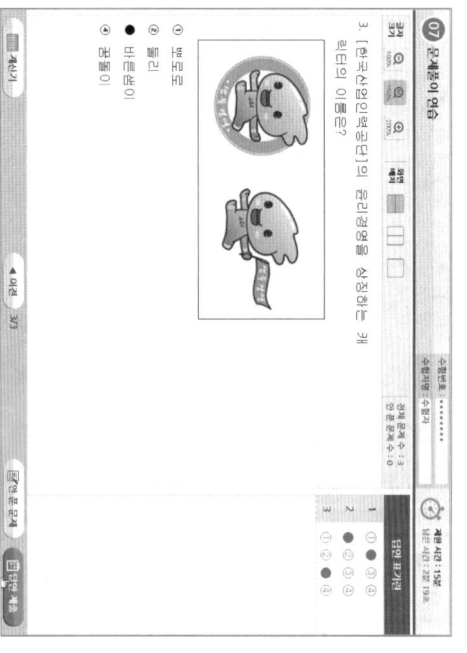

12

답안 제출을 클릭하면 나타나는 화면입니다. 수험생들이 실수로 답안을 모두 체크하지 않고 제출할 수 있는 실수를 방지하기 위해 2회에 걸쳐 화면이 나타납니다. 답안을 제출하려면 [예] 버튼을 누릅니다.

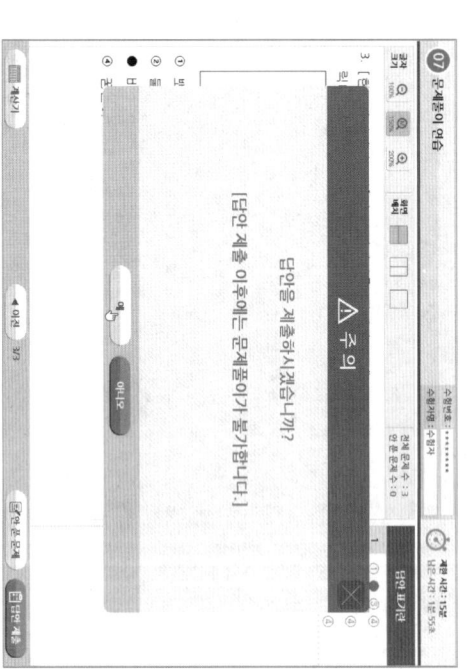

13

문제풀이 연습을 모두 마치면 나타나는 화면에서 [시험 준비 완료] 버튼을 클릭합니다. 이후 시험 시간이 되면 시험감독관이 시험에 따라 시험이 자동으로 시작됩니다.

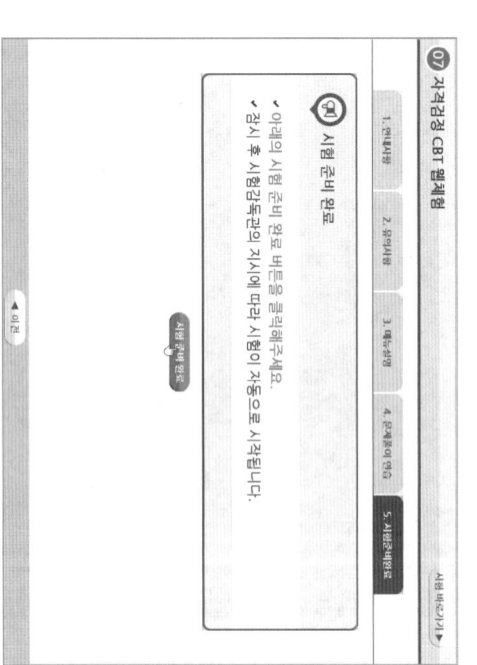

14

본 시험이 시작되면 첫 번째 문제가 화면에 나타납니다. 앞서 문제풀이 연습 때와 마찬가지 방법으로 문제의 보기에서 정답을 클릭하거나 답안 표기란에 해당 문제의 정답 항목을 클릭하여 답을 선택합니다.

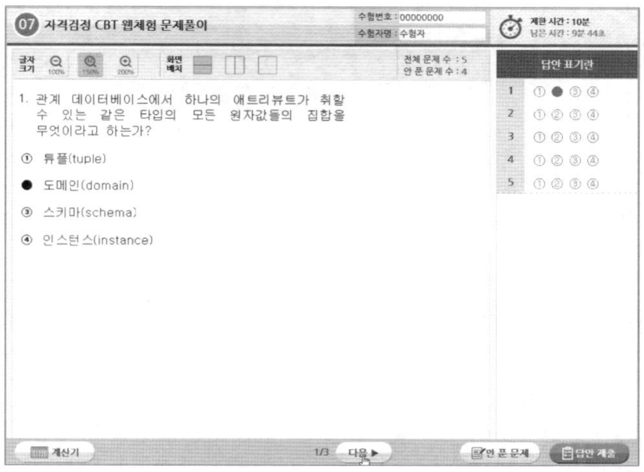

15

화면 하단의 [다음] 버튼을 클릭하면 다음 문제를 풀 수 있습니다. 앞서와 마찬가지 방법으로 답안에 체크하고 모든 문제를 풀었다면 [답안 제출] 버튼을 클릭합니다.

화면의 상단 오른쪽에 제한 시간과 남은 시간이 표시됩니다.본 예제는 체험을 위한 것으로 실제 시험시간은 60분이며, 이에 따라 남은 시간도 표시됩니다.

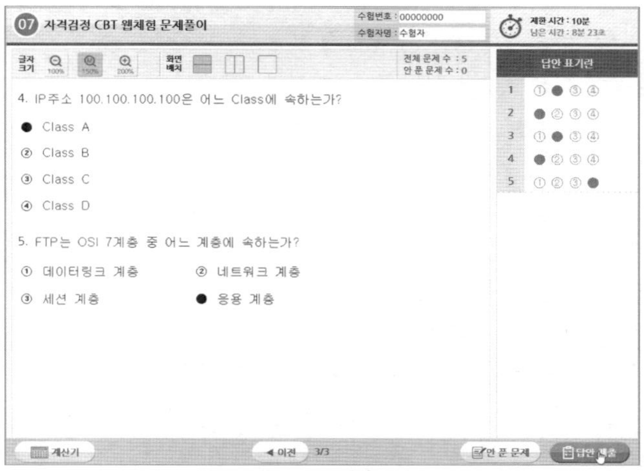

16

수험생의 실수를 방지하기 위해 2회에 걸쳐 주의 문구가 출력됩니다. 모든 문제를 이상없이 풀고 답안에 체크했다면 [예] 버튼을 클릭하여 답안을 제출하고 시험을 마무리합니다.

문제 화면으로 다시 돌아가고자 한다면 [아니오] 버튼을 클릭하여 이미 푼 문제들을 다시 확인하고 필요한 경우 답안을 수정할 수 있습니다.

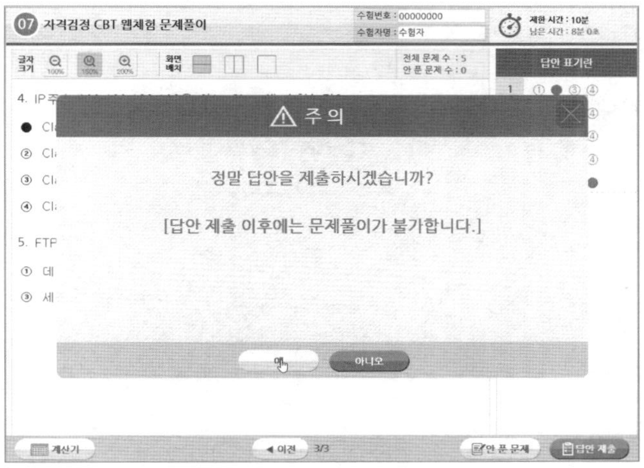

17

답안 제출 화면이 나타납니다. 잠시 기다립니다.

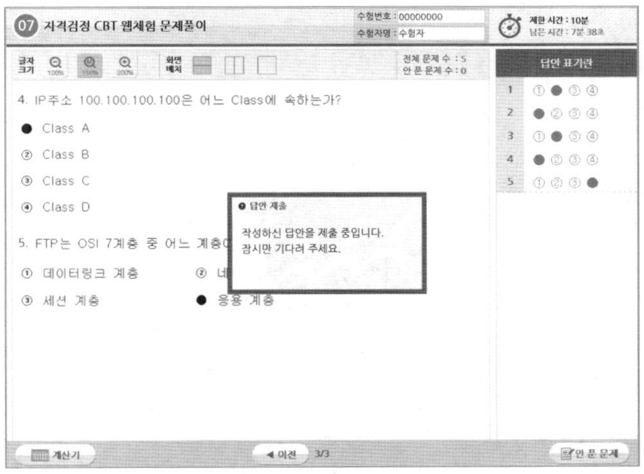

18

CBT 필기시험을 모두 끝내고 답안을 제출하면 곧바로 합격, 불합격 여부를 화면과 같이 확인할 수 있습니다. 독자분들은 꼭 한 번에 같은 합격 축하의 문구를 볼 수 있기를 기원합니다.

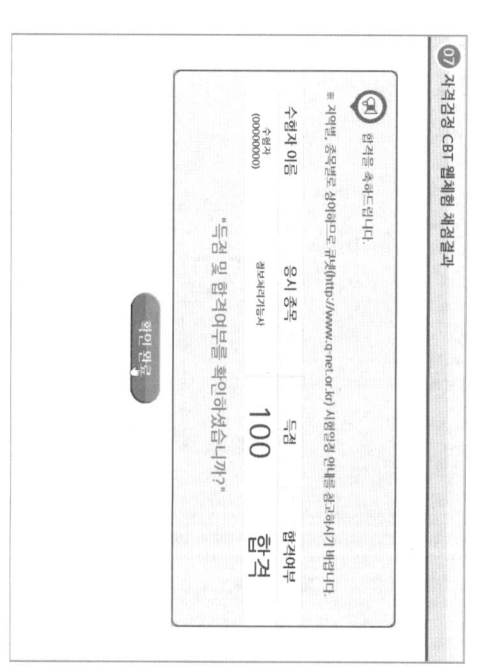
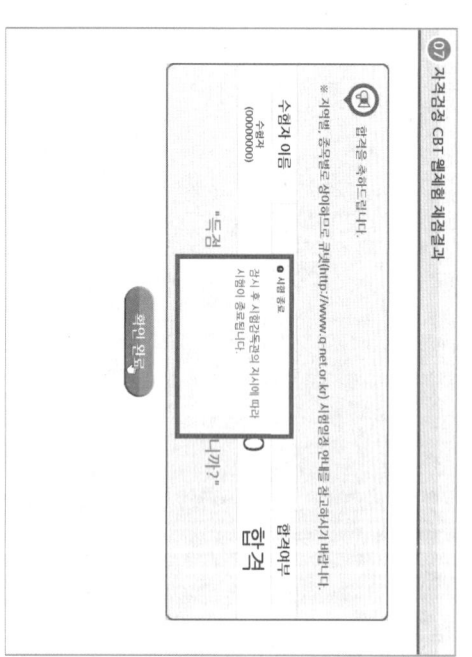

19

앞서의 합격 여부 화면에서 [확인 완료] 버튼을 클릭하면 CBT 필기시험이 종료됩니다. 고생하셨습니다.

본 도서에 수록된 CBT 필기시험 체험하기 내용은 한국산업인력공단의 CBT 체험하기 과정을 인용하여 구성 및 정리한 것입니다. 직접 한국산업인력공단에서 제공하는 CBT 필기시험을 체험하고자 하는 독자께서는 한국산업인력공단이 운영하는 큐넷 홈페이지 (www.q-net.or.kr)를 방문하시기 바랍니다.

Contents _ 차례

INTRO 00

- 머리말
- 출제기준표
- NCS(국가직무능력표준) 안내
- CBT 필기시험제도 안내

PART 01 지게차 장비구조

CHAPTER 01 엔진구조 익히기
- 01 엔진본체 구조와 기능 ········ 16
- 02 윤활장치 구조와 기능 ········ 18
- 03 연료장치 구조와 기능 ········ 19
- 04 흡배기장치 구조와 기능 ······ 20
- 05 냉각장치 구조와 기능 ········ 21
- ● 출제 예상문제 ················ 22

CHAPTER 02 전기장치 익히기
- 01 전기기초 및 축전지 ·········· 43
- 02 시동장치 구조와 기능 ········ 44
- 03 충전장치 구조와 기능 ········ 44
- 04 등화 및 냉·난방장치의 구조와 기능 ···· 45
- ● 출제 예상문제 ················ 47

CHAPTER 03 전·후진 주행장치 익히기
- 01 동력전달장치 구조와 기능 ···· 56
- 02 조향장치의 구조와 기능 ······ 57
- 03 제동장치 구조와 기능 ········ 58
- ● 출제 예상문제 ················ 60

CHAPTER 04 유압장치 익히기
- 01 유압의 기초 ·················· 70
- 02 유압기기 및 회로 ············ 71
- ● 출제 예상문제 ················ 73

CHAPTER 05 작업장치 익히기
- 01 지게차 일반 ·················· 86
- 02 지게차의 구성과 작업 ········ 86
- ● 출제 예상문제 ················ 89

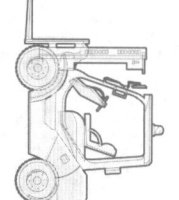

PART 02 지게차 작업 및 안전관리

CHAPTER 01 안전관리
- 01 안전보호구 착용 및 안전장치 확인 ······ 92
- 02 위험요소 확인 ······ 95
- 03 안전운반작업 ······ 96
- 04 장비 안전관리 ······ 98
- ● 출제 예상문제 ······ 101

CHAPTER 02 작업 전 점검
- 01 외관 점검 ······ 108
- 02 누유·누수 확인 ······ 109
- 03 계기판 점검 ······ 111
- 04 마스트·체인 점검 ······ 112
- 05 엔진시동 상태 점검 ······ 113
- ● 출제 예상문제 ······ 116

CHAPTER 03 화물 적재 및 하역작업
- 01 화물의 무게중심 확인 ······ 121
- 02 화물 하역작업 ······ 124
- ● 출제 예상문제 ······ 126

CHAPTER 04 화물 운반작업 및 운전시야 확보
- 01 화물 운반작업 ······ 129
- 02 운전시야 확보 ······ 131
- ● 출제 예상문제 ······ 133

CHAPTER 05 작업 후 점검
- 01 안전주차 ······ 136
- 02 연료 상태 점검 ······ 136
- 03 외관점검 ······ 137
- ● 출제 예상문제 ······ 138

CHAPTER 06 도로주행
- 01 교통법규 준수 ······ 141
- 02 안전운전 준수 ······ 143
- 03 건설기계관리법 ······ 144
- ● 출제 예상문제 ······ 148

CHAPTER 07 응급대처
- 01 고장 시 응급조치 ······ 156
- 02 교통사고 시 대처 ······ 157
- ● 출제 예상문제 ······ 159

PART 03 CBT 복원문제

- 01회 | CBT 복원문제 ······ 164
- 02회 | CBT 복원문제 ······ 169
- 03회 | CBT 복원문제 ······ 174
- 04회 | CBT 복원문제 ······ 180
- 05회 | CBT 복원문제 ······ 186
- 06회 | CBT 복원문제 ······ 191
- 07회 | CBT 복원문제 ······ 196

PART 01 지게차 장비구조

Craftsman Fork Lift Truck Operator

Chapter 01. 엔진구조 익히기
Chapter 02. 전기장치 익히기
Chapter 03. 전·후진 주행장치 익히기
Chapter 04. 유압장치 익히기
Chapter 05. 작업장치 익히기

CHAPTER 01 엔진구조 익히기

Craftsman Fork Lift Truck Operator

Lesson 01 엔진본체 구조와 기능

1 엔진의 정의와 분류

1) 엔진의 정의
① 열에너지(힘)를 기계적인 에너지로 변화시키는 기계장치로 열기관이라고도 한다.
② 내연기관과 외연기관
  ㉮ 내연기관 : 실린더 내부에서 연소물질을 연소시켜 동력을 발생
  (가솔린, 디젤, 가스, 제트 기관 등)
  ㉯ 외연기관 : 실린더 외부에서 연소물질을 연소시켜 동력을 발생 (증기 기관 등)

2) 엔진의 분류
① 기관 배열에 따른 분류
  전기 점화 기관 : 직렬형, 수평형, 수평대향형, V형, 성형, 도립형, X형, W형 등이 있다.
② 사용 연료에 따른 분류
  내연기관 : 사용 연료에 따라 가솔린, 디젤, 석유, 가스 기관 등으로 분류되며 국내 건설기계는 디젤기관이다.
③ 점화 방법에 따른 분류
  ㉮ 전기 점화 기관 : 혼합가스에 전기적인 불꽃으로 점화
  ㉯ 압축 착화 기관 : 연료를 분사하면 압축열에 의하여 착화 되는 고속 디젤 기관
④ 열역학적 사이클에 따른 분류
  ㉮ 정적 사이클(오토 사이클) : 일정한 용적 하에서 연소되는 가솔린 기관
  ㉯ 정압 사이클(디젤 사이클) : 일정한 압력 하에서 연소되는 저속 디젤 기관
  ㉰ 사바테 사이클(합성 사이클) : 일정한 압력과 용적 하에서 연소 되는 고속 디젤 기관
⑤ 기계학적 사이클에 의한 분류
  ㉮ 4행정 사이클 기관 : 흡입, 압축, 폭발, 배기(피스톤 4행정, 크랭크축 : 2회전)
  ㉯ 2행정 사이클 기관 : 흡입, 압축, 폭발, 배기(피스톤 2행정, 크랭크축 : 1회전)

내용	4행정 사이클 기관	2행정 사이클 기관
1. 출력 (평균 유효압력 및 회전속도가 같을 때)	적다	크다(1.7배)
2. 구조	복잡	간단
3. 회전 속도	저속운전 가능	저속운전 불가능
4. 연료율	연료율 좋음	연료율 나쁨
5. 사용 용도	모든 자동차 및 건설기계	일부 건설기계 및 이륜차

2 엔진의 주요 구성 및 작용

1) 실린더 블록과 실린더
① 실린더 블록은 특수 주철합금체로 내부에는 물 통로와 실린더로 되어 있으며 상부에는 헤드, 하부에는 오일 팬이 부착되었고 외부에는 각종 부속 장치와 코어 플러그가 있어 동파 방지 하고 있다. 또한 실린더는 피스톤 행정의 약 2배되는 길이의 직통이다.
② 실린더 행정과 실린더 지름과의 비
  ㉮ 장행정 엔진 : 1.0 이상(D<L), 회전속도가 늦고 회전력은 크고 축없음 적다.
  ㉯ 단행정 엔진 : 1.0 이하(D>L), 회전속도는 자동차 회전속도 높일 효율적은 적다.
  ㉰ 정방 행정 엔진 : 1.0 엔진(D=L), 행정이 내경과 같은 엔진이다.
  ㉱ 건설 기계 : 두께 2~3mm, 삽입시 2~3ton의 힘이 필요, 기솔린 기관에 사용
  ㉲ 습식 라이너 : 두께 5~8mm, 냉각수 직접 접촉, 디젤 기관에 사용
③ 실린더 헤드 연소실의 구비 조건
  ㉮ 장행정(오버 스퀘어) 기관의 장점
    ㉮ 피스톤의 평균 속도를 높이지 않고 회전수를 높일 수 있다.
    ㉯ 흡기 효율을 높일 수 있다.
    ㉰ 엔진의 높이를 낮출 수 있다.
    ㉱ 단행정 엔진 : 1.0 이하나 회전력은 자동차 회전속도 빠르다.
④ 실린더 헤드 연소실의 구비 조건
  ㉮ 압축 행정시 혼합가스의 와류가 잘 되어야 한다.
  ㉯ 화염 전파시간이 가능한 짧아야 한다.
  ㉰ 연소실 내의 표면적은 최소가 되어야 한다.
  ㉱ 가열되기 쉬운 돌출부를 두지 말아야 한다.
  ㉲ 가스 및 오일누출이 있어서는 안 된다.

2) 피스톤
① 피스톤의 구비 조건
  ㉮ 마찰로 인한 기계적 손실을 방지할 수 있어야 한다.
  ㉯ 기계적 강도가 커야 한다.
  ㉰ 관성력을 방지하기 위해 무게가 가벼워야 한다.
  ㉱ 폭발 압력을 유효하게 이용할 수 있어야 한다.

② 피스톤 간극이 클 때의 영향
  ㉮ 블로 바이(blow by)에 의한 압축 압력이 저하된다.
  ㉯ 오일이 연소실에 유입된다.
  ㉰ 오일이 소비되는 원인이 발생한다.
  ㉱ 피스톤 슬랩 현상이 발생한다.
③ 피스톤 간극의 직절 때의 영향
  ㉮ 마찰열에 의해 소결이 된다.
  ㉯ 마찰에 따라 마멸이 증대된다.
  ㉰ 오일이 희석된다.
④ 피스톤 슬랩
  ㉮ 피스톤 간극이 클 때 실린더 벽에 충격적적으로 접촉되어 금속음이 발생되는 현상을 말한다.
  ㉯ 피스톤 슬랩을 방지하기 위해서는 오프셋 피스톤을 사용하며, 피스톤 간극을 실린더 내경의 0.05% 정도로 한다.

3) 피스톤 링
① 피스톤 링의 구성
  ㉮ 피스톤에는 3~5개 압축링과 오일링이 있다.
  ㉯ 피스톤 링의 재질이 실린더 벽보다 너무 강하면 실린더 벽의 마모가 쉽게 일어난다.

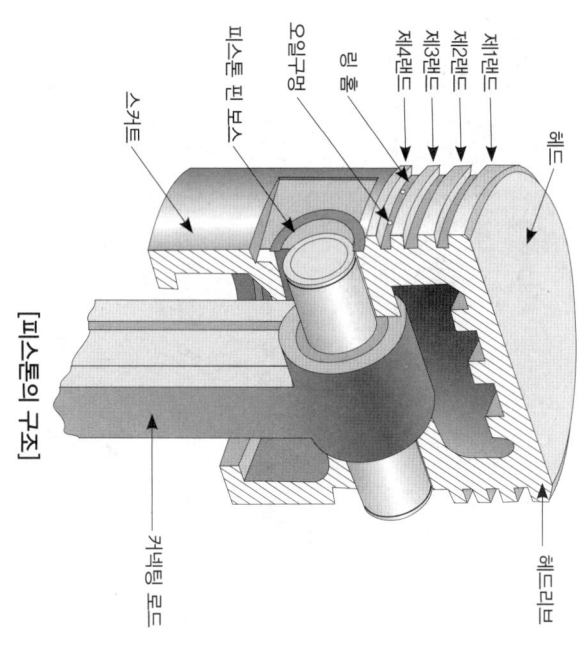

[피스톤의 구조]

② 피스톤 링의 구비 조건
  ㉮ 내열성 및 내마멸성이 양호해야 한다.
  ㉯ 제작이 용이해야 한다.
  ㉰ 실린더에 일정한 면압을 줄 수 있어야 한다.
  ㉱ 실린더 벽보다 약한 재질이어야 한다.

4) 커넥팅 로드
① 커넥팅 로드의 구성 및 역할
  ㉮ 피스톤과 연결되는 소단부와 크랭크 축에 연결하는 대단부로 구성된다.
  ㉯ 피스톤에서 받은 압력을 크랭크 축에 전달한다.
  ㉰ 짓중하는 압력 조건
    ㉠ 충분한 강성을 가지고 있어야 한다.
    ㉡ 내마멸성이 우수하고 가벼워야 한다.

5) 크랭크 축
실린더 블록 하부에 지지되어 캠 축을 시켜 주며, 실린더 내에서 피스톤의 받아 이를 내서 커넥팅 로드에 전달하여 회전운동을 한다.

① 폭발 순서와 크랭크 축의 위상각
  ㉮ 4기통 기관의 폭발순서는 1-3-4-2, 1-2-4-3 과 90° 및 180°의 위상각
  ㉯ 6기통 기관의 폭발순서 : 1-5-3-6-2-4(우수식), 1-4-2-6-3-5(좌수식) 120°의 위상각

② 폭발 순서 선정 시 고려 사항
  ㉮ 연소가 각 실린더에 균등하게 일어나게 한다.
  ㉯ 크랭크 축에 비틀림 진동이 일어나지 않게 한다.
  ㉰ 혼합기가 각 실린더에 균일하게 분배되게 한다.
  ㉱ 인접한 실린더에 연이어 점화되지 않게 한다.

6) 기관 베어링
기관 베어링은 회전 부분에 사용되는 것으로 기관에서는 평면(플레인)베어링이 사용된다.

① 오일 간극
  ㉮ 오일 간극은 0.038~0.1mm 정도이다.
  ㉯ 오일 간극이 크면 유압이 저하되고 윤활유 소비가 증가한다.
  ㉰ 오일 간극이 작으면 마찰 촉진되고 소결(열팽창)에 의해 눌어붙는, 고착)된다.

② 베어링 필요조건
  ㉮ 하중 부담 능력이 좋을 것(load-carrying capacity)
  ㉯ 내피로성(fatigue resistance)
  ㉰ 매입성(embedability)
  ㉱ 추종 유동성(conformability)
  ㉲ 내식성(corrosion resistance)
  ㉳ 마멸과 걸림성 및 기타 성질

③ 베어링 지지방법
  ㉮ 베어링 돌기(bearing lug) : 홈을 두어 고정한다.
  ㉯ 베어링 다월(bearing dowel) : 베어링 케이스의 혹으로 고정한다.
  ㉰ 베어링 크러시(bearing crush) : 0.25~0.075mm 정도 높인다.
  ㉱ 베어링 스프레드(bearing spread) : 0.125~0.5mm 정도 크게 한다.

7) 플라이 휠
① 블라이 휠은 맨 다스크와 커버 등의 부착되는 마찰면과 기동 모터 피니언 기어, 플라이 휠 기어로 구성된다.
② 크기와 무게가 실린더 회전수에 반비례하며 엔진 회전력의 맥동을 방지하여 회전속도를 고르게 한다.

8) 캠 축과 밸브 리프터
엔진의 밸브 수와 동일한 캠이 배열되어 있으며, 연료 펌프 구동용 편심 캠과 배전기 구동용 헬리컬 기어가 설치되어 있고, 리프터를 밀어주는 역할을 하며 태핏으로 유압식과 기계식이 있다.

① 캠축구동방식 : 기어 구동식, 체인 구동식, 벨트 구동식
② 유압식 밸브 리프터의 특징
  ㉮ 밸브 간극 조정이나 점검이 불필요하다.

④ 밸브 개폐시기가 정확하게 조절되어 기관의 성능이 향상된다.
㉰ 작동이 조용하다.
㉱ 충격적 흡수하기 때문에 밸브 기구의 내구성이 향상된다.

9) 밸브와 밸브 스프링

실린더 헤드에는 혼합가스를 흡입하는 흡입 밸브와 연소된 배기가스를 배출하는 배기 밸브가 한 개씩 설치되어 2~4개 설치되며 흡·배기 작용을 하며, 밸브 스프링은 밸브와 시트의 밀착을 도와 블로 바이 (blow by)를 방지하면서 밸브가 닫아주는 일을 한다.

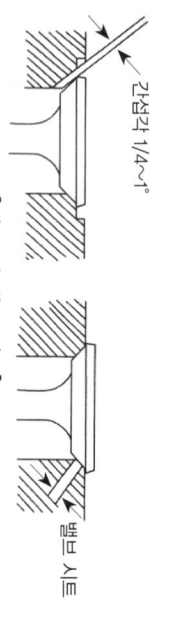

[밸브 및 밸브 시트]

① 밸브의 구비 조건
㉮ 고온에 견딜 수 있어야 한다.
㉯ 큰 하중에 견딜 수 있고 변형이 없어야 한다.
㉰ 열전도율이 좋아야 한다.
㉱ 중량과 부피가 적을 수 있어야 한다.

② 밸브 시트의 각도와 간섭각
㉮ 30°, 45°, 60°가 사용된다.
㉯ 간섭각은 1/4~1°이다.
㉰ 밸브 시트의 폭은 1.5~2.0mm 정도이다.
㉱ 밸브 헤드 마진은 0.8mm 이상이다.

③ 밸브 스프링의 구비 조건
㉮ 블로 바이(blow by)가 생기지 않을 정도의 탄성을 유지하여야 한다.
㉯ 밸브가 캠의 형상대로 움직일 수 있어야 한다.
㉰ 내구성이 커야 한다.
㉱ 서징(surging) 현상이 없어야 한다.

④ 서징 현상과 방지책
㉮ 부등 피치의 스프링을 사용한다.
㉯ 2중 스프링을 사용한다.
㉰ 원뿔형 스프링을 사용한다.

10) 밸브 간극

밸브 스템의 끝과 로커암 사이 간극을 말하며 열팽창을 감안하여 두기 때문에 정상 작동 온도에서 흡기 밸브는 0.25~0.40mm, 배기 밸브는 0.20~0.25mm, 정도의 간극을 둔다.

① 밸브 간극이 클 때
㉮ 밸브의 열림이 적어 흡·배기 효율이 불량하다.
㉯ 소음이 발생한다.
㉰ 출력이 저하되고 스프링 엔드부의 뒤틀림이 발생한다.
㉱ 정상 작동 온도에서 밸브가 완전하게 개방하지 못한다.

② 밸브 간극이 작을 때
㉮ 블로바이에 의해 엔진 출력이 감소한다.
㉯ 역화 및 후화 등 이상 연소가 발생한다.
㉰ 출력이 감소한다.
㉱ 정상 작동 온도에서 일찍 열리고 늦게 닫혀 밸브 열림 기간이 길어진다.

Lesson 02 윤활장치 구조와 기능

1 윤활 일반

1) 윤활의 필요성

기관에는 크랭크 축 및 축 받침 회전하는 운동하는 부분이나 피스톤과 실린더처럼 접촉하는 부분이 있으며 금속끼리 직접 접촉하면 마찰로 인한 열이 발생하여 접촉면이 기관이 고착되거나 소손될 것이다. 이러한 현상을 없애기 위해 충돌면에 마찰면에 윤활유가 들어가 작동이 원활해지고 마멸이 최소화되는데 이러한 운활을 공급하는데 이런 것을 원활하게 해주는 장치를 윤활 장치라 한다.

2) 윤활의 7대 작용
㉮ 감마 작용   ㉯ 냉각 작용
㉰ 세척 작용   ㉱ 밀폐 작용
㉲ 방식 작용   ㉳ 소음 완화 작용
㉴ 응력 분산

2) 윤활유의 특성

① 점도
㉮ 오일의 끈적끈적한 정도를 나타내는 것으로 유체의 이동 저항에 해당된다.
㉯ 점도가 높으면 점도가 관계하여 한다.
㉰ 점도가 낮으면 크랭크축 회전이 저항이 커진다.

② 점도 지수
㉮ 온도에 따른 점도 변화를 나타내는 수치이다.
㉯ 점도 지수가 크면 온도 변화에 따른 점도의 변화가 작으면 점도 지수가 크다.
㉰ 점도 지수가 작으면 점도는 온도 변화에 따라 변화가 크다.

③ 유성: 오일이 마찰면에 유막을 형성하는 성질을 말한다.

④ 오일의 금기: 점도가 다른 두 오일을 혼합하거나 제조사가 다른 오일을 혼합하여 사용하면 안된다.

2 윤활장치의 주요 구성 및 작용

1) 윤활 및 여과 방식

① 2행정 사이클의 윤활 방식

㉮ 혼기식(혼합): 기관 오일과 가솔린의 비율을 9~25:1로 혼합하여 크랭크 케이스 안에 혼입할 때에 실린더의 소기부 여 윤활하는 방식이다.
㉯ 분리 윤활식: 주요 윤활 부분에 오일 펌프로 오일을 압송하여 윤활하는 방식이다.

Lesson 03 연료장치 구조와 기능

1 연소실 및 연소

1) 디젤기관의 연소실

① 직접 분사식

장점	단점
• 열효율이 높고 시동이 쉽다. • 냉각에 의한 연소실의 직접 열변형이 없다.	• 분사 압력이 높고 분사 펌프와 노즐 수명이 짧다. • 연료 노즐의 상태와 연료의 질에 민감하다. • 노크가 일어나기 쉽다.

② 예비 연소실식

장점	단점
• 분사 압력이 낮아 연료장치의 고장이 적다. • 연료 성질 변화에 둔하고 선택범위가 넓다.	• 연소실 표면적이 커서 냉각 손실이 많다. • 시동보조장치인 예열 플러그가 필요하다. • 연료 소비율이 약간 많고 구조가 복잡하다.

③ 와류실식

장점	단점
• 기관의 회전 속도 범위가 넓고 회전속도를 높일 수 있다. • 예연소실에 비해서 연료 소비율이 적다. • 평균 유효 압력이 높으며 노크가 적다.	• 실린더 헤드 구조가 복잡하다. • 시동 시 예열 플러그를 사용하며 저속에서 노크가 있다. • 분사 노즐의 상태와 연료의 질에 민감하다.

④ 공기실식

장점	단점
• 기관의 회전 속도 및 부하 변동에 대하여 민감하지 않은 기관에 많다. • 평균 유효 압력이 높다. • 노크가 적다.	• 시동시 예열 플러그를 사용한다. • 연료 소비율이 많다. • 분사시기에 엔진 작동에 영향을 준다.

2) 연소실의 노크

① 연소실의 구비 조건

㉮ 평균 유효 압력이 높고 연소 시간이 짧을 것
㉯ 연료 소비율이 적고 연소 상태가 좋아야 한다.
㉰ 예혼합 연소실에서 회전속도가 빨라야 한다.
㉱ 외연기관이 잘 되어야 한다.
㉲ 시동이 쉽고 노크를 일으키지 않는 기관이 좋다.
㉳ 분사화염이 쉽고 고온도를 낮춘다.

② 이상 연소의 노크 방지(축화현상이면 기관을 짧게 하는 방법)

㉮ 압축비를 높인다.
㉯ 흡기 온도를 높인다.
㉰ 실린더 벽의 온도를 높인다.
㉱ 회전장이 좋은 연료(세탄가 높은 연료)를 사용한다.
㉲ 와류가 일어나게 한다.

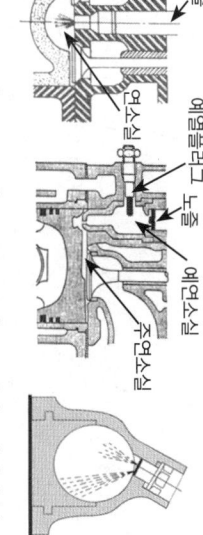

[직접분사식]

[예비연소실식]

[와류실식의 단면]

[공기실식 연소실]

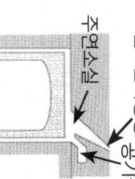

---

② 4행정 사이클 기관의 윤활 방식

㉮ 비산식 : 커넥팅 로드의 베어링 캡에 오일디퍼(비말자)가 오일을 퍼 올린다.
㉯ 압송식 : 오일 펌프로 각 윤활 부분에 공급시키며 최근에 많이 사용되고 있다.
㉰ 비산 압송식 : 비산식과 압송식 함께 사용하며, 오일 펌프와 오일디퍼가 모두 있다.
㉱ 혼합식 : 피스톤 실린더 벽에는 비산식으로, 크랭크 축 등에는 압송식을 이용해 윤활한다.

③ 여과 방식

㉮ 분류식 : 오일 펌프에서 나온 오일의 일부가 여과되어 크랭크 케이스에서 다시 윤활부로 보낸다.
㉯ 전류식 : 오일 펌프에서 나온 오일의 전부가 여과기를 거쳐 각 윤활부로 보낸다.
㉰ 션트식 : 펌프에서 보내지는 오일의 일부만을 여과하지만 여과된 오일이든 여과되지 않은 오일이든 모두 윤활부에 공급된다.

2) 윤활기기의 작용

① 오일 팬과 스트레이너

㉮ 오일 팬 : 오일을 저장하며 섬프(sump)가 있어 경사지에서도 오일이 고여 있다.
㉯ 스트레이너 : 펌프로 들어가는 쪽에 여과망이 있다.

② 오일 펌프 : 캠 축이나 크랭크에 의해 기어 또는 체인으로 구동되는 윤활유 펌프로 오일 팬 내에 있는 오일을 뽑아 올려 기관의 각 작동 부분에 압송하는 펌프이며, 입구쪽으로 오일 팬 안에 설치된다.

㉮ 기어 펌프 : 내접 기어형과 외접 기어형
㉯ 로터리 펌프 : 이너 로터와 아웃 로터로 작동됨
㉰ 베인 펌프 : 편심 로터가 날개와 작동됨
㉱ 플런저 펌프(피스톤 펌프) : 플런저가 캠 작동됨

③ 오일 조절 밸브(유압 조정기) : 과도한 압력 상승과 유압 저하를 방지한다.

④ 오일 여과기 : 기관의 마찰 부분에서 발생한 금속 분말, 연소 및 노화로 생긴 신화물, 흡입 공기 중의 먼지 불완전 연소로 인한 카본 등의 불순물을 정화하는 것으로 엘리먼트 교환식과 정체식으로 교환하는 일체식이 있다.

3) 오일의 점검

① 오일 상태 판정

㉮ 검정색에 가까운 경우 : 심하게 오염된 오염
㉯ 붉은색에 가까운 경우 : 가솔린의 오일
㉰ 우유색에 가까운 경우 : 냉각수가 섞여 있음

② 오일의 교환

㉮ 정상 사용할 때 : 200~250 시간
㉯ 심한 오염 지역 : 100~125 시간

③ 오일 게이지와 오일 점검

㉮ 오일의 양 점검 : 지면이 평탄한 곳에서 건설기계를 주차시키고 엔진을 정지시킨 다음 5~10분 후 경과한 후 제를 빼어 FULL 표시면 정상이다.
㉱ 유압계
  ㉠ 유압계 : 2~3kg/cm²(가솔린 기관), 3~4kg/cm²(디젤 기관)
  ㉡ 유압 경고등 : 시동시 점등된 후 꺼지면 유압이 정상이다.

2 구성 및 작용

1) 연료의 일반 성질

① **발열량** : 연료가 완전 연소하였을 때 발생되는 열량이며 디젤 기관 연료인 경유의 발열량은 10,700kcal/kgf이다.

② **인화점**
  ㉮ 가솔린 : -15℃ 이내
  ㉯ 경유 : 40~90℃ 이내

③ **착화점**
  ㉮ 경유의 착화점 : 공기 속에서 358℃
  ㉯ 연소시 필요 공기량 : 경유 1kg 당 공기 14.4kg

④ **디젤 연료의 구비 조건**
  ㉮ 착화성이 좋고, 착탄한 점도여야 한다.
  ㉯ 인화점이 높아야 한다.
  ㉰ 불순물과 유황분이 적어야 한다.
  ㉱ 연소 후 카본 생성이 적어야 한다.
  ㉲ 발열량이 커야 한다.

2) 연료기기의 작용

① **연료 공급 펌프** : 연료 탱크에 있는 연료를 분사 펌프에 공급하는 펌프로 분사 펌프의 옆이나 실린더 블록에 부착되어 캠 축에 의해 작동된다.(플런저식, 기어식, 로터식)

② **연료 여과기** : 연료 속의 불순물, 수분, 먼지, 오물 등을 제거하여 정유한다. 공급 펌프와 분사 펌프 사이에 설치되어 있고 내부에서 압력이 1.5~2kg/cm² 이상되거나 연료 과잉 상태일 때 이를 탱크로 되돌려 보내는 오버플로우 밸브가 있다.

③ **분사 펌프** : 연료를 고압으로 노즐에 보내어 분사할 수 있도록 하는 펌프로 조속기, 타이머가 함께 부착되어 작동한다.

④ **분사 노즐** : 분사 펌프로부터 압송된 연료를 실린더 내에 분사한다.

연료 분사장치의 구비조건	노즐의 구비조건
• 무화(Atomization)가 적절할 것 • 관통도가 있을 것 • 분포가 좋을 것 • 분사도가 알맞을 것 • 분사율과 노즐 유량계수가 적절할 것	• 연료를 미세한 안개형태로 분사하여 쉽게 착화되게 할 것 • 연소실 구석구석까지 고르게 분사할 것 • 충격에 손될 것 • 내구성이 클 것

Lesson 04 흡배기장치 구조와 기능

1 흡·배기장치 일반

1) 흡·배기장치의 개요

기관이 충분한 출력을 내면서 작동되기 위해서는 내부에 혼합가스나 공기를 흡입하여 적절한 압축과 폭발 과정을 거쳐야 하며 연소된 후에도 그 연소 가스를 효과적으로 배출해야 하며, 이러한 일들을 담당하는 장치들을 흡·배기장치이다.

2 구성 및 작용

1) 배출 가스와 대책

① **블로바이(blow by) 가스** : 실린더와 피스톤 사이에서 크랭크 케이스에 이입된 가스를 통하여 대기로 방출되는 가스로 그 성분의 70~95%는 미연소 연료(HC)이며 나머지는 연소와 부분 산화된 혼합가스이다.
  ㉯ 현재는 유해물질인 HC의 배출을 감소시키기 위해 이것을 다시 연소실로 방출하는 장치를 부착하도록 되어 있다.

② **배기가스**
  ㉮ 연료가 기관 내부에서 연소되고 난 다음 배기 장치를 통하여 외기에 방출하는 가스를 말한다.
  ㉯ 유해점 해가 없는 가스로는 수증기(H₂O), 탄산가스(CO₂) 등

③ **디젤 기관의 가스 발생**
  ㉮ 질소산화물과 흑연 : 질소산화물의 발생은 공기의 기술된 경우 연소 공기량의 증가 및 연소실의 모양에 따라 좌우된다.
  ㉯ 일산화탄소 및 탄화수소 : 디젤 기관이 항상 공기가 충분한 상태에서 운전되기 때문에 일산화탄소의 발생량이 적다.

④ **디젤 기관의 가스 발생 대책**
  ㉮ 흑연, HC, CO 등은 연소 상태를 개선하면 감소될 수 있으며, NOx는 연소 온도를 낮추지 않으면 감소시킬 수 없다.
  ㉯ 분사시기를 늦추고 연소실 안에서 공기의 소용돌이가 적게하여 질소 산화물에 의해 극히 제한된 시간만 발생하는 가스의 기관과 비슷하도록 하면 연소 온도의 상승도 소량된다.

2) 흡기 기기

① **공기청정기** : 기관에 흡입되는 공기 중의 분포한 먼지를 제거하여 흡입시키는 장치로 기관의 수명을 연장시키고 체임버의 발생하는 불이 흡기 장치에는 역할을 한다.

② **흡기다기관** : 공기나 혼합가스를 흡입하는 통로로서 주철로 만들어져 있다.

③ **과급기** : 기관의 작동 중 흡입공기 효율을 높이기 위해 연소 소비율, 기관의 출력 등을 향상시키기 위하여 흡입되는 가스에 압력을 가하는 일종의 공기 펌프이다.
  ㉮ **터보차져**(TurboCharger)
    ㉠ 배기 가스 압력에 의해 작동된다.
    ㉡ 10,000~15,000rpm 정도의 속도로 회전한다.
    ㉢ 기관 전체 중량은 10~15%가 무거워지지만, 출력은 35~45% 증대된다.
  ㉯ **블로어**(Blower)
    ㉠ 루트 블로어가 하우징 내부에 2개의 로터가 회전하는 것으로 기관의 윤활용 오일이 새는 것을 방지하기 위해 기밀이 장치에 있다.

④ **배기다기관 소음기**
  ㉮ 배기다기관은 각 실린더에서 연소된 가스를 배기 포트(port)로부터 중앙으로 모아서 소음기로 방출하는 관으로 보통 가단

Lesson 05 냉각장치 구조와 기능

1 냉각 일반

1) 냉각의 목적

냉각장치는 열의 일부를 냉각하여 기관 과열(overheat)을 방지하고, 적당한 온도로 유지하기 위한 장치이다.

① 과열로 인한 결과
  ㉮ 윤활유의 열분해로 인해 유막이 파괴가 초래된다.
  ㉯ 열로 인해 부품들이 변형이 발생할 수 있다.
  ㉰ 윤활유의 부족 현상이 나타난다.
  ㉱ 조기점화나 노킹으로 인해 출력이 저하된다.

② 과냉으로 인한 결과
  ㉮ 혼합기의 기화 불충분으로 출력이 저하된다.
  ㉯ 연료 소비율이 증대된다.
  ㉰ 오일이 희석되어 베어링부의 마멸이 커진다.

2) 냉각장치의 분류

① 공랭식 냉각장치 : 실린더 벽의 바깥 둘레에 냉각 핀을 설치하여 공기의 접촉 면적을 크게 하여 냉각시킨다.
  ㉮ 자연 통풍식 : 냉각 팬이 없이 주행 중에 받는 공기로 냉각하며 오토바이에 사용된다.
  ㉯ 강제 통풍식 : 냉각 팬과 슈라우드를 설치한 강제냉각방식으로 자동차 및 건설기계에 사용된다.

② 수냉식 냉각장치 : 냉각수를 사용하여 엔진을 냉각시키는 방식으로 냉각수는 청수나 증류수를 사용한다.
  ㉮ 자연 순환식 : 물의 대류작용으로 순환하는 방식
  ㉯ 강제 순환식 : 물 펌프로 강제 순환시키는 방식
  ㉰ 압력 순환식 : 냉각수를 가압하여 비등점을 높이는 방식
  ㉱ 밀봉 압력식 : 냉각수 팽창장치 크기의 체적 팽창을 누르는 방식

2 냉각장치의 주요 구성 및 작용

1) 방열기의 수온조절

① 라디에이터 : 실린더 헤드를 통하여 데워진 냉각수를 통하여 라디에이터 튜브에 유입시켜 냉각수 통로인 수관을 통하여 열이 발산되도록 이루어진다.
  ㉮ 기관의 정상 온도
  ㉯ 라디에이터 상부의 하부의 냉각수 : 75~85℃
  ㉰ 라디에이터 상부와 하부의 유출수 온도 차이 : 5~10℃
  ㉱ 냉각수 흐름에 대한 저항이 적어야 한다.

② 라디에이터 캡의 작용 : 냉각수 주입구의 마개이며, 압력밸브와 진공 밸브가 설치되어 있다.
  ㉮ 압력 밸브 : 물의 비등점을 올려서 오버히트(over heat)되는 것을 방지한다.
  ㉯ 진공 밸브 : 과냉각시에 라디에이터 내의 진공으로 인한 파손을 방지하여 준다.
  ㉰ 청소할 때는 라디에이터 세척제로 사용한다.
  ㉱ 라디에이터의 코어
    ㉠ 막힘이 20% 이상이면 교환한다.
    ㉡ 공기 저항이 적어야 한다.
    ㉢ 가볍고 작아야 한다.
    ㉣ 강도가 커야 한다.
    ㉤ 단위 면적당 방열량이 커야 한다.

③ 수온조절기(thermostat, 정온기)
  ㉮ 실린더 헤드와 라디에이터 상부 사이에 설치되어 있다.
  ㉯ 냉각수의 온도를 일정하게 유지할 수 있도록 하는 일종의 온도 조절장치로 65℃에서 열리기 시작하여 85℃가 되면 완전히 열린다.

2) 냉각기기의 냉각수

① 물펌프 : 라디에이터 하부 탱크에 냉각된 물을 물 재킷에 보내려고 강제적으로 순환시키는 것으로 기어 펌프와 원심 펌프가 있다.

② 팬벨트의 전동 벨트의 특징
  ㉮ 팬벨트 : V 벨트로 전동 접촉
  ㉯ 팬벨트 장력 점검 : 10kgf 정도의 힘으로 눌렀을 때 눌러서 13~20mm 정도 휠것
  ㉰ 냉각 팬 날개 경사각 : 20~30°
  ㉱ 유체 커플링 : 실린더 오일로 봉입

③ 냉각부동액 : 냉각수의 빙결점을 낮지 기온보다 5~10℃ 낮은 온도로 한다.

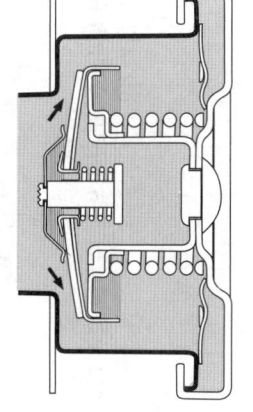

[라디에이터 캡 압력밸브 작용]

출제예상문제

CHAPTER 01 | 엔진구조 익히기

Lesson 01 엔진본체 구조와 기능

01 다음 중 열에너지를 기계적 에너지로 변환시켜 주는 장치는?
① 펌프 ② 모터
③ 엔진 ④ 벨브

○ 엔진은 열에너지를 기계적 에너지로 바꾸어 주는 장치로, 기계적인 동력을 발생시키기 위하여 연료를 연소시킨다.

02 공기만을 실린더 내로 흡입하여 고압축하여 압축열에 의해 연료를 분사하는 디젤기관은?
① 압축 착화 기관 ② 전기 점화 기관
③ 외연 기관 ④ 제트 기관

○ 전기점화 기관: 혼합가스에 전기적인 불꽃으로 점화시키는 기관
압축 착화 기관: 연료를 분사하면 압축열에 의하여 착화되는 기관

03 4행정 사이클 엔진의 4행정을 바르게 표시한 것은?
① 흡입, 압축, 점화 ② 전화
② 흡입, 압축, 동력, 배기
③ 흡입, 점화, 폭발, 동력
④ 흡기, 점화, 동력, 배기

○ 4행정 사이클 엔진의 4행정 : 흡입(흡기), 압축, 폭발(동력), 배기

04 내역 기관에서 1사이클 중 열 손실이 가장 큰 것은 다음 중 어느 것인가?
① 압축 행정 ② 배기 행정
③ 폭발 행정 ④ 흡입 행정

05 압축 행정 말기에 연료를 분사 노즐로부터 실린더 내로 연료를 분사하여 연소시 키 동력을 얻는 행정은?
① 폭발 행정 ② 압축 행정
③ 배기 행정 ④ 흡입 행정

06 4행정 사이클 엔진이 4사이클을 마치려면 크랭크 축은 몇 회전하는가?
① 2회전 ② 4회전
③ 6회전 ④ 8회전

○ 4행정 사이클 기관은 크랭크 축 2회전 할 때 피스톤은 4행정을 하여 1사이클을 완성한다.

07 4행정 기관이 2사이클을 완성하려면 캠 축은 몇 회전하는가?
① 1회전 ② 2회전
③ 4회전 ④ 8회전

○ 1사이클 당 크랭크축은 2회전, 캠축은 1회전한다. 따라서 2 × 1 = 2회전

08 4행정 기관에서 크랭크 축 기어와 캠 축 기어와의 지름의 비 및 회전비는 각각 얼마인가?
① 2:1 및 1:2
② 2:1 및 2:1
③ 1:2 및 2:1
④ 1:2 및 1:2

09 4행정 기관에서 크랭크 축이 몇 도 회전할 때 1사이클을 완료하는가?
① 90° ② 100°
③ 360° ④ 720°

10 2행정 기관의 압축과 연소, 배기의 흡기의 동시에 이루어지므로 1사이클이 완료 된다.
① 다플렉서 ② 다규저
③ 대표포 ④ 타빈

○ 디플렉터 : 2행정 사이클 기관의 혼합기의 손실을 적게 하고 외류를 증가시키기 위해 피스톤 헤드에 설치한 돌기부를 말한다.

11 건식 실린더 라이너의 압입 압력은?
① 1톤 정도 ② 2~3톤 정도
③ 4~5톤 정도 ④ 5~8톤 정도

○ 건식 라이너는 냉각수와 간접 접촉하는 방식으로 두께는 2~3mm, 끼울 때 2~3ton의 힘이 필요하다.

12 4행정 사이클 기관이 2452rpm으로 회전하고 있다면 1분 실린더의 배기 밸브는 1분에 몇 번 열리는가?
① 1226번 ② 2452번
③ 4904번 ④ 613번

13 기관의 실린더 수가 많은 경우의 장점이 아닌 것은?
① 기관의 진동이 적다.
② 저속 회전이 용이하고 큰 동력을 얻을 수 있다.
③ 연료 소비가 적고 큰 동력을 얻을 수 있다.
④ 가속이 원활하고 신속하다.

○ 실린더 수가 많으면 배기량이 많아지고, 연료 소비도 많아진다.

14 다음 중 습식 라이너가 건식 라이너와 다른 점은?
① 냉각수가 라이너와 직접 닿지 않는다.
② 기관 회전에 맞춰 팽창 팽요는 한다.
③ 보링작업을 할 수 있다.
④ 라이너의 바깥 둘레가 냉각수와 직접 접촉한다.

○ 습식 라이너는 라이너의 바깥 둘레가 재킷으로 되어 냉각수와 직접 접촉한다.

정답 01 ③ 02 ① 03 ② 04 ② 05 ① 06 ④ 07 ② 08 ③ 09 ③ 10 ① 11 ② 12 ① 13 ③ 14 ④

15 기관에서 피스톤의 행정이란?
① 상사점과 하사점과의 길이
② 피스톤의 길이
③ 실린더 벽의 상하 길이
④ 실린더 벽의 하사점과의 총면적

16 오버스퀘어 기관의 장점 중 틀린 것은?
① 피스톤의 평균 속도를 올리지 않고 엔진의 회전 속도를 높일 수 있다.
② 흡·배기의 지름을 크게 할 수 있어 흡입 효율을 높일 수 있다.
③ 직렬형의 경우 엔진의 높이를 낮게 할 수 있다.
④ 피스톤의 과열되지 않는다.

🔍 오버스퀘어(단행정) 기관은 내경이 커서 피스톤의 과열되기 쉽고, 엔진길이가 길어지기 때문에 진동이 커진다.

17 피스톤의 평균 속도를 올리지 않고 회전 속도를 높일 수 있으며 흡·배기 지름을 크게 할 수 있어 단위 실린더 체적당 흡입효율을 높일 수 있는 기관은?
① 정행정기관
② 단행정기관
③ 정방행정기관
④ 장방행정기관

18 실린더 헤드 등 면적이 넓은 부분에서 볼트를 조이는 방법으로 맞는 것은?
① 규정 토크를 한번에 조인다.
② 중심에서 외측을 향하여 대각선으로 조인다.
③ 외측에서 중심을 향하여 대각선으로 조인다.
④ 조이기 쉬운 곳부터 조인다.

19 개스킷의 구비 조건으로 적당치 않은 것은?
① 복원성이 있을 것
② 접합면에 대한 강도가 있을 것
③ 오일이 잘 새며 응착성이 좋을 것
④ 내열성에 따라 다르다.

🔍 개스킷은 기밀 유지를 위해 커버 하며, 냉각수 및 엔진 오일이 새지 않아야 한다.

20 디젤기관의 구비 조건에 대해 맞는 것은?
① 엔진의 착화성이 있을 것
② 적당한 강도가 있을 것
③ 오일이 잘 새며 응착성이 좋을 것
④ 일정하다.

21 실린더 압축 압력이 감소되는 원인에 속하지 않는 것은?
① 실린더 벽의 마멸
② 피스톤 링의 탄력 부족
③ 피스톤 링 마멸 또는 산부에 금이 갔을 때
④ 피스톤 링의 절개구가 서로 180도 위치되어 있을 때

🔍 피스톤의 무게가 가벼워야 하며, 블로바이(blow by)가 없어야 한다.

22 실린더 헤드 개스킷이 손상되었을 때 일어나는 현상은?
① 피스톤이 가벼워진다.
② 엔진 오일의 소모수가 증가한다.
③ 압축과 폭발 압력이 낮아진다.
④ 피스톤 압력 작용이 좋아진다.

🔍 헤드 개스킷이 손상되면 기밀성이 떨어져 압축과 폭발 압력이 낮아진다.

23 실린더 벽이 마멸되었을 때 일어나는 현상은?
① 기관의 회전수가 증가한다.
② 오일 소모량이 증가한다.
③ 열효율이 증가한다.
④ 폭발 압력이 증가한다.

24 기관의 실린더 마모가 가장 큰 부분은?
① 실린더 아래 부분
② 실린더 및 부분
③ 실린더 중간 부분
④ 일정하지 않다.

25 실린더에서 실린더 윗부분(상사점 부근)이 가장 크게, 아랫부분(하사점 부근)이 가장 작게,
• 실린더 벽의 마멸 원인
• 실린더와 피스톤 링의 접촉에 의한 마멸
• 흡입가스 중의 먼지와 이물질에 의한 마멸
• 연소 생성물에 의한 부식
• 기동시 지나치게 농후한 혼합기에 의한 윤활유 희석

26 기관의 총 배기량이란?
① 연소실 체적과 실린더 체적의 합이다.
② 각 실린더 행정체적의 합이다.
③ 행정체적과 실린더 체적의 합이다.
④ 연소실 행정체적과 실린더 소실 합이다.

27 피스톤의 구비 조건으로 틀린 것은?
① 고온·고압에 견딜 것
② 열전도가 잘될 것
③ 열팽창률이 적을 것
④ 피스톤 중량이 클 것

28 피스톤과 실린더와의 간극이 클 때 일어나는 현상 중 틀린 것은 어느 것인가?
① 피스톤 슬랩 현상이 생긴다.
② 압축, 압력이 저하된다.
③ 오일이 연소실로 올라간다.
④ 피스톤과 실린더의 소결이 일어난다.

정답
15 ① 16 ④ 17 ② 18 ② 19 ③ 20 ② 21 ④
22 ③ 23 ② 24 ② 25 ② 26 ② 27 ④ 28 ④

29 실린더와 피스톤의 간극이 작을 때 일어나는 현상은?
① 피스톤 슬랩 현상이 일어난다.
② 피스톤 측압이 커진다.
③ 심한 피스톤 잡음이 일어난다.
④ 피스톤의 마찰 현상이 일어난다.

30 기관의 피스톤이 고착되는 원인으로 맞지 않는 것은?
① 기관이 과열 되었을 때
② 피스톤 간극이 너무 작을 때
③ 기관 오일이 부족하였을 때
④ 기관이 과랭되었을 때

○ 피스톤과 실린더의 간극이 작으면 엔진 작동 중 열팽창으로 인해 실린더와 피스톤 사이에서 고착(융착, 소결)이 일어난다.

31 피스톤의 작용과 가장 관계가 먼 것은?
① 기밀 작용
② 오일 제어 작용
③ 불완전 연소 억제 작용
④ 열전도 작용

○ 피스톤의 3대 작용
• 기밀 유지 작용(밀봉)
• 오일 제어 작용(실린더 벽의 오일 긁어내리기)
• 열전도 작용(방열)

32 피스톤의 3대 작용은?
① 밀봉 작용, 냉각 작용, 흡입 작용
② 흡입 작용, 압축 작용, 냉각 작용
③ 밀봉 작용, 냉각 작용, 오일 제어 작용
④ 밀봉 작용, 냉각 작용, 마멸 방지 작용

33 피스톤의 절개구를 서로 120°, 혹은 180° 방향으로 끼우는 주된 이유는?
① 방거지지 않게 하기 위하여
② 절개구 쪽에서 새는 것을 방지하기 위하여
③ 실린더 벽의 마멸을 방지하기 위하여
④ 순활유 연향을 하기 위해서

○ 절개구는 120° 또는 180° 각를 주로 설치하고 측압과 보스 방향을 피한다.

34 오일 링의 일반 작용 중 오일의 작용에 해당되지 않는 것은?
① 방청 작용
② 냉각 작용
③ 응력 분산 작용
④ 오일 제어 작용

○ 오일 제어 작용은 오일 링의 작용에 해당된다.

35 피스톤 링의 조립할 때 고려하지 않아도 되는 사항은?
① 축안의 방향
② 링 상호간의 각도
③ 좀베기 빨림의 각도
④ 각 링의 결합 순서

36 4실린더 기관에서 피스톤링 링이 4개 있고 1개 링의 마찰력이 0.5kg이라면 총 마찰력은 몇 kg인가?
① 3kg
② 8kg
③ 12kg
④ 15kg

○ 링의 총 마찰력 = 실린더수 × 링수 × 링의 마찰력
∴ 링의 총 마찰력 = 4 × 4 × 0.5 = 8kg

37 기관의 커넥팅 로드가 부러질 경우 직접 영향을 받는 곳은?
① 메인 베어링 저널
② 밸브
③ 실린더
④ 헤드

○ 커넥팅 로드는 피스톤의 왕복운동을 크랭크 축의 회전운동으로 전달하는 일을 하는 것으로 부러질 경우 실린더가 직접 영향을 받는다.

38 커넥팅 로드(connection rod)의 대단부와 연결되는 크랭크 축의 부분 명칭은?
① 크랭크 핀
② 크랭크 암
③ 실린더
④ 크랭크 축 스프로킷

○ 커넥팅 로드는 피스톤과 크랭크 축을 연결하는 막대로 피스톤과 연결되고 대단부는 크랭크 핀에 결합되어 있다.

39 피스톤과 커넥팅 로드를 연결하는 피스톤 핀의 중공의 이유는?
① 표면을 침탄 경화하기 위하여
② 무게를 가볍게 하고 오일의 통로로 쓰기 위하여
③ 커넥팅 로드의 끝 부분의 고정을 위하여
④ 피스톤을 빼낼 때 스냅링을 빼기 위하여

○ 피스톤 핀은 무게를 가볍게 하고 사용하기 위해 중공으로 제작한다.

40 내연기관의 동력 작용은?
① 피스톤 → 커넥팅 로드 → 클러치 → 크랭크 축
② 피스톤 → 크랭크 축 → 커넥팅 로드 → 클러치
③ 커넥팅 로드 → 크랭크 축 → 클러치 → 피스톤
④ 피스톤 → 커넥팅 로드 → 크랭크 축 → 클러치

41 직렬형 4기통 엔진의 크랭크 각도는 얼마인가?
① 90°
② 180°
③ 240°
④ 160°

42 직렬 6실린더 엔진의 폭발을 받는 크랭크각으로 및 도마다 폭발이 일어나는가?(단, 4사이클 기관에서)
① 60°
② 120°
③ 180°
④ 360°

○ 크랭크 축이 2회전(720°)하는 동안 실린더의 숫자만큼의 회수로 폭발이 일정한 방향으로 따라서, 실린더가 2개인 경우 360°(720/2), 4개인 경우 180°(720/4) 최전당 1회, 6개인 경우 120°(720/6) 최전당 1회 폭발한다.

43 4기통 기관의 점화 순서가 1-2-4-3일 경우 4번 실린더가 폭발 중이면 1번 실린더 위치는?
① 1-3-4-2, 1-2-4-3
② 1-3-4-2, 1-4-2-3
③ 1-3-4-2, 1-2-3-4
④ 1-2-3-4, 1-2-4-3

44 다링기관의 작동 점화 순서가 1-2-4-3일 경우 4번 실린더가 폭발 말 중이면 1번 실린더는 어느 위치?
① 흡입
② 압축
③ 폭발
④ 배기

○ 4기통 엔진 점화순서는 우수식의 경우 1-3-4-2, 좌수식의 경우 1-2-4-3 이다.

45 크랭크 축에 제일 많이 사용되는 베어링은?
① 테이퍼 베어링 ② 롤러 베어링
③ 플레인 베어링 ④ 볼 베어링

◎ 크랭크 축에는 주로 분할형의 플레인(평면) 베어링이 사용된다.

46 6기통 기관에서 좌수식의 폭발순서는 다음 중 어느 것인가?
① 1-4-2-6-3-5 ② 1-2-4-5-3-6
③ 1-3-4-2-6-5 ④ 1-5-3-6-2-4

◎ 직렬 6기통 엔진의 폭발순서는 우수식 1-5-3-6-2-4, 좌수식은 1-4-2-6-3-5 이다.

47 기관의 회전속도가 4500rpm일 때 연소지연시간이 1/600초라고 하면 연소지연 시간 동안에 크랭크 축의 회전각은?
① 30°   ② 40°
③ 45°   ④ 50°

◎ 크랭크 축의 회전각 = $\frac{V \times 360}{60} \times$ 연소지연 시간
= $\frac{4500 \times 360}{60} \times \frac{1}{600} = 45°$

48 우수식 크랭크 축이 설치된 4행정 6실린더 기관의 폭발순서는?
① 1-3-2-5-6-4   ② 1-4-3-5-2-6
③ 1-5-3-6-2-4   ④ 1-6-2-5-3-4

49 1-6-2-5-8-3-7-4의 직렬형 8기통 폭발 순서에서 7번과 크랭크 핀이 같은 각도에 있는 기통은 어느 것인가?
① 2번 기통   ② 3번 기통
③ 4번 기통   ④ 5번 기통

◎ 1-8, 3-6, 2-7, 4-5 가 같은 위상 각을 갖는다.

50 점화 순서가 1-5-3-6-2-4에서 3번 피스톤이 압축 행정시 4번 피스톤은 어떤 행정을 하는가?
① 흡입 행정   ② 흡입 초 행정
③ 압축 행정   ④ 배기 행정

51 어떤 디젤기관의 폭발 순서가 1-3-4-2이다. 1번 실린더가 흡입 행정시 3번 실린더는 어떤 행정을 하는가?
① 흡입 행정   ② 압축 행정
③ 폭발 행정   ④ 배기 행정

◎ 점화순서가 1-3-4-2인 4실린더 기관에서 1번이 흡입행정으로 작용할 때 2번은 압축, 4번은 폭발, 3번은 배기행정이 된다.

52 크랭크 축에서 베어링의 바깥 둘레와 하우징 둘레와의 차이를 무엇이라 하는가?
① 베어링 크러시   ② 베어링 두께
③ 베어링 스프레드   ④ 베어링 냠기

◎ 베어링 크러시는 베어링을 까우칠 때 베어링 바깥 둘레를 맞추며, 베어링 스프레드는 베어링을 까우지 않았을 때 베어링 바깥 지름과 하우징 지름과의 차이를 말한다.

53 타이밍 기어란?
① 배전기 구동기어와 캠 축 기어
② 헬리컬 기어와 피니언 기어
③ 크랭크 축 기어와 캠 축 기어
④ 오일 펌프기어와 헬리컬 기어

◎ 타이밍 기어는 크랭크축의 회전 운동을 이용하여 밸브를 움직이는 캠축 구동용 기어로 밸브의 작동 시기를 적절하게 조정한다.

54 타이밍 기어의 백래시가 클 때 일어나는 사항은?
① 밸브 개폐시기 등이 틀려진다.
② 윤활장치의 유압이 높아진다.
③ 기관의 공조속도가 빨라진다.
④ 점화시기의 낫아진다.

◎ 타이밍 기어는 밸브의 개폐시기를 조정하는 기어이다.

55 캠 축의 기능이 아닌 것은?
① 밸브의 개폐를 돕는다.
② 크랭크 축을 돕쌍한다.
③ 오일 펌프와 연료 펌프를 작동시킨다.
④ 배전기를 작동시킨다.

◎ 캠 축의 주된 기능은 흡, 배기밸브의 개폐이며 부수적으로 오일 펌프, 연료 펌프, 배전기 등을 구동시키기도 한다.

56 플라이 휠에 관한 설명 중 옳은 것은?
① 플라이 휠의 크기는 기통수에 비례한다.
② 저속에서 고속으로의 속도 변화를 용이하게 한다.
③ 속도 변화가 큰 증장비에 수록 작게 한다.
④ 외부 엔주석에 큰 기어가 열 봄음으로 설치되어 있다.

57 4사이클 기관 캠 축의 캠의 수는 무엇과 같은가?
① 기관 밸브의 수   ② 실린더 수
③ 피스톤의 수   ④ 크랭크 핀의 수

58 캠의 양정(lift)이란?
① 리프트 테핏과의 거리이다.
② 기초원과 노즈와의 거리이다.
③ 밸브 베이스의 거리이다.
④ 백래시의 거리를 말한다.

◎ 캠의 양정이란 기초원인 수와 회전숙에 안전량에 앤진 밸브을 반지어에 회전 속도를 모르게 한다.

59 캠에서 기초원(basecircle)과 노즈(nose)의 거리를 무엇이라 하는가?
① 플랭크(flank)   ② 로브(lobe)
③ 저널(journal)   ④ 양정(lift)

정답 45 ③ 46 ① 47 ③ 48 ③ 49 ① 50 ④ 51 ③ 52 ① 53 ③ 54 ① 55 ② 56 ④ 57 ① 58 ② 59 ④

60 다음에 열거한 부품 중 점화시기를 펌프 밸브로 하지 않는 것은?
① 크랭크축 기어
② 캠축 기어
③ 연료분사 펌프 구동기어
④ 오일 펌프 구동기어
▶ 보기 중 오일 펌프 구동기어는 윤활장치에 해당된다.

61 플라이휠 크기는 다음 중 어느 것과 가장 관계가 있는가?
① 크랭크 축의 길이
② 플라이휠의 크기
③ 피스톤의 크기
④ 회전속도와 실린더 수
▶ 플라이휠 크기와 무게는 실린더 수의 회전수에 반비례한다.

62 다음 중 6기통 직렬형 플라이휠의 링 기어 잇몸 개수는?
① 3군데
② 4군데
③ 5군데
④ 6군데
▶ 플라이휠 링 기어의 미끄 개수는 4기통 2곳, 6기통 3곳, 8기통 4곳이다.

63 기관 밸브의 개폐를 돕는 부품은?
① 니플
② 스티어링
③ 푸커암
④ 피트먼
▶ 로커암 : 밸브 개폐를 위한 힘의 방향을 바꿔 주는 방향 전환 기능의 일(arm)

64 45°의 밸브를 44°로 연마하는 주된 이유는?
① 밸브가 시트를 결집게 하기 위해서이다.
② 밸브면과 시트 사이의 간접을 제거하기 위해서이다.
③ 밸브의 수명을 연장하기 위해서이다.
④ 밸브가 작동 중에 평창하여 시트와 완전히 밀착되게 하기 위해서이다.
▶ 밸브 간격이란 작동 중에 열팽창을 고려하여 밸브 시트에 1/4~1° 정도의 차를 두어 작동 온도가 되면 밸브 연마 시트가 완전히 접촉되도록 한다.

65 밸브의 재사용 여부는 모든 부분이 양호한 상태일 때 무엇에 의해 결정되는가?
① 밸브 마멸
② 시트의 두께
③ 페이스 각도
④ 마진의 두께
▶ 일반적으로 마진의 두께가 0.8mm 이하인 경우에는 다시 사용하지 못한다.

66 흡기 · 배기 밸브의 연마 각도는 일반적으로 얼마나 두는 것이 좋은가?
① 20°와 30°
② 40°와 60°
③ 30°와 45°
④ 60°와 90°
▶ 밸브의 연마 각도는 일반적으로 각을 밸브면 각도라 하여 60°, 45°, 30°인 것이 있으며 주로 45°를 가장 많이 사용한다.

67 밸브시트와 페이스 접촉면의 폭은 얼마로 하는 것이 적당한가?
① 1~1.5mm
② 1.5~2mm
③ 30°와 45°
④ 2~3mm
▶ 밸브 시트와 폭은 1.5~2mm이며, 폭이 넓으면 냉각 효과는 크지만 압력이 분산되어 기밀 유지가 불량해진다.

68 다음 중 밸브 간섭각으로 가장 적당한 것은?
① 1/4~1°
② 1~2°
③ 2~3°
④ 4~6°

69 다음은 유압태핏의 장점이다. 관계없는 것은?
① 밸브 간격의 조정이 필요없다.
② 작동 중 소음이 적다.
③ 밸브 간극이 비교적 적어도 된다.
④ 밸브 기구의 손실이 적다.
▶ 유압식 밸브리프트(유압태핏)는 엔진의 작동변화에 관계없이 밸브 간격을 무자시키도록 한 방식이다.

70 기관에서 밸브 간격이 약할 때는 기관에서 어떤 현상이 발생하는가?
① 배기가스의 양이 적어진다.
② 밸브 열림 부분으로 압축가스가 샌다.
③ 밸브 간격이 비정상이 생겨 조기 마모된다.
④ 흡입 공기량이 많아져서 출력이 증가된다.
▶ 밸브 스프링의 장력이 약하면 고속에서 밸브 스프링의 신축에 의해 출력이 보실, 기관 소프링 서징 회전수 경향에 의해 밸브 간격 마모, 밸브 소프링의 서징 현상이 발생한다.

71 밸브 스프링의 점검과 관계가 없는 것은?
① 스프링 장력
② 직각도
③ 자유높이
④ 코일 수

72 밸브 스프링의 서징현상은 어느 때 생기는가?
① 저속
② 중속
③ 고속
④ 저온
▶ 밸브 스프링의 서징현상 : 정격, 직각도, 자유 높이, 접촉면

73 기관의 밸브 부분에서 점검이 실행 때의 원인을 나열한 것 중 틀린 것은?
① 밸브 스프링이나 로커(lock)의 파손
② 은활 부족
③ 밸브 틈새의 과대
④ 밸브 스프링의 규정
▶ 밸브 스프링의 장력이 현상이란 고속에서 밸브 스프링의 신축에 의해 밸브 스프링의 고유 진동수와 캠 회전수 공명에 의해 밸브 스프링이 파손, 발생 현상이 발생한다.

74 흡기밸브와 배기밸브의 간극에 관한 설명 중 옳은 것은?
① 간극은 흡기밸브와 배기밸브가 상관없다.
② 흡기밸브 배기밸브의 간극이 같다.
③ 흡기밸브가 배기밸브의 간극이 크다.
④ 일반적으로 배기밸브 간극이 크다.

75 기관의 밸브 간극이 너무 클 때 발생되는 현상으로 맞는 것은?
① 정상온도에서 밸브가 확실하게 닫히지 않는다.
② 밸브 스프링의 장력이 약해진다.
③ 푸시로드가 변형된다.
④ 정상온도에서 밸브가 일반적으로 너무 늦게 배기밸브 쪽 간극이 더 크게 둔다.
▶ 밸브 간극이 너무 클 경우 정상 운전에서 밸브가 완전하게 열리지 못한다.

정답 60 ④ 61 ④ 62 ① 63 ③ 64 ④ 65 ④ 66 ③ 67 ②
정답 68 ② 69 ③ 70 ② 71 ④ 72 ③ 73 ② 74 ④ 75 ④

76 밸브 간극을 측정하는 게이지로 알맞은 것은?
① 깊이 게이지를 사용한다.
② 내측 마이크로미터를 사용한다.
③ 엔예스코프 게이지를 사용한다.
④ 필러 게이지를 사용한다.

   ◎ 밸브 간극은 밸브 리프트 사이에 필러 게이지(간극 게이지)를 넣고 측정한다.

77 어떤 4행정 기관의 밸브 개폐 시기가 다음과 같다. 흡기행정기간은 몇 도인가?

   • 흡기밸브 열림 : 상사점 전 15°
   • 흡기밸브 닫힘 : 하사점 후 50°
   • 배기밸브 열림 : 하사점 전 45°
   • 배기밸브 닫힘 : 상사점 후 10°

   ① 180°   ② 230°
   ③ 235°   ④ 245°

   ◎ 흡기행정 각도
   = 흡기밸브 열림각도 + 180° + 흡기밸브 닫힘각도
   = 15° + 180° + 50° = 245°

78 밸브 오버랩이란?
① 밸브가 닫힐 때 튀면서 닫히는 현상
② 배기행정시 실린더 내의 압력에 의하여 자연히 배출되는 현상
③ 흡기행정 때 하사점에는 밸브를 닫지 않고 40~50° 후방에서 닫히는 현상
④ 흡·배기행정시 잔류가스를 완전히 배출하기 위해 흡기·배기밸브 동시에 열려주는 현상

   ◎ 밸브 오버랩(valve overlap) : 상사점 부근에서 흡기밸브를 열리고, 배기밸브는 닫히려는 순간으로 흡·배기밸브가 동시에 열려있는 상태

79 배기행정 초에 배기밸브가 열려 배기가스가 자체의 압력에 의하여 배기가스가 배출되는 현상은?
① 블로바이   ② 블로다운
③ 블로이크   ④ 배기피독

   ◎ 블로다운(blow-down) : 배기행정 초에 배기밸브가 열려서 자체적인 압력으로 자연히 배출되는 현상

80 블로다운 현상의 설명에 적합한 것은?
① 밸브가 닫힐 때 튀면서 닫히는 현상
② 배기행정 초기에 배기밸브가 열려 배기가스와 자체의 압력에 의하여 배출되는 현상
③ 압축행정시 피스톤과 실린더 공기가 누출되는 현상
④ 피스톤이 상사점 근방에서 흡·배기밸브 동시에 열려 배기가스를 내보내는 현상

81 블로바이(blow by) 현상의 설명에 적합한 것은?
① 밸브가 닫면서 단히는 현상
② 실린더와 피스톤 틈에서 압축가스가 크랭크케이스로 빠져 나오는 현상
③ 압축행정시 피스톤 그랑에서 공기가 흡입되는 현상
④ 배기행정시 잔류가스를 완전히 배출시키는 현상

   ◎ 블로바이(blow-by) : 피스톤과 실린더 사이에서 크랭크케이스 쪽으로 누출되는 미연소 가스

정답 76 ④ 77 ④ 78 ④ 79 ② 80 ② 81 ②

Lesson 02 **윤활장치 구조와 기능**

01 윤활유 성질 중 가장 알맞은 것은?
① 오일의 가격이 높은 것
② 인화점 및 발화점이 낮을 것
③ 인화점 및 발화점이 낮을 것
④ 발열작용이 양호할 것

   ◎ 윤활유의 구비조건
   • 온도변화에 의한 점도의 변화가 적을 것
   • 강한 유막을 형성할 것
   • 비중과 점도가 적당하고 점도지수가 낮을 것
   • 기포발생 및 카본생성에 대한 저항력이 클 것

02 윤활유의 구비 조건으로 적당하지 않은 것은?
① 온도에 따라 점도가 적당할 것
② 윤활성이 좋을 것
③ 응고점이 높을 것
④ 인화점이 높을 것

03 다음 중 윤활유의 분류방법에 해당되지 않는 것은?
① 사용조건에 따른 분류
② 점도에 따른 분류
③ 온도에 따른 분류
④ 색깔에 따른 분류

   ◎ 윤활유(엔진오일)는 응고점이 낮아야 한다.

04 윤활유의 기능으로 맞는 것은?
① 마찰감소, 스트레스작용, 밀봉작용, 냉각작용
② 마멸방지, 수분흡수, 밀봉작용, 마찰증대
③ 마찰감소, 마멸방지, 밀봉작용, 냉각작용
④ 마찰증대, 냉각작용, 스트레스작용, 응력분산

   ◎ 윤활유의 7대 기능 : 감마작용, 방청작용, 세척작용, 밀봉작용, 무부하지작용, 소음완화작용, 응력분산작용

05 엔진오일의 사용 목적이 아닌 것은?
① 실린더 내의 가스 누설을 방지한다.
② 노킹 현상을 방지한다.
③ 응력 집중을 완화한다.
④ 방청 및 세척작용을 한다.

   ◎ 노킹현상은 실린더 내에서 연료기 부적절한 관계로 이상폭발 일으켜서 금속음이 발생하는 현상으로 윤활유와는 관련이 없다.

06 미국석유협회(API)에서 분류한 윤활유 가운데서 디젤기관에 해당되지 않는 것은?
① DG   ② DM
③ DS   ④ DZ

   ◎ API 분류
   • 가솔린 엔진용 : ML, MM, MS
   • 디젤 엔진용 : DG, DM, DS

정답 [2. 윤활장치 구조와 기능] 01 ② 02 ③ 03 ④ 04 ③ 05 ② 06 ④

07 고온 고부하용 윤활유로 가혹한 운전조건에 사용되는 디젤기관용은?

① DG ② DM
③ DS ④ 5W

⊙ 디젤엔진용 엔진오일
• DG : 마멸이나 침전물에 문제가 없는 다젤 엔진에 사용
• DM : 사펴용 경유를 사용하고 운전 조건이 좋지 않은 조건에 사용
• DS : 고온 고부하용 등 가장 가혹한 운전조건에 사용

08 윤활유 점도에 대한 설명이다. 틀리는 사항은?

① 윤활유 점도가 높을수록 유동성이 좋아진다.
② 여름철에는 윤활유 점도가 높은 것을 사용한다.
③ 겨울철에는 윤활유 점도가 낮은 것을 사용한다.
④ 윤활유 점도지수가 클수록 온도의 변화에 대한 점도 변화도 적다.

⊙ 점도가 높으면 유동성이 저하되고, 점도가 낮으면 유동성이 좋아진다.

09 다음 디젤엔진에 사용되는 윤활유의 등급을 표시한 것이다. 과급기가 부착된 중장비 엔진에 사용되는 것은?

① CA ② CB
③ CC ④ CD

⊙ API 분류상 DS는 SAE 신분류상의 CD, CE로 고속·고출력 과급기가 설치된 디젤 엔진용이다.

10 엔진오일에 대한 설명으로 맞는 것은?

① 엔진을 시동한 상태에서 점검한다.
② 겨울보다 여름에는 점도가 높은 오일을 사용한다.
③ 엔진오일에는 거품이 많이 들어있는 것이 좋다.
④ 엔진오일 순환상태는 오일레벨 게이지로 확인한다.

11 현장에서 오일의 열화를 찾아내는 방법이 아닌 것은?

① 자극적인 악취의 유무 확인
② 색깔의 변화나 수분·침전물의 유무 확인
③ 오일을 가열했을 때 냄새나는 정도의 차이 확인
④ 흔들었을 때 생기는 거품이 없어지는 양상 확인

12 엔진오일의 오염 원인이 될 수 없는 것은 다음 중 어느 것인가?

① 오일여과기의 불량 ② 연소가스 누설
③ 유성의 부적합 ④ 유압제어 고장

13 기관 오일의 오염 원인이 아닌 것은?

① 오일여과기의 불량
② 피스톤 링 접력의 약화될 때
③ 유(油) 점이 불충분할 때
④ 블리바 밸브가 고장되었을 때

14 다음 중 기관 윤활유의 소비가 많게 되는 가장 큰 원인은?

① 희석과 혼합 ② 비산과 압력
③ 비산과 희석 ④ 연소와 누설

15 엔진의 윤활유 소비량이 과대해지는 가장 큰 원인은?

① 기관의 과열 ② 피스톤 링 마멸
③ 오일 여과기 불량 ④ 냉각 펌프 손상

16 엔진오일이 톱아 섞이었다고 판단되는 것은?

① 고속 공전시 엔진 블로바이에서 하얀 연기가 나온다.
② 배기파이프 연기가 노란색을 띠면서 엔진오일이 떨어졌을 때 오일의 색이 우유색처럼 변했을 때
③ 배기가스의 색깔이 담청색이다.
④ 엔진속기 기어에서 심한 소음이 난다.

17 기관 오일에 연료가 혼합되어 있으면 어떻게 되는가?

① 기관회전이 원활하다.
② 마모현상이 촉진된다.
③ 발화점이 높아진다.
④ 점도가 높아진다.

⊙ 기관 오일에 연료가 혼합되면 윤활작용이 정상적으로 이루어지지 못하고 마모현상이 촉진된다.

18 엔진오일을 교환하고 있을 때의 원인은?

① 경유가 유입되어 있다. ② 연소가스가 섞여 있다.
③ 냉각수가 섞여 있다. ④ 가솔린이 유입되어 있다.

19 엔진오일이 우유색을 띠고 있을 때의 원인은?

① 휘발유 ② 배기
③ 경수 ④ 황산

⊙ 엔진오일 유입 상태 점검
• 검정색에 가까운 경우 : 심하게 오염(불완전 연소)
• 붉은색에 가까운 경우 : 유연 가솔린이 유입
• 노란색에 가까운 경우 : 무연 가솔린이 유입
• 회색에 가까운 경우 : 4에틸납 연소 생성물 혼입
• 우유색에 가까운 경우 : 냉각수가 섞여 있음

20 다음 중 윤활유가 연소실에 올라와 연소할 때 배기가스의 색은?

① 흑색 ② 백색
③ 청색 ④ 황색

21 엔진오일을 사용하는 곳이 아닌 것은?

① 피스톤 ② 실린더 벽
③ 캠샤프트 ④ 크랭크 저널

정답 07 ③ 08 ① 09 ④ 10 ② 11 ③ 12 ④ 13 ④ 14 ④ 15 ② 16 ① 17 ② 18 ③ 19 ② 20 ③ 21 ④

22 윤활유 공급 펌프에서 공급된 윤활유 전부가 엔진오일 팬으로 가게 되는 방식은?
① 분류식 ② 자력식
③ 전부식 ④ 산도식

○ 분류식 : 오일 펌프에서 나온 오일의 일부를 여과하고 나머지는 윤활부로 그냥 보낸다.
전류식 : 오일 펌프에서 나온 오일 전부가 여과기를 거쳐 여과된 다음 윤활부로 가게 된다.
샨트식 : 펌프에서 보내지는 오일의 일부만을 여과하지만 여과된 오일과 여과되지 않은 오일이 함께 윤활부에 공급된다.

23 기관에 사용되는 오일 여과기의 점검사항으로 틀린 것은?
① 여과기가 막히면 유압이 높아진다.
② 엘리먼트 청소는 압축공기를 사용한다.
③ 여과 능력이 불량하면 부품의 마모가 빠르다.
④ 작업 조건이 나쁘면 교환 시기를 빨리 한다.

○ 엘리먼트는 재생하지 않고 교환한다.

24 윤활유 급유펌프에 속하지 않는 것은?
① 기어펌프 ② 제트펌프
③ 플런저펌프 ④ 베인펌프

25 다음 중 일반적인 윤활펌프 사용되지 않는 것은?
① 기어펌프 ② 플런저펌프
③ 로터리펌프 ④ 포직펌프

26 다음 중 오일펌프가 하는 작용은?
① 연소작용을 한다.
② 오일순환을 촉진시킨다.
③ 윤활유의 불순물을 여과한다.
④ 순환 조정작용을 한다.

27 오일여과기의 역할은?
① 오일의 순환작용 ② 연소시 정유작용
③ 오일의 세정작용 ④ 오일의 압송

28 엔진오일의 교환시기와 주유시 요령이다. 틀린 것은?
① 엔진에 알맞은 오일을 선택한다.
② 주유시 사용 지침서 및 주유표를 따른다.
③ 오일 교환 시기를 맞춘다.
④ 재생 오일을 사용한다.

○ 오일 여과기(오일 필터)는 윤활 장치 내를 순환하는 오일에 쌓이는 수분, 기포, 금속 분말, 오일 슬러지 등의 불순물을 여과(오일의 세정)하는 역할을 한다.

29 사용 중의 엔진오일 여과기의 엘리먼트의 교환으로 알맞은 것은?
① 30시간 정도 ② 250시간 정도
③ 500시간 정도 ④ 1000시간 정도

○ 엔진오일 여과기의 엘리먼트는 일반적으로 250시간 정도가 지나면 교환하도록 한다.

30 유압기 부착된 건설기계에서 유압계 지침이 정상으로 압력 상승이 되지 않았다. 그 원인으로 틀린 것은?
① 오일 팬프의 파손 ② 전문력 고장
③ 릴리프 밸브의 고장 ④ 실린더 압력

○ 유압계는 윤활장치 내를 순환하는 오일의 압력을 운전자에게 알려주는 계기로 엔진개통되는 관계가 없다.

31 작업 중 운전자가 확인해야 할 것으로 틀린 것은?
① 온도계기 ② 전류계기
③ 오일압력계기 ④ 실린더 압력

32 엔진오일의 순환상태를 알 수 있는 계기는?
① 유압계 ② 연료계
③ 진공계 ④ 전류계

33 오일팬 정상치나 오일압력계의 압력이 규정치보다 높을 경우 조치사항 중 옳은 것은?
① 오일을 보충한다. ② 오일을 배출한다.
③ 유압조절밸브를 조인다. ④ 유압조절밸브를 푼다.

○ 유압 조절 밸브는 윤활 회로 내를 흐르는 유압이 과도하게 상승하는 것을 방지하는 작용을 하는 것으로 밸브를 풀면 유압이 낮아지고 조이면 유압이 내려간다.

34 기관의 유활유 유압이 규정보다 높게 표시될 수 있는 원인으로 맞은 것은?
① 엔진 오일 실(seal) 파손
② 크랭크 축 오일 틈새가 크다.
③ 크랭크 케이스에 오일이 적다.
④ 오일 팬프가 불량하다.

35 기관의 오일 유압이 수치보다 낮을 경우의 관계 없는 것은?
① 오일 릴리프 밸브가 막혔다.
② 크랭크 축 오일 틈새가 크다.
③ 크랭크 케이스에 오일이 적다.
④ 오일 팬프가 불량하다.

36 엔진의 오일압력 경고등이 점등 시, 점검사항 가리킬 때는?
① 오일 ② 오일 불량
③ 정상 ④ 오일 점도 불량

37 엔진이 작동할 때 지침이 떨어지면 어떻게 해야 하는가?
① 엔진을 즉시 정지한다. ② 저속으로 작업한다.
③ 고속으로 작업한다. ④ 아무 판계 없다.

38 바이패스밸브(by-pass valve)는 언제 작동되는가?
① 오일이 과열될 때
② 필터가 막혔을 때
③ 오일이 과냉되어 있을 때
④ 오일이 작정보다 많을 때

○ 바이패스 밸브는 오일 필터가 막혔을 때, 윤활유를 계속 오일을 공급할 수 있도록 하기 위해 사용되는 밸브를 말한다.

정답 22 ③ 23 ② 24 ② 25 ④ 26 ③ 27 ③ 28 ④ 29 ②
정답 30 ④ 31 ④ 32 ① 33 ④ 34 ③ 35 ① 36 ③ 37 ① 38 ②

39 유압유의 지침이 움직이지 않는 원인 중 틀린 것은?
① 오일 펌프의 고장
② 엔진펌프의 마찰
③ 오일량의 부족
④ 유압파이프의 파손

⊙ 유압계는 유압장치 내부 순환하는 오일 압력을 운전자에게 알려주는 계기로 연료와는 무관하다.

40 윤활부의 마찰이 커지면 유압은 어떻게 되는가?
① 낮아진다.
② 높아진다.
③ 낮아졌다 높아졌다 한다.
④ 아떤 관계도 없다.

⊙ 윤활부의 마찰이 커지면 기밀성이 떨어져서 유압은 낮아진다.

41 엔진오일 펌프의 출구쪽에 위치하고 있는 밸브의 설치목적은?
① 제품 내의 최대압력을 조절하기 위해
② 오일을 각 제품으로 빨리 전달하기 위해
③ 제품 내의 오일을 조용하기 위해
④ 순환되는 내부 오일을 깨끗하게 하기 위해

⊙ 엔진오일 펌프의 출구쪽에 위치하고 있는 밸브는 유압 조절 밸브이다.

42 오일 펌프의 압력조절 밸브를 조정하여 스프링 장력을 높게 하면 어떻게 되는가?
① 유압이 높아진다.
② 윤활유의 점도가 증가된다.
③ 유압이 낮아진다.
④ 유량의 송출량이 증가된다.

⊙ 오일 펌프의 압력조절 밸브의 스프링 장력을 높이면 유압이 낮아지고, 장력이 커지면 유압이 증가된다.

43 오일 펌프의 시동 전에 점검해야 할 사항 중 관계없는 것은?
① 데바가 적장 위치에 있는가 확인
② 미터나 지침이 정상치에 있는가 확인
③ 유압 시동을 할 필요 이상의 동력이 소모된다.
④ 윤활유 작동지의 작동상태 확인

⊙ 엔진 미터 작동 상태는 시동 전에 확인할 수 없다.

44 디젤엔진의 윤활유의 점도가 너무 큰 것을 사용했을 때 일어나는 현상은?
① 좁은 공간에 잘 침투하므로 충분한 주유가 된다.
② 엔진 시동을 할 필요 이상의 동력이 소모된다.
③ 점차 묽어지기 때문에 경제적이다.
④ 겨울철에는 특히 사용하기 좋다.

⊙ 윤활유의 점도가 높으면 엔진 시동시 필요 이상의 동력이 증가하여 시동이 어렵게 되고 기관의 소음이 커진다.

45 오일 레벨 게이지에 대한 설명이, 틀리는 사용은?
① 기관 가동상태에서 게이지를 뽑아 점검한다.
② 운활유 규유레벨은 유면표시 "F"선까지 급유한다.
③ 운활유 레벨도 점검하고 동시에 운활유 점도도 점검한다.
④ 유면표시 "F"선을 남기고 있으면 운활유는 회석되어도 보다.

⊙ 오일의 점검은 건조된 지면에 주차시키고 엔진을 가동하여 난기운전시킨 후 엔진을 정지한 상태에서 점검한다.

정답 39 ② 40 ① 41 ① 42 ② 43 ① 44 ② 45 ①

---

46 유압을 점검할 때 옳지 않은 것은?
① 엔진회전 중 점검
② 평탄한 지형에서 점검
③ 유규의 적정 위치에서 점검 때 오일을 보충
④ 오일이 불규칙한 상태에서 오일을 교환

⊙ 유압유 점검은 평탄한 지면에서 점검한다.

Lesson 03 연료장치 구조와 기능

01 고속 디젤기관은 다음 중 어느 것인가?
① 오토 사이클
② 디젤 사이클
③ 사바테 사이클
④ 카르노 사이클

⊙ 속력(항공) 사이클은 사바테 사이클이 복합형의 일정한 압력과 용적 하에서 연소가 되는 것으로, 사바테 사이클이라고도 하며 대부분의 고속 디젤기관이 이에 해당된다.

02 2사이클 디젤기관의 소기방식에 속하지 않는 것은?
① 횡단 소기식
② 단류 소기식
③ 루프 소기식
④ 복류 소기식

⊙ 2사이클 디젤기관의 소기방식 : 루프소기식, 횡단소기식, 단류소기식

03 디젤기관의 폭발압력은 다음 중 어느 것이 가장 적당한가?
① 15~20 kgf/cm²
② 30~35 kgf/cm²
③ 40~55 kgf/cm²
④ 65~70 kgf/cm²

⊙ 일반적으로 폭발압력은 가솔린 기관 35~45kgf/cm², 디젤 기관 55~65kgf/cm²로 보기에서는 65~70kgf/cm²이다.

04 공기만을 실린더 내로 흡입하여 고압축비로 압축한 다음 압축열에 연료를 분사시키는 작동원리의 디젤기관은?
① 압축착화기관
② 전기점화기관
③ 외연기관
④ 제트기관

⊙ 자동차연진은 연료의 연소방식에 따라 외부점화연진으로 구분된다. 불꽃점화연진은 연료와 공기를 기화기를 흡입한 혼합기를 실린더 내의 압축공기 중에 압축한 혼합기 일으로 점화하여 연소·팽창시키는 것으로, 공기만을 실린더 내에 흡입 압축하여 LPG엔진, CNG엔진 등이 대표적이다. 고압 상태로 연료를 분사하면 후 압축공기에 의하여 연소시키는 것이 디젤엔진이다.

05 디젤기관의 장점이 아닌 것은?
① 가속성이 좋고 운전이 정숙하다.
② 열효율이 높다.
③ 화재의 위험이 적다.
④ 연료소비가 낮다.

⊙ 디젤엔진의 장점
• 열효율이 높고, 연료 소비량이 적다.
• 인회점이 높은 경유를 연료로 사용하므로 화재의 위험이 적다.
• 대형화에 적합하며, 저속에서 저회전력이 크다.
• 경부하시 효율이 나쁘지 않으며, 대기오염 성분이 적다.
• 배기가스가 유독성이 적고 CO의 발생량이 적다.
• 전기점장치가 없어 이에 대한 고장이 적다.
• 경제적이며 사용 연료의 비교적 유리하다.

정답 46 ① | 3. 연료장치 구조와 기능 | 01 ③ 02 ④ 03 ④ 04 ① 05 ①

06 고속 디젤기관의 장점으로 틀린 것은?

① 연료의 기화율이 가솔린 기관보다 높다.
② 인화점이 높은 경유를 사용하므로 취급이 용이하다.
③ 가솔린 기관보다 최고 회전수가 빠르다.
④ 연료 소비량이 적고 열효율 기관보다 낫다.

☞ 디젤기관은 저속 토크가 크며 기관 회전수가 낮은 저속에서도 강한 힘을 발휘하며, 반면 기솔린기관에 비해 최고 회전수가 낮다.

07 고속 디젤기관의 기솔린 기관보다 좋은 점은?

① 열효율이 높은 소음이 적다.
② 순간 중 소음이 비교적 적다.
③ 운전 중 진동이 적다.
④ 엔진의 출력당 무게가 가볍다.

08 디젤엔진의 진동원인이 아닌 것은?

① 4기통 엔진에서 한 개의 분사 노즐이 막혔을 때
② 인젝터에 불균형이 있을 때
③ 분사압력이 실린더별로 차이가 있을 때
④ 하이텐션 코드가 불량할 때

☞ 디젤엔진의 진동 원인
• 분사량, 분사시기 및 분사압력 등의 실린더별 다를 때
• 연료 개개 실린더에 다량의 개스 노즐이 막혔을 때
• 연료공급계통이 공기가 침투했을 때
• 인젝터에 불균형이 있을 때
• 크랭크 축의 무게가 평형이 맞지 않을 때
• 실린더 상호 간의 내경 차이가 심할 때
• 피스톤 커넥팅 로드 어셈블리의 무게 차이가 클 때

09 다음 중 디젤기관의 장점이 먼 것은?

① 각 실린더의 분사압력과 분사량이 다르다.
② 분사시기, 분사간격이 다르다.
③ 윤활 펌프의 유통이 높다.
④ 각 피스톤의 중량차가 크다.

10 디젤기관의 진동 원인과 가장 거리가 먼 것은?

① 혼체의 위장이 적다.
② 열효율이 높다.
③ 가솔린 기관보다 운전이 정숙하다.
④ 연료소비율이 낮다.

11 디젤기관에서 전기장치에 없는 것은 어느 것인가?

① 스파크 플러그
② 글로우 플러그
③ 축전지
④ 예열플러그

☞ 디젤기관은 공기를 압축하여 발생하는 압축열에 의해 자기착화하는 기관으로 스파크 플러그가 없다.

12 다음은 어느 구성품을 형태에 따라 구분한 것인가?

| 직접분사식, 예연소실식, 와류실식, 공기실식 |

① 연료분사장치
② 연소실
③ 기관 구성
④ 동력전달장치

13 디젤기관 연료분사의 연료분사 압력이 가장 많은 연소실의 형식은?

① 공기실식
② 예연소실식
③ 예연소실식
④ 직접분사식

☞ 분사압력은 직접분사실식이 200~300kgf/cm²으로 예연소실식이 100~120kgf/cm²과 공기실실식이 가장 높다.

14 다음의 연소실 중류 중 NOx 배출이 가장 많은 연소실의 형식은?

① 직접분사실식
② 와류실식
③ 예연소실식
④ 공기실식

☞ 직접분사실식은 실린더 헤드의 피스톤 헤드에 설치된 요철에 의해 형성되며, 여기에 직접 연료를 분사하는 방식으로 질소산화물의 발생이 크다.

15 연료 소비율이 가장 직접 압력이 가장 높은 연소실은?

① 직접분사실식
② 와류실식
③ 예연소실식
④ 공기실식

16 다음 직접분사식 연소실의 장점으로 맞는 것은?

① 실린더 헤드의 구조가 간단하기 때문에 열효율이 높고, 연료 소비량이 적다.
② 연료의 분사압력이 낮아서 낫다.
③ 구조가 간단하기 때문에 열효율이 높다.
④ 연료의 세타에 대한 표면적이 적기 때문에 냉각 손실이 적다.

☞ 직접분사식은 연료실의 구조가 간단하고 직접 압력이 가장 높은 연소실이다.

17 예연소실식 연소실에 대한 설명으로 틀린 것은?

① 예열 플러그를 설치한다.
② 사용 연료의 변화에 민감하다.
③ 예연소실은 주연소실보다 적다.
④ 분사압력이 직접분사식보다 낫다.

18 와류실식 연소실의 장점 중 옳지 않은 것은?

① 실린더 헤드의 구조가 간단하다.
② 분사압력이 낮아 연료장치의 고장이 적고 수명이 길다.
③ 회전속도 범위가 넓고 운전이 원활이 난다.
④ 압축행정시 가한 와류를 이용하기 때문에 회전속도 및 평균유효압력을 높일 수 있다.

☞ 와류실식의 단점
• 실린더 헤드의 구조가 복잡하다.
• 분사노즐의 표면체가 커서 선단 연료분이 낫다.
• 저속에서 노크 발생이 크다.
• 열효율 기관 시 예열플러그가 필요하다.

19 압축 말 연료분사 노즐로부터 실린더 내로 연료를 분사하여 연소시켜 동력을 얻는 행정은?

① 폭발 행정
② 압축 행정
③ 배기 행정
④ 흡기 행정

☞ 폭발 행정(동력행정)은 연소실 표면체가 커서 선단 연료분을 얻는 행정으로 모두 단위 필요하다.
자동차는 단위시간에 일정한 각도로 회전을 얻는 행정이다.
에너지 기둥 시 예열 플러그가 필요한 상태이다.

20 노킹이 발생되었을 때 기관에 미치는 영향이 아닌 것은?
① 기관 회전수가 높아진다.
② 엔진이 과열된다.
③ 흡기효율이 저하된다.
④ 출력이 저하된다.

21 디젤노크의 방지방법으로 적절한 것은?
① 착화지연시간을 길게 한다.
② 압축비를 낮게 한다.
③ 흡기압력을 낮게 한다.
④ 연소실 벽의 온도를 낮게 한다.

22 디젤기관에서 노킹이 일어나는 원인으로 맞는 것은?
① 흡입공기의 온도가 너무 높을 때
② 착화지역 기간이 짧을 때
③ 흡기가 충분히 되었을 때
④ 연소실에 누적된 연료가 많아 일시에 연소할 때

23 기관을 운전 시 초겨울철으로 노킹이 발생했을 때 기관에 미치는 영향은?
디젤기관에서 노크는 착화지연기간 중에 분사된 많은 양의 연료가 화염전파기간 중에 일시적으로 연소하는 현상으로서 내의 압력이 급격히 상승함으로써 실린더 벽에 피스톤이 충격을 가하여 소음이 발생하는 현상을 말한다.

24 디젤연료의 필요조건 중 가장 중요한 것은?
① 인화점이 낮을 것 ② 착화점이 낮을 것
③ 기화가 잘 될 것 ④ 온도가 잘 될 것

25 연료 착화성이 좋다는 것은 어느 뜻인가?
① 착화될 때까지의 시간이 긴 것
② 착화될 때까지의 시간이 짧은 것
③ 착화 후의 시간이 긴 것
④ 착화 후의 연소시간이 짧은 것

착화성이란 온도가 높으지면 발화되는 연소되는 성질을 말하여, 인화성이 좋다는 것은 기관 헤드에 분이 분사 발화되어 착화성이 좋다는 것은 착화될 때까지의 시간이 짧다는 것을 의미한다.

26 디젤기관 연료의 중요한 성질은?
① 휘발성과 옥탄성 ② 옥탄가와 점성
③ 점성과 착화성 ④ 착화성과 입자성

27 디젤기관 연료의 착화성을 다음 중 어느 것으로 나타내는가?
① 옥탄가 ② 세탄가
③ 부탄가 ④ 프로판가

세탄가란 디젤 연료의 착화성을 나타내는 척도를 말하며 착화성이 좋은 연료일수록 세탄가가 높고 나타내는 것이다.

28 다음의 연료 중 착화성이 가장 좋은 것은?
① 가솔린 ② 석유
③ 경유 ④ 중유

디젤연료는 착화지역이 짧은 경유를 사용한다.

29 디젤 기관의 연소에 영향을 미치는 중요 요소의 가장 관계가 작은 것은?
① 발화점이 낮아야 한다. ② 인화시기
③ 점무유 상태 ④ 공기의 유동

30 디젤기관의 연료로서 필요한 조건은?
① 발화점이 낮아야 한다. ② 분사시기
③ 분사 노즐의 형상 ④ 수분을 다소 포함해야 한다.

디젤기관의 연료는 착화점(발화점)이 낮고, 인화점은 높아야 한다.

31 건설기계 운전 중 엔진 부조를 하다가 시동이 꺼졌다. 그 원인이 아닌 것은?
① 연료가 떨어짐
② 연료에 물이 혼입
③ 분사 노즐의 막힘
④ 연료 장치의 오버플로 호스가 파손

연료장치의 오버플로 호스 파손시 라디에이터 이상으로 엔진이 과열되는 원인이 된다.

32 겨울철에 연료 탱크를 가득 채우는 이유는?
① 연료가 적으면 증발하여 손실되므로
② 연료에 물이 혼입
③ 공기 중의 수분이 응축되어 물이 생기기 때문에
④ 연료 게이지에 고장이 발생하기 때문에

겨울철에는 연료탱크에 있는 공기안의 내부 온도 차이 때문에 응축수가 발생하게 된다. 따라서, 연료탱크를 가득 채워서 이를 방지하는 것이 좋다.

33 디젤기관의 연소과정에 속하지 않는 것은?
① 착화지역 기간 ② 제어연소 기간
③ 불완전 연소 기간 ④ 후기 연소 기간

디젤엔진의 연소과정은 착화지연기간 → 화염전파기간 → 직접연소기간 → 후연소기간의 4단계로 연소된다.

정답
20 ① 21 ② 22 ④ 23 ③ 24 ② 25 ②
26 ③ 27 ② 28 ③ 29 ① 30 ① 31 ④ 32 ③ 33 ③

34 다음에서 실린더 내의 연소압력이 최대가 되는 기간은?

① 후기 연소기간
② 화염 전파기간
③ 직접 연소기간
④ 착화 늦음 기간

💡 직접 연소기간은 분사된 경유가 화염 전파기간 전반부에서 발생한 화염에 의해 연소와 동시에 연소과정으로 이 기간에 연소압력은 최대가 된다.

35 착화속도가 빨리 될 연료에 맞는 것은?

① 온도가 낮을 때
② 혼합비가 희박할 때
③ 회전속도가 느릴 때
④ 압축비가 높을 때

36 프라이밍 펌프의 기능을 설명한 것으로 다음 중 가장 적절한 것은?

① 공급 펌프로부터 연료를 다시 기관으로 하는 일을 한다.
② 엔진이 작동하고 있을 때 공급 펌프를 보조한다.
③ 엔진이 고속 운전을 하고 있을 때 공급 펌프를 돕는다.
④ 엔진이 정지되어 있을 때 수동으로 작동시킨다.

💡 연료공급 펌프는 엔진이 정지한 상태에서 연료 탱크의 연료를 분사 펌프까지 공급하거나 연료 분사펌프 옆에 설치되어 분사 펌프 내에 엔진에 의해 사용되는 수동용 펌프이다.

37 다음 중 디젤기관의 연료공급 펌프를 구동시키는 것은?

① 분사펌프 내의 캠축
② 배전기 연결축
③ 타이머 벨브
④ 타이밍 데이트

38 디젤기관에서 연료공급 펌프의 연료압력은 보통 얼마나 되는가?

① 0.2kg/cm²
② 2kg/cm²
③ 5kg/cm²
④ 8kg/cm²

💡 디젤기관에서 연료공급 펌프의 연료압력은 2~3kgf/cm² 정도이다.

39 디젤기관에서 연료장치 공기빼기 작업으로 가장 잘 설명된 것은?

① 공급 펌프 → 연료 여과기 → 분사 펌프
② 공급 펌프 → 분사 펌프 → 연료 여과기
③ 연료 여과기 → 공급 펌프 → 분사 펌프
④ 연료 여과기 → 분사 펌프 → 공급 펌프

💡 디젤기관 공기빼기는 1. 공급펌프 → 2. 연료여과기 → 3. 분사펌프의 순서이다.

40 건설기계에 사용되는 디젤기관 연료계통의 공기 배출 작업으로 가장 잘 설명된 것은?

① 여과기의 벨트 풀리그를 풀어준다.
② 프라이밍 펌프가 작동시키는 분사 배출을 한다.
③ 공기 쉽게 배출되면 크랭크가 공기를 배출한다.
④ 연료 여과기 작동되면 크랭크가 분사 펌프의 작동을 멈추고 벨트 플링 상태에서 벨트 플링만 돌려준다.

💡 프라이밍 펌프를 작동시키면 벨트 플링그름 알고 기계가 없어 액체그 빼기까지 작동시킨다. 연료정은 다른 작동이 있던 프라이밍 펌프를 노르고 상태에서 벨트 플링만 돌려준다.

41 디젤기관 연료 중에 공기가 흡입될 경우 나타나는 현상은?

① 분사압력이 높아진다.
② 노크가 일어난다.
③ 시동이 잘된다.
④ 기관 회전이 불량해진다.

💡 디젤기관 연료계통의 공기가 흡입될 경우
• 분사압력이 낮아지고 분사량이 불균일해진다.
• 엔진의 회전 상태가 불량해진다.
• 공기 침입이 심한 경우 엔진 작동이 정지된다.

42 디젤기관의 연료여과기에 장착되어 있는 오버플로 밸브가 아닌 것은?

① 연료계통의 공기를 배출한다.
② 연료 공급 펌프의 소음 발생을 방지한다.
③ 연료 필터 엘리먼트를 보호한다.
④ 분사 펌프의 압력을 높인다.

💡 오버플로밸브는 엘리먼트의 막힘 등으로 인해 압력이 일정이상으로 상승하면 열려 과잉 연료를 연료탱크로 되돌려보내는 부품이다.

43 디젤기관의 연료분사량이 일정하지 않고, 차이가 많을 때의 현상으로 맞는 것은?

① 분사 펌프 압력 상승 작용
② 연료 공급 펌프 작동 보조 작용
③ 필터 각 부의 보호 작용
④ 분사 펌프 내 공기가 기관의 부조를 하게 된다.

44 오버플로 밸브의 역할은?

① 분사 펌프 압력 상승 작용
② 연료 공급 펌프 작동 보조 작용
③ 필터 각 부의 보호 작용
④ 분사 펌프 내 공기가 기관의 부조를 하게 된다.

💡 오버플로밸브의 역할
• 분사 펌프 압력 상승 작용
• 연료 공급 펌프 작동 보조 작용
• 필터 각 부의 보호 작용
• 연료탱크 내 기포형성 방지
• 운전 중 연료탱크의 소음 발생 억제

45 연료 파이프가 열과 진동하면 연료 파이프 내에 어떤 현상이 생기는가?

① 스팀 현상
② 슬립현상
③ 캐비테이션 현상
④ 베이퍼록 현상

46 디젤기관에서 분사 펌프의 형식에 해당되지 않는 것은?

① 독립형
② 분배형
③ 일체형
④ 공동형

47 연료장치 내 연료가 충분하면 어떤 현상이 생기는가?

① 조기 점화
② 노트
③ 분사 펌프의 한산에는 독립형, 문제형, 공동형 등이 있다.
④ 스팀록

💡 베이퍼록 현상이란 파이프나 호스 속에서 액체가 파이프 속에서 기포가 가려, 기화되어 의해 변화되어 약해진 역할을 저해하는 현상을 말한다.

48 연료의 분사량 조절에 대해서 맞는 것은?
① 기관 출력이 저하된다.
② 기관 출력이 향상된다.
③ 관계 없다.
④ 연료 송출량이 증가한다.

연료 파이프 내에 베이퍼록이 일어나면 기관 출력이 저하되거나 심한 경우 시동이 꺼질 수도 있다.

49 연료분사 펌프의 분사량 조절에 대해서 맞는 것은?
① 플런저스프링의 장력을 크게 한다.
② 제어슬리브와 제어피니언의 위치를 변경한다.
③ 제어래크와 제어피니언의 연료 분사량 바꾼다.
④ 태핏 간극을 조정한다.

분사량 제어기구는 제어래크 - 제어피니언 - 플런저의 순서로 작동되며, 제어피니언의 제어슬리브의 관계 위치를 바꾸어 분사량을 조정한다.

50 연료분탱크의 공기를 배출하기 위해 사용하는 플런저는?
① 벤트플러그
② 드레인플러그
③ 코어플러그
④ 글로플러그

51 디젤기관 분사펌프의 형식 중 각 실린더마다 분사펌프를 갖고 있어 고속용 엔진에 적합한 형식은?
① 독립형
② 분배형
③ 공동형
④ 일체형

독립형은 엔진의 각 실린더마다 연료 분사 장치가 부품에 설치되어 있는 플런저로 사용 구조가 복잡하고 조정이 어렵다.

52 분사펌프의 조정 래크를 움직이면?
① 분사시기가 변한다.
② 배럴 내의 연료압을 고정한다.
③ 유효 행정을 고정한다.
④ 배럴 내의 연료 압력이 변화한다.

조정 래크를 움직이면 조정 슬리브와 관계 위치가 변경되어 플런저의 유효 분사량이 변화한다.

53 분사용 분사량은 다음의 무엇에 의하여 달라지는가?
① 분사시기와
② 배럴 내의 행정에 의하여
③ 분사기의 유효 행정에 의하여
④ 플런저의 길이 중요에 의하여

54 플런저의 유효행정이란?
① 플런저가 움직인 총 거리
② 플런저 행정의 최고의 위치에서 플런저 리드가 배출 과 만난 배기구의 길이
③ 플런저 내려오기 전부터 상승한 위치까지의 길이
④ 플런저 최하단부터 최상단까지의 길이

플런저의 유효 행정이란 플런저 헤드가 연료 공급을 차단한 후부터 리드가 플런저 배럴의 흡입 구멍과 만날 때까지 플런저가 이동한 거리를 말한다.

55 디젤기관의 분사 펌프 스프링의 약해졌을 때 일어나는 사항은?
① 캠의 작용이 플런저 다음 플런저가 리턴이 불량한다.
② 태핏 간극이 작아진다.
③ 연료의 송출량이 증가한다.
④ 연료 분사량이 낮아진다.

플런저는 스프링의 장력으로 복귀하게 되는데 스프링의 장력이 약해지면 복귀가 불량해진다.

56 분사 펌프의 리머의 슬리브의 기능은?
① 분사압력 조정한다.
② 가속시 연료분사량을 조정한다.
③ 제어래크 최대 이상으로 움직 방지한다.
④ 엔진의 최대출력 이상으로 운전되는 것을 방지한다.

리머조슬리브는 슬리브 내에 설치되어 스프링 기능이 조정래크 조절하고, 제어래크가 최대분사량 이상을 이동하는 것을 방지한다.

57 다음의 설명 중 옳지 않은 것은?
① 연료분사파이프 길이는 각 기통마다 같아야 한다.
② 인젝션펌프 달리리더는 분사압력 증가한다.
③ 디젤 엔진이 차량성은 세탄가로 표시한다.
④ 디젤 엔진의 노즐은 좌화 지연 기간이 짧 때 일어난다.

딜리버리 밸브는 역류방지, 후적방지, 파이프 내의 잔압 작용을 3가지 작용을 담당한다.

58 분사 펌프의 플런저와 배럴 사이의 윤활은?
① 유압유
② 경유
③ 그리스
④ 기관 오일

59 디젤기관에서 분사초기의 분사시기를 일정하게 하고 분사말기를 변화시키는 리드는?
① 면 리드형
② 역 리드형
③ 양 리드형
④ 정 리드형

60 분사초기 분사시기를 변경시키고 분사말기를 일정하게 하는 리드(플런저 형식)는?
① 역 리드
② 정 리드
③ 양 리드
④ 면 리드

• 정 리드형 : 분사 초기 분사시기가 일정하고, 분사말기가 변화
• 역 리드형 : 분사 초기 분사시기는 변화하고, 분사말기가 일정
• 양 리드형 : 분사 초기와 말기의 분사시기가 모두 변경

61 4행정 사이클 기관에서 기관이 3000rpm이라면 분사 펌프는 몇 회전하는가?
① 1000rpm
② 1500rpm
③ 3000rpm
④ 6000rpm

4행정 사이클 기관의 분사 펌프의 회전 수는 크랭크 축(기관) 회전수의 1/2이다.

62 디젤기관의 분사 펌프를 시험할 경우 최대분사량이 29cc, 평균 분사량이 30cc였다면 (+)분사량 불균률은?
① 10%
② 20%
③ 30%
④ 40%

(+) 분사량 불균률 = (최대 분사량 - 평균 분사량)/평균 분사량 × 100%
(-) 분사량 불균률 = (평균 분사량 - 최소분사량)/평균 분사량 × 100%
∴ (+) 분사량 불균률 = (36-30)/30 × 100% = 20%

정답 48 ① 49 ② 50 ① 51 ① 52 ① 53 ① 54 ①
정답 55 ① 56 ③ 57 ② 58 ② 59 ④ 60 ① 61 ② 62 ②

63 전부하시 분사펌프의 불균율은 얼마나 되는가?
① 1% ② 3% ③ 5% ④ 10%
○ 분사량의 불균율 허용범위는 전부하 운전에서는 ±3%, 무부하운전에서는 10~15% 이다.

64 분사 펌프 캠축에 공기가 침입되었을 때 배출작업으로 다음 중 가장 적당한 정비방법은?
① 기관을 크랭킹(cranking)하면서 뺀다.
② 냉각수 펌프를 가동시켜 연료를 보충한다.
③ 기관을 가동하면서 벤트플러그를 열고 연료가 빠질 때 막고 펌프를 고정한다.
④ 수동펌프를 작동하면서 벤트플러그를 열고 연료가 빠질 때 막고 펌프를 고정한다.

65 디젤기관에서 공기배출 장소가 아닌 것은 어느 것인가?
① 분사펌프의 벤트 스크루
② 연료여과기의 벤트 프라그
③ 연료 여과기 오버플로우 파이프
④ 연료 분사노즐의 리턴 파이프
○ 연료분사 드레인은 불씨나 충전불을 배출시키기 위한 것이다.

66 디젤엔진의 딜리버리 밸브의 작동 설명 중 적당한 것은?
① 플런저배럴 안에 가입된 연료를 분사펌프로 송출하는 작용을 한다.
② 유효행정 중 연료의 역류를 방지하는 밸브이다.
③ 분사시기를 조절하는 밸브이다.
④ 노즐의 압력을 10kg/cm² 이상으로 유지하여 준다.
○ 딜리버리 밸브는 역류방지, 후적방지, 파이프 내의 잔압 유지의 3가지 작용을 한다.

67 디젤기관의 연료분사 3대 요건에 속하지 않는 것은?
① 무화 ② 관통력 ③ 분산 ④ 온도

68 건설기계에서 노즐의 분사압력이 규정보다 낮을 때 어떻게 정비하는가?
① 노즐홀더 스프링의 위치를 변경한다.
② 노즐홀더 스프링의 자유높이를 고정한다.
③ 노즐홀더 스프링의 조정스크루를 조인다.
④ 노즐홀더 스프링의 조정스크루를 푼다.
○ 조정 스크루 분사압에서는 스프링의 신장력이 상승하고, 심조정 방식에서는 심의 두께를 두껍게 하면 분사압이 상승한다.

69 디젤기관에 사용하는 기름 중에서 분사압력이 높기 때문에 연소에 무리가 줄고 기관의 사용에 연료가 안전 연소할 수 있어 연료소비량이 적게 되는 노즐은 어느 것인가?
① 구멍형 ② 핀틀형
③ 스로틀형 ④ 개방형
○ 구멍형 분사노즐의 장점
• 분사압력이 높아 안개화(무화)가 좋다.
• 엔진의 기동이 쉽다.
• 연료가 완전연소될 수 있어 연료 소비량이 적다.

70 다음 중 분사 노즐이 과열되는 원인 등 중 맞지 않는 것은?
① 노즐 냉각기의 불량 ② 분사시기의 과다
③ 분사시기의 과다 ④ 과부하에서의 연속운전

71 분사압력은 다음 어느 것으로 조절하는가?
① 딜리버리 밸브 스프링 ② 분사기 대팀 스프링
③ 노즐홀더의 조정 스프링 ④ 밸브 스프링

72 디젤기관의 연료장치 구성품이 아닌 것은?
① 예열 플러그 ② 분사 노즐
③ 연료 공급 펌프 ④ 연료 여과기
○ 예열 플러그는 연소실 내의 압축공기를 직접 예열하기 위한 예열 장치이다.

73 노즐에서 분사된 연료를 무엇으로 떼어내야 하는가?
① 풀 ② 샌드페이퍼
③ 브러시(솔) ④ 나무조각

74 노즐시험으로 할 수 없는 검사는?
① 니들밸브의 마멸 ② 스프링의 절단
③ 분열밸브의 시동검사 ④ 밸브에 탄소의 부착
○ 노즐시험은 니들조상에서 때어내고 석유 또는 연료를 미세한 안개방울으로 씻는 도중 노즐에서 비정상적 가는 활동시 브러시로 뛰어주며 솔로 털어낸 후 노즐에 탄소의 부착검사는 사항이 아니다.

75 노즐의 박 안검사로 할 수 없는 것은?
① 스프링의 마멸 ② 노즐 ③ 충력검사 ④ 밸브에 탄소의 부착
○ 스프링의 작용을 확인으로 검사할 수 있는 사항이 아니다.

76 연료소비량 측정방법으로 적당하지 않은 것은?
① 중량에 의한 측정법 ② 체적에 의한 측정법
③ 유량계에 의한 측정법 ④ 회전수에 의한 측정법

77 디젤기관이 역회전시 기관에 가장 위험한 사용은 어느 것인가?
① 연료의 저하
② 연료 · 분사 펌프의 역작용
③ 순환유 펌프의 역작용
④ 흡 · 배기 밸브의 마모

정답 63 ② 64 ④ 65 ④ 66 ② 67 ④ 68 ③ 69 ① 70 ① 71 ③ 72 ① 73 ④ 74 ② 75 ③ 76 ④ 77 ③

78 다음은 분사노즐에 요구되는 조건들 것이다. 맞지 않는 것은?
① 연료를 미세한 안개모양으로 하여 쉽게 착화되게 할 것
② 분무가 연소실의 구석구석까지 뿌려지게 할 것
③ 분사량을 회전속도에 알맞게 조절할 수 있을 것
④ 후적이 일어나지 않게 할 것

➢ 노즐의 구비조건
- 연료를 미세한 안개모양으로 쉽게 착화되게 할 것
- 연소실 구석구석까지 고르게 분사할 것
- 후적이 없을 것
- 내구성이 있을 것

79 디젤기관의 엔진정비시 고압파이프 연결부에서 연료가 샐 때 조임 공구로 가장 적합한 것은?
① 복스렌지 ② 오프렌치
③ 플렁치 ④ 옵셋렌치

➢ 고압파이프의 연결부는 오픈렌치로 풀거나 잠근다.

80 엔진 부하에 따라 속도를 조절해 주는 것은?
① 블랜저 ② 거버너
③ 플런저 ④ 제토네이션

➢ 분사펌프에 설치되어 있는 조속기(거버너)는 엔진의 회전속도나 부하의 변동에 따라 자동적으로 제어 랙크를 움직여 분사량을 가감하는 장치이다.

81 디젤기관에서 조속기 작용이 둔하여 기관의 회전이 파상으로 변동되는 현상은?
① 바운싱 ② 헌팅
③ 프라이그니션 ④ 데토네이션

➢ 헌팅(hunting)이란 엔진 회전속도 변동에 대한 조속기의 작용이 부적절할 때 회전이 파상적으로 변동하는 현상으로 불안전한 상태가 되는 것이다.

82 엔진라이너의 장력의 작용에 알맞은 것은?
① 조정태크 위치가 중일할 때 기관의 흡입공기에 알맞은 연료를 분사한다.
② 조정태크 위치를 변경시켜 분사량을 크게 한다.
③ 조정태크의 위치를 변경시켜 분사량을 감소시킨다.
④ 막판의 위치를 조정하여 분사량을 알맞게 조정한다.

➢ 엔진라이너의 장치는 엔진에 공기와 연료의 비율이 알맞게 유지되도록 하는 기구이다.

83 기관의 속도에 따라 자동적으로 분사시기를 조정하여 운전을 안정되게 하는 것은?
① 타이머 ② 노즐
③ 과급기 ④ 디콤프

➢ 타이머(분사시기조정기)는 엔진 회전속도 및 부하에 따라 분사시기를 변화시켜 운전을 안정되게 하는 장치를 말한다.

정답 78 ③ 79 ② 80 ② 81 ② 82 ① 83 ①

Lesson 04 흡·배기장치 구조와 기능

01 공기청정기의 설치 목적은?
① 연료의 역과와 기압작용
② 공기의 역과와 소음방지
③ 공기의 역과와 오존발지
④ 연료의 역과와 소음방지

➢ 공기청정기는 공기의 역과와 소음방지 외에도 역화가 발생할 때 불길을 저지하는 기능도 있다.

02 연소에 필요한 공기를 실린더로 흡입할 때, 먼지 등의 불순물을 여과하여 피스톤 등의 마멸을 방지하는 역할을 하는 장치는?
① 과급기(super charger)
② 에어 클리너(air cleaner)
③ 방각장치(cooling system)
④ 플라이 휠(fly wheel)

➢ 공기청정기의 주된 설치 목적은 공기의 역과와 소음방지이다.

03 에어클리너가 막혔을 때 발생되는 현상으로 가장 적절한 것은?
① 배기색은 무색이며, 출력은 정상이다.
② 배기색은 흰색이며, 출력은 증가한다.
③ 배기색은 검은색이며, 출력은 저하된다.
④ 배기색은 흰색이며, 출력은 저하된다.

➢ 공기청정기(에어클리너)가 막히게 되면 혼합비가 농후하게(연료의 혼합비가 농후해져서 배기가스는 건색이 되고 출력은 감소한다.

04 디젤기관의 공기가 연소실에 들어가는 순서 중 틀리는 것은?
① 프리클리너 → 에어클리너 → 과급기 → 흡기다기관
② 에어클리너 → 과급기 → 에어탬퍼컨 → 흡기다기관
③ 에어클리너 → 흡기다기관 → 흡기밸브 → 연소실
④ 에어클리너 → 흡기다기관 → 연소실 → 흡기밸브

➢ 에어클리너 → 과급기 → 흡기다기관 → 연소실

05 공기청정기에 대한 정비사항이다. 틀리는 것은?
① 공기청정기 엘리먼트가 막히면 출력이 저하된다.
② 건식 청정기 엘리먼트는 압축공기로 불어낸다.
③ 습식 청정기 오일은 점도가 높은 것이 좋다.
④ 습식 청정기 오일양이 많으면 흡기가 힘들어진다.

06 건식 공기 여과기 세척방법으로 알맞은 것은?
① 압축공기로 안에서 밖으로 불어낸다.
② 압축공기로 밖에서 안으로 불어낸다.
③ 압축공기로 엘리먼트 아래로 불어낸다.
④ 압축공기로 위에서 아래로 불어낸다.

➢ 건식 공기청정기는 압축공기로 바깥쪽으로 불어내어 청소해야 한다.

정답 [4.흡·배기장치 구조와 기능] 01 ③ 02 ② 03 ③ 04 ④ 05 ④ 06 ①

07 흡기 다기관에 설치된 공기청지시계에는 무엇을 점검하는 것인가?

① 흡·배기 밸브의 누설여부
② 흡기관 내의 압력의 정도
③ 흡기관 내의 공기 압력의 정도
④ 흡기 여과기의 막힘 정도

08 다음 중 엔진에 공기청정기가 없이 작업을 하였을 때 일어나는 현상은?

① 공기가 충분히 흡입되어 출력이 좋아진다.
② 실린더 내벽의 마멸이 빠르게 진행된다.
③ 노킹이 생긴다.
④ 노킹현상이 일어난다.

☞ 실린더 내로 흡입되는 공기와 함께 유입되는 먼지 등은 실린더 벽, 피스톤 링, 피스톤 등의 마멸을 촉진시키며, 엔진오일에도 유입되어 윤활부의 마멸을 촉진하는 장치이다.

09 과급기에 대해 설명한 것 중 틀린 것은?

① 배기 터빈 과급기는 주로 원심식이다.
② 흡입 공기에 압력을 가해 기관에 공기를 공급한다.
③ 과급기를 설치하면 엔진 중량과 출력이 감소된다.
④ 4행정 사이클 디젤기관은 배기가스에 의해 회전하는 원심식 과급기가 주로 사용된다.

☞ 과급기의 사용에 따른 변화
• 엔진의 출력이 35~45% 증가하며, 무게는 10~15% 정도 증가한다.
• 체적효율이 증가하므로 평균 유효압력 회전력이 상승한다.
• 연료 소비율이 감소한다.

10 디젤엔진에 사용되는 과급기의 주된 역할로 가장 적합한 것은?

① 출력의 증대
② 윤활성의 증대
③ 냉각효율의 증대
④ 배기의 정화

11 터보차저에 대한 설명으로 틀린 것은?

① 배기관에 설치된다.
② 과급기라고도 한다.
③ 배기가스 배출을 위한 일종의 블로워(Blower)이다.
④ 기관 출력을 증대시킨다.

☞ 과급기는 엔진의 흡입공기를 가압하는 일종의 공기 펌프로 주로 원심식 펌프를 사용한다.
2행정 사이클 디젤엔진은 과급기로 크랭크 축으로 구동되는 루트 블로워가 소기 펌프로 사용된다.

12 터보차저가 사용하는 오일로 맞는 것은?

① 유압유
② 특수오일
③ 기어오일
④ 기관 오일

13 루트 송풍기의 베어링은 무엇에 의해 운활되는가?

① 봉입되어 있는 고급 그리스
② 엔진 운활장치의 오일
③ 봉입되어 있는 송풍기 전용 오일
④ 송풍기 자체가 가지고 있는 운활 장치

☞ 과급기의 윤활은 엔진윤활장치에서 보내준 오일을 기관오일이다.

정답 07 ④ 08 ② 09 ③ 10 ① 11 ③ 12 ④ 13 ②

14 터보차저(turbo charger)의 수명 연장을 위한 작업이 아닌 것은 어느 것인가?

① 시동 직후 5분 이상 저속 회전 후 작업
② 에어클리너를 청결히 해야 한다.
③ 공기흡입 라인에 먼지 누기 새어 들어가지 않게 한다.
④ 엔진 오일 교환시기를 잘 지킨다.

☞ 터보차저는 엔진의 흡입효율을 높이기 위하여 흡입 공기를 압축하는 일종의 펌프로 엔진 오일로 윤활 및 교환하는 관련이 없다.

15 터보차저의 작동에 이용되는 힘은?

① 흡입공기
② 배기가스
③ 크랭크축
④ 분사 펌프

16 과급기 케이스 내부에 설치되어 공기의 속도 에너지를 압력 에너지로 바꾸는 장치는?

① 터빈
② 모터
③ 스테이터
④ 디퓨저

☞ 디퓨저는 공기의 통로면적이 크기 때문에 공기의 속도 에너지가 압력 에너지로 바뀌게 된다.

17 과급기를 사용하면 엔진의 출력은 얼마나 높아지는가?

① 5~10%
② 15~25%
③ 35~45%
④ 50~65%

☞ 과급기를 사용하면 엔진의 출력은 35~45% 증가하며, 무게는 10~15% 정도 증가한다.

18 디젤기관에 사용하기 위해 설치된 부품으로 적합한 것은?

① 과급 장치
② 방열기
③ 디퓨저
④ 히트 레인지

☞ 디젤엔진의 과급기는 배기가스로 구동되고, 2행정 사이클 디젤엔진은 크랭크 축으로 구동되는 루트 블로워(송풍기)가 이용된다.

19 엔진 오일게이를 빼보았더니 심하게 오염되어 있다. 그 원인은?

① 불완전 연소 또는 노킹
② 엔진 과열
③ 플라이의 용량과다
④ 냉각수 부족

20 예연소실식 디젤기관에서 연소실 내의 공기를 직접 예열하는 방식은?

① 열선 예시식
② 예열 플러그식
③ 공기탱크 제습기식
④ 흡기 가열식

☞ 예열 플러그식은 연소실 내의 압축공기를 직접 예열하기 위한 장치로 예연소실식과 와류실식에서 사용한다.

21 6기통 디젤기관에 병렬로 연결된 예열 플러그(grow) 플러그가 단락되면 어떤 현상이 발생되는가?

① 전체가 작동이 안된다.
② 3번 옆에 있는 2번과 4번도 작동이 안 된다.
③ 축전지 용량이 배가 방전된다.
④ 3번 실린더만 작동이 안 된다.

☞ 병렬결선인 경우 해당 단위만 방전되 예열 플러그만 작동이 되지 않는다.

정답 14 ④ 15 ② 16 ④ 17 ③ 18 ④ 19 ① 20 ② 21 ④

22 다음 그림에서 예열 플러그를 교환하려고 한다. 맞는 기호를 선택하면?

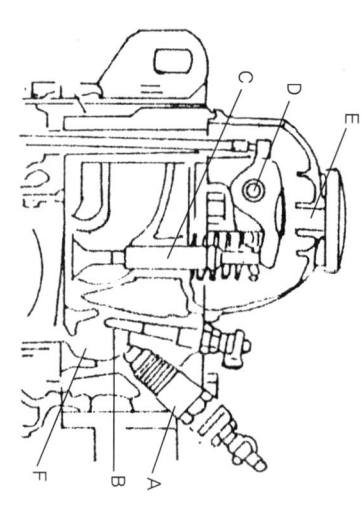

① (A) ② (B)
③ (C) ④ (D), (F)

그림에서 A는 분사노즐, B는 예열 플러그이다.

23 디젤기관의 시동을 쉽게 해주는 장치가 아닌 것은?
① 예열 장치 ② 감압 장치
③ 연소 촉진제 공급장치 ④ 과급 장치

다행엔진의 기동 보조기구에는 예열장치, 감압장치가 있으며 이외에도 연소촉진제 공급장치를 두기도 한다.

24 한랭시 시동을 용이하게 하기 위한 스위치는?
① 히터 사고일 ② 엔진 스토퍼
③ 히터 스위치 ④ 볼트 테버

25 코일형 예열 플러그에 대한 설명으로 알맞은 것은?
① 발열량이 60~100W 정도이다.
② 직렬로 연결되어 있다.
③ 예열 시간이 60~90초이다.
④ 사용 전류가 12V시 10~11A이다.

코일형 예열 플러그는 소용 전압강이 낮아 직렬로 결선하며, 참고로 보기 중 ①, ②, ③항은 모두 실드형 예열 플러그에 대한 설명이다.

26 다음은 실드형 예열 플러그에 대한 사항이다. 틀린 것은?
① 예열 시간이 40~60초이다.
② 히트 코일이 노출되어 있다.
③ 예열 시간이 60~90초이다.
④ 병렬로 연결되어 있다.

코일형 예열 플러그는 소용 전압강이 낮아 직렬로 결선하며, 참고로 보기 중 ①, ②, ③항은 모두 실드형 예열 플러그에 대한 설명이다.

27 예열 플러그를 반드시 설치하여야 하는 플러그는?
① 고입형 ② 실린형
③ 니름형 ④ 직접 가열

28 예열 플러그의 작용시 발광부의 온도 및 정도인가?
① 400~600℃ ② 600~800℃
③ 950~1050℃ ④ 1000~1200℃

예열 플러그의 작용시 발광부의 온도는 950~1050℃ 정도이다.

29 실드형 예열 플러그의 예열 시간은 몇 초 정도인가?
① 10~20초 ② 20~40초
③ 40~50초 ④ 60~90초

예열시간은 코일형의 경우 40~60초, 실드형의 경우 60~90초 정도로 실드형의 예열시간이 길다.

30 실드형 예열 플러그의 발열량이다. 맞는 것을 고르시오.
① 20~50W ② 30~40W
③ 40~60W ④ 60~100W

코일형의 발열량은 30~40W, 실드형은 60~100W 정도이다.

31 직접 분사식 기관에서 예연소실이 없기 때문에 다기관에 다음 중 어느 것을 설치하는가?
① 배큠 게이지 ② 히트 레인지
③ 예열 플러그 ④ 스파크 플러그

직접 분사식 기관의 경우 예연소실이 없기 때문에 흡기다기관에 히트 레인지를 설치하여 공기를 가열한다.

32 흡기 가열식 예열 플러그 장치에서 흡기 히터는 어디에 설치하는가?
① 연료탱크 위에 ② 연소실 내에
③ 흡기 다기관 내에 ④ 노즐 위에

흡기 히터는 흡기 다기관에 설치되며, 연료를 연소시켜 흡입하는 공기를 대기 레인지를 설치하여 흡입하는 공기를 가열하여 준다.

33 펌프 손실을 줄일 수 있는 방안이다. 틀린 것은?
① 다기관 단면적을 가급적 크게 한다.
② 다기관 내부 동절에 요철이 없도록 한다.
③ 흡기다기관 내부 통로를 직각으로 피한다.
④ 다기관 단면적을 적게 한다.

흡기 중인 흡기 다기관에 설치되며, 연료를 연소시켜 흡입하는 공기를 대기 레인지를 설치하여 흡입하는 공기를 가열하여 준다.

34 소음기나 배기관 내부에 차면 배출은 어떻게 되는가?
① 낮아진다. ② 관계없다.
③ 높아진다. ④ 변화하지 않는다.

소음기나 배기관 내부에 카본이 차면 배압은 높아진다.

35 소음기에 대한 설명 중 맞는 것은 어느 것인가?
① 배기 가스 연소 ② 자체 진동 흡수
③ 기관의 과열 방지 ④ 배기음 감소

배기가스를 대기 중에 방출시키면 급격히 팽창하여 격멸한 폭음을 내며 이 폭음을 감소시키는 장치가 소음기이다.

36 소음기 작용에 퇴적물이 많이 쌓이면 어떻게 되는가?
① 역화 발생 ② 기관의 과열
③ 기관의 과냉 ④ 축발암의 상승

소음기에 카본이나 퇴적물이 많이 쌓이면 배압이 높아지고 그 결과 엔진이 과열되고 출력이 감소한다.

37 다음 중 크랭크축의 점검 장치의 기능은?
① 크랭크 축을 느리게 회전시킬 수 있다.
② 타이밍 기어를 원활하게 회전시킬 수 있다.
③ 캠 축을 원활히 회전되게 할 수 있다.
④ 실린더 내의 압축압력을 낮춰 엔진의 기동을 도와준다.

◎ 감압장치는 크랭크압을 돌릴 때 흡입밸브나 배기밸브를 캠 축의 운동과 관계없이 강제로 열어 실린더 내의 압축압력을 낮춤으로써 엔진의 기동을 도와주는 디젤엔진의 기동 보조기구이다.

38 배기 가스의 색과 기관의 상태를 표시한 것으로 가장 거리가 먼 것은?
① 무색 — 정상
② 검은색 — 농후한 혼합비
③ 황색 — 희박한 혼합기의 막힘
④ 백색 또는 회색 — 윤활유의 연소

◎ 배기가스가 황색이면 혼합비가 희박한 상태이다.

39 다음 기관에서 발생되는 가스이다. 인체에 가장 큰 장해가 되는 것은?
① CO   ② CO_2
③ HC   ④ C_2SO_3

◎ CO(일산화탄소)는 무색, 무취의 기체로서 산소가 부족한 상태로 연료 연소할 때 불완전연소로 발생하며, 중독이 심한 경우 사망에 이를 수도 있다.

40 배기가스의 색과 연소 상태를 잘못 연결한 것은?
① 무색 — 정상 연소로 탱크 위에
② 백색 — 엔진에서 노크 발생
③ 엷은 황색 — 희박한 혼합비
④ 흑색 — 농후한 혼합비

◎ 백색은 엔진 오일 연소가 기계결함이며, 엔진에서 노크가 발생할 경우 배기가스의 색은 황색에서 흑색으로 변화한다.

41 다음 중 연소시 발생하는 질소산화물(NO_x)의 발생 원인과 가장 밀접한 관계가 있는 것은?
① 높은 연소 온도
② 가속 불량
③ 흡입 공기 부족
④ 소염 경계

◎ 질소는 산화되지 않는 원소이나 연소실의 온도가 2,000℃ 이상이 되면 반응성이 활발해져 산소와 반응함으로써 질소산화물이 발생한다.

42 디젤기관의 운전 중 검은 색의 매연이 심하게 배출될 때 점검하여야 할 사항이 아닌 것은?
① 공기청정기의 막힘 점검
② 분사시기 점검
③ 분사 펌프의 점검
④ 연료 라인의 공기 유무 점검

◎ 배기가스의 색이 검은색이면 혼합비 농후의 경우이다. 따라서, 공기량이 연료량에 비해 적다는 것을 의미한다.

43 배기기관에 불을침하여 배압이 높을 때 기관에 생기는 현상 중 틀린 것은?
① 피스톤의 운동을 방해한다.
② 기관의 출력이 감소된다.
③ 냉각수 온도가 내려간다.
④ 기관이 과열된다.

◎ 배압이 높을 때 나타나는 현상
• 피스톤 운동에 방해를 만든다.
• 기관이 과열된다.
• 엔진의 출력이 감소한다.

44 기관에서 연료분이 높다는 것은?
① 일정한 출력 소비하여 큰 출력을 얻는 것이다.
② 연료의 출력이 감소되는 것이다.
③ 기관의 온도가 표준보다 높은 것이다.
④ 부조가 없고 진동이 적은 것이다.

45 압축비가 동일할 때 이론 열효율이 가장 높은 것은?
① 오토 사이클   ② 사바테 사이클
③ 디젤 사이클   ④ 브레이튼 사이클

46 실린더 내에(연소실) 기관이 까지게 되는 원인은?
① 희박한 혼합기이다.
② 완전 연소이다.
③ 오일이 연소실에 타고 있다.
④ 혼합한 희박한다.

◎ 오일이 연소실에 타면 기관이 부족되면, 다음의 기관 연소실 체적이 작아져서 압축비가 일정한 압축할 때 온도가 다결 사이클 사이의 순이다.

47 디젤 연료계통의 공기빼기 순서로 맞는 것은?
① 공급펌프 → 연료여과기 → 분사펌프
② 공급펌프 → 분사펌프 → 연료여과기
③ 연료여과기 → 분사펌프 → 공급펌프
④ 연료분사펌프 → 연료여과기 → 공급펌프

◎ 공기 빼기는 공급펌프 → 연료여과기 → 분사펌프 순서로 행한다. 크랭크 펌프를 열고 기포가 나오지 않을 때까지 작동시킨다.

48 디젤기관의 충격이 저하되는 원인으로 맞지 않은 것은?
① 연료분사량이 적음
② 연료분사압력 이상
③ 터보차저의 성능 불량
④ 연료 공급펌프 압력 상승

49 기관에 실화(miss fire)가 일어났을 때 현상으로 맞는 것은?
① 엔진의 출력이 증가한다.
② 연료 소비가 줄어든다.
③ 엔진이 과열한다.
④ 엔진 회전이 불량하다.

◎ 기관에서 실화가 발생하면 충격 불량 및 토크의 저하, 규칙적이지 않은 엔진소비량의 상승과 같은 부분적인 결과가 초래된다.

50 기관의 출력을 저하시키는 직접적인 원인이 아닌 것은?
① 실린더 내 압축압력이 낮을 때
② 엔진이 과냉일 때
③ 노킹이 일어날 때
④ 연료 분사량이 적을 때
④ 클리어런스가 불량할 때

정답 37 ④ 38 ③ 39 ① 40 ② 41 ① 42 ④ 43 ③ 44 ① 45 ① 46 ③ 47 ① 48 ④ 49 ④ 50 ④

Lesson 05 냉각장치 구조와 기능

01 공랭식 엔진의 과열 원인이 아닌 것은?
① 냉각핀의 오손 및 파손
② 냉각시 고속회전
③ 정치시 고속회전
④ 냉각수 부족

② 냉각수를 사용하여 엔진을 냉각시키는 것은 수랭식 엔진이다.

02 실린더 블록과 헤드에 물 재킷(water jacket)을 설치하여 냉각시키는 방식?
① 자연 순환식
② 강제 통풍식
③ 자연 통풍식
④ 강제 순환식

② 수랭식 중 강제순환식은 냉각수를 대류에 의해 순환시키는 방식이며, 강제 순환식은 물펌프로 실린더 블록과 헤드에 물 재킷을 설치하여 방사시키는 방식이다.

03 기관의 과열의 직접적인 원인으로 부적당한 것은?
① 타이밍기어의 마모
② 냉각수 부족
③ 라디에이터의 코어 막힘
④ 물 재킷 내의 물때 형성

② 타이밍 체인은 크랭크 축의 타이밍기어와 캠 축의 타이밍기어를 연결하여 캠축을 회전시키는 역할을 하는 체인으로 냉각 계통과는 무관하다.

04 기관이 과열되는 원인이 아닌 것은?
① 분사시기의 느슨함
② 냉각수 부족
③ 냉각 팬의 파손
④ 물 재킷 내의 물때 형성

05 기관에서 냉각수의 온도가 지나치게 높을 때의 원인을 기관한 것 중 틀린 것은?
① 냉각수로 연소가스 누설
② 라디에이터의 공기통로 결함
③ 물 펌프의 결함
④ 연료분사 시기 및 연료공급 펌프 결함

① 타이밍 체인은 크랭크 축의 타이밍기어와 캠 축의 타이밍기어를 연결하여 캠축을 회전시키는 역할을 하는 체인이다.

06 작업 중 엔진온도가 급상승하였을 때 먼저 점검하여야 할 것은?
① 윤활유 수준 점검
② 고부하 작업
③ 장기간 작업
④ 냉각수의 양 점검

07 기관 과열 원인과 가장 거리가 먼 것은?
① 팬 벨트가 헐거울 때
② 물 펌프 작동이 불량할 때
③ 크랭크축 타이밍 기어가 마모되었을 때
④ 방열기 코어가 규정 이상으로 막혔을 때

③ 엔진 온도가 급상승하면 우선적으로 냉각 계통을 점검해야 한다.

08 동절기에 기관이 동파되는 원인으로 맞는 것은?
① 냉각수가 얼어서
② 기동전동기가 얼어서
③ 발전장치가 얼어서
④ 엔진오일이 얼어서

④ 동절기 기관은 동파방지기 냉각수가 빙결되어 이를 방지하기 위해 부동액을 충분히 사용한다.

09 팬 벨트에 대한 점검과정이다. 틀린 것은?
① 팬 벨트는 눌러(약 10kgf) 13~20mm 정도로 한다.
② 팬 벨트는 풀리의 밑부분에 접촉되어야 한다.
③ 팬 벨트의 조정은 발전기를 움직이면서 조정한다.
④ 팬 벨트가 너무 헐거우면 기관 과열의 원인이 된다.

② 팬 벨트는 각 풀리의 양쪽 경사진 부분에 접촉되어야 하며, 풀리 밑부분에 닿으면 미끄러진다.

10 다음 중 팬 벨트와 연결되지 않은 것은?
① 발전기 풀리
② 기관 오일 펌프 풀리
③ 워터 펌프 풀리
④ 크랭크 축 풀리

② 팬 벨트는 이름에서 알 수 있는 고무제 V벨트를 사용하여 크랭크 축 풀리, 발전기 풀리, 물펌프 풀리 등을 연결 구동한다.

11 기관의 벨트장력이 높아지면 일어나는 현상으로 가장 관계가 적은 것은?
① 발전기 과열
② 기관 과열
③ 베어링 마모
④ 발전기 베어링 손상

12 일반적인 건설기계에 대한 다음 설명 중 틀린 것은?
① 기관이 과열되었을 때는 기관을 정지시킨 후 냉각수를 조금씩 보충한다.
② 운전 중 팬 벨트가 끊어지면 운전 중지 고속도의 낮아진다.
③ 냉각수의 누출이 생기면 온전 중에 오일량이 점점이 커진다.
④ 연료탱크에 이상이 생기면 소음이 하여 물과 재개가 제거시킨다.

④ 팬 벨트는 워터펌프를 구동하여 엔진의 과열을 방지시켜 주고, 차량에서 소요되는 전기를 발생시켜 주는 발전기를 구동시키는 역할을 한다.

13 V 벨트 접촉면의 각도는?
① 10°
② 20°
③ 30°
④ 40°

③ V 벨트 접촉면의 각도는 40° 이며, 반드시 엔진의 작동이 정지된 상태에서 이루어져야 한다.

14 기관을 시동하여 공전시에 점검할 사항이 아닌 것은?
① 기관의 팬 벨트 장력을 점검
② 오일의 누출 여부 점검
③ 냉각수의 누출 여부 점검
④ 배기가스의 색깔 점검

15 기관에서 냉각계통으로 배기가스가 누설되는 원인에 해당되는 것은?
① 실린더 헤드 개스킷 불량
② 매니폴드의 개스킷 불량
③ 워터펌프의 불량
④ 냉각팬의 벨트 유격 과대

① 실린더 헤드 개스킷이 파손되면 라인에 대한 기밀이 되지 않고, 배기가스가 냉각계통으로 누출된다.

정답
01 ④ 02 ④ 03 ④ 04 ① 05 ④ 06 ④ 07 ③ 08 ①
09 ② 10 ② 11 ③ 12 ② 13 ④ 14 ① 15 ①

16 라디에이터의 구성이 아닌 것은?
① 냉각수 주입구   ② 냉각핀
③ 코어   ④ 물 재킷

↳ 라디에이터는 코어, 냉각핀, 냉각수 주입구인 라디에이터 캡 등으로 구성된다.

17 기관이 작동 중 라디에이터 캡쪽으로 물이 상승하면서 연소가스가 누출될 때 원인으로 맞는 것은?
① 분사 노즐의 동와셔가 불량하다.
② 라디에이터 캡의 압력이 불량하다.
③ 물 펌프의 누설이 생겼다.
④ 실린더 헤드에 균열이 생겼다.

18 라디에이터(radiator)의 구비 조건으로 옳지 않은 것은?
① 공기저항이 적을 것
② 냉각수의 유동저항이 적을 것
③ 단위면적당 방열량이 적을 것
④ 가볍고 작으며 강도가 클 것

↳ 라디에이터는 단위면적당 방열량이 커야 한다.

19 가압식 라디에이터의 장점으로 틀린 것은?
① 방열기를 작게 할 수 있다.
② 냉각수의 비등점을 높일 수 있다.
③ 냉각수의 순환속도가 빠르다.
④ 냉각장치의 효율을 높일 수 있다.

20 냉각계통에 대한 설명으로 틀린 것은?
① 실린더 블록 재킷에 물때가 끼면 과열의 원인이 된다.
② 방열기속의 냉각수 온도는 아래 부분이 높다.
③ 팬 벨트의 장력이 약하면 엔진 과열의 원인이 된다.
④ 냉각수 펌프의 실(seal)에 이상이 생기면 누수의 원인이 된다.

↳ 가압식 라디에이터는 일정 온도로 상승하면 가압되어지는 스프링이 작용하는 무게질 마련하여 열릴 때 라디에이터 호스로 오버히트가 쉽게 일어나지 않는 구조이다.

21 방열기(radiation)의 규정 수량이 이상이 없는데도 기관이 과열되었다면 그 원인 이라고 정할 수 있는 것은?
① 물 펌프의 고속회전
② 에어클리너의 고장
③ 온도계의 고장
④ 팬 벨트의 이완

↳ 엔진 내부에서 열을 흡수하고 실린더 블록에서 냉각수는 방열기의 회전속도가 느려져 기관이 과열된다.

22 라디에이터의 냉각수의 양을 측정하였더니 12ℓ였다. 이것과 동량의 신품 라디에이터의 용량이 15ℓ였다면 이 방열기의 막힘률 몇 %인가?
① 20%   ② 15%
③ 10%   ④ 5%

↳ 코어의 막힘률 = {(신품 주수량 − 구품 주수량) ÷ 신품 주수량} × 100(%) = {(15 − 12) ÷ 15} × 100(%) = 20%

23 냉각장치에서 냉각수의 비등점을 올리기 위해 사용되는 것으로 맞는 것은?
① 진공식 캡   ② 압력식 캡
③ 라디에이터   ④ 물 재킷

24 압력식 라디에이터 캡의 구성 압력은 일반적으로 게이지 압력으로 몇 kg/cm² 정도인가?
① 0.2~0.9   ② 2~9   ③ 1.2~1.9   ④ 12~19

↳ 압력식 캡의 압력은 케이지 압력으로 0.2~0.9kgf/cm² 정도이며 이때의 냉각수 비등점은 112℃ 정도이다.

25 압력식 라디에이터 캡에 대한 설명으로 적합한 것은?
① 냉각장치 내부압력이 규정보다 낮을 때 공기밸브는 열린다.
② 냉각장치 내부압력이 규정보다 낮을 때 진공밸브는 열린다.
③ 냉각장치 내부압력이 부압이 되면 진공밸브는 열린다.
④ 냉각장치 내부압력이 규정보다 높을 때 공기밸브는 열린다.

↳ 냉각장치 내부압력이 규정보다 높아지면 압력밸브가 열리고, 냉각수가 냉각장치 내부 압력이 부압이 되면 진공밸브가 열린다.

26 지게차의 방열기에 있는 오버플로 파이프로 물이 유출시에 수온은 일반적으로 몇 도인가?
① 112℃   ② 120℃   ③ 132℃   ④ 140℃

↳ 24번 문제 해설 참조

27 압력식 라디에이터 캡 사용할 경우 냉각수 비등점은 몇 ℃ 정도인가?
① 112℃   ② 120℃   ③ 132℃   ④ 140℃

28 라디에이터 캡의 스프링이 파손되었을 때 가장 먼저 나타나는 현상은?
① 냉각수 비등점이 낮아진다.
② 냉각수 순환이 불량해진다.
③ 냉각수 순환이 빨라진다.
④ 냉각수 비등점이 높아진다.

↳ 라디에이터 캡의 스프링이 파손되거나 장력이 약해지면 냉각수 비등점이 낮아진다.

29 라디에이터 캡을 열고 크랭킹하였을 때 기포가 발생하는 원인은?
① 물 호스가 지부로 연결되어 있음
② 오일 팬이 막혀 파손된 상태
③ 헤드 개스킷이 손상되어 있음
④ 냉각수의 부동액이 들어 있음

30 엔진에서 라디에이터 캡을 열어 냉각수를 점검해보았더니 기름이 떠 있다. 그 원인으로 맞는 것은?
① 피스톤 링의 실린더 마모
② 밸브 간격 과대
③ 압축 압력이 높아 역화 현상
④ 실린더 헤드 개스킷 파손

↳ 기관의 라디에이터에 기름이 떠 있는 경우
• 실린더 헤드 개스킷 파손   • 오일 냉각기에서 엔진 오일 누출

정답
16 ④ 17 ④ 18 ③ 19 ③ 20 ② 21 ④ 22 ①
23 ② 24 ① 25 ③ 26 ① 27 ① 28 ① 29 ③ 30 ④

31 라디에이터의 세척액으로 주로 사용되는 것은?
① 중성세제
② 탄산나트륨
③ 탄산수
④ 황산과 증류수

ⓞ 라디에이터의 세척액으로는 탄산소다와 중성세제를 사용하여, 아래 방향으로 위 방향으로 세척한다.

32 다음 중 냉각 팬에 대한 설명으로 옳지 않은 것은?
① 냉각 팬의 회전속도는 물 펌프 축과 일체로 되어있다.
② 팬의 날개 수는 보통 4~6개 정도이다.
③ 유체결합식 냉각 팬도 있다.
④ 냉각 팬의 회전은 주행속도에 의해 이루어진다.

ⓞ 냉각 팬의 회전속도는 라디에이터를 통과하는 공기의 온도에 의해 결정된다.

33 냉각수 순환용 물 펌프에 대한 설명으로 옳지 않은 것은?
① 냉각 팬의 회전속도는 물 펌프 축과 일체로 되어있다.
② 축전지의 비중 저하
③ 발전기 작동 불능
④ 기관 과열

34 물 펌프에 연결되는 위쪽 호스를 손으로 쥐어 보았을 때 압력을 느낀다면?
① 호스가 막혀 있다.
② 라디에이터가 막혀 있다.
③ 물 펌프의 베어링 마모
④ 물 펌프가 정상적으로 작동한다.

ⓞ 물 펌프의 호스를 냉각수 온도에 반비례하고, 압력에 비례한다.

35 냉각장치에서 소음이 나는 원인으로 틀린 것은?
① 물 펌프 내 임펠러의 파손
② 라디에이터의 코어 막힘
③ 물 펌프의 베어링 마모
④ 팬 날개 파손

ⓞ 라디에이터의 코어가 막히면, 냉각수의 역력에 의하여 압력이 높아진다.

36 냉각장치에서 소음의 원인이 아닌 것은?
① 팬 벨트의 풀림
② 팬의 휨 가공
③ 정온기의 불량
④ 물 펌프 베어링의 불량

37 냉각계통에 소음이 난다. 그 원인이 아닌 것은?
① 기아 벨트 스프링 이완
② 물 펌프 베어링 불량
③ 팬 벨트 불량
④ 팬의 날개가 변형

ⓞ 기아 벨트 스프링이 이완되면 냉각수의 비등점이 낮아진다.

정답 31 ③ 32 ④ 33 ④ 34 ④ 35 ② 36 ③ 37 ①

---

38 디젤기관을 시동시킨 후 충분한 시간이 지났는데도 냉각수 온도가 정상적으로 상승하지 않을 경우 그 고장의 원인이 될 수 있는 것은?
① 수온조절기의 고장
② 물 펌프의 고장
③ 라디에이터 코어의 파손
④ 냉각 팬 벨트의 헐거움

ⓞ 수온조절기는 실린더 헤드의 라디에이터 상부 사이에 설치되며 냉각수의 온도를 일정하게 유지하는 기구이다.

39 엔진작동 중 냉각수 정상적으로 올라가지 않을 때, 과열의 원인으로 맞는 것은?
① 수온조절기의 열림
② 팬 벨트의 헐거움
③ 물 펌프의 불량
④ 냉각수 부족

ⓞ 엔진의 정상적인 작동 온도를 실린더 헤드 재킷 내부 온도를 나타낸다.

40 기관의 냉각수 수온을 측정하는 것은?
① 수온조절기 윗부분
② 실린더 헤드 물 재킷부
③ 라디에이터 하부
④ 온도조절기 내부

ⓞ 냉각수온은 실린더 헤드의 라디에이터 상부 사이에 설치되며 냉각수의 온도를 나타낸다.

41 다음 기구 중 엔진의 온도를 일정하게 정상으로 유지하는 것은?
① 방열기
② 방열팬
③ 정온기
④ 온도 방지 점검

ⓞ 수온조절기(정온기, 서모스탯)는 실린더 헤드의 라디에이터 상부 사이에 설치되며 냉각수의 온도를 일정하게 유지하는 기구이다.

42 운전 중 엔진의 온도계에 이상이 나타나면 다음 중 가장 먼저 점검해야 하는가?
① 오일 펌프 점검
② 에어클리너 점검
③ 위터 펌프 점검
④ 연료탱크 점검

43 기관의 정상적인 냉각수 온도에 해당되는 것으로 가장 적절한 것은?
① 20~35℃
② 35~60℃
③ 75~95℃
④ 110~120℃

ⓞ 냉각수 수온은 실린더 헤드 물 재킷 내의 온도로 나타내며, 정상적인 냉각수 온도 범위는 75~95℃ 정도이다.

44 실린더 블록의 동파방지를 위해 두는 것은?
① 정온기
② 라디에이터
③ 코어 플러그
④ 냉각수 통로

ⓞ 냉각수가 실린더 내부로 재킷, 오일 통로가 동파되기 위해 코어플러그(core plug)가 설치되어 있다.

45 부동액의 종류 중 가장 많이 사용되는 것은?
① 글리세린
② 메탄올
③ 에틸렌글리콜
④ 알코올

ⓞ 에틸렌글리콜(ethylene glycol)을 주성분으로 한 부동액을 많이 사용하며 그 지방의 5~10℃ 낮은 온도를 기준으로 혼합한다. 실린더 블록의 내부는 실린더 내 물 재킷, 오일 통로에 의한 동파를 방지하기 위해 냉각수 방향에 코어플러그가 설치되어 있다.

정답 38 ① 39 ① 40 ② 41 ③ 42 ③ 43 ③ 44 ③ 45 ③

CHAPTER 02 전기장치 익히기

Lesson 01 전기기초 및 축전지

1 전기기초

1) 전류 및 저항의 접속

① 전류의 단위: 암페어(A)

② 전류의 3대 작용
㉮ 발열작용: 도체에 내는 전류가 흐를 때 도체의 저항에 의해 열이 발생하는 현상으로 전구, 전열기 등에 이용된다.
㉯ 자기작용: 도체에 전류가 흐르면 그 주변 공간에는 자기현상이 발생한다. 전동기, 발전기 등에 이용된다.
㉰ 화학작용: 전해액에 전류가 흐르면 화학작용이 발생한다. 축전지의 충·방전에 이용된다.

③ 저항의 접속: 직렬접속, 병렬접속

2) 전기와 관련법칙

① 옴의 법칙: 도체에 흐르는 전류는 전압에 비례하고, 저항에 반비례한다.

② 전력과 줄의 법칙: 전기 도체의 물체를 거쳐 전자를 이동시키는데 있어 일을 한 비율의 표시 기준으로 P이며 기본단위는 Watt이고 "전압 × 전류"로 구해진다.

③ 플레밍의 법칙
㉮ 플레밍의 왼손 법칙: 자기장의 전류에 미치는 힘의 방향에 관한 법칙(전동기, 전압기)
㉯ 플레밍의 오른손 법칙: 전자유도에 의해서 생기는 유도전류의 방향을 나타내는 법칙(발전기 원리)

2 축전지

1) 축전지 일반

㉮ 건설기계의 전장품을 작동시키기 위한 전원으로는 축전지(battery)와 발전기가 있다. 이 중 축전지는 전기적인 에너지를 화학적인 에너지로 바꾸어 저장하였다가 필요에 따라 전기적인 에너지로 바꾸어 공급할 수 있는 기능을 갖고 있다.

① 일반적 축전지
㉮ 과충전, 과방전 등 가혹한 사용조건에서도 성능이 양호하다.
㉯ 실용단수는 10~20년이다.
㉰ 고용량 성능이 좋다.
㉱ 차량 전용 제품이 이렇고, 단기 필요에 따라 전기적인 공급할 수 있는 기능을 갖고 있다.
㉲ 양극판은 과산화납 제2니켈, 음극판은 카드뮴을 사용한다.
㉳ 전해액은 수산화칼륨(KOH) 용액을 사용한다.

② 납산 축전지
㉮ 제작이 쉽고 가격이 저렴하여 현재 주로 사용한다.
㉯ 중량이 무겁고 취급불량시 수명이 짧다.
㉰ 양극판은 과산화납(PbO₂), 음극판은 해면상납(Pb)을 사용하며 전해액은 묽은황산(H₂SO₄)을 사용한다.

2) 축전지의 구조와 기능

① 셀(cell) 커넥터 및 터미널
㉮ 양극단자(+)는 적갈색, 음극단자는 회색이다.
㉯ 양극단자의 직경이 크고, 음극단자는 작다.
㉰ 양극단자는 (P)나 (+)로 표시하고, 음극단자는 (N)이나 (-)로 표시한다.

② 전해액
㉮ 전해액은 극판 중의 양극판(PbO₂), 음극판(Pb)의 작용물질과 전해액의 묽은황산(H₂SO₄)이 화학 반응을 일으켜 전기적 에너지를 발생하는 작용물질로 무색, 무취의 양도체이다.
㉯ 국내에서는 일반 반경수를 사용한다.
㉰ 전해액의 비중은 온도에 따라 변화한다. 온도가 높으면 비중은 낮아지고 온도가 낮으면 비중은 높아진다.
㉱ 전해액의 빙점

㉮ 전해액의 원인: 구조상 누닉이 한지 않은 것, 물순물에 의한 것
㉯ 자기방전량: 24시간 동안의 자기 방전량은 0.3~1.5% 정도

④ 축전지 취급 및 충전시 주의사항
㉮ 전해액이 온도는 45℃가 넘지 않도록 하여야 한다.
㉯ 통풍이 잘 되는 곳에서 충전하여야 한다.
㉰ 과충전, 급속 충전을 피해도록 보호해야 한다.
㉱ 전기간 보관이 금지되어 배어킹소다나 수도 세척한다.
㉲ 축전지 방전 중지 전압은 1.75V 이다.
㉳ 셀의 방전 중지 전압은 1.75V 이다.
㉴ 축전지 충전시 발생되는 가스로는 양극에서 산소, 음극에서 수소가스가 발생되며 수소가스는 가연성으로 폭발의 위험이 있다.

Lesson 02 시동장치 구조와 기능

1 전동기의 원리와 작용

1) 플레밍의 왼손법칙과 전동기 작용
N극과 S극의 자장 내에 도체를 놓고, 이 도체에 전류를 공급하면 도체가 움직이는 방향이 전자력의 방향이 된다. 즉 전기자 전류의 방향, 장자력의 방향과 일치시키면 엄지가 자력의 방향이 되어, 이 원리를 이용한 것이 전동기이다.

2) 기동전동기의 종류

① 직권식 전동기
㉮ 전기자코일과 계자코일이 전원에 대해 직렬로 접속되어 있다.
㉯ 약기전류는 속도에 비례하고 전기자 전류에 반비례한다.

② 분권식 전동기
㉮ 전기자코일과 계자코일이 전원에 대해 병렬로 접속되어 있다.
㉯ 회전이 일정하면 전류변동과 상관없이 계자자력의 세기도 일정한다.

③ 복권식 전동기
㉮ 2개의 코일을 직렬과 병렬로 연결된다.
㉯ 자속방향이 같으면 회전속력, 반대로 된 것은 자동력이다.

2 구성 및 작용

1) 전동기의 구성

① 전기자 코일 : 큰 전류가 흐르기 때문에 단면적이 큰 평각 구리선을 사용하며 한쪽은 N극, 다른 한쪽은 S극의 오도록 철심의 홈에 절연되어 장착된다.

② 계자코일(field coil)과 계자철심
㉮ 계자코일은 전동기의 고정 부분으로 계자 철심에 감겨져 자력선을 일으키는 코일이다.
㉯ 경선방법은 직렬식, 복권식이 있다.

③ 브러시와 홀더 스프링
㉮ 흑연 또는 구리로 만들어져 정류자의 전기를 정류자에 전달하는 구성품이다.
㉯ 이 브러시는 홀더에 삽입되어 스프링으로 정류자에 적합한 각압을 쓴다.

④ 스위치 : 푸시버튼식(수동식)과 마그넷식(전자식)이 있다.

2) 작동의 분류와 고장

① 동력전달기구
㉮ 전자 피니언에서는 기관이 시동되어 기동전동기 축에 있는 기어 스위치와 플라이휠 링기어 피니언을 접속시키지 않은 한 피니언이 열려 있어 시동 후 엔진이 피니언에서 기어가 회전된다. 이러한 문제점을 방지할 수 있기 위해 기관이 시동되면 기동 전자 피니언이 회전하는 것이다.

㉯ 전기자 섭동식 : 피니언 기어가 전기자 축에 고정되어 있다. 자력선 전동되는 피니언 기어가 회전된다.
㉰ 피니언 섭동식(오버러닝) : 전기자 축상의 스플라인 위에서 피니언 기어가 앞뒤로 움직임으로 플라이휠 링기어의 홀딩 등 전동력이 전달되도록 한다.
㉱ 동력전달기구의 구분
상태에서 섭동식으로 피니언의 회전을 이용하여 전동기에 밖으로 한 회전력을 플라이휠에 전달하는 방식이다.

② 고장 진단 및 원인
㉮ 스위치를 넣어도 전동기가 회전하지 않을 때의 고장 원인
㉠ 퓨즈의 용단
㉡ 브러시와 축수의 마모 또는 브러시 접촉 불량
㉢ 계자 코일의 단락 또는 단선
㉣ 배어링의 분상
㉤ 전기자 코일의 단락 또는 단선
㉥ 브러시 홀더에서의 과부하
㉦ 전동기 또는 축수로 회전할 때의 고장 원인
㉧ 배어링의 분상
㉨ 전기자 코일의 단선
㉩ 중성, 축수로부터 벗어난 위치에 브러시가 고정
㉪ 과부하 및 접적 부접족

Lesson 03 충전장치 구조와 기능

1 발전기의 원리

기관이 시동되면 발전기는 항상 함께 회전되어 방전되고 플라이휠이 회전을 발생하는 원리이다.

2) 직류(DC) 발전기(제네레이터) 방식
계자코일과 전기자코일의 연결이 직렬식(직권식), 병렬식(복권식),

2 구성 및 작용

2) DC 발전기의 구조

① 전기자(아마추어) : 계자 내에서 회전하며 전류를 발생시키며, 둥근 코일선과 사용된다.
② 계자철심과 코일 : 계자코일에 전류가 흐르면 철심은 N극과 S극으로 된다.
③ 정류자 : 전기자 코일에서 발생한 교류는 정류자와 브러시를 거쳐 직류로 정류되어 외부로 공급된다.

3) 발전기 레귤레이터(조정기)

① 컷 아웃 릴레이 : 전압이 발전기로 역류하는 것을 방지하는 장치이다.
② 전압 조정기 : 발전기의 전압을 일정하게 유지하기 위한 장치이다.
③ 전류 제한기 : 규정 이상의 전류가 되려다라는 소손되는 것을 방지하기 위한 장치이다.

4) 교류(AC) 발전기(얼터네이터)

건설기계용 발전기는 3상으로 영구자석 대신 철심에 코일을 감아 자장의 크기를 조절할 수 있게 한 전자석을 사용한다.

5) DC 발전기와 AC 발전기의 차이

구 분	직류(DC) 발전기	교류(AC) 발전기
중량	무겁다.	가볍고 출력이 크다.
브러시 수명	짧다.	길다.
정류	정류자와 브러시	실리콘 다이오드
공회전시	충전이 불가능하다.	충전이 가능하다.
구조	계자 코일 고정, 아마추어 회전	스테이터 고정, 로터 회전
사용범위	고속 회전용으로 부적합하다.	고속 회전에 견딜 수 있다.
조정기	컷 아웃 릴레이, 전압, 전류 조정	전압 조정기뿐이다.
소음	라디오에 잡음이 들어간다.	잡음이 적다.
정비	정류자의 정비가 필요하다.	슬립 링의 정비가 필요 없다.

Lesson 04 등화 및 냉·난방장치의 구조와 기능

1 등화장치

1) 전조등

① 전조등의 구성과 조건
㉮ 좌·우에 각각 1개씩(4등식은 2개를 1개로 설치되어 있다.
㉯ 등광색은 양쪽이 동일한 현색이어야 한다.
㉰ 등광도는 양쪽이 동일해야 하며, 2등식인 경우 15,000cd 이상, 4등식인 경우에는 12,000cd 이상이어야 한다.
㉱ 등화는 파손 등의 손상이 없고 고정 상태가 양호해야 한다.

2) 방향지시등

① 일반 사항 : 건설기계에의 좌·우회전을 표시하며 광도는 50cd 이상, 1050cd 이하이어야 한다.

② 방향지시등의 구성과 조건
㉮ 방향지시등은 건설기계 중심선에 대해 좌·우 대칭일 것
㉯ 설치위치, 투영면적 및 구조는 적정 기준에 적합할 것
㉰ 점멸 주기는 매분 60회 이상 120회 이하일 것
㉱ 등광색은 노란색 또는 호박색일 것
㉲ 방향지시등은 건설기계 부착되어 있을 것

③ 지시등이 느릴 때의 원인
㉮ 전구의 접지가 불량하다.
㉯ 축전지 전압이 저하되어 있다.
㉰ 전구의 용량이 규정보다 작다.
㉱ 플래셔 유닛의 결함이 있다.
㉲ 퓨즈 또는 배선의 결함이 있다.

④ 좌·우의 점멸 횟수가 다르거나 한 쪽만 작동되지 않는 경우
㉮ 규정 용량의 전구를 사용하지 않았다.
㉯ 접지가 불량하다.
㉰ 전구 1개가 단선되었다.
㉱ 플래셔 스위치에서 지시등 사이에 단선이 있다.

3) 제동등 및 후진등

① 제동등 일반 사항 : 1등당 광도는 40cd 이상, 420cd 이하이며, 후진등은 건설기계가 후진할 때 점등되는 것으로 후방 75m를 비출 수 있어야 한다.

② 제동등의 구성과 조건
㉮ 등광색은 붉은색일 것
㉯ 제동 조작 동안 지속적으로 점등 상태가 유지될 수 있을 것
㉰ 다른 등화의 설치와 겸용시 광도가 3배 이상 증가할 것
㉱ 등화의 손상이 없고 고정 상태가 양호할 것
㉲ 파손 등의 손상이 없고 고정 상태가 양호할 것

③ 후진등의 구성과 조건
㉮ 후진등은 2개 이하 설치되어 있을 것
㉯ 등광색은 흰색 또는 노란색일 것

㉰ 등화의 설치 높이는 지상 25cm 이상, 120cm 이하일 것(트럭 적재시 건설기계에 한함)
㉱ 주광색 하향일 것
㉲ 후퇴등은 변속장치를 후퇴 위치로 조작시 점등될 것
㉳ 등화는 손상이 없고 이상이 없을 것

4) 건설기계에 전기 배선 작업시 주의할 점
① 배선을 차단할 때에는 유선 어스(접지)선을 떼고 차단한다.
② 배선을 연결할 때에는 어스(접지)선을 나중에 연결한다.
③ 배선 작업장은 건조해야 한다.
④ 배선 작업에서 접속부는 빨리 하는 것이 좋다.

2 냉·난방장치

1) 열원별 난방장치 종류

① 온수식
 ㉮ 엔진 냉각용의 온수를 이용한다.
 ㉯ 수냉식 엔진 차량용으로 구조는 간단하며 일반적인 것이다.

② 배기열식
 ㉮ 배기 가스의 열을 이용한다.
 ㉯ 공랭식 엔진 차량용으로 구조가 간단하다.
 ㉰ 열용량이 부족하기 쉽다.

③ 연소식
 ㉮ 석유 연료의 열을 이용한다.
 ㉯ 버스, 건설기계용의 것으로는 부적합하다.
 ㉰ 열용량이 크므로 한랭지용에 적합한다.

2) 냉매 사이클의 순환

냉매 사이클에는 4가지의 작용을 반복함으로써 한 주기를 이루는 카르노 사이클을 이용하였으며 "증발(액체가 기체로 변함) → 압축(기체에 의해 기체가 액체로 변함) → 응축(기체의 압축을 낮춤) → 팽창(냉매의 압축을 낮춤)"의 순서로 순환한다.

3) 주요 냉매의 용도

① 암모니아(NH_3)
 ㉮ 널리 사용되는 냉매로서 식품의 냉동, 이 있어서 유해하므로 공기 중에는 사용되지 않는다.
 ㉯ 철(鐵)은 부식시키지 않지만 동, 동 합금 등은 심하게 부식시킨다.

② R-12
 ㉮ 프레온계 냉매로서 무독성, 무취, 열분해성이 없으며 전기 절연성이 좋고 수분이 없으면 부식성도 거의 없다, 만약 수분이 있으면 사용하는 것이 좋으며 판은 내에는 불순기(脫濕器)를 설치할 필요가 있다.
 ㉯ 특히 R-12는 프레온계 중 가장 안전하여 적합한다.

③ 신냉매(HFC-134a)
 ㉮ 현재 건설기계 냉방장치에 사용되고 있는 R-12는 냉매로서는 가장 이상적인 물질이지만 단지 염화불화탄소(CFC)의 분자 중 염소(Cl)가 오존층을 파괴함으로써 지표면에 다량의 자외선을 유입하여 생태계를 파괴하고, 또 지구의 온난화를 유발하는 물질로 판명됨에 따라 이의 사용을 규제하기에 이르렀다.
 ㉯ 따라서 이의 대체물질로 현재 실용화되고 있는 것이 HFC-134a(Hydro Fluro Carbon 134a)이며 이것을 R-134로 나타내기도 한다.

출제 예상문제

CHAPTER 02 | 전기장치 익히기

Lesson 01 전기기초 및 축전지

01 다음 중 전류의 3가지 작용에 속하지 않는 것은?
① 자기 작용 ② 발열 작용
③ 전기 작용 ④ 화학 작용

▶ 전류의 3대 작용
• 발열작용 : 전구, 예열플러그, 전열기
• 화학작용 : 축전지, 전기 도금
• 자기작용 : 전동기, 발전기, 솔레노이드 등

02 전선의 전기 저항은 단면적이 클수록 어떻게 변화하는가?
① 작게 된다.
② 크게 된다.
③ 단면적과 관계없이 길이에 따라 변화한다.
④ 단면적을 변화시키면 한쪽 항상 증가한다.

▶ 도체의 저항은 그 길이에 비례하고, 단면적에 반비례한다. 따라서, 단면적이 커질수록 저항은 작아진다.

03 전기장치의 전압 변화의 일반적으로 얼마까지 허용되는가?
① ±5 ② ±10%
③ ±15% ④ ±20%

04 다음의 기호설이 틀린 것은?
① 전류의 세기 - A ② 저항 - Ω
③ 전압 - V ④ 전력량 - μF

▶ 전력은 W 또는 kW, 전력량은 WS 또는 kW/h 사용한다.

05 전압이 12V, 저항이 2Ω일 때 전류는?
① 2A ② 3A
③ 6A ④ 12A

▶ 전류 = $\frac{전압}{저항}$ = $\frac{12}{2}$ = 6A

06 12V의 자동차에 30W의 헤드라이트 한 개를 켜면 이 때 흐르는 전류는?
① 5A ② 2.5A
③ 10A ④ 4A

▶ 전류 = $\frac{전력}{전압}$ = $\frac{30}{12}$ = 2.5A

07 저항이 350Ω이고 전류가 0.5A인 전류를 필요로 하는 전구를 켜려면 몇 V 전압이 필요한가?
① 1.42V ② 175V
③ 349.5V ④ 700V

▶ 전압 = 전류 × 저항 = 0.5 × 350 = 175V

08 다음 전기의 전압을 구하는 공식 중 맞는 것은?
① V = IP ② V = I/R
③ V = I/P ④ V = IR

▶ I = V/R, V = IR, R = V/I
여기서 I : 전류(A), V : 전압(V), R : 저항(Ω)

09 저항이 가장 큰 전구는?
① 12V용 6W ② 12V용 10W
③ 12V용 20W ④ 12V용 50W

▶ P = VI = V²/R (∵ I = V/R)
∴ R = V²/P 이므로 같은 전압일 때 전력이 작을수록 저항이 크다.

10 1kW의 발전기가 24V의 축전지를 28V로 충전할 경우 최대로 충전할 수 있는 전류는?
① 36A ② 42A
③ 24A ④ 52A

▶ 전류 = $\frac{전력}{전압}$ = $\frac{1000}{28}$ = 36A

11 다음 그림과 같은 회로에서 전류계(A)에 흐르는 전류는 몇 A인가?

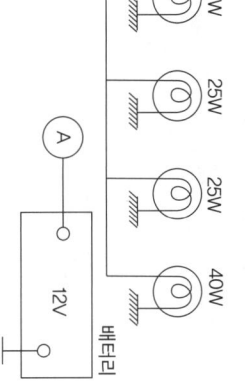

① 3.8A ② 5.8A
③ 10.8A ④ 15.8A

▶ 전류 = $\frac{40+25+25+40}{12}$ = 10.8A

12 광원의 광도가 1400cd의 경우 2m 거리에서의 조도는?
① 100Lx ② 150Lx
③ 250Lx ④ 350Lx

▶ 조도 = $\frac{광도}{거리^2}$ = $\frac{1400}{2^2}$ = 350Lx

13 퓨즈의 접촉이 불량하면 어떤 현상이 일어나는가?
① 과대 전류가 흐르나 끊어지지 않는다.
② 전류의 흐름이 방해지고 끊어진다.
③ 전류의 흐름이 방해지거나 끊어지지 않는다.
④ 과대 전류가 흐르고 끊어진다.

14 퓨즈는 회로 속에 어떻게 설치되는가?
① 병렬 ② 직렬
③ 직·병렬 ④ 혼선

▶ 퓨즈는 회로에 과대한 전류가 흐를 때 내부의 금속 부품이 녹아 끊어져 개방회로를 만듦으로써 회로를 보호하는 장치로 회로 내에서 직렬로 설치된다.

정답
[1. 전기기초 및 축전지] 01 ③ 02 ① 03 ② 04 ④ 05 ③ 06 ② 07 ② 08 ④ 09 ① 10 ① 11 ③ 12 ④ 13 ② 14 ②

15 퓨즈의 재질 중 틀린 것은?

① 주석, 납 창연, 카드뮴의 합금
② 주석, 구리, 금속, 알루미늄의 합금
③ 주석, 납, 구리, 금의 철의 합금
④ 주석, 카드뮴, 이연, 철리, 구리의 합금

ⓧ 퓨즈는 주석(Sn), 납(Pb), 비스무트, 창연(Bi), 카드뮴(Cd)의 합금으로 만들어진다.

16 다음 회로에서 퓨즈에는 몇 A가 흐르는가?

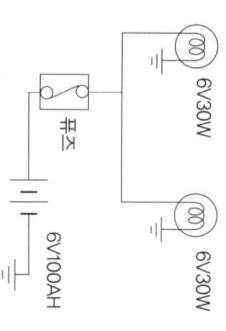

① 5A ② 10A
③ 50A ④ 100A

ⓧ P = VI에서 I = P/V이므로
I = (30+30)/6 = 10(A)
여기서, P : 전력(W), V : 전압(V), I : 전류(A)

17 전조등 점검 결과 퓨즈를 교환하려 한다. 전압은 24V이고, 전조등은 60W×2 이다. 얼마 이상의 퓨즈를 사용하여야 하는가인가? 안전율은 20%이다)

① 5A 이상 ② 3A 이상
③ 4A 이상 ④ 6A 이상

ⓧ 퓨즈용량 = 전력/전압 × 안전계수 = (60+60)/24 × 1.2 = 6A 이상

18 다음은 축전지에 대한 설명이다. 잘못된 것은?

① 축전지의 전해액으로는 묽은 황산이 사용된다.
② 축전지의 전해액의 비중이 묽은 극판보다 1개가 더 많다.
③ 축전지의 1셀당 전압은 2~2.2V 정도이다.
④ 축전지의 용량은 암페어(시)(Ah)로 표시한다.

ⓧ 축전지의 양극판이 음극판보다 더 활성적이기 때문에 화학적 평형을 고려하여 음극판이 1장 더 많다.

19 축전지 단자와 단자 사이에 많은 오물과 습기가 있을 때 어떤 현상이 일어나는가?

① 자기 방전이 된다.
② 전해액의 비중이 높게 된다.
③ 축전지의 온도가 상승된다.
④ 점연이 잘 된다.

ⓧ 축전지 단자 사이에 오물 등이 유입되면 국부전지가 형성되어 자기방전이 된다.

20 축전지가 충전될 되는데 축시 방전된다. 이유 중 가장 거리가 먼 것은?

① 축전지 내부에 침전물 과대
② 축전지가 방전 종지 전압까지 된 상태에서 충전시
③ 해로데이터 불량
④ 축전지 내부 격판 단락

ⓧ 자기방전의 원인
• 구조상 부득이한 것
• 불순물에 의한 것
• 단락에 의한 것

21 MF(Maintenance Free) 축전지에 대한 설명으로 적절하지 않은 것은?

① 증류수를 보충해야 한다.
② 장기간 보관이 가능하다.
③ 격자의 재로는 납과 칼슘의 합금이다.
④ 밀폐 마개를 사용한다.

ⓧ MF 축전지는 점검 및 정비를 절감하기 위해 개발된 것으로 증류수를 점검하거나 보충하지 않아도 된다.

22 축전지를 오랫동안 방전 상태로 두면 못쓰게 되는 이유는?

① 극판에 염구 황산납이 되기 때문이다.
② 극판이 산화되기 때문이다.
③ 극판에 수소가 형성되기 때문이다.
④ 전해액이 증발하기 때문이다.

ⓧ 축전지를 장기간 방전상태로 두면 극판이 황산납이 되기 때문에 화학작용이 축전된다.

23 과충전 기간에 의극판이 부풀어 오는 원인은 무엇 때문인가?

① 황산남이 많기 때문이다.
② 격자가 산화되기 때문이다.
③ 극판이 용해되기 때문이다.
④ 산화남과 수소가 많아지기 때문이다.

ⓧ 극판이 작용물질(해면상납)이 황산과의 화학작용으로 연구 황산납이 되기 때문이다.

24 축전지 취급상 가장 옳지 않은 것은?

① 과방전은 축전지 수명을 위해 필요하다.
② 자연 소모된 전해액은 증류수로 보충한다.
③ 필요시 급속 충전시켜 사용할 수 있다.
④ 사용하지 않는 축전지도 2주에 1회 정도 보충전한다.

ⓧ 축전지는 과방전되면 사용할 수 없게 되므로 축전지도 2주에 1회 정도 보충전해야 한다.

25 기관을 크랭킹시켰더니 시동 모터가 돌지 않는다. 이 때 헤드라이트 스위치를 켜고 다시 시동 모터 스위치를 켰더니 라이트 불빛 까지 꺼져 버렸다. 고장 원인은?

① 솔레노이드스위치 고장
② 시동 모터의 단선
③ 회로의 단선
④ 축전지의 방전

26 축전지의 음극판(negative plate)의 주성분은?

① 연화남 ② 황산남(PbSO₄)
③ 과산화남(PbO₂) ④ 해면상남(Pb)

27 축전지를 충전할 때 주의사항으로 맞지 않는 것은?

① 충전시 전해액 주입구 마개는 모두 연다.
② 과산화남은 사용하지 않고는 1개월 2회 정도 보충전을 한다.
③ 축전지가 단락되어 온도가 불꽃이 발생하지 않게 한다.
④ 남산 축전지에 과산화남을 사용하면 음극판 해면상남을 사용한다.

ⓧ 축전지 충전시 전해액 맞 증류수 보충을 위한 마개는 모두 두어야 한다.
• 축전지 충전시 전해액 맞 증류수 보충을 위한 마개는 모두 두어야 한다.

28 배터리(battery)의 과충전으로 전해액이 부족할 경우 보충해야 될 것은?
① 황산 용액
② 탄산나트륨 용액
③ 엘탈알코올
④ 증류수

∴ 충전중인 축전지 근처에 불꽃을 가까이해서는 안되는 이유는 가연성 수소가스가 발생하기 때문이다.

29 배터리를 충전할 때 배터리 내에 수소가스가 발생되는데 그 설명은 어떠한가?
① 충성 가스
② 소화 가스
③ 불연성 가스
④ 가연성 가스

∴ 전해액이 부족할 경우 증류수를 극판 위로부터 10~13mm 정도 보충한다.

30 전해액을 만들 때는 배터리 반드시 해야 할 일은?
① 황산을 물에 부어야 한다.
② 물을 황산에 부어야 한다.
③ 점체의 용기를 사용한다.
④ 황산을 가열하여야 한다.

∴ 전해액을 만들 때는 반드시 질그릇이나 고무그릇과 같은 절연체의 용기를 사용해야 하며, 이때 충황산을 물에 60%와 황산 40%가 적당하다.

31 건설기계에서 많이 사용하는 축전지는?
① 남산 축전지이다.
② 알칼리 축전지이다.
③ 분체 전지이다.
④ 전해 전지이다.

∴ 건설기계에 주로 사용되는 축전지는 가격이 저렴한 납산 축전지이다.

32 축전지 커버에 묻은 전해액을 세척하는 데 쓰는 것이 가장 좋은가?
① 비눗물
② 걸레
③ 물
④ 소다

∴ 축전지 커버와 케이스 청소는 탄산소다(인산나트륨)와 물로 알모니아수로 한다.

33 축전지 케이스와 커버 세척에 가장 알맞은 것은?
① 솔벤트와 물
② 소금과 물
③ 소다와 물
④ 베이킹 소다

∴ 축전지의 전해액이 묻은 황산이므로 소다를 사용하여 중화시킨다.

34 축전지 용량은 어떻게 결정되는가?
① 극판의 크기, 극판의 수 및 황산의 양에 의해 결정된다.
② 전해액의 비중, 셀의 수에 따라 결정된다.
③ 극판의 수, 셀의 수 및 발전기의 충전 능력에 따라 결정된다.
④ 극판의 수와 발전기의 충전능력에 따라 결정된다.

∴ 축전지 용량의 크기를 결정하는 요소는 극판의 크기(또는 면적), 극판의 수, 전해액 양 등이 있다.

35 축전지 셀의 극판수를 늘리면?
① 전압이 증가 감소한다.
② 이용 전류 즉, 용량이 커진다.
③ 저항이 증가한다.
④ 방전 종지 전압이 낮아진다.

∴ 축전지 셀의 극판수를 늘리면 축전지의 용량이 커진다.

36 배터리 (+)극판, (-)극판 매수에 대해 맞는 것은?
① (+)극판이나 (-)극판이나 매수는 똑같다.
② (-)극판이 (+)극판보다 1매가 더 많다.
③ (+)극판이 (-)극판보다 1매가 더 많다.
④ (+)극판, (-)극판 매수는 상관없다.

∴ 축전지의 음극판이 양극판보다 더 활성적이기 때문에 화학적 평형을 고려하여 음극판이 1장 더 많다.

37 12V 축전지의 구성은?
① 6개의 셀이 병렬로 접속되어 있다.
② 6개의 셀이 직렬로 접속되어 있다.
③ 6개의 셀이 직·병렬로 접속되어 있다.
④ 3개는 직렬, 3개는 병렬로 접속되어 있다.

∴ 축전지를 직렬로 연결하면 전압은 배가되고, 용량은 1개 때와 같다. 따라서, 6개의 셀이 직렬로 연결되면 전압이 12V인 축전지를 구성할 수 있다.

38 같은 축전지 병렬로 접속하면?
① 전압이 셀의 배로 되고 용량은 1개 때와 같다.
② 전압과 용량은 변화 없다.
③ 전압과 용량은 직·병렬로 된다.
④ 전압과 용량이 모두 개수배가 된다.

∴ 직렬로 연결하면 전압이 배가되고, 병렬로 연결하면 용량이 배로 된다.

39 6V의 축전지 4개로 24V의 기동을 만들시키려면?
① 병렬로 연결한다.
② 직렬로 연결한다.
③ 직·병렬로 연결한다.
④ 관계 없다.

40 용량이 작은 배터리에서 출발한 전류를 연결하면 다음 중 맞는 것은?
① 직렬로 연결한다.
② 병렬로 연결한다.
③ 직·병렬로 연결한다.
④ 관계 없다.

∴ 축전지를 병렬로 연결하면 용량은 배가되고 전압은 1개일 때와 동일하다.

41 축전지 용량의 단위는?
① WS ② Ah ③ V ④ A

∴ 축전지의 용량은 "방전 중지 전류(A) × 방전 중지 전압까지의 연속방전시간(h)"으로 나타내며, 암페어시(Ah)라고 한다.

42 다음은 축전지 터미널의 식별법이다. 관계 없는 것은?
① 크기로 표시한다.
② (+), (-)의 문자로 표시한다.
③ 색깔로 표시한다.
④ 모양을 달리하여 표시한다.

∴ 축전지 터미널(단자기둥)의 식별
• 양극은 (+), 음극은 (-)의 부호로 구분한다.
• 양극은 적색, 음극은 흑색으로 구분한다.
• 양극은 지름이 크고, 음극은 가늘다.
• 양극은 POS, 음극은 NEG의 문자로 식별한다.
• 부식물이 많은 쪽이 양극판이다.

정답
28 ④ 29 ④ 30 ① 31 ① 32 ④ 33 ③ 34 ① 35 ②
36 ② 37 ② 38 ② 39 ② 40 ② 41 ② 42 ④

43 축전지 터미널에 녹이 슬었을 때의 조치 요령은?
① 물걸레로 닦아낸다.
② 뜨거운 물로 소량의 그리스를 바른다.
③ 터미널을 신품으로 교환한다.
④ 아무런 조치를 하지 않아도 무방하다.

해설 단자기둥(터미널)의 부식예방을 경우에는 도금을 뛰어 내고 그리스를 얇게 발라준다.

44 24V 축전지에 24V 12W의 전구 1개를 연결하면 흐르는 전류는?
① 0.25A   ② 0.5A
③ 2A   ④ 12A

해설 전류 = $\frac{전력}{전압}$ = $\frac{12}{24}$ = 0.5A

45 24V의 축전지에 2Ω, 6Ω의 저항을 직렬 연결할 때 회로에 흐르는 전류의 세기는?
① 1A   ② 2A
③ 3A   ④ 4A

해설 전류 = $\frac{전압}{저항}$ = $\frac{24}{2+6}$ = 3A

46 장비에 사용되는 12V 축전지를 사용하여 축전지관 할 때 몇 볼트 이하이면 완전 방전되었다고 보는가?
① 8.4V   ② 9.6V
③ 10.5V   ④ 12.0V

해설 셀당 방전 종지 전압이 1.75V 이므로, 6셀로 구성되는 12V 축전지의 완전 방전전압은 6셀 × 1.75V = 10.5V이다.

47 축전지의 셀당 방전 총전지전압(V)에 해당하는 것은?
① 1.65V   ② 1.75V
③ 1.85V   ④ 1.95V

48 20시간 동안 2.5A로 계속 사용하였더니 1.75V가 되었다. 축전지의 용량은 얼마인가?
① 20Ah   ② 50Ah
③ 70Ah   ④ 87Ah

해설 용량 = 전류 × 시간 = 2.5 × 20 = 50Ah

49 0℃에서 양호한 상태인 100Ah의 축전지는 300A의 전류로 방전시킬 수 있는 얼마 동안 방전시킬 수 있는가?
① 5분   ② 10분
③ 15분   ④ 20분

해설 시간 = $\frac{용량}{전류}$ = $\frac{100}{300}$ = 0.33시간 = 20분

50 완전 충전된 축전지를 충전시킬 때까지 방전시키는 다음에 이것을 완전 충전하는데 10A로 6시간 걸렸다. 다음에 이것을 완전 충전하는데 15A로 조정한다면 몇 시간이 걸리겠는가?
① 70%   ② 80%
③ 90%   ④ 95%

해설 축전지효율 = $\frac{방전량}{충전량}$ × 100 = $\frac{20 × 6}{10 × 15}$ × 100 = 80%

51 120Ah의 축전지가 매일 3%의 자기방전을 할 때 이것을 보충하기 위하여 미 전류 충전지로 충전할 때 및 도(A)로 조정해야 하는가?
① 0.05A   ② 0.1A
③ 0.15A   ④ 0.20A

해설 충전전류 = $\frac{120 × 0.03}{24}$ = 0.15A

52 다음 중 축전지 배터리의 충전상태를 측정할 수 있는 계기는?
① 그로울러 테스터   ② 압력계
③ 마력계   ④ 멀티 테스터

53 축전지에 충전할 때 전해액의 온도가 몇 도를 넘어서는 안되는가?
① 10℃   ② 20℃
③ 30℃   ④ 45℃

해설 충전 중 전해액의 온도 45℃ 이상으로 상승시키지 않아야 한다.

54 축전지는 얼마간의 간격으로 충전하는가? (단, 보완시)
① 7일   ② 15일
③ 60일   ④ 30일

해설 사용하지 않고 보관중인 축전지는 15일에 한번씩 보충충전 하여야 한다.

55 축전지 케이블을 떼어낼 때 맞는 작업방법은?
① 아무거나 먼저 떼어내도 무방하다.
② 두 케이블을 동시에 떼어낸다.
③ 접지 케이블을 나중에 떼어낸다.
④ (+)극 케이블을 먼저 떼어낸다.

해설 축전지 단자 기둥으로부터 케이블을 분리할 경우에는 반드시 접지 단자의 케이블을 먼저 분리하고, 설치할 경우에는 나중에 연결해야 한다.

56 건설기계에 축전지를 설치할 때 가장 안전한 작업방법은?
① 접지 케이블을 나중에 연결한다.
② 두 케이블을 동시에 연결한다.
③ 접지 케이블을 나중에 연결한다.
④ 음극 케이블을 나중에 연결한다.

57 건설기계의 축전지가 충전이 부족이 되는 원인이 아닌 것은?
① 전압 조정기의 조정전압이 너무 낮을 때
② 접압 조정기의 조정전압이 너무 높을 때
③ 충전회로에 누전이 있을 때
④ 전기의 사용이 너무 많을 때

정답 43 ② 44 ② 45 ③ 46 ③ 47 ② 48 ② 49 ④ 50 ② 51 ③ 52 ① 53 ④ 54 ② 55 ③ 56 ② 57 ②

Lesson 02 시동장치 구조와 기능

58 축전지 비중은 30℃에서 1.2730이었다. 20℃에서의 비중은 얼마인가?
① 1.254 ② 1.260
③ 1.268 ④ 1.280

59 지금 축전지 비중을 측정한 결과 23℃일 때 1.275였다면 20℃일 때의 비중은 얼마인가?
① 1.296 ② 1.254
③ 1.277 ④ 1.273

$S_{20} = St + 0.0007(t-20) = 1.273 + 0.0007(30-20) = 1.280$

01 건설기계에서 기관 시동에 사용되는 기동 전동기는?
① 직류 직권식 ② 직류 분권식
③ 교류 ④ 직류 복권식

직류직권식은 전기자 코일과 계자 코일이 직렬방식에 따라 직권식, 분권식, 복권식으로 나누며, 건설기계에서는 축전지를 전원으로 하는 직류 직권식 전동기를 사용하고 있다.

02 전동기를 구동한 기동 전동기 회로 설명은?
① 회로에 저항이 많아야 한다.
② 회로에 저항이 작아야 한다.
③ 회로를 접속부를 용접한다.
④ 회로를 3선식으로 하여야 한다.

기동전동기의 회전력은 계자철심의 자력과 전기자에 흐르는 전류의 곱에 비례한다. 따라서, 저항이 작아야 충분한 기동출력을 얻을 수 있다.(전류 = 전압/저항)

03 직권식 기동전동기의 전기자 코일과 계자 코일은?
① 각각(운형)의 단자에 연결되어 있다.
② 병렬로 연결되어 있다.
③ 직렬, 병렬로 연결되어 있다.
④ 직렬로 연결되어 있다.

직권식은 전기자 코일과 계자코일이 직렬로 연결되어 있으며, 분권식은 병렬, 복권식은 직·병렬로 연결되어 있다.

04 기동 전동기 스위치에는 축전지로부터 많은 전류가 흐른다. 무엇을 고려해야 하는가?
① 발로 작동되도록 한다.
② 접촉 면적을 크게 한다.
③ 운전석 바닥에 설치한다.
④ 릴레이를 사용한다.

05 시동 모터의 마그넷 스위치는?
① 전자석으로 작동하는 시동 모터용 스위치이다.
② 시동 모터의 전류 조절기이다.
③ 시동 모터의 전압 조절기이다.
④ 시동 모터와는 관계없는 것이다.

정답 58 ④ 59 ③ [2. 시동장치 구조와 기능] 01 ① 02 ② 03 ④ 04 ② 05 ①

---

06 주파수 60Hz, 6극 교류전동기의 1분당 동기 회전수는 얼마인가?
① 1200 ② 1500
③ 800 ④ 3600

∴ R = (120 × 60) / 6 = 1200rpm

07 8극 60Hz, 500kW의 유도 전동기가 있다. 전부하 슬립이 10%일 때 전동기의 실제 회전수는 몇 rpm인가?
① 710 ② 810
③ 900 ④ 1000

회전수 R = $\frac{120 \times Hz}{극수}$ × 전압출력
= $\frac{120 \times 60}{8}$ × $\frac{90}{100}$ = 810rpm

08 링기어 잇수 213, 피니언 잇수 113, 3000cc의 엔진 회전 저항이 12m-kg 이라고 하면, 기동 전동기가 필요로 하는 회전력은?
① 1.18m-kg ② 1.20m-kg
③ 1.01m-kg ④ 2.02m-kg

12 × $\frac{18}{213}$ = 1.01m-kg

09 기동 전동기의 피니언 잇수 9이고, 피니언 이와 맞물리는 플라이휠 링기어의 잇수가 113이다. 회전력이 6m-kg일 때 기동 전동기가 이 엔진을 회전시킬 최소 회전력은?
① 0.48m-kg ② 48m-kg
③ 1.01m-kg ④ 4800m-kg

전류 = $\frac{9}{6 \times 113}$ = 0.48m-kg

10 기동 전동기의 전원은 24V, 출력이 5.5kW일 경우 최대 전류는 몇 A인가?
① 30A ② 20A
③ 229A ④ 502A

전류 = $\frac{출력}{전압}$ = $\frac{5500}{24}$ = 229A

11 기관 시동시 스타팅 버튼은?
① 30초 이상 계속 눌러서는 안된다.
② 3분 이상 눌러서는 안 된다.
③ 2분 정도 눌러서는 관계없다.
④ 계속하여 눌러도 된다.

기동전동기 연속 사용시간은 10초 정도로 하고, 최대 연속 운전시간은 30초 이내로 하여야 한다.

12 엔진이 기동되었을 때 시동 스위치를 계속 ON 위치로 할 때 미치는 영향으로 맞지 않은 것은?
① 전자석 스위치가 소손된다.
② 엔진이 마멸된다.
③ 클러치 디스크가 마멸된다.
④ 크랭크 축 저널이 마멸된다.

기동전동기를 계속 ON 위치로 하면 시동 전동기의 수명이 단축된다.

정답 06 ① 07 ② 08 ③ 09 ① 10 ③ 11 ① 12 ①

13 시동 모터는 1회 및 몇 초 정도까지 돌리는 것이 적당한가?

① 10~15초 이내
② 25~35초 이내
③ 40~50초 이내
④ 50~60초 이내

기동 전동기 연속 사용시간은 10초 정도로 하고, 최대 연속 운전시간은 30초 이내로 하여야 한다.

14 시동 전동기의 전기자나 계자를 오일로 세척하면 안되는 것은?

① 계자 철심이 손상된다.
② 축전지가 방전된다.
③ 절연 부분이 손상된다.
④ 구리의 연결부가 손상된다.

15 기관 크랭킹 시 절대 시동모터가 너무 천천히 회전한다. 다음 중 고장 원인과 관계없는 것은?

① 시동 회로에 저항이 생김
② 회로 스위치의 소손
③ 시동 모터 브러시 정류자의 소손
④ 시동 모터 구동 장치의 결함

16 기동 모터가 작동이 안 되는 원인이다. 틀린 것은?

① 배터리의 출력 저하
② 회로 스위치의 결함
③ 솔레노이드의 결함
④ 팬 벨트의 장력이 느슨함

17 엔진의 플 기어와 전동기 피니언의 기어비는?

① 5~10:1
② 10~15:1
③ 15~20:1
④ 20~25:1

플라이 휠 기어와 건속비는 10~15:1 정도이며, 피니언 플 기어에 물리는 방식으로는 벤딕스식, 피니언섭동식, 전기자섭동식이 있다.

18 시동 모터의 피니언 기어는 시동할 때 어디다 치합되는가?

① 암티네이타가 고장났기 때문
② 시동 모터를 배터리와 직선 연결했기 때문
③ 배터리가 과방전되었다.
④ 배력레이터의 점점이 불었기 때문

19 시동 모터의 피니언 기어는 시동할 때 어디다 치합되는가?

① 플라이 휠 링 기어
② 피니언 베벨 기어
③ 변속기 내부의 1단 기어
④ 캠 축 기어

20 솔레노이드 - 피니언 섭동 방식에서는 무엇에 의해 피니언이 섭동되고 또 전동기 스위치로 작동하게 되어 있는가?

① 풀인
② 푸시 버튼
③ 솔레노이드
④ 피니언

솔레노이드는 - 피니언 섭동 방식의 미끄럼 운동과 기동 전동기 스위치의 개폐를 전자력으로 작동하는 솔레노이드 스위치를 두고 있다.

21 기동 전동기에서 시어의 재질이다. 맞는 것은?

① 전기자 축
② 금속 혹연제
③ 구리
④ 혹연

브러시는 정류자를 통하여 전기자 코일에 전류를 출입시키는 일을 하며, 큰 전류가 흐르므로 금속 혹연제이다.

22 사용 중인 브러시는 새 브러시에 비해 얼마가 마모되면 교환해야 하나?

① 1/2
② 1/3
③ 1/4
④ 3/4

브러시는 표준 길이에서 1/3 정도 마모되면 교환한다.

23 다음 중 기동 전동기 사용 형편으로 맞지 않는 것은?

① 무부하 시험
② 저항 시험
③ 과부하 시험
④ 회전력 시험

24 전기자 코일이 자주 단선되는 이유는?

① 과대한 속도 회전
② 과도한 토크의 발생
③ 브러시의 과한 운동
④ 과대한 전류의 흐름

기동 전동기의 회전수는 무부하 시험, 저항 시험, 회전력 시험이 있고, 특히 회전자 시험에서 의 회전력은 전기자가 회전하지 않기 때문에 정지회전력이라고 부른다.

25 기동 전동기를 다룰 때에 주의 사항으로 틀린 것은?

① 기동 전동기 연속 사용시간은 10초 정도로 한다.
② 엔진이 기동된 후에는 시동키를 닫아서는 안된다.
③ 최대 연속 운전시간은 규정시간 60초 이내로 한다.
④ 배선용 케이블을 이거나 규격기가 이하의 것은 사용하지 않는다.

기동 전동기의 최대 연속 운전 시간은 30초 이내로 하여야 한다.

Lesson 03 충전장치 구조와 기능

01 다음의 기구 중 플레밍의 오른손 법칙을 이용한 기구는?

① 전동기
② 발전기
③ 축전기
④ 점화 코일

02 다음은 발전기에 대한 설명이다. 틀린 것은 어느 것인가?

① 직류 발전기 전기자에 나오는 전류는 교류이다.
② 발전기는 전기있는 방향으로 플레밍의 오른손 법칙을 이용한 것이다.
③ 발전기는 전류신수의 방향으로 회전수가 일정하다.
④ 교류(AC)발전기는 자기작용을 다이오드로 직류로 바꾼다.

직류(DC) 발전기는 제자로 출력을 제어하기 때문에 전기자 코일이 발생 분권계자를 사용하며, 참고로 직류발전기는 단자전압의 단자전압이 심하기 때문에 교류 발전기로 사용되지는 않는다.

03 축전지를 사용할 때 가장 조심하여야 할 점 중 하나는?
① 기관의 높은 온도를 피하는 것이다.
② 전기방전을 피하는 것이다.
③ 건축물을 파하는 것이다.
④ 테이퍼 충전을 피하는 것이다.

04 충전계기의 점검은 어느 때 해야 하는가?
① 기관 가동 중에
② 주간 및 월간 점검시에
③ 건독관 이회시에
④ 필요시에

05 엔진을 고속 회전시켜도 전류계(amperemeter)가 움직이지 않는 이유가 아닌 것은?
① 전류계가 불량일 때
② 배터리가 완전 방전되었을 때
③ 배선이 불량할 때
④ 발전기 조정기가 불량할 때

◈ 직류(DC) 발전기 조정기에는 제자 코일에 흐르는 전류의 크기를 조정하여 전압을 조정하는 장치이다.

06 직류 발전기 조정기에 3유닛에 속하지 않는 것은 어느 것인가?
① 컷 아웃 릴레이
② 전류 조정기
③ 솔레노이드 조정기
④ 전압 조정기

◈ 직류(DC) 발전기 조정기에는 컷 아웃 릴레이, 전압 조정기, 전류 조정기가 필요하다.

07 모든 발전기 조정기가 공통으로 가지고 있는 단자는?
① 전압 조정기
② 전류 조정기
③ 컷 아웃 릴레이
④ 전력 조정기

◈ 직류 발전기 조정기는 컷 아웃 릴레이, 전압 조정기, 전류 조정기의 3유닛으로 되어 있으며, 교류 발전기 조정기는 전압 조정기만 필요로 한다.

08 다음 중 교류 발전기의 정류기로 사용되는 것은?
① 셀렌 정류기
② 마그네틱 정류기
③ 실리콘 다이오드
④ 벨브 정류기

09 DC발전기에서 전류가 흐를 때에 전자석이 되는 것은?
① 전기자
② 제자 코일
③ 실리콘 다이오드
④ 정류자

10 직류 발전기에서 전류가 발생되는 곳은?
① 로터
② 스테이터
③ 아마츄어
④ 정류자

◈ 직류(DC) 발전기의 전기자(아마츄어)는 제자 내에서 회전하면서 전류를 발생시키는 것이다.

정답 03 ① 04 ① 05 ④ 06 ③ 07 ① 08 ③ 09 ② 10 ③

11 직류 발전기에서 교류를 직류로 바꾸어 주는 것은?
① 정류자와 브러시
② 실리콘 다이오드
③ 아마츄어 코일
④ 필드 코일

◈ 교류(AC) 발전기는 실리콘 다이오드를 사용하며, 직류(DC) 발전기는 정류자와 브러시를 사용하여 발생한 교류를 직류로 정류하여 외부로 공급하는 일을 한다.

12 AC 발전기에서 다이오드의 역할은?
① 여자 전류를 조정하고 역류를 방지한다.
② 전류를 조정한다.
③ 교류를 정류하고 역류를 방지한다.
④ 전압을 조정한다.

13 DC발전기의 컷 아웃 릴레이의 작용은?
① 전압을 조정한다.
② 전류를 제한한다.
③ 전류가 역류하는 것을 방지한다.
④ 교류를 정류한다.

14 엔진시동 후 충전 경고등에 계속 불이 켜져 있을 때는?
① 전기계통에 이상이 있다.
② 엔진 출력이 부족한 것이다.
③ 연료가 충분하지 않은 것이다.
④ 엔진 오일이 부족하다.

◈ 엔진의 정상 작동 중에 축전지를 한 충전기 계통의 이상이 있으면 점등되어 경고한다.

15 건설기계에서 AC 발전기에서 전류를 발생하는 것은?
① 다이오드
② 로터
③ 스테이터
④ 전기자

◈ 교류(AC) 발전기에서는 스테이터, 직류(DC) 발전기에서는 전기자(아마츄어)에서 전류를 발생시킨다.

16 직류 발전기의 전기자 코일과 제자 코일은?
① 제3브러시와 연결되어 있다.
② 직렬로 연결되어 있다.
③ 병렬로 연결되어 있다.
④ 직·병렬로 연결되어 있다.

17 다음에서 중장비용 AC 발전기로 사용되는 것은 어느 것인가?
① 마이카 정류기
② 실리콘 정류기
③ 텅이 벨브 정류기
④ 셀렌 정류기

◈ 교류(AC) 발전기의 정류기는 제자를 제어하기 때문에 전기자 코일이 병렬로 분산된 발전기로 실리콘 다이오드를 사용한다.

정답 11 ① 12 ③ 13 ③ 14 ① 15 ③ 16 ③ 17 ④

18 교류 발전기에서 교류를 직류로 바꾸어 주는 것은?
① 제자 ② 슬립 링
③ 다이오드 ④ 브러시

19 AC 발전기의 출력을 무엇을 변화시켜 조정하는가?
① 발전기의 회전 속도 ② 축전지 전압
③ 로터 전류 ④ 스테이터 전류

◎ 교류(AC) 발전기의 로터는 직류 발전기의 계자 코일과 철심에 해당되며 자극을 형성한다.

20 일반적으로 교류 발전기 내의 다이오드는 몇 개인가?
① 3개 ② 6개
③ 7개 ④ 8개

◎ 일반적으로 교류(AC) 발전기의 정류용으로 실리콘 다이오드는 (+)쪽에 3개, (-)쪽에 3개씩 6개를 두며, 최근에는 여자 다이오드를 3개 더 두고 있기도 한다.

21 교류(AC) 발전기에 대한 설명으로 틀린 것은?
① 다이오드는 교류를 정류하고 역류를 방지한다.
② 저속 회전시에도 충전이 가능하고 출력이 크다.
③ 풀리 밑의 인슐레이터 철심에 판계가 있다.
④ 스테이터는 고정되어 있으므로 전류가 나오는 곳이다.

◎ 스테이터는 플레밍의 오른손 법칙과 관계가 있다.

22 건설기계의 충전장치는 주로 어떤 발전기를 사용하고 있는가?
① 직류 발전기 ② 슬립 링 발전기
③ 3상 교류 발전기 ④ 전류 조정기
④ 와전류 발전기

◎ 건설기계는 고장율이 적고 저속에서도 충전이 가능한 3상 교류 발전기를 사용한다. 3상 교류 발전기는 단상 교류 3개를 조합한 것으로 도체가 감긴 3개의 코일을 120° 간격으로 두고 철심을 넣어 자석을 임정 속도로 회전시켜주면 3개의 도체 코일에 유기 기전력을 발생시킨다.

23 교류 발전기 부품이 아니다. 관련 없는 부품은?
① 다이오드 ② 슬립 링
③ 첫 아이너 코일 ④ 전류 조정기

24 다음 중 AC 발전기와 관계가 없는 것은?
① 다이오드 ② 전압 조정기
③ 첫 아웃 릴레이 ④ 전류 릴레이

◎ 교류(AC) 발전기는 스테이터(고정자)와 회전하는 로터(회전자), 로터에 유무 기전력을 지지하는 슬립 링, 엔드 프레임 스테이너에서 유도 교류 전류를 정류하는 실리콘 다이오드(DC)로 발전기 조정기의 3가지 중 하나로 교류(AC) 발전기 조정기에는 볼트 요소다.

25 축전기의 용량 단위가 아닌 것은?
① μF ② pF
③ nF ④ cF

◎ 축전기의 용량 단위는 패럿(F)을 사용하며, 마이크로 패럿(μF)은 10^{-6}F, 나노 패럿(nF)은 10^{-9}F, 피코 패럿(pF)은 10^{-12}F을 의미한다.

26 직류 발전기와 비교한 교류 발전기의 특징으로 틀린 것은?
① 소형, 경량이다.
② 브러시의 수명이 길다.
③ 전류 조정기가 필요하다.
④ 저속 시에도 충전이 가능하다.

◎ 교류(AC) 발전기의 특징
- 저속에서도 충전이 가능하다.
- 회전 부분에 정류자가 없어 허용 회전속도가 한계가 높다.
- 실리콘 다이오드로 정류하기 때문에 전기적 용량이 크다.
- 소형 경량이며, 브러시의 수명이 길다.
- 전압 조정기만 필요하다.

Lesson 04 등화 및 냉·난방장치의 구조와 기능

01 다음의 조명에 관련된 용어의 설명으로 틀린 것은?
① 광도의 단위는 캔들이다.
② 피조면의 밝기는 조도이다.
③ 빛의 세기는 광도이다.
④ 조도의 단위는 루멘이다.

02 건설기계용 전조등에 사용되는 조도에 관한 설명 중 맞는 것은?
① 조도는 전조등의 밝기를 나타내는 척도이다.
② 조도의 단위는 암페어이다.
③ 조도는 광원의 단위 시간당 광원의 단위 거리의 면 비례한다.
④ 조도는 빛을 받는 면의 밝기를 말하며, 단위는 룩스 Lx 이다.

◎ 조도의 단위는 룩스(Lx)이다.
조도는 광원의 광도에 비례하고, 광원과의 거리의 2승에 반비례한다.
조도(Lx) = 광도(cd) / 거리(m)^2

03 헤드라이트 전조등에 틀린 것은?
① 타이어 공기압과는 무관하다.
② 라이트를 켜지는 안해이다.
③ 전구는 규정 용량을 쓴다.
④ 안전 검사 기준에 맞춘다.

◎ 전조등 광도 측정시 타이어 공기압은 표준 공기압에 맞추어 측정해야 한다.

04 전조등의 전조등에서 광원에서 25,000cd의 밝기일 경우 전방 100m지점에서의 조도는?
① 250Lx ② 50Lx
③ 12.5Lx ④ 2.5Lx

◎ $\frac{25,000}{100^2} = 2.5$Lx

05 전기 배선을 점검하는데 저항을 측정하고자 한다. 어느 장비를 사용하여야 하는가?
① 전압 와이어 ② 테스트 램프
③ 빌트 미터 ④ 오실로스코프

◎ 멀티미터는 전압, 전류, 저항 등 여러 가지 측정 기능을 결합한 전기 계측기이다.

06 전기 장치의 배선 작업에서 작업 시작 전에 다음 중 제일 먼저 조치하여야 할 사항은?

① 점화 스위치를 끈다.
② 고압 케이블을 제거한다.
③ 접지선을 제거한다.
④ 배터리 비중을 측정한다.

07 배선 회로도에서 표시된 0.85RW의 W는 무엇을 나타내는가?

① 단면적 ② 바탕색
③ 줄색 ④ 허트 수

> 앞의 숫자는 전선의 굵기(단면적, cm²)를 의미하고, 뒤의 알파벳 표기에서 앞 문자는 바탕색, 뒤의 문자는 줄색을 의미한다. 참고로 R은 적색(Red), W는 흰색(White)이다.

08 건설기계 전기 회로의 보호 장치로 맞는 것은?

① 안전 밸브 ② 캠버
③ 퓨저블 링크 ④ 시그널 램프

> 퓨저블 링크(fusible link)는 회로의 보호를 목적으로 전선 사이즈의 작은 전선으로 바꿔서 설치하여 있다.

09 실드빔식 전조등에 대한 설명으로 맞지 않은 것은?

① 대기조건에 따라 반사경이 흐려지지 않는다.
② 내부에 불활성 가스가 들어있다.
③ 필라멘트를 갈아 끼울 수 있다.
④ 사용에 따른 광도의 변화가 적다.

> 실드빔식은 반사경, 렌즈, 필라멘트가 일체로 형상으로 되어 있어 필라멘트가 끊어지면 렌즈나 반사경에 이상이 없더라도 전조등 전체를 교환해야 한다.

10 전조등의 좌우 램프간 접속 방법은?

① 직렬로 되어 있다.
② 직렬 또는 병렬로 되어 있다.
③ 병렬로 되어 있다.
④ 병렬과 직렬로 되어 있다.

11 야간 작업시 헤드라이트가 한 쪽만 점등되었다. 고장 원인으로 가장 거리가 먼 것은?

① 헤드라이트 스위치 불량
② 전구 접지 불량
③ 회로의 퓨즈 단선 ④ 전구 불량

> 전조등이 한쪽만 퓨즈, 라이트 스위치, 디머 스위치 등으로 구성되어 있으며, 양쪽이 하이빔과 로빔의 별도 전구별로 접속되어 있다.

12 건설기계의 전조등 성능을 유지하기 위하여 가장 좋은 방법은?

① 전조등의 전압을 높인다.
② 축전지의 충전을 자주 한다.
③ 전구의 교체시마다.
④ 단선으로 한다.

> 복선식은 접지 쪽에도 전선을 사용하는 방식으로 전조등과 같이 큰 전류가 흐르는 회로에서 사용한다.

13 작업 중 갑자기 전조등이 깨졌을 경우 렌즈나 반사경이 깨져 있는 것은?

① 퓨즈 단선 ② 배선의 부분 불량
③ 축전지 용량 부족 ④ 필라멘트 단선

14 전조등의 필라멘트가 끊어진 경우 렌즈나 반사경 이상이 없더라도 전조등 전부를 교환하여야 하는 형식은?

① 전구형 ② 분리형
③ 세미 실드빔 ④ 실드빔형

> 실드빔식 반사경, 렌즈, 필라멘트 등 형상으로 되어 있어 필라멘트가 끊어지면 렌즈나 반사경에 이상이 없더라도 전조등 전체를 교환해야 한다.

15 헤드라이트에서 세미 실드빔은?

① 렌즈와 반사경은 둘 다 일체이나, 전구는 따로 교환이 가능한 것
② 렌즈, 반사경 및 전구를 분리하여 교환이 가능한 것
③ 전구를 교환하는 것
④ 렌즈와 반사경을 일체이고, 전구는 교환이 가능한 것

16 세미 실드빔 형식을 사용하는 건설기계 장비에서 전조등이 점등되지 않을 때 가장 올바른 조치 방법은?

① 렌즈를 교환한다. ② 반사경을 교환한다.
③ 전구를 교환한다. ④ 전조등을 교환한다.

17 현재 널리 사용되는 할로겐 램프에 대하여 운전자 두 사람(A, B)이 서로 주장하고 있다. 다음 중 어느 운전자의 말이 옳은가?

운전자 A : 실드빔이다.
운전자 B : 세미실드빔이다.

① A가 맞다. ② B가 맞다.
③ A, B 모두 맞다. ④ A, B 둘 다 틀리다.

> 현재 널리 사용되는 할로겐 램프는 세미실드빔 형식이다.

18 방향지시등 스위치를 작동할 때 한 쪽은 정상이고, 다른 한쪽은 점멸 작용이 정상과 다르게(빠르게 또는 느리게) 작동한다. 고장 원인이 아닌 것은?

① 좌측 램프 교체시 규정 용량의 전구를 사용하지 않았을 때
② 전구 1개가 단선되었을 때
③ 한쪽 전구 소켓에 녹이 발생하여 전압 강하가 있을 때
④ 플래셔 유닛 고장

19 방향지시등의 한쪽 등 점멸이 빠르게 작동하고 있을 때, 운전자가 가장 먼저 점검하여야 할 것은?

① 플래셔 유닛 ② 콤비네이션 스위치
③ 전구(램프) ④ 배터리

> 방향지시등의 한쪽이 빠르게 점멸되거나 점멸되지 않으면 다른 쪽의 전구가 끊어지고 있으며, 제일 먼저 점검해야 할 것은 전구이다.

정답 06 ③ 07 ③ 08 ③ 09 ③ 10 ③ 11 ① 12 ② 13 ③ 14 ④ 15 ④ 16 ③ 17 ② 18 ④ 19 ③

CHAPTER 03 전·후진 주행장치 익히기

Lesson 01 동력전달장치 구조와 기능

1 클러치(Clutch)

클러치는 기관에서 발생된 동력을 변속기로 전달 또는 차단하는 것으로 변속기와 기관 사이에 설치된다.

1) 클러치 일반

① 클러치의 필요성 및 특징
㉮ 기관 시동 시 기관을 무부하상태로 하기 위하여
㉯ 변속 시 기관의 회전력을 차단하기 위하여
㉰ 정차 및 기관의 동력을 서서히 전달하기 위하여

② 클러치의 구비조건
㉮ 동력차단이 신속히 될 것
㉯ 동력전달 및 절단이 원활할 것
㉰ 구조가 간단하며 점검 및 취급이 용이할 것
㉱ 동력을 전달한 후 수동부분에 회전타성이 적을 것
㉲ 방열이 잘 되고 과열되지 않을 것
㉳ 회전부분의 평형이 좋을 것

③ 클러치 용량 : 클러치가 전달할 수 있는 회전력의 크기는 엔진 회전력의 1.5~2.3배이며 충분히 커지면 클러치판도 중가시켜 주어야 미끄럼현상이 생기지 않는다.

2) 클러치 조작기구

① 기계식 : 클러치 페달의 밟는 힘을 로드나 케이블을 통하여 릴리스 포크에 전달하는 형식
② 유압식 : 클러치 페달의 밟는 힘에 의해서 발생된 유압으로 릴리스 포크를 움직이는 형식

3) 클러치 고장원인과 점검

① 클러치 연결 시 진동의 원인
㉮ 클러치 페달의 자유 간격이 불량(자유 간격은 25~30mm 정도)
㉯ 클러치 페달의 히브가 마모되었을 때
㉰ 클러치 페달 장착 암력판 및 클러치 커버의 유격이 뒤틀렸을 때
㉱ 클러치판이 힘으로 유격이 뒤틀렸을 경우

② 클러치가 미끄러지는 원인
㉮ 클러치 페달의 자유 간격이 불량(자유 간격은 25~30mm 정도)
㉯ 스프링의 장력이 약하거나 자유 높이 감소
㉰ 클러치 판에 오일 부착 및 클러치 판의 손상
㉱ 클러치 판의 과도한 마모시

③ 출발 시 진동의 생긴 원인
㉮ 클러치 레버 비틀어져 일직선이 안 될 때
㉯ 클러치판의 허브가 마모되었을 때
㉰ 클러치판 커버의 볼트가 이완되었을 때

④ 클러치 페달에 유격을 주는 이유
㉮ 클러치가 미끄러짐을 해서 변속 시 치차의 물림을 쉽게 한다.
㉯ 클러치판의 마모를 방지한다.
㉰ 미끄러운 접목 카버의 마모를 방지한다.

⑤ 클러치 유격이 작을 때의 영향
㉮ 클러치 미끄럼이 방생하여 동력 전달이 작아진다.
㉯ 클러치 판이 빠리 마모된다.
㉰ 릴리스 베어링이 빠리 마모된다.
㉱ 클러치 판의 소음이 발생한다.

⑥ 클러치의 끊어짐이 불량한 원인
㉮ 클러치 페달의 유격이 너무 클 때 (릴리스 베어링과 레버 사이가 뒤틀릴 때)
㉯ 클러치 판이 흔들리거나 비틀어졌을 때
㉰ 릴리스 베어링이 손상 또는 파손되었을 때

2 변속기

변속기는 클러치와 추진축 사이에 설치되어 있으면서 클러치를 통해서 전달된 기관의 회전력을 건설기계의 작업이나 주행상태에 따라 증대시키거나 감소시켜 구동바퀴에 전달하는 기능을 가졌고 정차를 후진시키는 역전장치도 갖추고 있다.

1) 변속기 일반

① 변속기의 필요성
㉮ 기관 회전방향과 바퀴 회전속도와의 비를 주행 저항에 대응하여 변경한다.
㉯ 바퀴의 회전방향을 역전시켜 차의 후진을 가능하게 한다.
㉰ 기관과의 연결을 끊을 수도 있다.(엔진 가동시 엔진 관성을 지속시키는)

② 변속기의 구비 조건
㉮ 단계가 없이 연속적인 변속조작이 가능할 것
㉯ 변속조작이 용이하고 신속, 정확하게 변속될 것
㉰ 전달효율이 좋고, 소형, 경량으로써 고장이 없고 다루기 쉬울 것

③ 오버 드라이브의 특징
㉮ 차의 속도를 30% 정도 빠르게 할 수 있다.
㉯ 엔진 수명을 연장한다.
㉰ 평탄 도로에서 약 20%의 연료가 절약된다.
㉱ 엔진 운전이 조용하게 된다.

2) 변속기어 고장 원인과 점검

① 변속기어가 잘 물리지 않을 때
  ㉮ 클러치가 끊어지지 않을 때
  ㉯ 동기 물림장치의 접촉이 불량할 때
  ㉰ 변속 레버 선단과 스풀라인 홈 마모
  ㉱ 스풀라인 키나 스풀링의 마모

② 기어가 빠질 때
  ㉮ 싱크로나이저 클러치 기어의 스풀라인이 마멸되었을 때
  ㉯ 메인 드라이브 기어나 클러치 기어 마멸이 심할 때
  ㉰ 클러치 축과 파일럿 기어의 베어링의 마멸
  ㉱ 메인 드라이브 기어의 베어링의 마멸
  ㉲ 시프트 링크의 마멸
  ㉳ 포크 볼의 작용 불량
  ㉴ 포크 스프링의 장력이 약함

③ 변속기어의 소음
  ㉮ 클러치가 잘 끊기지 않을 때
  ㉯ 싱크로나이저의 마찰면에 마멸이 있을 때
  ㉰ 기어 오일이 부족하거나 오손되어 틈새가 클 때
  ㉱ 기어 오일이 부족할 때
  ㉲ 주축의 베어링이 마모되었을 때

3 드라이브 라인

기관의 동력을 연결하게 되는 자축에 전달하기 위해 추진축의 중간부분에 슬립이음과 추진축의 앞쪽 또는 양쪽 끝에 자재이음(universal joint)이 있고 이것을 합쳐서 드라이브 라인이라고 부른다.

1) 추진축
변속기의 회전력을 종감속장치에 전달하여 비틀림 회전시키며, 강한 비틀림을 받으면서 고속 회전하기 때문에 속이 빈 강관을 사용한다.

2) 자재 이음
2개의 축 사이에 설치되어 원활한 동력을 전달할 수 있도록 사용되며, 추진축의 각도 변화를 가능하게 한다.

3) 슬립 이음
추진축의 길이 변화를 가능하게 하며(50~70mm) CG(섀시) 그리스가 주유된다.

4 휠과 타이어

1) 휠
타이어를 지지하는 림과 허브, 포크부로 되어 제동시의 토크, 선회시의 원심력에 견디며 공기압력을 유지하는 타이어 튜브와 타이어로 구성된다.

2) 타이어 주행현상
① 스텐딩 웨이브 현상
  타이어를 고압력과 고속도로 주행시 타이어가 좌우 원심력에 견디며 타이어는 공기압력을 유지하는 타이어 튜브와 타이어로 구성된다.

② 하이드로 플래닝(수막현상) : 비 올 때 노면의 빗물에 의해 공중에 뜬 상태

Lesson 02 조향장치의 구조와 기능

1 조향장치 일반

1) 조향원리와 조향형식
① 조향장치는 건설기계의 주행방향을 바꾸기 위한 조향장치로 조향 핸들을 회전시켜 앞바퀴의 방향을 조향하는 구조로 되어 있다.
② 조향장치는 앞차축과 조향장치의 기구의 일부로 조향장치와 함께 매우 중요하며, 주행의 안정성과 브레이크의 장치와의 사이에 조향장치의 보호에 안정성이 기구의 요구되고 있다.
③ 조향형식에는 전자식이나 유압식이 있으며, 이 중 유압식은 조향장치의 개량한 것으로 현재 사용되는 형식이다.

2) 조향장치가 갖추어야할 조건
① 조향조작이 주행 중의 충격에 영향을 받지 않아야 한다.
② 조작이 쉽고 방향변환이 원활하게 행하여 질 수 있어야 한다.
③ 회전반경이 작아야 한다.
④ 조향핸들의 회전과 바퀴 선회차의 크지 않아야 한다.
⑤ 수명이 길고 다루기가 쉬우며, 정비하기 쉬워야 한다.
⑥ 고속 주행에서도 조향 핸들이 안정되어야 한다.

3) 앞바퀴 정렬
① 토인(toe-in) : 중심선 사이의 거리가 앞쪽이 뒤쪽보다 조금 좁게 되어 있다(3~7mm).
  ㉮ 앞바퀴를 주행 중 평행하게 회전시킨다.
  ㉯ 조향할 때 바퀴가 옆 방향으로 미끄러지는 것을 방지한다.
  ㉰ 타이어의 마멸을 방지한다.

② 캠버(camber) : 앞바퀴의 상부가 하부보다 넓게 되어 있다.
  ㉮ 조향 핸들기의 조작을 가볍게 한다.
  ㉯ 타이어의 이상 마멸을 방지한다.
  ㉰ 수직 하중에 의한 차축의 휨을 방지한다.
  ㉱ 정(+), 부(−), 영(0)의 캠버가 있다.

③ 캐스터(caster) : 앞바퀴를 옆에서 보았을 때 앞바퀴가 차축에 설치되어 있는 킹 핀의 중심선이 노면에 수직인 직선에 대하여 어느 한 쪽으로 기울어져 있는 상태

쪽으로 기울어져 있는 섬벌트 말하며, 그 각도를 캐스터 각이라 한다.

㉮ 주행 중 조향 바퀴에 방향성을 준다.
㉯ 조향했을 때 직진 복원성을 준다.

④ 킹핀 경사각: 앞바퀴를 앞에서 볼 때 킹핀 중심이 수직선에 대하여 경사각을 이루고 있는 것을 말한다(6~9°).
㉮ 안전성을 가볍게 한다.
㉯ 조향핸들의 복원성을 준다.
㉰ 자속 시 캔들러 회전이 되도록 한다.

2 구성 및 작용

1) 기계식 조향기구

① 조향핸들과 축: 직경 500mm 이내의 것이 많이 사용되며 25~50mm 정도의 유격이 있다.

② 조향기어
㉮ 조향 조작력을 중대시켜 앞바퀴에 전달하는 장치이다. 소형이나 중형차량에서는 10~20:1로 하고 대형기계 등에서는 20~30:1의 비율로 감속해 핸들의 동력을 앞으로 전달한다.

③ 피트먼 암: 한쪽 끝은 세레이션을 이용해 섹터 축에 설치되고, 다른 쪽 끝은 로드를 받치는 기구로 연결한다.

④ 드래그 링크와 너클 암: 피트먼 암과 너클 암을 연결하는 로드이며, 양쪽 끝은 볼 조인트에 의해 연결되어 있으며, 너클 암은 타이로 드 엔드와 너클 스핀들을 사이에 연결되거나 드래그 링크와 너클 암을 연결해 준다.

⑤ 타이로드와 타이로드 엔드: 좌우의 너클암과 연결되어 너클암의 작동을 다른 쪽 너클암에 전달한다. 좌우바퀴의 관계 위치를 정확 하게 유지하는 역할을 하며 타이로드는 엔드로 타이로드 인을 조정한다.

2) 동력식 조향기구

① 동력조향장치의 종류: 링키지형, 일체형

② 동력조향장치의 장점
㉮ 조향조작력을 가볍게 할 수 있다.
㉯ 조향조작력에 관계없이 조향 기어비를 선정할 수 있다.
㉰ 불규칙한 노면에서 조향 핸들을 빼앗기는 일이 없다.
㉱ 충격을 흡수하여 핸들에 전달되는 것을 방지한다.

Lesson 03 제동장치 구조와 기능

1 제동장치 목적 및 필요성

1) 브레이크 이론

① 페이드 현상: 브레이크가 연속적 반복 작동되면 드럼과 라이닝의 마찰열이 일시적 변화로 제동이 되지 않는 현상이다.

② 베이퍼 록 현상(증기폐쇄현상)의 원인: 연료나 브레이크 오일이 과도하여 중발되어 증기 폐쇄 현상을 일으키는 현상
㉮ 과도한 브레이크 사용 시
㉯ 드럼과 라이닝 끌림에 의한 과열
㉰ 마스터 실린더 체크 밸브의 소손에 의한 잔압 저하
㉱ 화학변화를 일으키기 쉬운 오일 사용 시
㉲ 고무나 금속을 부식시키지 말아야 한다.
㉳ 오일의 변질에 의한 비점 저하

2) 브레이크 오일

① 브레이크 오일의 구비조건
㉮ 비등점이 높고 빙점이 낮아야 한다.
㉯ 농도의 변화가 적어야 한다.
㉰ 화학적 안정성이 있어야 한다.
㉱ 빼내 오일도 다시 사용하지 말아야 한다.
㉲ 고무나 금속을 부식시키지 말아야 한다.

② 브레이크 오일 교환 및 보충시 주의사항
㉮ 지정된 오일을 사용한다.
㉯ 제조 회사가 다른 것을 혼용해서 사용하지 않아야 한다.
㉰ 마스터 실린더 청소 시 브레이크 오일로 세척한다.
㉱ 브레이크 부품 세척 시 알코올 또는 세척용 오일로 세척한다.
㉲ 브레이크 오일 보충시기는 연료나 브레이크 오일의 변질에 의한 비점 저하

2 구성 및 작용

1) 유압식 조작기구

① 마스터 실린더: 브레이크 페달을 밟아서 필요한 유압을 발생시키는 부분으로 피스톤과 피스톤 1차컵, 2차컵, 체크 밸브로 구성되어 있어 0.6~0.8kg/cm²의 잔압을 유지시킨다.

② 브레이크 페달: 지렛대 원리를 이용하여 마스터 실린더에 힘을 가한다.

③ 브레이크 파이프 및 호스: 방청 처리된 3~8mm 강파이프 사용하며, 요동이 심한 곳은 플렉시블 호스를 사용한다.

2) 드럼식 브레이크의 구조와 특징

① 드럼식 브레이크의 구조
㉮ 휠실린더: 마스터 실린더의 유압으로 브레이크슈를 드럼에 밀착시킨다.
㉯ 브레이크 슈: 강판으로 만들어 라이닝을 부착한다.
㉰ 브레이크 드럼: 특수 주철합금제로 냉각과 강성을 높이기 위한 원둘레에 리브(rib)가 있고 휠과 타이어에 부착된다.

② 드럼식 브레이크의 구비조건
㉮ 고열에 견디고 내마멸성이 우수할 것
㉯ 마찰계수가 클 것

㉰ 온도의 변화나 물 등에 의해 마찰계수 변화가 적고 기계적 강도가 클 것
㉱ 마찰계수 : 0.3~0.5μ

③ 브레이크 드럼의 구비조건
㉮ 정적, 동적 평형이 잡혀 있을 것
㉯ 충분한 강성이 있을 것
㉰ 마찰 면에 충분한 내마멸성이 있을 것
㉱ 방열이 잘될 것
㉲ 무게가 가벼울 것

3) 디스크식 브레이크

① 디스크식 브레이크의 구조와 특징
㉮ 디스크(disk) : 특수주철로 만들어 휠 허브에 결합되어 바퀴와 함께 회전한다.
㉯ 캘리퍼(caliper) : 캘리퍼는 브레이크실린더와 패드를 구성하고 있는 뭉치이다.
㉰ 디스크식 실린더 및 피스톤 : 실린더는 캘리퍼의 좌우에 있고, 피스톤에는 패드가 부착된다.
㉱ 패드 : 석면과 페놀을 혼합하여 소성한 것으로 피스톤에 부착된다.

② 브레이크 드럼의 특징 및 구비조건
㉮ 중기배색현상(베이퍼록)이 적다.
㉯ 오일누출이 없다.
㉰ 디스크가 노출되어 회전하기 때문에 열변형(熱變形)에 의한 제동력의 저하가 있다.
㉱ 브레이크 패드는 캘리퍼의 작용 때문에 패드의 누르는 힘을 크게 할 필요가 있다.
㉲ 디스크와 패드의 마찰면적이 적기 때문에 패드는 반자기배력작용이 없기 때문에 조작력이 커진다.
㉳ 패드는 강도가 크고 재료를 사용해야 한다.
㉴ 부품수가 적고, 중량이 가볍다.

4) 배력식 브레이크

① 배력 장치의 분류 : 진공 배력식, 공기 배력식
② 동력 피스톤 : 두 장의 철판과 가죽 패킹으로 구성되어 있다.
③ 플레이 밸브 및 피스톤 : 마스터 실린더에서 전달된 유압으로 동로를 개폐한다.
④ 하이드로릭 실린더·피스톤 : 동력피스톤에 연결된 작용으로 오일에 2차 압력을 가한다.

5) 공기 브레이크

① 공기 압축 계통 : 공기압축기, 공기탱크, 압력 조정기
② 제동 계통 : 브레이크 밸브, 릴레이 밸브, 브레이크 체임버
③ 안전 계통 : 저압 표시기, 안전 밸브
④ 조정 계통 : 슬랙 조정기, 브레이크 밸브, 압력 조정기

6) 브레이크 고장 점검

① 브레이크 라이닝과 드럼과의 틈이 클 때
 ㉮ 브레이크 작용이 늦어진다.
 ㉯ 브레이크 페달의 행정이 길어진다.
② 브레이크 라이닝과 드럼과의 간극이 작을 때
 ㉮ 라이닝과 드럼의 마모가 촉진된다.
 ㉯ 베이퍼록의 원인이 된다.
 ㉰ 라이닝이 타서 붙는 원인이 된다.
③ 브레이크가 듣지 않는 경우
 ㉮ 휠드 내의 오일 누설 및 공기의 혼입이 있는 때
 ㉯ 라이닝과 드럼과의 과대한 편마모가 발생한 때
 ㉰ 라이닝 또는 드럼의 결합이나 틈이 너무 큰 경우
 ㉱ 라이닝과 페달의 자유 간극이 너무 큰 경우
④ 브레이크가 한쪽만 듣는 원인
 ㉮ 브레이크 페달의 간극의 조정 불량
 ㉯ 타이어 공기압의 불균일
 ㉰ 라이어 접촉 불량
 ㉱ 브레이크 드럼의 편마모
⑤ 브레이크 작동 시 소음이 발생하는 원인
 ㉮ 라이닝의 표면 경화
 ㉯ 브레이크 드럼의 편마모

03 출제 예상문제

CHAPTER 03 | 전·후진 주행장치 익히기

Lesson 01 동력전달장치 구조와 기능

01 다음 클러치(clutch)가 갖추어야 할 조건들이다. 틀리는 것은?
① 동력차단이 신속히 될 것
② 구조가 간단하고 취급이 용이할 것
③ 회전부분의 평형성이 좋을 것
④ 마찰열에 대한 응집성이 좋을 것

ⓟ 클러치의 구비조건
- 동력차단이 신속히 될 것
- 작동이 확실할 것
- 구조가 간단하며 점검 및 취급이 용이할 것
- 동력 접단에 무리가 없으며 회전관성이 작을 것
- 방열이 잘 되고 내열성이 좋을 것
- 회전부분의 평형이 좋을 것

02 클러치 취급상의 주의사항이 아닌 것은?
① 운전 중 클러치 페달 위에 발을 얹어 놓지 말 것
② 기어 변속시 가능한 한 반클러치를 사용할 것
③ 출발할 때 클러치를 서서히 연결할 것
④ 클러치(단판)의 경우 구성품은 클러치 디스크, 클러치 커버, 릴리스 레버, 릴리스 베어링, 의 4가지이다.

ⓟ 반 클러치를 자주 사용하면 클러치 마모가 빨라져 클러치 슬립이 일어나게 된다.

03 메인 클러치의 구성품에 해당되지 않는 것은?
① 클러치 디스크   ② 릴리스 레버
③ 어저스팅 암   ④ 릴리스 베어링

04 클러치 부품 중에서 세척유로 씻어서는 안되는 것은?
① 클러치 휠   ② 압력판
③ 릴리스 레버   ④ 릴리스 베어링

ⓟ 릴리스 베어링은 그리스로 영구 주유식으로 되어 있으며, 연구 주유식이므로 솔벤트 등의 세척제 속에 세척해서는 안된다.

05 클러치판의 비틀림 코일스프링의 역할은?
① 클러치판이 더욱 세게 부착되게 한다.
② 클러치가 잘 끊기도록 한다.
③ 클러치의 회전력을 증가시킨다.
④ 클러치가 접속될 때 회전충격을 흡수한다.

06 기계식 변속기가 장착된 건설기계에서 클러치 스프링의 장력이 약하면 어떤 현상이 발생되는가?
① 주행속도가 빨라진다.
② 기관의 회전속도가 빨라진다.
③ 기관이 정지된다.
④ 클러치판이 미끄러진다.

ⓟ 클러치 스프링의 장력이 약하면 압력판 사이에 설치되어 있으며 압력판에 압력을 발생시키는 작용을 하므로 장력이 약해지면 클러치가 미끄러진다.

07 클러치판(clutch plate)의 변형을 방지하는 것은?
① 압력판(pressure plate)   ② 쿠션(cushion) 스프링
③ 토션(torsion) 스프링   ④ 릴리스 레버 스프링

ⓟ 쿠션 스프링은 클러치판의 변형, 파손 등의 방지를 위해 두고 있다.

08 클러치에서 압력판의 역할로 맞는 것은?
① 클러치판을 밀어서 플라이휠에 압착시키는 역할을 한다.
② 제동 역할을 위해 설치한다.
③ 릴리스 베어링의 회전을 용이하게 한다.
④ 엔진의 동력을 받아 속도를 조절한다.

09 클러치에서 작동판의 스러스트 베어링과 릴리스 레버가 분리되어 있을 때 어떤 상태인가?
① 클러치판이 요동할 때만
② 클러치가 연결되는 순간만
③ 클러치가 분리되어 있는 동안
④ 엔진이 동력을 받아 있는 동안

ⓟ 릴리스 베어링은 릴리스 레버의 안쪽 한쪽이 눌러져 있는 부분이며 릴리스 레버를 누르고 있는 동안 클러치판은 플라이휠 반대쪽으로 클러치판을 누르고 있는 상태로 클러치를 분리하는 역할을 한다.

10 클러치의 고장 원인이 될 수 있는 것은?
① 릴리스 레버의 흔들림   ② 클러치판의 흔들림
③ 페달 유격의 과대   ④ 토션 스프링의 과다

11 클러치 페달에 유격을 두는 이유는?
① 클러치 용량을 크게 하기 위해
② 페달 답력을 증가시키기 위해
③ 엔진출력을 증가시키기 위해
④ 엔진마력을 증가시키기 위해

ⓟ 토션 스프링(비틀림 코일 스프링, 댐퍼 스프링)은 클러치판이 플라이휠에 접속되어 동력전달이 시작될 때까지 접속으로 인해 발생하는 회전 충격을 흡수하는 역할을 하는 것으로 클러치판의 파손되어 있지 않도록 한다.

12 페달에 20kg의 힘을 주었을 때 푸시로드에는 몇 kg의 힘이 작용하는가?

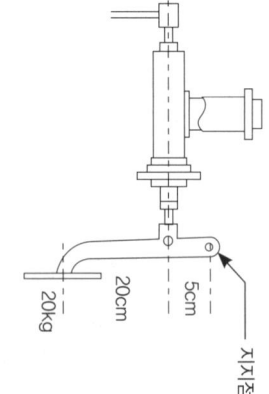

① 100kg   ② 80kg
③ 62kg   ④ 25kg

ⓟ 페달에 20kg의 힘을 주었을 때 푸시로드에 미치는 힘은
$5 \times x = (20 + 5) \times 20$
$5x = 500, \quad x = 100 \text{kg}$

정답 [1. 동력전달장치 구조와 기능]
01 ④ 02 ② 03 ③ 04 ④ 05 ② 06 ④ 07 ② 08 ① 09 ③ 10 ④ 11 ② 12 ①

13 마찰판식 클러치가 미끄러지는 원인과 관계없는 것은?
① 클러치판에 오일이 묻었다.
② 플라이휠 면이 마모되었다.
③ 클러치 페달의 유격이 없다.
④ 클러치 페달의 유격이 너무 많다.

클러치 페달의 유격이 있으면 미끄러짐이 일어나고, 너무 크면 클러치 차단이 불충분하여 기어를 변속할 때 소음이 발생하고 기어가 손상된다.

14 클러치를 밟아도 동력이 차단되지 않는 이유는?
① 클러치 페달의 유격이 적을 때
② 클러치 디스크의 페달의 마모가 있을 때
③ 클러치 페달의 유격이 클 때
④ 클러치 페달의 유격의 스프링 과대

클러치 페달의 유격이 크면 클러치 차단이 불충분해진다.

15 주행 중 클러치 기관 회전수 상승하는데 차속은 증속이 안될 때의 원인으로 틀린 것은?
① 압력 스프링의 쇠약
② 클러치 디스크 페이싱의 심한 마모
③ 압력 판의 페달의 유격 과대
④ 클러치 디스크의 스프링 마모

주행 중 기속 시 엔진의 회전수도 상승하지만 출발이 잘 안되거나 주행속도가 증속되지 않는 경우는 클러치의 미끄러짐이 있기 때문이다.

16 클러치를 기관 회전수 상승하는데 차속은 증속이 안될 때의 원인으로
① 적어진다.
② 커진다.
③ 변화없다.
④ 관계없다.

17 클러치의 미끄러짐은 언제 가장 현저하게 나타나는가?
① 가속시
② 고속시
③ 공전시
④ 저속시

18 클러치가 연결된 상태에서 기어변속을 하면 일어나는 현상은?
① 기어에서 소리가 나고 기어가 상한다.
② 변속레버가 마모된다.
③ 클러치 디스크가 마멸된다.
④ 변속이 원활하다.

19 클러치 접속시 회전충격이 매우 크 때 그 원인으로 다음 중 가장 적당한 것은?
① 플라이휠 스프링이 불량이다.
② 쿠션 스프링이 불량이다.
③ 리턴 스프링이 불량이다.
④ 댐퍼 스프링이 불량이다.

댐퍼 스프링(비틀림 코일 스프링, 토션 스프링)은 클러치 접속시 회전충격을 흡수하는 일을 하며, 쿠션 스프링은 클러치판의 편향 마멸을 방지하기 위해 둔다.

정답 13 ④ 14 ④ 15 ③ 16 ① 17 ① 18 ① 19 ④

20 유체 클러치에서 구동축과 피동축의 속도의 증가에 따라 현저하게 달라지는 것은?
① 외륜가 증가한다.
② 외륜가 감소한다.
③ 안전효율이 적어진다.
④ 안전효율이 높아진다.

유체 클러치는 오일을 사용하여 회전력을 전달하는 매체로 엔진 회전이 낮을 때의 회전수가 높을 때의 속도의 낮은 때 약간 고속전달된다.

21 동력전달장치에서 클러치판 어떤 축의 스플라인에 끼어져 있는가?
① 추진축
② 차동기어 장치
③ 크랭크축
④ 변속기 입력축

클러치 판 클러치 디스크의 엔진이 가장자리에 라이닝 등으로 부착되어 있고, 중심부에는 허브가 있으며 그 내부에 변속기 입력축의 스플라인이 끼어 있다.

22 유체 클러치 오일의 구비조건이 아닌 것은?
① 점도가 낮을 것
② 비중이 클 것
③ 착화점이 높을 것
④ 점도가 낮을 것

유체 클러치 오일의 구비조건
• 점도가 낮고, 비중이 클 것
• 착화점이 높을 것
• 내산성이 클 것
• 유동점이 낮을 것
• 응고점이 낮을 것
• 윤활성이 클 것

23 다음에서 토크 변환기 오일의 구비조건 중 알맞은 것은?
① 점도가 낮을 것
② 비중이 작을 것
③ 착화점이 낮을 것
④ 비점이 낮을 것

24 스크류 상수가 5kg/mm인 코일스프링을 2cm 압축하는데 필요한 힘은?
① 60kg
② 120kg
③ 100kg
④ 200kg

25 유체 클러치의 슬립(slip) 현상에서 유속의 차는 얼마 정도인가?
① 5~10% 정도
② 2~3% 정도
③ 50% 정도
④ 20% 정도

유체 클러치의 펌프와 터빈 사이의 토크 비율은 미끄럼 때문에 1:1이 되지 못한다. 이에 따른 미끄럼 값(유속의 차)은 2~3% 정도이며, 전달 효율은 최대 98%정도이다.

26 펌프와 터빈사이 엔진의 회전속도가 걸릴 때의 유체 클러치의 토크 변환은?
① 1:0.7
② 1:0.5
③ 1:1
④ 1:1.5

27 토크 변환기는 엔진의 회전력을 몇 배로 변환하는가?
① 1~1.5배
② 1.5~2배
③ 2~3배
④ 3~4배

토크 변환기(토크 컨버터)의 회전력 변환율은 펌프와 터빈의 회전속도가 걸릴 때 유체 클러치의 토크 변환율은 2~3:1 이며, 오일의 충돌에 의한 효율 저하를 위해 가이드 링을 두고 있다.

정답 20 ④ 21 ④ 22 ④ 23 ① 24 ③ 25 ② 26 ③ 27 ③

28 유체클러치에서 유체충돌(맴돌이)흐름을 방지하는 장치는?
① 임펠러 ② 터빈
③ 클러치유 ④ 가이드링

ⓘ 유체 클러치는 엔진 크랭크 축에 임펠러를 변속기 입력 축에 터빈 또는 러너를 설치하고, 오일의 맴돌이 흐름을 방지하기 위해 가이드 링을 두고 있다.

29 유체커플링(Fluid coupling)에서 가이드링의 역할은?
① 와류를 감소시킨다.
② 터빈(Turbine)의 순환을 줄이는 역할을 한다.
③ 마찰을 증가시킨다.
④ 플라이 휠(fly wheel)의 마모를 감소시킨다.

30 유체클러치에서 변속기의 입력축에 연결된 것은?
① 펌프 ② 임펠러
③ 스테이터 ④ 터빈

ⓘ 크랭크 축에 펌프(또는 임펠러), 변속기 입력 축에 터빈(또는 러너)가 연결된다.

31 토크 컨버터에서 장비에 부하가 걸리면?
① 터빈속도가 빨라지고 회전력이 증가된다.
② 터빈속도가 느려지고 회전력이 증가된다.
③ 터빈속도가 빨라지고 회전력이 감소된다.
④ 터빈속도가 느려지고 회전력이 감소된다.

ⓘ 토크 컨버터는 오일에 의해 엔진의 동력을 변속기로 전달하는 클러치로 장비에 부하가 걸리면 터빈 회전수는 느려지고 회전력은 증가된다. 즉, 토크 컨버터의 속도와 회전력은 반비례관계이다.

32 토크 컨버터 구성요소 중 기관에 의해 직접 구동되는 것은?
① 냉각수 온도 ② 펌프
③ 대기기온도 ④ 가이드 링
④ 엔진 작동 온도

33 토크 컨버터 오일의 구비조건은 무엇일까?
① 점도가 높을 것
② 점도 지수가 클 것
③ 비중이 작을 것
④ 착화점이 높을 것

ⓘ 토크 컨버터는 오일에 의해 엔진의 동력을 변속기로 전달하여 작동하며, 장비에 부하가 걸리면 터빈 속도는 느려지고 회전력이 증가된다. 토크 컨버터의 오일은 점도 지수가 크고 비중이 커야 한다.

34 장비에 부하가 걸릴 때 토크 컨버터의 터빈 속도는?
① 빨라진다.
② 느려진다.
③ 일정하다.
④ 관계없다.

35 클러치 페달의 자유간극이다. 다음 중 가장 적절한 것은?
① 0.5~1.0cm ② 2.5~5.0mm
③ 25~30mm ④ 50~70mm

ⓘ 클러치 페달의 자유간극은 기계식 페달의 경우 대체로 25~30mm 정도이다.

36 유압식 조작 클러치에서 공기빼기 작업에 대한 설명 중 가장 알맞은 것은?
① 마스터 실린더에서 슬레이브 파이프를 빼고 공기를 뺀다.
② 슬레이브 실린더의 파이프를 빼고 공기를 뺀다.
③ 마스터 실린더의 오일탱크로 공기를 뺀다.
④ 슬레이브 실린더의 블리더를 통해 공기를 뺀다.

ⓘ 유압식 조작 클러치에서 슬레이브 실린더에서는 마스터 실린더에서 보낸 작동한 포크를 미는 작용을 하여, 유압 회로 내에 잔류한 공기를 배출하기 위해 블리더 스크루가 있다.

37 마스터 실린더 푸시로드에 작용하는 힘이 300kg이고 마스터 실린더 피스톤의 면적이 6cm²이다. 이 때 발생하는 유압은 몇 kg/cm²인가?
① 30kg/cm² ② 40kg/cm²
③ 50kg/cm² ④ 60kg/cm²

ⓘ 유압 = 작용하는 힘 / 피스톤의 면적 = 300 / 6 = 50kg/cm²

38 클러치 차단의 축의 스플라인 부분이 마멸되면 어떠한 현상이 생기는가?
① 클러치 페달의 유격이 커진다.
② 클러치 페달의 유격이 작아진다.
③ 클러치에서 소음이 발생한다.
④ 클러치에 슬립이 발생한다.

39 토크 컨버터에서 오일의 흐름 방향을 바꾸어 주는 것은?
① 스테이터 ② 터빈
③ 펌프 ④ 변속기 축

ⓘ 토크 컨버터는 유체의 펌프, 변속기 입력 축의 터빈을 두고 있으며, 오일의 흐름 방향을 바꾸어 주는 스테이터로 구성된다.

40 구동력에 대한 설명으로 옳은 것은?
① 구동 바퀴의 반지름에 반비례하고, 바퀴 회전력에 반비례한다.
② 구동 바퀴의 반지름을 무부로 하고, 바퀴 회전력에 비례한다.
③ 구동 바퀴의 반지름과 바퀴 회전력에 모두 비례한다.
④ 구동 바퀴의 반지름에 반비례하고, 바퀴 회전력에 비례한다.

ⓘ 구동력은 구동 바퀴를 미는 힘을 말하는 것으로 구동 바퀴의 반지름에 반비례하고, 바퀴 회전력에 비례하여 구성된다.

41 다음 중 변속기의 필요성에 대한 설명으로 틀린 것은?
① 회전력을 신속하게 할 수 있도록 한다.
② 구동 기관 시 장비를 무부하 상태로 한다.
③ 장비의 후진 시 필요하다.
④ 기관의 회전력을 증대시킨다.

42 운행 중 변속기의 기어가 빠지는 원인에 해당되는 것은?
① 기어가 충분히 물리지 않을 때
② 클러치가 불량할 때
③ 발란스 조정이 불량할 때
④ 연결기어 떨림이 분리되어 있을 때

ⓘ 할렬은 조향장치의 관련이 있다.

28 ④ 29 ① 30 ④ 31 ② 32 ③ 33 ② 34 ② 35 ③ 36 ④ 37 ③ 38 ③ 39 ① 40 ① 41 ① 42 ①

43 변속기를 자동차로 하면 관계되는 사항에 알맞은 것은?
① 출발할 축의 회전속도가 빠르게 된다.
② 출발할 축의 회전력은 반감이 있다.
③ 구동바퀴의 회전력은 가장 크게 된다.
④ 중감속비가 크게 된다.

🔑 변속기를 자동차로 하면 구동바퀴의 회전력적 커지고 구동력이 커진다.

44 변속기 기어의 백래시가 크면 다음 중 어떤 경우가 되겠는가?
① 변속시 기어의 비틀림이 잘 안된다.
② 변속시 기어의 물림이 잘된다.
③ 변속 기어의 오일 부족
④ 위엄과 위엄기어 잘 빠지지 쉽다.

🔑 변속기에 사용되는 기어는 백래시가 크면 물림이 적어 기어가 빠지기 쉽다.

45 건설기계장비의 변속기 마찰소리가 나는 이유가 아닌 것은?
① 기어 백래시의 과다
② 기어 오일의 마모
③ 변속기의 오일 부족
④ 위엄과 위엄기어 마모

🔑 동기 물림식 변속기에 사용되는 기어는 싱크로메시 기구로 양쪽 회전속도와 주축의 회전속도를 일치시켜 기어 물림이 결합하게 이루어지도록 한다.

46 변속기의 싱크로메시 기구장치는?
① 고속에서 작용한다.
② 변속시 물림이 작용한다.
③ 저속에서 작용한다.
④ 기어점결 때 작용한다.

47 상시물림식 변속기에 대한 설명 중 알맞은 것은?
① 기어가 물리면 동력이 전달된다.
② 기어가 상동하여 변속된다.
③ 도그(dog) 클러치가 설치되어 있다.
④ 변속시에 소음이 크다.

🔑 상시물림식 도그 클러치, 동기물림식 싱크로메시 기구를 두고 있다.

48 기관이 낮은 겨울에 처음 변속기를 넣을 때 기어가 뻑뻑하게 조작되는 이유는?
① 클러치가 미끄러진다.
② 기어오일이 스프링이 안하다.
③ 기어오일이 군어서 있어서
④ 변속기의 고장

49 벽속 중 기어가 이중으로 물리는 것을 방지하는 것은?
① 셀렉터
② 로크 핀
③ 인터로크
④ 록킹 볼

🔑 변속기 조정 기구에는 기어가 빠지는 것을 방지하기 위해 록킹 볼과 스프링을 두고 있으며, 기어 이중 물림을 방지하는 인터로크가 설치되어 있다.

50 자동 변속기의 특징에 대한 설명으로 틀린 것은?
① 클러치 조작없이 출발할 가능하고, 주행 기어 변속이 불필요하다.
② 각 부분의 진동을 오일이 흡수한다.
③ 엔진의 동력을 오일로 한다.
④ 연료 소비율이 수동 변속기에 비해 적다.

🔑 자동변속기는 연료 소비율이 수동 변속기에 비해 크다.

51 유성기어 장치의 주요 부품은?
① 유성기어, 베벨기어, 선기어
② 선기어, 클러치기어, 헬리컬기어
③ 유성기어, 클러치기어, 헬리컬기어
④ 선기어, 클러치기어, 유성기어

🔑 유성기어는 바깥쪽에 링기어, 중앙에는 선기어, 링기어와 선기어 사이에 유성기어가 들어가며 유성기어를 구동시키기 위한 유성기어캐리어로 구성된다.

52 동력전달장치에서 토크컨버터에 대한 설명으로 맞는 것은?
① 구동축의 미끄럼을 방지한다.
② 주행 중 소음을 내고 주축축이 진동한다.
③ 자동기어의 물림을 원활하게 한다.
④ 미끄럼 현상이 일어난다.

53 추진축의 스플라인부가 마모되었을 때 두드러지게 나타나는 현상은?
① 신축작용시 주축축이 구부러진다.
② 주행 중 소음을 내고 주축축이 진동한다.
③ 자동기어의 물림이 원활하게 된다.
④ 드라이브 라인의 슬립이음이 없어진다.

🔑 추진축은 강한 비틀림에 고속 회전하는 부분으로 건열 수 있도록 속이 빈 강관을 사용하며, 회전평형을 유지하고 회전시 진동을 방지하기 위해 밸런스 웨이트(평형추)가 설치되며, 추진축 부가 미끄럼한 주행 중 소음을 내고 주축축이 진동한다.

54 변속기의 분류 중 선택 기어식에 속하지 않은 것은?
① 활동식
② 상시 물림식
③ 접적 기어식
④ 동기 물림식

55 십자축 자재이음을 추진축 외뒤에 두 개 선택 이유를 가장 적절하게 설명한 것은?
① 일정 기어에 충돌되는 진동 가속 기어 사이에서 선택 이음의 추진축 회전수 방지와 추진축이 길이 변화를 주는 장치로 평를 사용 가능 기어 사이에 있으며 이음 이중 선택 이음이 필요하다.
② 회전 각속도의 변화를 상쇄하기 위하여
③ 추진축의 길이를 다소 가능하게 하기 위하여
④ 길이의 변화를 가능하게 하기 위하여

56 동력전달장치에서 두 축 간의 충격 완화와 각도 변화를 융통성 있게 동력 전달하는 기구는?
① 슬립 이음(slip joint)
② 유니버설 조인트(universal joint)
③ 파워 시프트(power shift)
④ 크로스 멤버(cross member)

🔑 유니버설 조인트 (자재이음)는 변속기와 기어 각도 변화를 주는 장치로 줌과 도 축사이 각도 변화를 이용 볼 앤드 트리니언 자재이음, 플렉시블 이음, 등속 자재이음 등이 있다.

정답
43 ③ 44 ④ 45 ④ 46 ② 47 ③ 48 ③ 49 ③
50 ④ 51 ④ 52 ④ 53 ② 54 ③ 55 ② 56 ②

57 슬립이음이나 유니버설 조인트에 윤활 주입으로 가장 좋은 것은?
① 유압유 ② 기어오일
③ 그리스 ④ 엔진오일

☞ 드라이브 라인의 구성 요소인 슬립이음이나 지재이음(유니버설 조인트)의 윤활에는 그리스를 사용한다.

58 동력전달장치에서 슬립이음(슬립 조인트)이 변화를 가능하게 하는 것은?
① 축의 길이 ② 회전속도
③ 드라이브 각 ④ 축의 진동

☞ 슬립이음은 변속기 축 뒤끝에 슬립이음을 통하여 설치되며, 추진축의 길이 변화를 가능하도록 하기 위해 둔다.

59 기계식 변속기가 부착된 건설기계에서 작업장 이동을 위한 주행방법으로 잘못된 것은?
① 주차 브레이크를 해제한다.
② 기어변속은 서서히 한다.
③ 저속할 때는 클러치를 밟고 고변속기를 1단에 넣는다.
④ 클러치 페달에서 발을 천천히 때면서 가속페달을 밟는다.

60 자동기어장치의 목적은?
① 선회할 때에 바깥쪽 바퀴에 힘을 주도록 하기 위해서이다.
② 기어조작을 쉽게 하기 위해서이다.
③ 선회할 때에 안쪽 바퀴에 작용되도록 하기 위해서이다.
④ 선회할 때에 바깥쪽 바퀴의 회전수를 안쪽 바퀴보다 빠르게 하기 위해서이다.

☞ 자동기어장치는 택시 피니언의 원리를 이용한 것으로 선회 시 바깥쪽 바퀴의 회전수를 안쪽 바퀴보다 빠르게 하기 위해 두는 것이다.

61 커브를 회전할 때에만 소음이 나지 않는 것은?
① 자동기어에는 구동피니언의 잇수를 나눈 값이다.
② 기동 피니언의 크기 가볍성이 향상된다.
③ 구동 피니언의 축방향이 유격이 크다.
④ 사이드 베어링의 예압이 너무 심하다.

62 종감속비에 대한 설명으로 옳지 않은 것은?
① 종감속비는 구동피니언의 잇수로 링기어의 잇수를 나눈 값이다.
② 종감속비가 크면 가속 성능이 향상된다.
③ 종감속비를 낮추면 등판 능력이 향상된다.
④ 종감속비는 나누어 떨어지지 않는 값으로 하는 것은 이의 편 마멸을 방지하기 위한 것이다.

☞ 종감속비는 링기어의 잇수를 나눈 값으로, 종감속비를 크게 하면 가속 성능과 등판 능력은 향상되지만 고속 성능이 떨어진다.

63 변속비가 2:1, 종감속비가 5:1일 때 기관이 3200rpm이면 바퀴의 회전수는 얼마인가?
① 3200rpm ② 640rpm
③ 1600rpm ④ 320rpm

$$바퀴회전수 = \frac{엔진회전수}{변속비 \times 종감속비} = \frac{3200}{2 \times 5} = 320 \text{rpm}$$

64 타이어식 건설기계의 종감속장치에서 열이 발생하고 있다. 그 원인으로 틀린 것은?
① 윤활유의 부족
② 오일의 오염
③ 종감속기어의 접촉상태 불량
④ 종감속기어의 접촉상태 불량 플랜지부 과도한 조임

65 동력전달계통에서 최종적으로 구동력 증가시키는 것은?
① 트랜스미터 ② 종감속기어
③ 스프로킷 ④ 변속기

☞ 종감속기어는 추진축의 회전력을 직각으로 전달하며 엔진의 회전력을 최종적으로 감속시켜 구동력을 증가시킨다.

66 피니언 잇수가 6, 링기어 잇수가 30이고 추진축이 1200rpm, 왼쪽 바퀴가 200회 전시 오른쪽 바퀴는 몇 회 전하는가?
① 400rpm ② 240rpm
③ 280rpm ④ 140rpm

☞ 오른쪽 바퀴회전수
= 추진축 × 피니언잇수/링기어 잇수 × 2 − 왼쪽바퀴회전수
= 1200 × 6/30 × 2 − 200 = 280 rpm

67 차축(액슬축)에 대한 설명으로 틀린 것은?
① 차축은 바퀴를 통하여 차량의 중량을 지지하는 축이다.
② 차축의 바깥쪽은 종감속기, 반부동식, 3/4부동식 등이 있다.
③ 반부동식은 종감속기어의 차량 하중의 1/3을 지지한다.
④ 3/4 부동식은 차축이 차량 하중의 1/3을 지지한다.

☞ 구동축은 종감속기어에 전달된 동력을 바퀴로 전달하고 노면에서 받은 힘을 지지하며, 부동식으로 차량 중량을 지지한다.

68 튜브리스 타이어의 장점이 아닌 것은?
① 평크 수리가 간단하다.
② 못 등이 박혀도 공기가 잘 새지 않는다.
③ 고속 주행하여도 발열이 적다.
④ 타이어 수명이 길다.

☞ 튜브리스 타이어의 장점
• 튜브가 없어 조금 가볍다.
• 못 등이 박혀도 공기가 잘 새지 않는다.
• 펑크 수리가 간단하다.
• 고속 주행 시 발열이 적다.

69 타이어에서 고무로 피복된 코드를 여러 겹으로 겹친 층에 해당되며 타이어 골격을 이루는 부분은?
① 외경 ② 내경
③ 폭 ④ 높이

70 타이어식 건설기계에서 저압타이어의 안지름이 20인치, 폭이 9인치, 플라이 수가 18인 경우 표시방법은?
① 20.00−32−18PR
② 20.00−12−18PR
③ 12.00−20−18PR
④ 32.00−12−18PR

☞ 저압 타이어의 호칭 치수는 폭(inch) − 내경(안지름, inch) − 플라이 수로 표시한다.

71 레이디얼 타이어에 "195/60 R14 85H" 로 표시된 경우 14가 의미하는 것은?
① 타이어 폭
② 편평비
③ 하중지수
④ 타이어 내경

레이디얼 타이어의 표시
- 195 : 타이어 폭(mm)
- R : 레이디얼 타이어
- 85 : 하중지수
- 60 : 편평비(%)
- 14 : 타이어 내경(inch)
- H : 속도기호(H는 최고속도 210km/h)

72 타이어 트레드 패턴의 필요성과 관계 없는 것은?
① 타이어가 옆방향으로 미끄러지는 것을 방지한다.
② 타이어 내에서 발생한 열을 방산한다.
③ 트레드부에 생긴 절상 등의 확산을 방지한다.
④ 주행 중 진동을 흡수하고 소음을 방지한다.

타이어 트레드 패턴의 필요성
- 타이어 옆 방향, 전진 방향 미끄러짐 방지
- 타이어 내부의 열 발산
- 트레드부에 생긴 절상 등의 확대 방지
- 구동력이나 선회 성능 향상

73 타이어식 건설기계 장비에서 팬소에 비하여 조향력이 더 요구될 때 핸들이 무거울 때 점검해야 할 사항으로 가장 거리가 먼 것은?
① 기어박스 내의 오일
② 타이어의 공기압
③ 타이어 트레드 모양
④ 앞바퀴 정렬

74 타이어의 공기압력에 관한 설명이다. 알맞은 것은?
① 공기압이 너무 낮으면 트레드 중앙부의 마멸이 많게 된다.
② 공기압이 너무 낮으면 낮으면 수명이 길게 된다.
③ 온도가 높게 되면 공기압력도 높게 된다.
④ 공기압이 높으면 조향핸들이 무겁게 된다.

공기압이 높으면 기별고, 타이어 중앙부의 마멸이 많게 된다. 또한, 트레드의 작은 수준에서 10% 떨어지면 수명은 15% 정도 줄어든다. 타이어에 공기압이 적정 수준에서 신호 작동

75 다음 중 타이어의 강도와 내마멸성이 급격히 감소되는 임계온도는?
① 50~60℃
② 70~80℃
③ 90~100℃
④ 120~130℃

타이어의 임계온도는 120~130℃ 이다.

76 타이어에서 고무로 피복된 코드를 여러 겹으로 결침 충으로 타이어의 뼈대를 이루는 부분은?
① 카커스(carcass)
② 비드부(bead section)
③ 브레이커(breaker)
④ 숄더부(shoulder section)

카커스는 타이어의 뼈대가 되는 부분으로 공기 압력을 견디어 일정한 체적을 유지하고 하중이나 충격에 따라 발형하여 완충작용을 한다.

77 비오는 날 고속도로에서 80km 이상으로 주행하면 무엇이 발생하여 가장 위험한가?
① 타이어 과열현상이 일어난다.
② 기관에 물이 들어가서 엔진시동이 나빠진다.
③ 빨라드 이상이 생기지 않는다.
④ 노면에 수막현상이 생겨 제동조작의 위험이 된다.

하이드로 플레닝(수막현상)은 물이 고인 도로를 고속으로 달릴 때 일정 속도 이상이 되면 하이드로 플레닝 현상이다.

78 타이어의 구조에서 노면과 직접 접촉하여 마모에 견디고 적은 슬립으로 견인력을 증대시키는 부분은?
① 브레이커(breaker)
② 비드부(bead section)
③ 트레드(tread)
④ 숄더부(shoulder section)

트레드는 노면과 직접 접촉하는 고무 부분이며, 카커스와 브레이커를 보호하는 부분이다.

Lesson 02 조향장치 구조와 기능

01 건설기계의 조향장치란 무엇인가?
① 배기가스를 환기시키는 장치
② 방향전환시 동력의 원활한 전달을 위한 장치
③ 작업 중 방향을 바꾸는 장치
④ 불완전 연소가스를 순환시키는 장치

조향장치란 차량의 진행 방향을 운전자가 임의로 바꾸기 위한 장치를 말한다.

02 조향장치에 에커만 장토식을 사용하는 이유를 설명한 것 중 옳은 것은?
① 바퀴가 옆으로 미끄러지 방지를 방지하기 위해서
② 바퀴가 동심원을 그리면서 회전할 수 있게 하기 위해서
③ 고속 주행시에도 조향이 안전하게 이루어지도록 하기 위해서
④ 회전반경을 작게 하기 위해서

에커만 장토식은 조향각도를 최대로 하고 선회할 때 뒷차축 연장선상의 한 점을 중심으로 동심원을 그리면서 선회하여 조향핸들 조작에 따른 저항을 감소시킬 수 있는 방식이다.

03 조향장치의 요건으로 사용되는 사항이 아닌 것은?
① 주행 중 노면의 충격에 영향을 받지 않아야 한다.
② 조작이 쉽고 방향 전환이 원활한 진행이 되어야 한다.
③ 고속 주행에서도 조향 핸들이 안정되어야 한다.
④ 조향 핸들의 회전과 바퀴 선회 차이가 커야 한다.

조향 핸들의 회전과 바퀴 선회의 차이가 크지 않아야 하며, 회전 반지름이 작아 좁은 곳에서도 방향 전환을 할 수 있어야 한다.

04 조향핸들의 조작을 가볍게 하는 방법이다. 틀리는 것은?
① 타이어의 공기압을 높인다.
② 앞바퀴 정렬을 정확히 한다.
③ 조향할을 크게 한다.
④ 가급적 저속으로 주행한다.

저속 주행 시 노면과 마찰력이 크기 때문에 선회적으로 조향핸들의 무거워 진다.

05 다음 중 조향 핸들이 무거울 때 점검해야 할 것이 아닌 것은?
① 기어박스 내의 오일
② 타이어의 공기압
③ 타이어 트레드 모양
④ 앞바퀴 얼라이먼트 불량

조향핸들이 무거운 이유
- 타이어 공기압이 부족하다.
- 조향기어박스 내의 오일이 작다.
- 조향기어박스 내의 오일이 부족하다.
- 앞바퀴 얼라이먼트 불량하다.
- 타이어 접촉 단면적 크다.

정답
71 ④ 72 ④ 73 ③ 74 ③ 75 ④ 76 ① 77 ④ 78 ③ | [2. 조향장치 구조와 기능] 01 ③ 02 ② 03 ④ 04 ④ 05 ③

06 다음을 건설기계의 조향 활동의 장점보다 돌리기 힘들 때 원인이다. 가장 거리가 먼 것은?

① 오일 펌프 벨트 파손
② 파워 스티어링 오일 부족
③ 오일 호스 파손
④ 타이어 공기압 과다

07 동력 조향장치의 장점으로 적합하지 않는 것은?

① 작은 조작력으로 조향 조작을 할 수 있다.
② 조향 기어비는 조작력에 관계없이 선정할 수 있다.
③ 굴곡 노면에서의 충격을 흡수하여 조향핸들에 전달되는 것을 방지한다.
④ 조향이 시도록 엔진이 정지되지 않는다.

동력조향장치의 장점
- 조향 조작력이 작아도 된다.
- 조향 조작력에 관계없이 조향 기어비를 선정할 수 있다.
- 노면으로부터 충격 및 진동을 흡수한다.
- 앞바퀴 시미(shimmy) 현상을 방지할 수 있다.
- 조향 조작이 경쾌하고 신속하다.

08 지게차 조향핸들에서 바퀴까지의 조작력 전달순서로 다음 중 가장 적합한 것은?

① 핸들 - 피트먼 암 - 드래그 링크 - 조향기어 - 타이로드 - 조향암 - 바퀴
② 핸들 - 드래그 링크 - 조향기어 - 피트먼 암 - 타이로드 - 조향암 - 바퀴
③ 핸들 - 조향기어 - 드래그 링크 - 피트먼 암 - 타이로드 - 조향암 - 바퀴
④ 핸들 - 피트먼 암 - 드래그 링크 - 타이로드 - 조향암 - 바퀴

조향핸들을 돌리면 그 조작력이 조향기어 박스에 전달된다. 조향기어 박스에서는 감속하여 섹터 축을 회전시키고 이에 따라 피트먼 암이 위 아래로 이동시킨다. 이에 따라 오른쪽 바퀴를 좌 또는 우의 방향으로 바꿔 바퀴를 선회시킵니다.

09 기계식 조향 장치에서 조향 기어의 구성품이 아닌 것은?

① 웜 기어
② 섹터 기어
③ 조정 스크루
④ 하이포이드 기어

해설 하이포이드 기어는 링 조향장치 구동 피니언의 중심이 링기어 중심보다 10~20% 정도 낮게 설치된 베벨기어의 일종이 기어로 최종감속장치에 사용된다.

10 타이어식 장비에서 조향 기어의 역할과 거리가 먼 것은?

① 브레이크의 수명을 길게 한다.
② 타이어 마모를 최소로 한다.
③ 방향 안전성을 준다.
④ 조향핸들의 조작력을 작은 힘으로 쉽게 할 수 있다.

11 일반적으로 피트먼암은 무엇을 통하여 섹터축에 설치되어 있는가?

① 볼트
② 부싱
③ 스플라인
④ 세레이션

해설 피트먼 암은 조향핸들의 움직임을 드래그 링크로 새레이션을 통하여 섹터축에 설치되어 있고, 반대편은 드래그 링크에 볼과 이음으로 되어 있다.

12 너클에 요크가 설치된 것으로 킹핀의 역할을 너클에 고정되어 너클의 상하쪽에 베어링과 같이 끼움이 되는 것은?

① 역전 너클형
② 엘리엇형
③ 르모인형
④ 마모영

앞 차축과 조향너클의 설치방식
- 엘리엇형: 요크에 조향너클 설치
- 역엘리엇형: 조향너클에 요크 설치
- 마모영: 앞 차축 윗부분에 조향너클 설치
- 르모인형: 앞 차축 아랫부분에 조향너클 설치

13 잭암레스 너클스핀들을 연결하는 것을 무엇이라 하는가?

① 킹핀
② 드래그 링크
③ 타이어 암
④ 스티어암

해설 킹핀은 앞차축 조향기어에서 앞 차축과 조향너클을 연결하여 고정볼트에 의해 앞 차축에 고정되어 있다.

14 조향핸들이 떨리는 원인과 관계없는 것은?

① 휠 베어링이 마모되었다.
② 조향기어의 백래시가 크다.
③ 킹핀과 부싱의 결합이 세다.
④ 캐스터가 규정값보다 크다.

조향핸들이 떨리는 원인
- 휠 베어링의 불량함
- 쇽업쇼버의 불량함
- 허브 정자지의 신함
- 바퀴의 밸런스(균형) 마모
- 조향 링크기의 헐거움
- 조향기어 백래시의 불량함
- 앞바퀴 정리의 불량

15 축거 4m, 외측바퀴의 최대 회전각 30°, 내측바퀴의 최대 회전각 32°이다. 이때 최소회전 반경은?

① 8m
② 12m
③ 28m
④ 7.5m

$R = \dfrac{L}{\sin \alpha} + r$

R: 최소회전반경
L: 축거
sin α: 바깥쪽 바퀴의 조향 각도

$R = \dfrac{4}{\sin 30°} = \dfrac{4}{0.5} = 8m$

16 타이어식 건설기계에서 조향핸들을 1회전시켰을 때 피트먼암이 60° 움직였다. 이때 조향기어비는?

① 6:1
② 1.6:1
③ 3:1
④ 9:1

조향기어비 = 이때, 조향핸들 1회전시켰을 때 움직인 각은 360° 이므로 조향기어비는 6:1이 된다.

17 차의 앞바퀴에서 생길 때 무슨 조절을 하여야 하는가?

① 앞바퀴 얼라인먼트
② 좌측바퀴 얼라인먼트
③ 뒷바퀴 얼라인먼트
④ 우측바퀴 얼라인먼트

18 타이어식 건설기계 정비에서 토인에 대한 설명으로 틀린 것은?

① 토인은 좌·우 앞바퀴 간격이 앞보다 뒤가 좁은 것이다.
② 토인은 직진성을 좋게 하고 조향을 가볍도록 한다.
③ 토인은 반드시 직진상태에서 측정해야 한다.
④ 토인 조정이 잘못되면 타이어가 편마모된다.

토인은 차량의 앞바퀴를 내려다보면 앞쪽이 뒤쪽보다 약간 작게 되어 있는 것으로 새엘이션 통하여 센터 축에 설치되고, 반대편은 드래그 링크에 연결하기 위한 볼 이음으로 되어 있다. 즉, 위쪽보다 앞쪽이 좁은 상태

Lesson 03 제동장치 구조와 기능

01 정비의 윈얼 브레이크는 무슨 원리를 이용한 것인가?
① 베르누이 원리
② 아르키메데스의 원리
③ 파스칼의 원리
④ 상대성 원리

02 브레이크 페이드(fade) 현상이란?
① 유압이 감소되는 현상
② 브레이크 라이닝이 마찰열에 의해서 마찰계수가 떨어지고 브레이크가 잘 듣지 않는 현상이다.
③ 마스터 실린더에서 발생하는 현상
④ 브레이크 조작을 반복할 때 마찰열의 축적으로 일어나는 현상

03 배기가스의 압력차를 이용한 브레이크 형식은?
① 배기 브레이크
② 제3 브레이크
③ 유압식 브레이크
④ 진공식 배력장치

배기 브레이크는 배기의 통로를 차단하여 엔진 브레이크의 효과를 놓이는 일종의 감속장치

04 브레이크 파이프 내부에 베이퍼 로크(vapor lock)가 생기는 원인은?
① 라이닝과 드럼의 간극이 클 때
② 긴 내리막길에서 계속 브레이크를 사용할 때
③ 브레이크 라인이 냉각되었을 때
④ 드럼이 편마모되었을 때

베이퍼 로크는 브레이크 회로 내의 오일이 기화하여 압력 전달 작용을 불능하게 하는 현상으로 주로 긴 내리막길에서 과도하게 풋 브레이크를 사용할 때 일어난다.

05 브레이크 파이프 내에 베이퍼 로크가 발생하는 원인과 가장 거리가 먼 것은?
① 지나친 브레이크 조작
② 드럼의 과열
③ 잔압의 저하
④ 라이닝과 드럼의 간극 과대

06 유압 브레이크 회로 내의 잔압과 관계가 없는 것은?
① 베이퍼 로크를 방지한다.
② 유압회로 내에 공기가 새어드는 것을 방지한다.
③ 휠 실린더 내에 오일이 새는 것을 방지한다.
④ 페이드(fade) 현상이 생기는 것을 방지한다.

베이퍼 로크는 회로 내의 잔압과 관계없이 열에 의하여 발생한다.

07 유압 브레이크에서 잔압을 유지시키는 것과 가장 관계가 깊은 것은?
① 피스톤
② 실린더
③ 체크 밸브
④ 부스터

체크 밸브는 브레이크 페달로부터 오일이 마스터 실린더에서 나가게 하고, 페달을 놓으면 파이프 내의 잔압과 리턴 스프링의 장력이 평형이 될 때까지만 오일이 내로 복귀하도록 하여 회로 내에 잔압을 유지시켜 준다.

08 유압식 브레이크의 전달과 관련이 있는 부품은?
① 마스터 실린더의 피스톤
② 마스터 실린더의 오일탱크
③ 마스터 실린더의 체크밸브
④ 마스터 실린더의 피스톤컵

19 타이어식 건설기계에서 조향 바퀴의 토인을 조정하는 것은?
① 핸들
② 타이로드
③ 웜 기어
④ 드래그 링크

타이로드의 길이로 조정한다.

20 정(+)의 캠버이면 바퀴의 위쪽이 어느 쪽으로 기우는가?
① 바깥으로
② 안으로
③ 뒤로
④ 앞으로

바퀴의 윗부분이 바깥쪽으로 기울어진 상태를 정(+)의 캠버, 바퀴의 중심선이 수직일 때를 0의 캠버, 바퀴의 윗부분이 안쪽으로 기울어진 상태를 부(-)의 캠버라 한다.

21 캠버가 과도할 때의 마멸상태는?
① 트레드의 한쪽 모서리가 마멸된다.
② 트레드의 중심부가 마멸된다.
③ 트레드의 전반이 마멸된다.
④ 트레드의 양쪽 모서리가 마멸된다.

22 앞바퀴 정렬 중 캠버의 필요성에서 가장 거리가 먼 것은?
① 앞차축의 휨을 적게 한다.
② 조향핸들의 조작을 가볍게 한다.
③ 조향시 바퀴의 복원성을 준다.
④ 토(toe)와 관련성이 있다.

23 캐스터의 단위로 알맞은 것은?
① inch이다.
② mm이다.
③ g이다.
④ °이다.

24 타이어식 건설기계에서 앞바퀴 정렬 요소와 관계가 있는 것은?
① 캠버를 0으로 한다.
② 토인을 조정한다.
③ 부(-)의 캠버로 한다.
④ 캐스터로 한다.

캐스터는 앞바퀴를 옆에서 보았을 때 수직선에 대해 조향축이 앞 또는 뒤로 설치되는 것으로 조향 직진성이 떨어졌다면 정(+)의 캐스터로 수정하여야 한다.

25 타이어식 건설기계에서 앞바퀴 정렬 중 주행 요소들 때 직진성이 떨어진다. 다음 중 가장 적당한 수정방법은?
① 캠버(camber)
② 캐스터(caster)
③ 토인(toe-in)
④ 트레드(tread)

앞바퀴 정렬 요소는 캠버, 캐스터, 토인이다.

정답 01 ③ 02 ④ 03 ① 04 ② 05 ④ 06 ④ 07 ③ 08 ③
정답 19 ② 20 ① 21 ① 22 ③ 23 ④ 24 ④ 25 ④

09 브레이크를 연속하여 자주 사용하면 브레이크 드럼이 과열되어, 마찰계수가 떨어지고 브레이크가 잘 듣지 않는 것으로 짧은 시간 내에 반복조작이나, 내리막길을 내려갈 때 브레이크 효과가 나빠지는 현상은?

① 자기작동
② 페이드
③ 하이드로 플래이닝
④ 와전류

10 브레이크에 페이드(fade) 현상이 발생했을 때 올바른 조치 방법은?

① 브레이크를 자주 밟아 열을 발산시킨다.
② 속도를 가속한다.
③ 엔진 브레이크를 사용한다.
④ 작동을 멈추고 열을 식힌다.

11 대기압과 압력차를 이용한 브레이크 형식은?

① 배기 브레이크
② 제3브레이크
③ 유압식 브레이크
④ 진공식 배력장치

12 공기 브레이크의 장점이 아닌 것은?

① 베이퍼 로크가 일어나지 않는다.
② 브레이크 페달의 조작에 큰 힘이 든다.
③ 차량 중량이 중량이 커도 사용할 수 있다.
④ 파이프에 누설이 있어도 브레이크 작동이 된다.

13 브레이크에서 하이드로 백에 관한 설명으로 틀린 것은?

① 대기압과 흡기다기관 부압과의 차를 이용하였다.
② 하이드로 백에 고장이 나면 브레이크가 전혀 작동이 안 된다.
③ 외부에 누출이 없는데도 브레이크 작동이 나빠지는 것은 하이드로 백 고장일 수도 있다.
④ 하이드로 백은 브레이크 계통에 설치되어 있다.

14 공기 브레이크에서 공기압축기의 공기압력을 제어하는 것은?

① 언로더 밸브
② 오리피스
③ 체크 밸브
④ 릴레이 밸브

15 공기 브레이크에서 탱크 내의 압력이 얼마 이상이 되면 압축공기가 뱉을 불어 올리는가?

① 1~3kgf/cm² 정도
② 5~7kgf/cm² 정도
③ 10~13kgf/cm² 정도
④ 20~25kgf/cm² 정도

16 브레이크 오일량의 조건으로 적당하지 않은 것은?

① 점도가 적당하고 점도 지수가 클 것
② 윤활성이 있을 것
③ 화학적 안정성이 있을 것
④ 빙점과 비점이 낮을 것

17 제동계통에서 마스터 실린더를 세척하는데 가장 좋은 세척액은?

① 경유
② 가솔린
③ 합성세제
④ 알콜

18 브레이크 마스터 실린더의 푸시로드 길이를 길게 하면 일어나는 현상은?

① 타이어의 펑창되어 풀리지 않는다.
② 브레이크 크크 듣지 않는다.
③ 브레이크 라이닝이 미끄러진다.
④ 페달의 높이가 낮아진다.

19 유압식 브레이크 마스터 실린더의 푸시로드에 작용하는 힘이 400kg이고 마스터 실린더 내 피스톤의 단면적이 2cm²일 때 유압은 몇 kg/cm²인가?

① 100kg/cm²
② 200kg/cm²
③ 400kg/cm²
④ 800kg/cm²

$$유압 = \frac{힘}{단면적} = \frac{400}{2} = 200 kg/cm^2$$

20 브레이크 페달의 유격이 크게 되는 원인으로 적절치 않은 것은?

① 브레이크 오일에 공기가 들어 있다.
② 브레이크 페달 리턴 스프링이 약하다.
③ 브레이크 라이닝이 마멸되었다.
④ 브레이크 파이프에 오일이 많다.

21 브레이크 페달의 유격은 보통 몇 mm 정도가 적당한가?

① 5~10mm
② 10~15mm
③ 15~20mm
④ 20~30mm

22 브레이크를 밟았을 때 금속성 마찰음이 생기는 원인이 아닌 것은?

① 리벳 머리의 돌출
② 마스터 실린더 오일구멍의 막힘
③ 브레이크 드럼의 풀림, 편심
④ 드럼 커버의 변형

정답 09 ② 10 ④ 11 ④ 12 ② 13 ② 14 ① 15 ② 16 ④ 17 ④ 18 ① 19 ② 20 ② 21 ④ 22 ②

23 브레이크 작동이 한쪽으로 쏠리는 원인이 아닌 것은?
① 브레이크 조정의 불량
② 타이어 공기압의 감소
③ 마스터 실린더의 체크 밸브 작동 불량
④ 라이닝 접촉의 불량

24 브레이크 슈의 리턴 스프링이 약하면 휠 실린더 내의 잔압은?
① 일정하다.
② 낮아진다.
③ 알 수 없다.
④ 높아진다.

  ⊙ 브레이크 슈 리턴 스프링의 장력이 약해지거나 소손되면 잔압이 저하되고 이에 따라 베이퍼 로크 현상이 발생할 수 있다.

25 브레이크를 밟았을 때 차가 한쪽 방향으로 쏠리는 원인으로 가장 거리가 먼 것은?
① 브레이크 오일회로에 공기 혼입
② 타이어의 좌·우 공기압의 틀림
③ 드럼 슈에 그리스나 오일이 묻었을 때
④ 드럼의 변형

  ⊙ 브레이크 오일이 부족하거나 오일 라인에 공기가 혼입되면 브레이크가 듣지 않는 원인이 된다.

26 유압식 브레이크에 있어서 오일로 내의 잔압은 얼마가 되겠는가?
① 0.1~0.3kg/cm²
② 0.6~0.8kg/cm²
③ 1.4~2.0kg/cm²
④ 1.8~3.0kg/cm²

  ⊙ 피스톤 리턴 스프링은 항상 체크 밸브를 밀고 있기 때문에 이 스프링의 장력과 휠 실린더 내의 유압이 평행이 되면 체크 밸브가 일착되어 남게되는 압력을 잔압이라 하여, 그 크기는 0.6~0.8kg/cm²이다.

27 디스크 브레이크의 장점으로 보기 힘든 것은?
① 방열성이 커 제동이 안정된다.
② 부품의 평형이 좋고, 한쪽만 제동되는 일이 없다.
③ 구조가 복잡하지만 정비는 쉽다.
④ 디스크에 물이 묻어도 제동력의 회복이 크다.

  ⊙ 디스크 브레이크는 구조가 간단하고 부품 수가 적어 차량 무게가 줄어들 뿐 아니라 정비가 쉽다. 또한, 고속에서 반복적으로 사용해도 제동력의 변화가 적다.

28 브레이크 페달을 두 세번 밟아야만 제동이 될 때의 주요 고장 요인은?
① 체크 밸브의 고장
② 리턴 스프링의 쇠약
③ 브레이크 파이프 내에 기포 발생
④ 브레이크 오일의 과다

29 브레이크 회로 내의 공기빼기 요령이다. 틀리는 것은?
① 마스터 실린더에 먼 바퀴로부터 순차적으로 공기를 뺀다.
② 브레이크 정점 수리하였을 때 공기빼기를 하여야 한다.
③ 베이퍼 록크가 생기면 공기 내에서 공기빼기를 한다.
④ 브레이크 페달을 밟으면서 공기빼기를 한다.

  ⊙ 베이퍼 록크는 브레이크 회로 내의 오일이 기화하여 오일의 압력 전달 작용을 방해하는 현상으로 긴 내리막길에서 과도하게 풋 브레이크를 사용할 때 나타난다.

30 브레이크가 완전히 풀리지 않을 때의 이유 중 틀린 것은?
① 마스터 실린더의 리턴 구멍 막힘
② 브레이크 라이닝과 드럼 간격이 좁음
③ 마스터 백에 붙어 주차 브레이크가 있음
④ 엔진 플라이 휠의 볼트 이완이 심함

  ⊙ 엔진 플라이 휠은 동력전달장치에 속한다.

31 유압 브레이크에서 브레이크 페달이 작동한 후 오일이 마스터 실린더로 되돌아가 오게 하는 것은?
① 리턴 스프링
② 브레이크 라이닝
③ 라이닝 래버 주차 브레이크 드럼
④ 부시로드

  ⊙ 브레이크 페달을 놓으면 마스터 실린더 내의 유압이 저하되고 리턴 스프링의 장력으로 리턴제어 마찰되고 휠 실린더 내의 오일은 체크밸브를 통하여 마스터 실린더로 되돌아가며 브레이크는 풀리게 된다.

32 브레이크가 미끄러지는 원인은 어느 것인가?
① 라이닝 마모로 간격이 땅김 때문
② 부하인가 적기 때문
③ 라이닝 간격이 적기 때문
④ 부하가 적기 때문

33 공기 브레이크에서 브레이크 슈를 직접 작동시키는 것은 무엇인가?
① 릴레이 밸브
② 캠
③ 브레이크 페달
④ 브레이크 캠버

  ⊙ 공기 브레이크에서는 무거운 차로가 혼잡 조정기를 거쳐 캠 회전시켜 브레이크 슈가 드럼에 밀착됨으로써 제동이 이루어진다.

34 브레이크가 잘 작동되지 않고 페달을 밟는데 힘이 드는 원인이 아닌 것은?
① 피스톤 로드의 조정 불량
② 타이어의 공기압이 고르지 못함
③ 라이닝에 오일이 부착
④ 라이닝의 간극 조정 불량

35 제동장치에서 브레이크 드럼이 갖추어야 할 조건과 관계가 없는 것은?
① 무거워야 한다.
② 방열이 잘 되어야 한다.
③ 강성과 내마모성이 있어야 한다.
④ 정적, 동적 평형이 잡혀 있어야 한다.

  ⊙ 브레이크 드럼의 조건
  • 가벼워야 한다.
  • 방열이 잘 되어야 한다.
  • 강성과 내마모성이 있어야 한다.
  • 정적·동적 평형이 잡혀 있어야 한다.

정답 23 ③ 24 ② 25 ① 26 ② 27 ③ 28 ③ 29 ③ 30 ④ 31 ① 32 ① 33 ② 34 ② 35 ①

CHAPTER 04 유압장치 익히기

Craftsman Fork Lift Truck Operator

Lesson 01 유압의 기초

1 유압일반

1) 유압의 전달
① 각 점에 작용하는 압력은 모든 방향이 같다.
② 액체는 작용력을 감소시킬 수 있다.
③ 단면적을 변화시키면 힘을 증대시킬 수 있다.
④ 액체는 운동을 전달할 수 있다.
⑤ 공기는 압축되지만 오일은 압축되지 않는다.
⑥ 유체의 압력은 면에 대해서 직각으로 작용한다.

2) 압력의 단위
압력의 단위는 공학에서는 일반적으로 공학기압으로서 kgf/cm²가 쓰인다.

㉮ 1atm(표준기압) = 760mmHg = 1.0332kgf/cm² = 1,013.25mbar = 1.01325bar
㉯ 1at(공학기압) = 1kgf/cm² = 735.56mmHg = 0.9678atm = 980.665mbar = 0.980665bar

3) 유압 장치의 특징

① 유압 장치의 장점
㉮ 작은 동력원으로 큰 힘을 얻는다.
㉯ 과부하의 염려가 없다.
㉰ 속도조절이 용이하며 무단변속이 가능하다.
㉱ 부하의 변동에 대해 안정하다.
㉲ 동력전달을 원활히 할 수 있다.

② 유압장치의 결점
㉮ 오일누설의 염려가 있다.
㉯ 화재에 위험이 있다.
㉰ 온도변화에 의해 영향을 받기 쉽다.
㉱ 배관작업이 번거롭다.
㉲ 공기가 혼입되기 쉽다.

2 유압유(작동유)

1) 유압유의 필요성과 역할

① 작동유의 구비조건
㉮ 넓은 온도 범위에서 점도의 변화가 작아야 한다.
㉯ 점도 지수가 높아야 한다.
㉰ 산화에 대한 안정성이 높아야 한다.
㉱ 윤활성과 방청성이 있어야 한다.

㉲ 착화점이 높고 내부식성이 있어야 한다.
㉳ 적당한 점도를 가지고 있어야 한다.
㉴ 유막 끊김이 일어나지 아니하여야 한다.
㉵ 물리, 화학적인 변화가 없고 유동성이 커야 한다.
㉶ 유압 장치에 사용되는 재료에 대하여 불활성이어야 한다.
㉷ 기름이 적고 실(seal) 재료와의 적합성이 좋아야 한다.
㉸ 가격이 싸고 풍부한 공급원을 신속하게 구매할 수 있는 성질을 가져야 한다.

② 유압 최도 내의 공기 영향
㉮ 실린더 숨돌리기 현상이 생긴다.
㉯ 유압유의 열화가 촉진된다.
㉰ 공동현상으로 소음발생, 온도상승, 포화상태가 된다.

③ 캐비테이션(공동현상)이 발생되었을 때의 영향
㉮ 체적 효율이 저하된다.
㉯ 소음과 진동이 발생된다.
㉰ 저압부의 기포가 과포화상태가 된다.
㉱ 기관 내에서 부분적으로 매우 높은 압력이 발생된다.
㉲ 급격한 압력파형이 형성된다.
㉳ 액추에이터의 효율이 저하된다.

2) 유압유의 온도와 사용상 주의할 점

① 작동유의 온도
㉮ 난기 운전시 오일의 온도 : 30℃
㉯ 최고 허용 오일의 온도 : 80℃
㉰ 정상적인 오일의 온도 : 40~60℃
㉱ 열화되는 오일의 온도 : 80~100℃

② 현장에서 오일의 열화를 찾아내는 방법
㉮ 유압유 색깔의 변화나 수분 및 침전물의 유무를 확인한다.
㉯ 유압유를 흔들었을 때 거품이 발생되는가를 확인한다.
㉰ 유압유에서 자극적인 악취가 발생되는가를 확인한다.
㉱ 생재, 냄새, 점도 등 유압유의 외관으로 판정한다.

③ 유압유가 과열되는 원인
㉮ 펌프의 효율이 불량할 때 유압유가 과열된다.
㉯ 유압유가 노후화되면 과열된다.
㉰ 오일 냉각기의 성능이 불량할 때 과열된다.
㉱ 탱크 내에 유압유가 부족할 때 과열된다.
㉲ 안전밸브의 작동 압력이 너무 낮을 때 과열된다.

④ 유압유의 온도가 상승하는 원인
㉮ 높은 태양열을 받는 곳에서 작업하는 경우에 온도가 상승한다.
㉯ 과부하로 연속 작업을 하는 경우에 온도가 상승한다.
㉰ 오일 냉각기가 불량할 때 온도가 상승한다.
㉱ 유압유에 캐비테이션(공동현상)이 발생될 때 온도가 상승한다.
㉲ 유압유의 점도가 불량할 때 온도가 상승한다.
㉳ 유압 회로에서 유압 손실이 클 때 온도가 상승한다.
㉴ 높은 태양열로 작동하면 온도가 상승한다.

Lesson 02 유압기기 및 회로

1 유압회로

1) 유압회로

① 단면 회로도 : 기기와 관로를 단면도로 나타내 회로도로서 기기의 작동을 설명하는데 편리하다.
② 회화(요령) 회로도 : 기기의 외형과 기능만을 간단히 표시할 수 있으며 유압기기의 체야와 날리 사용되고 있다.
③ 기호 회로도 : 유압기기의 체야와 기능을 간단히 표시할 수 있으며 배관이나 회로, 설계, 제작, 판매 등에 편리하다.

2) 유압 기본 회로

① 압력 설정 회로 : 모든 유압 회로의 기본이며 회로 내의 압력이 설정 압력 이상 시는 릴리프 밸브가 열려 압력 유지 및 안전축면에도 필수적인 회로이다.
② 속도제어 회로
  ㉮ 미터인 회로 : 유압제어 밸브를 실린더의 입구 쪽에 설치하여 회로 이 밸브가 유상중이며 실린더의 속도를 제어하고 일정하다.
  ㉯ 미터아웃 회로 : 유압제어 밸브를 실린더에서 유출되는 유량을 제어하는 회로이다.
  ㉰ 블리드오프 회로 : 실린더 입구의 분기회로에 유량제어 밸브를 설치하여 실린더 입구축의 불필요한 압유를 배출시켜 작동 효율을 증진시킨 회로이다.

3) 기능별 유압 회로

㉮ 압력제어 회로
㉯ 속도제어 회로
㉰ 방향제어 회로
㉱ 아큐뮬레이터 회로

2 유압기기

1) 유압 탱크

유압유 탱크로는 오일을 회로 내에 공급하거나 되돌아오는 오일을 저장하는 용기를 말하며 개방형식과 가압식(예압식)이 있다.

① 유압유 탱크의 역할
  ㉮ 유압 회로 내의 필요한 유량 확보
  ㉯ 유압의 기포발생 방지와 기포의 소멸
  ㉰ 오일의 온도를 적정하게 유지
  ㉱ 작동유의 순환을 적정하게 유지

② 유압 탱크와 구비조건
  ㉮ 유면을 적정하게 "F"에 가깝게 유지하여야 한다.
  ㉯ 정상적인 작동에서 발생한 열을 반산할 수 있어야 한다.
  ㉰ 공기 및 이물질은 오일로부터 분리할 수 있는 구조이어야 한다.
  ㉱ 흡입 오일을 덕피시키기 위한 스트레이너가 설치되어야 한다.
  ㉲ 탱크의 크기는 중력에 의하여 복귀하는 유량을 받아들일 수 있는 크기로 하여야 한다. (일반적으로 배관구와 유면제가 설치되어 있는 구조이어야 한다.)
  ㉳ 흡입관과 복귀관 사이에 격판이 설치되어 있어야 한다.

③ 탱크에 수분이 혼입되었을 때의 영향
  ㉮ 공동 현상이 발생된다.
  ㉯ 작동유의 열화를 촉진시킨다.
  ㉰ 유압기기의 마모를 촉진시킨다.

2) 유압 펌프

유압 펌프는 기관이나 전기기 앞에서 플라이휠 및 변속기 부축 등에 연결되어 작동되며, 기계적 에너지를 받아서 유압에너지로 변환시키는 주요한 요소이다. 작동중은 부하가 심하므로 내구성 변화가 적고, 유압기기의 소용의 변동량이 적은 것 등이 요구된다.

① 각종 펌프별 진공율
  ㉮ 기어 펌프 : 내접 기어식 75~85%, 외접 기어식 80~88%
  ㉯ 베인 펌프 : 보통형 80~85%, 고압형 80~88%
  ㉰ 플런저 펌프(피스톤 펌프) : 액셜형 90~95%, 레이디얼 90%
  ㉱ 나사형 펌프 : 80%

② 유압 펌프의 비교

구분	기어 펌프	베인 펌프	플런저(피스톤) 펌프
구조	간단하다	간단하다	가변 용량이 가능
최고 압력(kgf/cm²)	140~210	140~175	150~350
최고 회전수(rpm)	2,000~3,000	2,000~2,700	1,000~5,000
펌프의 효율(%)	80~88	80~88	90~95
소음	중간 정도	적다	크다
자체흡입 성능	우수	보통	약간 나쁘다
수명	중간 정도	중간 정도	건다

3) 유압제어 밸브

① 압력제어 밸브 : 일의 크기 제어
  ㉮ 릴리프 밸브(relief valve) : 유압 펌프의 체어 밸브 사이에 설치, 유압회로 내의 압력을 일정하게 유지하고 최고 압력을 제어하여 회로를 보호한다.
  ㉯ 리듀스 밸브(감압 밸브, reducing valve) : 분기 회로에서 유압장치 내의 압력을 주회로 압력보다 감압하여 사용하고자 할 때 사용한다.
  ㉰ 시퀀스 밸브(sequence valve) : 2개 이상의 분기 회로에서 유압회로의 압력에 의하여 작동 순서를 제어한다.
  ㉱ 언로더 밸브(unloader valve) : 유압 회로 내의 압력이 규정 압력에 도달하면 펌프에서 송출되는 모든 유량을 탱크로 리턴시켜 유압펌프를 무부하로 되도록 하는 역할을 한다.

㉰ 카운터 밸런스 밸브(counter balance valve) : 유압 실린더 등이 자유 낙하하는 것을 방지하기 위하여 배압을 유지시키는 역할을 한다.

② 유량제어 밸브 : 일의 속도 제어
  ㉮ 스로틀 밸브 : 유량조절 밸브
  ㉯ 압력 보상 유량제어 밸브
  ㉰ 디바이더 밸브
  ㉱ 슬로 리턴 밸브

③ 방향제어 밸브 : 일의 방향을 변환
  ㉮ 체크밸브(check valve) : 작동유의 흐름을 한쪽 방향으로만 흐르도록 하고 역류를 방지하는 역할을 한다.
  ㉯ 스풀 밸브(spool valve) : 하나의 밸브 외부에 여러 개의 홈이 있는 밸브로 축 방향으로 이동하여 작동유의 흐름 방향을 변환시키는 역할을 한다.
  ㉰ 셔틀 밸브(shuttle valve) : 두 가지 경로 중 하나를 선택할 수 있게 하는 밸브로 주로 비상장치를 열결하는 경우에 사용된다.

4) 액추에이터(Actuator)
액추에이터(actuator)는 유압의 에너지를 기계적 에너지로 변화시키는 장치로 유압의 유압에 의하여 직선 왕복 운동을 하는 유압 실린더와 유압에 의하여 회전 운동을 하는 유압 모터가 있다.

① 유압 실린더(hydraulic cylinder)
  ㉮ 단동(單動) 실린더 : 유압 펌프에서 피스톤의 한쪽에만 유압이 공급되어 작동하고 반대는 자중 또는 외력에 의해서 이루어진다.
  ㉯ 복동(複動) 실린더 : 유압 펌프에서 피스톤의 안쪽에 유압이 공급되어 작동되고 건설기계에 가장 많이 사용된다.

② 유압 모터 : 유압 펌프에 의해서 실린더로 공급되는 유압에 의하여 회전 운동으로 변환시키는 역할

㉮ 기어형 모터
  ㉠ 구조가 간단하고 값이 싸며, 작동유의 공급 위치를 변화시키면 정방향의 회전이나 역방향의 회전이 자유롭다.
  ㉡ 모터의 효율은 70~90% 정도이다.
㉯ 베인형 모터
  ㉠ 정용량형 모터로 캠링에 날개가 밀착되도록 하여 누설 방수기를 내구력이 크다.
  ㉡ 모터의 효율은 95% 정도이다.
㉰ 레이디얼 플런저 모터
  ㉠ 플런저가 회전축에 대하여 직각 방향으로 배열되어 있는 모터로 플런저의 왕복 운동으로 사용된다.
  ㉡ 모터의 효율은 95~98% 정도이다.
㉱ 액시얼 플런저 모터
  ㉠ 플런저가 회전축과 같은 방향으로 배열되어 있는 모터이다.
  ㉡ 모터의 효율은 95~98% 정도이다.

5) 어큐뮬레이터(Accumulator)
어큐뮬레이터(accumulator, 축압기)는 유체 에너지를 일시 저장하여 주는 것으로 용기 내에 고압유를 압입한 것이다.

① 어큐뮬레이터의 용도
  ㉮ 대유량의 작동유를 순간적으로 공급한다.
  ㉯ 유압 펌프의 맥동을 제거한다.
  ㉰ 충격 압력을 흡수한다.
  ㉱ 압력을 보상해 준다.

② 어큐뮬레이터의 종류(가스 오일식)
  ㉮ 피스톤형 : 실린더 내의 피스톤으로 기체실과 유체실을 구분한다.
  ㉯ 블래더형(고무 주머니형) : 본체 내부에 고무 주머니가 있어 기체실과 유체실을 구분한다.
  ㉰ 다이어프램 : 본체 내부에 고무의 막이 있어 기체실과 유체실을 구분한다.

CHAPTER 04 | 유압장치 익히기

출제예상문제

Lesson 01 유압의 기초

01 밀폐된 용기 내의 액체 일부에 가해진 압력은 어떻게 전달되나?
① 유체의 압력이 돌출 부분에서 더 세게 작용된다.
② 유체의 각 부분에 다르게 전달된다.
③ 유체의 압력이 홈부분에서 더 세게 작용된다.
④ 유체의 각 부분에 동시에 같은 크기로 전달된다.

> 파스칼의 원리에 따르면 밀폐된 용기 내에 액체를 가득 채우고 그 용기에 힘을 가하면 각 부분에 수직으로 작용하며, 용기 내의 어느 곳이든지 똑같은 압력으로 작용한다.

02 파스칼(pascal)의 원리 중 틀린 것은?
① 유체의 압력은 면에 대하여 직각으로 작용한다.
② 각 점의 압력은 모든 방향으로 같다.
③ 정지해 있는 유체에 힘을 가하면 단면적이 작은 곳은 속도가 느리게 전달된다.
④ 밀폐된 용기 속의 유체 일부에 가해진 압력은 각 부위에 똑같은 세기로 전달된다.

03 밀폐된 용기 중에 채워진 비압축성 유체의 일부에 가해진 압력은 유체의 모든 부분에 그대로 일정의 세기로 전달되는 원리는?
① 파스칼의 원리
② 베르누이의 원리
③ 보일샤를의 원리
④ 아르키메데스의 원리

04 다음 중 유압의 단점이 아닌 것은?
① 고압 사용으로 인한 위험성 및 이음부에 민감하다.
② 유온의 영향에 따라 정밀한 속도와 제어가 곤란하다.
③ 전기, 전자의 조합으로 자동제어가 곤란하다.
④ 폐유에 의해 주변환경이 오염될 수 있다.

05 다음은 유압장치의 장점을 기술하였다. 틀린 것은?
① 소형장치로 큰 출력을 발생한다.
② 무단변속이 가능하고 정확한 위치 제어가 가능하다.
③ 유온의 영향이 있어서 정밀한 속도와 제어가 가능하다.
④ 과부하에 대한 안전장치가 간단하다.

> 유압장치의 장점
> • 작동유로 인한 안정성과 정확한 위치제어.
> • 무단 변속이 가능하고 정확한 위치 제어.
> • 부하의 변화에 대한 안전성이 크다.
> • 작동유는 비압축성 자유로이 기동이 용이하다.
> • 공기의 압력·유압 및 화염력이 쉽게 격·감속이 가능하다.
> • 과부하에 대한 자동안전장치가 간단하다.
> • 진동이 적고 작동이 원활하다.
> • 배관이 간단하고 유압장치의 방향성이 있어 마찰이 적고 내구성이 크다.
> • 고압 사용으로 인해 위험성 및 이음장치에 민감하다.
> • 소형 장치로 큰 출력을 발생한다.
> • 에너지의 저장이 가능하다.

06 유압기기에 대한 단점이다. 설명 중 틀린 것은?
① 오일은 가연성이 있어 화재의 위험이 있다.
② 회로 구성이 어렵고 누설되는 경우가 있다.
③ 오일의 온도에 따라서 점도가 변하므로 기계의 속도가 변한다.
④ 에너지의 손실이 적다.

07 유압 시스템에서 오일 제어 기능이 아닌 것은?
① 온도 제어
② 유량 제어
③ 방향 제어
④ 압력 제어

> 유압장치의 작동 중 하나는 에너지를 이용하여 기계적인 운동을 하도록 하는 장치로 이는 유량 제어, 압력 제어, 방향 제어 등을 통해 이루어진다.

08 압력의 단위가 아닌 것은?
① psi
② kgf/cm²
③ N·m
④ kPa

> 압력의 단위로는 psi, kgf/cm², kPa, mmHg, bar, atm 등이 있다. 참고로 N·m은 토크 단위에 해당된다.

09 다음 중 압력, 힘, 면적의 관계식으로 올바른 것은?
① 압력 = 힘/면적
② 압력 = 면적 × 힘
③ 압력 = 부피/면적
④ 압력 = 부피 × 힘

10 오리피스가 설치된 다음 그림에서 압력에 대한 설명으로 맞는 것은?

① A = B
② A > B
③ A < B
④ A와 B는 무관

> 베르누이의 정리를 이용한 것으로 A실의 압력이 B실의 압력보다 높다.

11 압력의 단위가 아닌 것은?
① GPM
② bar
③ kgf/cm²
④ psi

> GPM(gallons per minute, gal/min)이란 계통 내에서 이동되는 유체의 압력 표시할 때 사용하는 단위이다.

12 작용면적이 10cm²인 서보기구의 피스톤이 5kg/cm²의 압력으로 작동되고 있다. 이 때 서보의 작용력은?
① 45kg
② 50kg
③ 55kg
④ 60kg

> 압력 = 힘/단면적
> ∴ 힘 = 압력 × 단면적 = 5 × 10 = 50kg

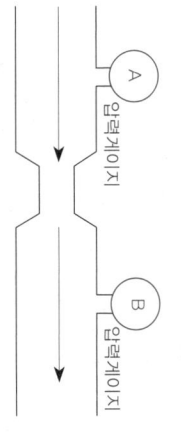

[1. 유압의 기초] 01 ④ 02 ③ 03 ① 04 ③ 05 ③ 06 ④ 07 ① 08 ③ 09 ① 10 ② 11 ① 12 ②

13 피스톤 지름이 15mm인 유압 실린더에서 유압이 70kg/cm² 작용할 때 실린더에 서 발생되는 힘은?

① 19.6kg ② 29.6kg
③ 39.6kg ④ 123.7kg

단면적 = πD²/4 = 3.14 × 15²/4 = 176.625 = 1.76625cm²
∴ 힘 = 1.76625 × 70 = 123.7kg

14 다음 중에서 작동유(유압유) 속에 용해 공기가 기포로 되어 있는 상태를 무엇이 라고 하는가?

① 인화 현상 ② 노킹 현상
③ 조기착화 현상 ④ 공동 현상

공동현상(캐비테이션)이란 유체속에 있는 액체나 공기가 저하되어 포화 공기 압력 또는 공기 분리 압력에 대하여 공기기포를 발생시키거나 용해 공기가 기포를 일으키는 현상을 말 한다.

15 유압 실린더 내부에 국부적인 높은 압력과 소음·진동이 발생하는 현상은?

① 채터링 ② 오버 랩
③ 캐비테이션 ④ 하이드로 록킹

16 유압 펌프의 흡입구에서 캐비테이션(cavitation)을 방지하기 위한 방법으로 적절하지 않은 것은?

① 흡입구의 양정은 1m 이하로 한다.
② 흡입관의 굵기는 유압 본체의 연결구의 크기와 같은 것을 사용한다.
③ 펌프의 운전속도를 규정속도 이상으로 하지 않는다.
④ 하이드로릭 실린더에 부하가 걸리지 않도록 한다.

17 유체 관로에 공기가 침투할 때 일어나는 현상이 아닌 것은?

① 공동 현상 ② 오일의 열화촉진
③ 연활 현상 ④ 숨돌리기 현상

유체의 관로에 공기가 침투하면 실린더의 숨돌리기 현상, 열화 촉진, 공동현상 등이 일어 난다.

18 유압 실린더의 숨돌리기 현상이 생겼을 때 일어나는 현상이 아닌 것은?

① 시간이 지연이 생긴다.
② 피스톤 작동이 불안정하게 된다.
③ 오일의 공급이 과대해진다.
④ 숨돌이 발생한다.

19 유압 회로 내에서 서지압(Surge Pressure)이란?

① 과도적으로 발생하는 이상 압력의 최대값
② 정상적으로 발생하는 압력의 최대값
③ 기동할 때 발생하는 압력의 최대값
④ 시동할 때 발생하는 이상 압력의 최소값

유체의 흐름이 제어밸브 등의 조작에 의해 급격히 바뀌었을 때, 그 유체의 운동 에너지가 압력 변동통로 변하기 때문에 국부적으로 상승한 압력이 최대치를 서지압 이라 한다.

20 유압 회로 내에 공동현상이 생길 때 어떻게 하는가?

① 유압장치의 오일온도를 높여준다.
② 유압장치의 압력변화를 없게 한다.
③ 유압장치의 과도화 상태로 한다.
④ 유압장치의 압력을 높여준다.

공동현상(캐비테이션)이란 유압장치 내부에 국부적인 높은 압력이 발생하는 것으로 압력변화를 없게 해야 한다.

21 다음 중 유압 회로 내에 공기혼입이 생길 때 주요 원인은?

① 고압관로의 접속부의 늦여짐
② 온도 상승
③ 흡입관의 접속부의 이완
④ 공기 빼기 플러그의 이완

22 유압 회로 내에 전입을 설정해 두는 이유로 가장 적절한 것은?

① 온도 해제 방지
② 유로 파손 방지
③ 오일 산화 방지
④ 작동 지연 방지

유체회로 내에 공기가 유입되는 주된 원인은 유압펌프 흡입관의 연결부 접속이 늦어진 때문이다.

23 유압 작동유가 갖추어야 할 성질이 아닌 것은?

① 낮은 온도에서 점도 변화가 적을 것
② 윤활성과 방청성이 있을 것
③ 방청, 방식성이 있을 것
④ 불, 먼지 등이 쉽게 분리되고 혼합이 잘 될 것

작동유는 불, 공기, 먼지 등이 쉽게 분리되고 혼합이 잘 되어야 한다.

24 유압유에 요구되는 성질이 아닌 것은?

① 밀도가 작을 것
② 열팽창계수가 작을 것
③ 체적탄성계수가 작을 것
④ 발점점이 높을 것

25 다음에서 유압 작동유가 갖추어야 할 조건으로 맞는 것은?

ⓐ 압축성이 작을 것
ⓑ 밀도가 작을 것
ⓒ 열팽창계수가 작을 것
ⓓ 체적탄성계수가 작을 것
ⓔ 점도지수가 낮을 것
ⓕ 발점점이 높을 것

① ⓐ, ⓑ, ⓒ ② ⓑ, ⓒ, ⓓ
③ ⓓ, ⓔ, ⓕ ④ ⓐ, ⓒ, ⓕ

작동유(유압유)의 구비 조건
- 강인한 유막(막)을 형성해야 한다.
- 적절한 점도가 유지되어야 한다.
- 비중이 적당하여 맥동성이 있어야 한다.
- 내열성, 점도지수 체적탄성계수가 커야 한다.
- 기포 발생이 적고 소멸성이 커야 한다.
- 물, 공기, 먼지 등을 신속하게 분리할 수 있어야 한다.
- 밀도가 작고 독성이 발생성이 없어야 한다.
- 열팽창계수가 작아야 한다.
- 유압장치에 사용되는 재료에 대하여 불활성이어야 한다.

26 다음 작동유에 관한 사항 중 틀린 것은?
① 유압작동유의 점검: 금유작업은 평탄한 장소에서 한다.
② 먼지나 이물질 등이 혼합되지 않도록 주의한다.
③ 다른 종류의 작동유를 혼합 사용하지 않는다.
④ 작동유는 엔진오일과 동일한 상태로 하고 교환한다.

작동유는 누기간격을 실시한 다음 엔진을 정지하고 작동유가 교환한다.

27 유압유의 취급에 대한 설명으로 틀린 것은?
① 오일의 신맛은 운전자가 경험에 따라 임의 선택한다.
② 수분은 연한, 윤활, 녹 발생 시 보충한다.
③ 습도부분 오일을 사용시간다.
④ 압력에너지를 이용한 오일을 이용한다.

건설기계에 해당 정비지침서나 제작사에서 추천하는 유압 작동유를 선택하여야 한다.

28 유압 작동유의 중요 역할이 아닌 것은?
① 일을 흡수한다.
② 부식을 방지한다.
③ 속도부분 윤활시킨다.
④ 압력에너지를 이용한다.

유압 작동유의 역할
- 압력에너지를 이용하여 동력을 전달한다.
- 운동부 냉각작용을 한다.
- 부식을 방지한다.
- 필요한 요소 사이를 밀봉(seal)한다.

29 작동유에 대한 설명으로 틀린 것은?
① 마찰부분의 윤활작용 및 방청작용도 한다.
② 공기가 혼입되면 유압기기의 성능은 저하된다.
③ 점도지수가 낮은수록 좋다.
④ 점도는 압력 손실에 영향을 미친다.

점도지수는 온도 변화에 따른 오일의 점도 변화를 표시하는 지수로 작동유는 점도지수가 커야 한다.

30 유압 작동유의 주요 기능이 아닌 것은?
① 윤활 작용
② 냉각 작용
③ 압축 작용
④ 동력전달 작용

유압 작동유의 기능: 윤활 작용, 냉각 작용, 동력전달 작용

31 유압유의 점검과 관계없는 것은?
① 점도
② 운활성
③ 소포성
④ 마멸성

32 온도 변화에 따라 점도 변화가 큰 오일의 점도지수는?
① 크다.
② 작다.
③ 불변이다.
④ 점도와 점도지수는 무관하다.

점도지수란 온도가 상승하면 점도는 묽어지고, 온도가 내려가면 점도가 크고, 이러한 온도변화에 대해 점도 변화가 적으면 점도지수가 크고, 점도 변화가 크면 점도지수는 작다.

정답 26 ④ 27 ① 28 ① 29 ③ 30 ③ 31 ④ 32 ②

33 유압오일에서 온도에 따른 점도변화 정도를 표시하는 것은?
① 윤활성
② 점도
③ 점도지수
④ 점도 분포

온도 변화에 따른 점도 변화지수를 나타내며, 점도지수는 40℃, 100℃에서의 동점도(動粘度)의 측정 결과에서 구한다.

34 유압유의 첨가제가 아닌 것은?
① 소포제
② 유동점 강하제
③ 산화 방지제
④ 점도 분포

유압유의 첨가제: 소포제, 유동점 강하제, 산화 방지제, 점도지수 향상제, 방청제, 유성 향상제

35 다음 중 건설기계에 사용하는 유압 작동유의 성질을 향상시키기 위하여 사용되는 첨가제 종류가 아닌 것은?
① 점도지수 향상제
② 유동점 강하제
③ 소포제
④ 산화방지제

유압유의 첨가제로는 유동점 강하제를 사용한다.

36 현장에서 오일의 오염도 판정 방법 중 가열한 철판 위에 오일을 떨어뜨리는 방법은 무엇을 판정하기 위한 방법인가?
① 산성도
② 수분 함유
③ 오일의 열화
④ 먼지나 이물질 함유

37 유압 회로 내의 유압유 점도가 너무 낮을 때 생기는 현상이 아닌 것은?
① 오일 누설에 영향이 있다.
② 펌프 효율이 떨어진다.
③ 시동 저항이 커진다.
④ 회로 압력이 떨어진다.

유압유의 점도가 증가하면 시동 저항이 커져서 유압펌프의 시동시 저항이 증가되고, 마찰 손실이 증가한다.

38 유압 작동유의 수분이 미치는 영향이 아닌 것은?
① 작동유의 윤활성을 저하시킨다.
② 작동유의 방청성을 저하시킨다.
③ 작동유의 내마모성을 향상시킨다.
④ 작동유의 산화와 열화를 촉진시킨다.

유압 작동유에 수분이 혼입하면 윤활성 및 방청성이 저하되고, 마찰 손실이 증가한다.

39 유압 작동유를 교환하고자 할 때 선택 조건으로 가장 적합한 것은?
① 유명 정유회사의 제품
② 가장 가격이 비싼 유압 작동유
③ 건설기계 정비 지침서나 제작사에서 추천하는 유압 작동유
④ 시중에서 쉽게 구입할 수 있는 유압 작동유

유압 작동유는 운활성 및 방청성이 저하되고, 산화와 열화가 촉진되며, 공동현상(캐비테이션)이 발생할 수 있다.

정답 33 ③ 34 ④ 35 ④ 36 ② 37 ③ 38 ③ 39 ③

40 윤압유의 점도를 틀리게 설명한 것은?
① 온도가 상승하면 점도는 저하된다.
② 점성의 정도를 나타내는 척도이다.
③ 온도가 내려가면 점도는 높아진다.
④ 점성계수를 밀도로 나눈 값이다.

41 윤압유에 점도가 서로 다른 2종류의 오일을 혼합하였을 경우 설명으로 맞는 것은?
① 오일첨가제의 좋은 효과를 낼 수 있다.
② 점도가 달라지나 사용에는 전혀 지장이 없다.
③ 혼합은 절대로 피해야 하며 만약 사용할 경우 열화 현상을 촉진시킨다.
④ 열화 현상을 촉진시킨다.

42 윤압 작동유의 점도가 너무 높을 때 발생되는 현상으로 맞는 것은?
① 동력 손실의 증가   ② 내부 누설의 증가
③ 펌프 효율의 증가   ④ 마찰, 마모 감소

43 다음 [보기] 중에서 유압작동에 사용되는 오일의 점도가 너무 낮을 경우 나타날 수 있는 현상으로 모두 맞는 것은?
ㄱ. 펌프 효율 저하
ㄴ. 실린더 및 컨트롤 밸브에서 누출 현상
ㄷ. 계통(회로) 내의 압력저하
ㄹ. 시동 시 저항 증가

① ㄱ, ㄴ   ② ㄱ, ㄴ, ㄷ
③ ㄴ, ㄷ, ㄹ   ④ ㄱ, ㄴ, ㄷ, ㄹ

44 현장에서 유압유에 오염되는 원인이 아닌 것은?
① 색깔의 변화나 수분, 침전물의 유무 확인
② 흔들어 보아서 기포가 없어지는 양부 확인
③ 자극적인 악취의 유무 확인
④ 오일을 가열했을 때 냉각되는 시간 확인

45 유압유의 노후화된 원인이 아닌 것은?
① 유온이 높을 때
② 다른 오일이 혼입되었을 때
③ 수분이 혼입되었을 때
④ 플러싱 했을 때

정답 40 ④ 41 ④ 42 ① 43 ① 44 ④ 45 ④

---

46 플런저 펌프의 특징이 아닌 것은?
① 전동축은 회전 또는 직선운동을 한다.
② 축은 회전 또는 왕복운동을 한다.
③ 작동유의 점도가 내려가는 것이 좋다.
④ 가변용량형과 정용량형이 있다.

47 유압 오일 내에 공기가 혼입되는 이유로 가장 적합한 것은?
① 오일의 누설 혼입
② 오일의 열화
③ 오일의 속도 증가
④ 오일의 누설

48 유압장치의 부품을 교환 후 다음 중 가장 우선 시행하여야 할 작업은?
① 최대부하 상태의 운전
② 유압유 점검
③ 유압장치의 공기 빼기
④ 유압 오일 탱크 청소

49 유압 회로에서 작동유의 정상온도는?
① 10~20°C   ② 40~60°C
③ 112~115°C   ④ 125~140°C

50 오일탱크 내 오일의 적정온도 범위는?
① 10~20°C   ② 30~50°C
③ 80~110°C   ④ 100~150°C

51 유압유의 온도가 상승할 때 나타날 수 있는 결과가 아닌 것은?
① 점도 저하
② 펌프 효율 저하
③ 오일 누설의 증가
④ 유압 펌프의 효율은 좋아진다.

52 유압장치가 작동 중 과열이 발생할 때 원인으로 가장 적절한 것은?
① 오일이 부족하다.
② 오일펌프의 속도가 느리다.
③ 오일 압력이 낮다.
④ 오일에 이물질이 많다.

정답 46 ② 47 ③ 48 ③ 49 ② 50 ② 51 ① 52 ①

53. 그림의 유압 기호는 무엇을 표시하는가?

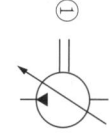

① 오일 쿨러 ② 유압 탱크
③ 유압 펌프 ④ 유압 모터

유압 펌프는 원 안에 작동유의 흐름 방향을 흑색삼각형으로 돌려서 나타낸다.

54. 그림에서 요동형 액추에이터의 기호는?

① 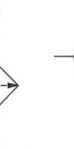 ②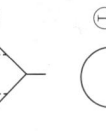
③ 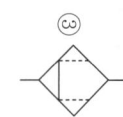 ④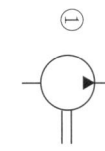

① 가변용량형 유압펌프, ② 정용량형 유압펌프, ③ 요동형 액추에이터

55. 그림에서 체크 밸브를 나타낸 것은?

① 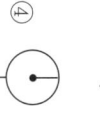 ②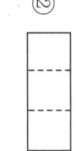
③  ④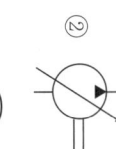

③ 체크밸브 ④ 오일탱크

56. 그림의 유압기호에서 아큐뮬레이터는?

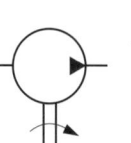

① 아큐뮬레이터(축압기), ② 필터(입력기호), ④ 온도계

57. 그림의 드레인 배출기의 기호 표시는?

① ② ③ ④

② 밸브 ③ 드레인 배출기(수동배출)

58. 정용량형 유압 펌프의 기호는?

① ② ③ ④

정답 53 ③ 54 ③ 55 ① 56 ① 57 ③ 58 ①
① 정용량형 유압펌프 ② 가변용량형 유압펌프 ④ 전동기

59. 가변용량형 유압 펌프의 기호 표시는?

① 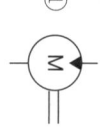 ②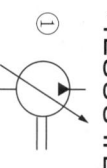
③  ④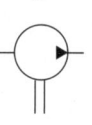

① 가변용량형 유압펌프, ② 정용량형 유압펌프, ④ 왕복기 스프링

60. 유압 압력계의 기호는?

① ② ③ ④

③ (MY) ④ 압력계

61. 압력 스위치를 나타내는 것은?

① 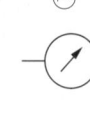 ②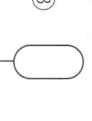
③  ④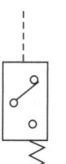

① 압력계, ② 스톱밸브, ③ 아큐뮬레이터, ④ 압력 스위치

62. 방향전환 밸브의 조작방식에서 솔레노이드 조작 기호는?

①  ②
③ 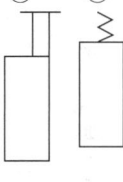 ④

① 단동 솔레노이드 조작, ② 스프링 조작, ③ 레버 조작, ④ 인력 조작

63. 복동 실린더 양 로드형을 나타내는 유압 기호는?

① 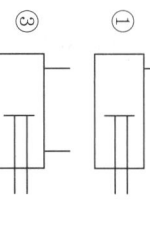 ②
③ 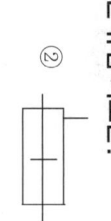 ④

① 단동 실린더 인로드형, ② 단동 실린더 양로드형, ③ 복동 실린더 인로드형, ④ 복동 실린더 양로드형

64. 그림과 같은 실린더의 명칭은?

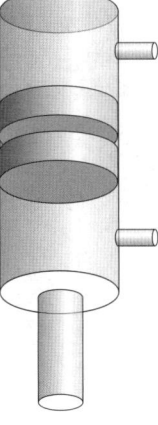

① 단동 실린더 ② 단동 다단 실린더
③ 복동 실린더 ④ 복동 다단 실린더

그림은 복동 실린더 편로드형이다.

정답 59 ① 60 ④ 61 ④ 62 ① 63 ④ 64 ③

Lesson 02 유압기기 및 회로

01 유압장치의 기본적인 구성요소가 아닌 것은?
① 유압발생장치
② 유압축적장치
③ 유압제어장치
④ 유압구동장치

○ 유압장치의 기본 구성요소
- 유압발생장치 : 유압 펌프, 오일탱크 및 배관 등
- 유압제어장치 : 방향전환밸브, 압력제어밸브, 유량조절밸브
- 유압구동(작동)장치 : 유압 모터, 유압 실린더

02 유압장치에서 오일탱크의 구비 요건이 아닌 것은?
① 유면은 적정위치 "F"에 가깝게 유지하여야 한다.
② 발생한 열을 발산할 수 있어야 한다.
③ 공기 및 이물질을 오일로부터 분리할 수 있는 구조이어야 한다.
④ 탱크의 크기는 정지할 때 되돌아오는 오일량의 용량과 동일하게 한다.

○ 오일탱크의 구비 요건
- 유면은 적정위치 작동시에 "F"에 가깝게 유지해야 한다.
- 정상적인 작동에서 발생하는 열을 발산할 수 있어야 한다.
- 공기 및 이물질을 오일로부터 분리할 수 있는 구조이어야 한다.
- 배기구와 오일이 오일탱크로 복귀되는 사이에 격판이 설치되어 있어야 한다.
- 흡입 오일을 여과시키기 위한 스트레이너가 설치되어 있어야 한다.
- 탱크의 크기는 중력에 의하여 복귀하는 유압작동 내의 모든 작동유를 받아들일 수 있는 크기로 해야 한다. (일반적으로 유압 토출량의 2~3배)

03 다음 보기 중 유압 오일탱크의 기능으로 모두 맞는 것은?
ㄱ. 계통 내에 필요한 유량 확보
ㄴ. 격판에 의한 기포 분리 및 제거
ㄷ. 계통 내에 필요한 압력 설정
ㄹ. 스트레이너 설치로 불순물 흡입 방지

① ㄱ, ㄴ, ㄷ
② ㄱ, ㄴ, ㄹ
③ ㄴ, ㄷ, ㄹ
④ ㄱ, ㄷ, ㄹ

04 오일탱크 내의 오일을 전부 배출시킬 때 사용하는 것은?
① 리턴 라인
② 어큐뮬레이터
③ 배플
④ 드레인 플러그

○ 오일탱크로 작동유를 모두 배출시킬 수 있는 드레인 플러그를 탱크 아래쪽에 설치하여야 한다.

65 다음 그림에서 일반적으로 사용하는 유압 기호로 맞는 것은?
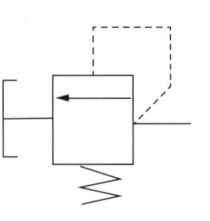
① 체크 밸브
② 시퀀스 밸브
③ 릴리프 밸브
④ 리듀싱 밸브

05 오일탱크에 관한 설명으로 틀린 것은?
① 압력 조절기
② 드레인 플러그
③ 유면계
④ 배플

○ 작동중 발생하는 열을 방열, 작동유 중의 이물질이나 수분의 유지, 작동유 중의 공기 제거를 위해 이용된다. 압력 조절기능은 없다.

06 일반적인 오일 탱크 내의 구성품이 아닌 것은?
① 압력 조절기
② 스트레이너
③ 드레인 플러그
④ 배플

○ 흡입구는 스트레이너가 설치된 한쪽 밑면 멀어진 위치에 설치한다.

07 유압장치의 수명 연장을 위해 가장 중요한 요소는?
① 오일 탱크의 세척 및 교환
② 오일 필터의 점검 및 교환
③ 오일 펌프의 교환
④ 오일 쿨러의 점검 및 세척

○ 유압기기의 고장의 75% 정도가 작동유 속의 불순물에 의한 것으로 오일 필터의 점검 및 교환이 가장 중요한 요소이다.

08 다음 중 여과기를 설치위치에 따라 분류할 때 관련이 없는 것은?
① 탱크용 여과기
② 라인 여과기
③ 압력 여과기
④ 흡입 여과기

09 유압장치의 금속가루 또는 불순물을 제거하기 위한 것으로 맞게 짝지어진 것은?
① 여과기와 어큐뮬레이터
② 스크레이퍼와 필터
③ 필터와 스트레이너
④ 어큐뮬레이터와 스트레이너

○ 유압유의 경우 작동유를 유압펌프의 흡입 관로에 설치되는 여과기는 스트레이너이며, 유압회로의 주관로(드레인 회로)에 사용되는 것을 필터라 한다.

10 유압 건설기계의 고압 호스가 자주 파열되는 원인으로 가장 적합한 것은?
① 유압 펌프의 고속 회전
② 오일의 점도 저하
③ 릴리프 밸브의 설정 압력 불량
④ 유압 모터의 고속 회전

11 필터의 여과 입도수(mesh)가 너무 높을 때 발생할 수 있는 현상으로 가장 적합한 것은?
① 캐비테이션 현상이 생긴다.
② 오일 누출 현상이 생긴다.
③ 맥동 현상이 생긴다.
④ 베이퍼 록 현상이 생긴다.

○ 오일 여과기의 여과 입도수가 너무 조밀하면(여과 입도수가 너무 높으면) 공동현상(캐비테이션)이 발생한다.

정답 65 ③ 01 ② 02 ④ 03 ② 04 ④ 05 ② 06 ① 07 ② 08 ④ 09 ③ 10 ③ 11 ①

12 유압기기 장치에 사용하는 유압 호스로 가장 큰 압력에 견딜 수 있는 것은?
① 고무 호스
② 나선 와이어 브레이드
③ 와이어리스 고무 브레이드
④ 직물 브레이드

13 호이스트형 유압 호스 연결부에 가장 많이 사용하는 것은?
① 엘보 조인트
② 니플 조인트
③ 소켓 조인트
④ 유니온 조인트

○ 유니온 조인트는 관과 관의 연결 시 나시를 사용하는 관 이음쇠의 한 종류로 호이스트형 유압호스 연결부에 가장 많이 사용된다. 특히, 나사의 와이어 브레이드는 가장 높은 압력에 견딜 수 있다.

14 일반적으로 건설기계에서 유압 펌프는 무엇에 의해 구동되는가?
① 엔진의 플라이휠에 의해 구동된다.
② 변속기의 기계적 에너지를 유압에너지로 전환한다.
③ 에어 컴프레서에 의해 구동한다.
④ 견인력에 의해 구동된다.

○ 유압 펌프는 기관이 플라이휠 및 변속기 부축에 연결되어 작동되며, 기계적 에너지를 받아서 압력을 가진 오일의 유체 에너지로 하는 유압 발생원으로서의 중요한 요소이다.

15 유압 펌프의 기능을 설명한 것 중 맞는 것은?
① 유압에너지를 동력으로 전환한다.
② 입축기의 기계적 에너지를 유압에너지로 전환한다.
③ 어큐뮬레이터와 동일한 기능을 한다.
④ 유압 회로 내의 압력을 측정하는 기구이다.

16 유압 토출량을 나타내는 단위는?
① ft·lb ② LPM
③ kPa ④ psi

○ LPM은 liter/min의 토출 량을 말한다.

17 단위 시간당 이동하는 유체의 체적의 무엇이라 하는가?
① 토출량 ② 드레인
③ 언더랩 ④ 유량

18 다음 중에서 유압장치에 주로 사용되지 않는 것은?
① 베인 펌프 ② 피스톤 펌프
③ 분사 펌프 ④ 기어 펌프

19 건설기계에 사용되는 유압 펌프의 종류가 아닌 것은?
① 베인 펌프 ② 플런저 펌프
③ 포막 펌프 ④ 기어 펌프

○ 유압장치에 주로 사용되는 펌프는 기어 펌프, 베인 펌프, 플런저 펌프(피스톤 펌프) 이다.

20 회전수가 같을 때 펌프의 토출량이 변할 수 있는 것은?
① 기어 펌프
② 정용량형 베인 펌프
③ 프로펠러 펌프
④ 가변 용량형 피스톤 펌프

○ 토출량을 변화할 수 있는 것은 가변 용량형 펌프로 하여, 베인 펌프와 플런저 펌프(피스톤 펌프) 가 가변 용량형 펌프로 사용 된다.

21 구동되는 기어 펌프의 회전수가 변하였을 때 가장 적절한 것은?
① 오일 흐름의 양이 바뀐다.
② 오일 압력이 바뀐다.
③ 오일 흐름 방향이 바뀐다.
④ 회전 경사판의 각도가 바뀐다.

○ 기어 펌프의 회전수가 변하면 오일 흐름의 양이 바뀐다. 참고로 유압 펌프의 토출량은 펌프 1회전당 배출량은 유량(l/rev 또는 cc/rev)으로 표시하거나 분당 토출하는 유량(l/min)으로 표시한다.

22 유압장치에서 기어 펌프의 특징이 아닌 것은?
① 구조가 다른 펌프에 비해 간단하다.
② 유압 작동유의 오염에 비교적 강한 편이다.
③ 피스톤 펌프에 비해 효율이 떨어진다.
④ 가변 용량형 펌프로 적당하다.

○ 기어 펌프의 특징
• 구조가 간단하다.
• 다른기 쉽고 비교적 값이 싼 편이다.
• 오일의 오염에 비교적 강한 편이다.
• 펌프의 효율은 피스톤 펌프에 비하여 떨어진다.
• 정용량형으로 만들기가 곤란하다.
• 흡입 능력이 가장 크다.

23 외접식 기어 펌프에서 토출된 유압 일부가 입구쪽으로 귀환하여 토출량 감소, 축동력 증가 및 케이싱 마모 등의 원인을 유발하는 현상은?
① 베이퍼 현상
② 공동 현상
③ 숨돌리기 현상
④ 열화촉진 현상

24 안쪽 로터가 회전하면 바깥쪽 로터도 동시에 회전하는 유압 펌프는?
① 베인더일 피스톤 펌프
② 시단형 피스톤 펌프
③ 액시얼 피스톤 펌프
④ 트로코이드 펌프

25 베인 펌프의 특징이 틀린 것은?
① 싫부와 떨림이 없다.
② 토크(torque)가 안정되어 소음이 작다.
③ 마모가 있어나는 곳은 캠링면과 베인 선단 부분이다.
④ 롤터 회전 시 체적의 변화가 발생하여 펌프작용을 할 수 있는 교호이라나 소용량에도 불구속 사용되는 펌프 일 토크라이도 한다.

○ 베인 펌프는 회전칠 베이너, 캠링 외면에 안전밀착되어 회전장이 작아 내부 마무 시 체적의 변화가 발생하여 펌프작용을 할 수 있는 방식 중 원리가 단순, 소형이면서 이러한 이유로 펌프연속식 대용량에도 소용량에도 사용된다.

정답 12 ② 13 ④ 14 ① 15 ② 16 ② 17 ④ 18 ③ 19 ③ 20 ④ 21 ① 22 ④ 23 ① 24 ④ 25 ④

26 다음에서 베인 펌프의 주요 구성요소로 모두 맞는 것은?

ⓐ 베인(vane)   ⓑ 경사판(swash plate)
ⓒ 격판(baffle plate)   ⓓ 캠 링(cam ring)
ⓔ 회전자(rotor)

① ⓐ, ⓑ, ⓒ
② ⓐ, ⓓ, ⓔ
③ ⓒ, ⓓ, ⓔ
④ ⓐ, ⓒ, ⓔ

• 베인 펌프의 주요 구성요소 : 포트(port), 로터(rotor), 베인(vane), 캠링(cam ring)

27 다음 유압 펌프 중 가장 높은 압력에서 사용할 수 있는 펌프는?

① 기어 펌프
② 로터리 펌프
③ 플런저 펌프
④ 베인 펌프

• 최고 압력은 베인 펌프 175kgf/cm², 기어 펌프 210kgf/cm², 플런저 펌프 350kgf/cm² 정도로 플런저 펌프가 가장 높은 압력에서 사용할 수 있다.

28 플런저식 유압 펌프의 특징이 아닌 것은?

① 기어펌프에 비해 최고 압력이 높다.
② 피스톤의 왕복운동, 축의 회전운동 또는 왕복운동을 한다.
③ 고압에서 작동이 곤란하다.
④ 가변용량이 가능하다.

• 플런저 펌프의 특징
• 고압에 적합하며, 펌프 효율이 가장 높다.
• 피스톤은 왕복운동, 축은 회전 또는 왕복운동을 한다.
• 가변 용량에 적합하다.
• 구조가 복잡하여 수리가 어렵고 값이 비싸다.
• 실린더 속에서 피스톤과 흡출한 플런저를 실린더 내에서 왕복시켜 피스톤 펌프라고도 한다.
• 작동유의 고압화, 구조가 복잡하고 가격이 비싸다.
• 작동유의 오염에 매우 민감하다.
• 흡입 능력이 가장 낮다.

29 다음 중 가장 높은 압력을 발생시키는 유압 펌프의 형식은?

① 기어 펌프
② 베인 펌프
③ 나사 펌프
④ 피스톤 펌프

30 맥동적 토출을 하지만 다른 펌프에 비해 일반적으로 최고압 토출이 가능하고, 펌프 효율에서도 전압력 범위가 높아 최근에 많이 사용되고 있는 펌프는?

① 피스톤 펌프
② 베인 펌프
③ 나사 펌프
④ 기어 펌프

31 유압 펌프 관련 용어에서 GPM이 나타내는 것은?

① 복동 실린더의 치수
② 계통 내에서 형성되는 압력의 크기
③ 흡입 내에 대한 치수
④ 계통 내에서 이동되는 유체(오일)의 양

• GPM은 gallons per minute의 약자로 계통 내에서 이동되는 오일의 양을 분당 단위로 표현한 것이다.

32 피스톤 펌프의 장점이 아닌 것은?

① 효율이 가장 높다.
② 발생 압력이 고압이다.
③ 토출량의 범위가 넓다.
④ 구조가 간단하고 수리가 쉽다.

• 피스톤 펌프(플런저 펌프)는 수많의 길지만, 구조가 복잡하고 가격이 비싸다.

정답 26 ④ 27 ③ 28 ② 29 ④ 30 ① 31 ④ 32 ④

33 플런저 펌프의 장점과 가장 거리가 먼 것은?

① 효율이 양호하다.
② 높은 압력에 잘 견딘다.
③ 구조가 간단하다.
④ 토출량의 변화 범위가 크다.

• 플런저 펌프는 피스톤 펌프는 구조가 복잡하고 가격이 비싸다.

34 유압 펌프에서 토출량은?

① 펌프가 어느 압력에 가하는 액체의 체적
② 펌프가 단위 시간당 토출하는 액체의 체적
③ 펌프가 어느 회전당 토출하는 액체의 체적
④ 펌프가 최대 속도로 토출하는 액체의 최대 체적

• 토출량이란 단위시간 동안의 유체 배출량을 말한다.

35 유압 펌프의 회전수를 나타내는 방법은?

① 주어진 압력과 그 때의 용기가 가하는 체적
② 주어진 시간에 그 때의 토출하는 액체의 체적
③ 주어진 시간에 그 때의 토출량을 액체의 체적
④ 최저 속도와 그 때의 정도로 표시

36 유압 펌프에서 회전수가 같을 때 토출량이 변하는 펌프는?

① 가변용량형 플런저 펌프
② 정용량형 베인 펌프
③ 프로펠러 펌프
④ 기어 펌프

• 회전수가 같을 때 토출량이 변하는 펌프는 가변용량형으로 기어펌프는 가변용량형으로 만들기 곤란하고, 가변용량이 가능한 펌프는 플런저 펌프의 베인펌프이다.

37 건설기계 운전 시 갑자기 유압이 발생되지 않을 때 점검내용으로 가장 거리가 먼 것은?

① 오일 개스킷 파손 여부 점검
② 유압 실린더의 피스톤 마모 점검
③ 오일 파이프 및 호스가 파손되었는지 점검
④ 오일량 점검

38 펌프가 오일을 토출하지 않을 때의 원인으로 틀린 것은?

① 오일 탱크의 유면이 낮다.
② 흡입관으로 공기가 유입된다.
③ 토출측 배관 체결 볼트가 이완되어 있다.
④ 오일이 부족하다.

39 유압 펌프에서 오일이 토출될 수 있는 것은?

① 회전방향이 반대로 되어 있다.
② 흡입관 측을 스트레이너가 막혀 있다.
③ 펌프 입구에서 공기를 흡입하지 않는다.
④ 회전수가 너무 낮다.

• 유압펌프가 오일을 토출하지 않을 때의 점검 사항
• 오일탱크에 오일이 가득한 있는지 점검
• 흡입관으로 공기가 유입되는지 점검
• 흡입 스트레이너 막힘 점검
• 회전방향으로 공기가 유입되는지 점검
• 흡입관로에서 공기가 유압되면 오일이 토출되지 않는다.

정답 33 ③ 34 ② 35 ③ 36 ① 37 ② 38 ③ 39 ③

40 펌프에서 오일은 토출되나 압력이 상승하지 않는 원인이 아닌 것은?
① 유압 회로 중 밸브나 작동체의 누유가 발생할 때
② 엔진으로부터 구동력을 전달받는 커플링이 파손되었을 때
③ 릴리프 밸브(relief valve)의 설정이 낮거나 작동이 불량할 때
④ 오일 충분의 중가 원인으로 누유가 발생할 때

⊙ 펌프에서 유압에 대한 저항이 생겨야 압력이 형성되는 원인이 된다.

41 유압 흐름(flow ; 유량)에 대해 저항(저항)이 생기면?
① 사프트 실(seal)에서 오일 누유가 있다.
② 오일의 중가 원인이 된다.
③ 소음이 크게 된다.
④ 오일의 충류나 압력이 중가 원인이 된다.

42 유압의 고장 현상이 아닌 것은?
① 회전수의 증가 원인이 된다.
② 압력 충분의 원인이 된다.
③ 소음이 크게 된다.
④ 오일의 충류나 압력이 부족하다.

43 유압 펌프가 작동 중 소음이 발생할 때의 원인으로 틀린 것은?
① 릴리프 밸브(relief valve)에서 오일이 누유하고 있다.
② 스트레이너(strainer) 용량이 너무 작다.
③ 흡입관 접합부로부터 공기가 유입된다.
④ 엔진과 펌프 축간의 편심 오차가 크다.

44 유압 펌프에서 소음이 발생할 때의 원인으로 틀린 것은?
① 오일의 양이 부족할 때
② 오일 속에 공기가 있을 때
③ 펌프의 속도가 너무 빠를 때
④ 펌프의 회전속도가 너무 빠를 때

45 유압 펌프 내의 누설은 무엇에 반비례하여 증가하는가?
① 오일의 점도
② 작동유의 점도
③ 작동유의 압력
④ 작동유의 온도

46 펌프에서 진동과 소음이 발생하고 양정과 효율이 급격히 저하되며 날개차 등에 부식을 일으키는 등 수명을 단축시키는 것은?
① 펌프의 비속도
② 공동현상
③ 작동유의 압력상승
④ 펌프의 사점현상

⊙ 공동현상(캐비테이션) : 유동하고 있는 액체의 압력이 국부적으로 저하되어 포화증기압 또는 공기분리압에 도달하여 기포를 발생하는 현상으로 이러한 현상이 일어나면 양정과 효율이 저하되고, 심한 경우 펌프의 흡입이 불가능해 진다.

47 유압장치에서 유압의 제어방법이 아닌 것은?
① 압력제어
② 방향제어
③ 속도제어
④ 유량제어

48 유압 회로의 최고 압력을 제한하고 회로 내의 과부하를 방지하는 밸브는?
① 안전 밸브(릴리프 밸브)
② 감압 밸브(리듀싱 밸브)
③ 순차 밸브(시퀀스 밸브)
④ 무부하 밸브(언로드 밸브)

49 유압 회로의 최고 압력을 제어하는 밸브로서 회로의 압력을 일정하게 유지시키는 것은?
① 체인 릴리프 밸브
② 가운터 밸런스 밸브
③ 방향 전환 밸브
④ 시퀀스 밸브

50 유압으로 작동되는 작업장치에서 작동 중 힘이 떨어지는 원인은?
① 베인 체크 밸브
② 카운터 밸런스 밸브
③ 방향 전환 밸브
④ 무부하 밸브

51 유압기기의 과부하 방지를 위한 밸브로 맞는 것은?
① 부스 밸브
② 카운터 밸런스 밸브
③ 릴리프 밸브
④ 무부하 밸브

52 유압의 토출 측에 위치하여 회로 전체의 압력 중 힘이 떨어지는 원인은?
① 감압 밸브
② 가운터 밸런스 밸브
③ 릴리프 밸브
④ 무부하 밸브

53 작동형, 평형, 피스톤형 등의 종류가 있으며 회로의 압력을 일정하게 유지하는 밸브로만 조합된 것은?
① 릴리프 밸브
② 리듀싱 밸브(reducing valve)
③ 시퀀스 밸브(sequence valve)
④ 언로더 밸브(unloader valve)

54 다음 보기에서 회로 내의 압력을 설정치 이하로 유지하는 밸브로만 조합된 것은?
㉠ 릴리프 밸브
㉡ 리듀싱 밸브(reducing valve)
㉢ 시퀀스 밸브(sequence valve)
㉣ 언로더 밸브(unloader valve)

① ㉠, ㉡
② ㉡, ㉢
③ ㉢, ㉣
④ ㉠, ㉣

정답
40 ② 41 ② 42 ② 43 ① 44 ④ 45 ② 46 ②
47 ③ 48 ① 49 ③ 50 ① 51 ③ 52 ③ 53 ① 54 ①

55 압력제어 밸브는 어느 위치에서 작동하는가?
① 탱크와 펌프
② 펌프와 방향전환 밸브
③ 방향전환 밸브와 실린더
④ 실린더 내부

56 유압 회로의 압력을 점검하는 위치로 가장 적당한 것은?
① 유압오일 탱크에서 펌프 사이
② 유압 펌프에서 컨트롤 밸브 사이
③ 실린더에서 유압오일 탱크 사이
④ 유압오일 탱크에서 직접 점검

57 유압장치에서 유압조정 밸브의 조정방법은?
① 압력조정 밸브도록 하면 유압이 높아진다.
② 밸브 스프링의 장력이 커지면 유압이 낮아진다.
③ 조정 스크류를 조이면 유압이 높아진다.
④ 조정 스크류를 조이면 유압이 낮아진다.

58 유압유 내 유압이 비정상적으로 올라가는 원인에 해당되는 것은?
① 유압이 파이프 파손
② 오일의 점도 음음
③ 릴리프 밸브 고장
④ 유압조정 밸브 고장

59 유압 펌프의 압력조정 밸브 스프링 장력이 높은 것을 사용하면 나타나는 현상으로 가장 적당한 것은?
① 유압이 높아진다.
② 유압이 낮아진다.
③ 토출량이 증가한다.
④ 토출량이 감소한다.

60 2개 이상의 분기회로가 있을 때 순차적인 작동을 하기 위한 압력제어 밸브는?
① 감압 밸브
② 릴리프 밸브
③ 시퀀스 밸브
④ 리듀싱 밸브

61 다음 중 유압회로에 사용되는 밸브로 가장 적당한 것은?
① 릴리프 밸브
② 리듀싱 밸브
③ 시퀀스 밸브
④ 언로더 밸브
⑩ 기온터 밸런스 밸브

62 유압회로의 고압에 의해 유압 액추에이터의 작동 순서를 제어하는 밸브는?
① 언로더 밸브
② 시퀀스 밸브
③ 감압 밸브
④ 릴리프 밸브

63 두 개 이상의 분기회로에서 실린더나 모터의 작동순서를 결정하는 자동제어 밸브는?
① 감압 밸브
② 릴리프 밸브
③ 시퀀스 밸브
④ 파일럿 체크 밸브

64 유압장치에서 고압 저압 대용량 펌프를 조합 운전할 때, 작동압이 규정압 이상으로 상승시 동력 절감을 위해 사용하는 밸브는?
① 리듀싱 밸브
② 릴리프 밸브
③ 시퀀스 밸브
④ 무부하 밸브

65 실린더 중력으로 인하여 제어속도 이상으로 낙하하는 것을 방지하는 밸브는?
① 방향 제어 밸브
② 리듀스 밸브
③ 시퀀스 밸브
④ 카운터 밸런스 밸브

66 유압 실린더의 작동 속도가 정상보다 느릴 경우 예상되는 원인으로 가장 적절한 것은?
① 계통 내의 흐름 용량이 부족하다.
② 작동유의 점도 약간 낮아진 것 같다.
③ 작동유의 점도지수가 높다.
④ 릴리프 밸브의 조정 압력이 너무 높다.

67 유압기기의 작동속도를 높이기 위하여 무엇을 변화시켜야 하는가?
① 유압 펌프의 토출압력을 증가시킨다.
② 유압 모터의 압력을 높인다.
③ 유압 모터의 점도지수를 높인다.
④ 유압 펌프의 크기를 작게 한다.

68 액추에이터의 운동속도를 조정하기 위하여 사용되는 밸브는?
① 방향제어 밸브
② 속도제어 밸브
③ 유압제어 밸브
④ 압력제어 밸브

69 유압장치에서 작동체의 속도를 바꿔주는 밸브는?
① 속도제어 밸브
② 압력제어 밸브
③ 방향제어 밸브
④ 유량제어 밸브

70 내경이 작은 파이프에서 미세한 유량을 조정하는 밸브는?
① 바이패스 밸브
② 스로틀 밸브
③ 니들 밸브
④ 압력보상 밸브

유압 제어 밸브는 유압기기의 속도를 조정할 수 있는 밸브로 무단계로 조정이 가능하고 작동 유의 온도나 점도 등에 영향이 있어서, 이중 니들 밸브는 미세한 유량을 조절하는 밸브이다.
체크밸브는 유압장치의 작동유의 흐름을 한쪽 방향으로만 흐르도록 하고 역으로 흐름을 방지하는 밸브 중 하나이다.

유압 제어 밸브의 명칭
• 압력 제어 : 크기 제어
• 방향 제어 : 방향 제어
• 유량 제어 : 속도 제어

71 유량 제어 밸브가 아닌 것은?
① 속도제어 밸브
② 스로틀 밸브
③ 교축 밸브
④ 급속배기 밸브

72 회로 내 유체의 흐름 방향을 조절하는데 쓰이는 밸브는?
① 압력제어 밸브
② 릴리프 밸브
③ 시퀀스 밸브
④ 방향제어 밸브

73 유압장치에서 방향제어밸브에 해당하는 것은?
① 셔틀 밸브
② 릴리프 밸브
③ 시퀀스 밸브
④ 언로더 밸브

릴리프 밸브, 시퀀스 밸브, 언로더 밸브는 모두 압력제어 밸브에 해당한다.

74 방향제어 밸브를 동작시키는 방식이 아닌 것은?
① 수동식
② 유압 파일럿식
③ 전자식
④ 스프링식

방향제어 밸브를 조작 방식에 따라 분류하면 수동식, 기계식(캠식), 전자식, 파일럿식(유압식) 등으로 나눌 수 있다.

75 유압 회로에서 오일의 흐름이 한 쪽 방향으로 흐르도록 하는 것은?
① 릴리프 밸브(relief valve)
② 파이롯 밸브(pilot valve)
③ 체크 밸브(check valve)
④ 오리피스 밸브(orifice valve)

체크밸브(check valve)는 작동유의 흐름을 한쪽 방향으로만 흐르도록 하고 역할을 방지하는 밸브 중 하나이다.

76 다음 유압기기 중 방향제어 밸브에 속하지 않는 것은?
① 매뉴얼 밸브(로터리)
② 체크 밸브
③ 릴리프 밸브
④ 스풀 밸브

릴리프 밸브는 유압회로의 압력을 설정된 압력으로 제어하는 압력제어 밸브에 속한다.

77 유압 회로에서 역류를 방지하고 회로 내의 잔류압력을 유지하는 밸브는?
① 체크 밸브
② 셔틀 밸브
③ 매뉴얼 밸브
④ 스로틀 밸브

체크 밸브는 방향 제어 밸브의 하나로 작동유의 흐름을 한쪽 방향으로 한정시키거나 회로 내의 잔류압력을 유지하기 위해 사용된다.

78 오일을 한쪽 방향으로만 흐르게 하는 밸브는?
① 릴리프 밸브
② 체크 밸브
③ 파이럿 밸브
④ 로터리 밸브

79 일반적인 유압 실린더의 종류에 해당하지 않는 것은?
① 단동 실린더 피스톤(piston) 형
② 단동 실린더 램(ram) 형
③ 단동 실린더 레이디얼(radial) 형
④ 복동 실린더 양로드(double rod) 형

유압식 실린더의 분류
• 단동식 : 피스톤형(싱글로드)
• 복동식 : 편로드형(싱글로드형), 양로드형(더블로드형)
• 다단식 : 행정길이 긴 엘리베이터나 덤프 차량 등에 사용

80 유압 실린더의 종작이 느리거나 불규칙할 때의 원인이 아닌 것은?
① 피스톤 링이 마모되었다.
② 유압유의 점도가 너무 높다.
③ 회로 내에 공기가 혼입되고 있다.
④ 체크 밸브의 방향이 반대로 설치되어 있다.

81 다음 중 유압 실린더의 내부 구성품이 아닌 것은?
① 피스톤
② 피스톤 로드
③ 유압유
④ 실린더

82 유압 실린더의 피스톤 행정이 끝날 때 발생하는 충격을 흡수하기 위해 설치하는 장치는?
① 쿠션 기구
② 건압 장치
③ 시브 밸브
④ 실린더

유압 실린더의 구성품 중 쿠션기구는 피스톤 행정이 끝날 때 발생하는 충격을 흡수하기 위한 장치이다.

83 유압 실린더에서 피스톤의 왕복운동이 충격을 방지하기 위한 실린더 쿠션장치가 하는 장치는?
① 쿨링
② 안(스트)오므림
③ 시브
④ 바킷 팩킹(담포)

84 건설기계에 사용되는 유압 실린더의 구성 부품이 아닌 것은?
① 이규팅레이터
② 모드
③ 피스톤
④ 실(seal)

유압 실린더의 구성품 : 피스톤, 피스톤 로드, 실린더, 실(seal), 쿠션기구

정답
69 ④ 70 ③ 71 ② 72 ③ 73 ① 74 ④ 75 ③ 76 ③
77 ① 78 ② 79 ③ 80 ④ 81 ③ 82 ① 83 ④ 84 ①

85 유압 실린더의 로드 쪽으로 오일이 누유되는 결함이 발생했을때, 그 원인이 아닌 것은?
① 실린더의 로드 패킹 손상
② 더스트 실(seal)의 손상
③ 실린더 피스톤 로드의 손상
④ 실린더 피스톤 패킹 손상

86 다음 보기 중 유압 실린더에서 발생되는 실린더 자연강하현상의 발생원인으로 모두 맞은 것은?

• 작동압력이 높을 때
• 실린더 내부 마모
• 컨트롤밸브의 스풀 마모
• 실린더 내의 피스톤 실(seal)의 마모

ㄱ. 작동압력이 높을 때   ㄴ. 실린더 내부 마모
ㄷ. 컨트롤밸브의 스풀마모   ㄹ. 릴리프밸브의 불량

① ㄱ, ㄴ, ㄷ   ② ㄱ, ㄴ, ㄹ
③ ㄴ, ㄷ, ㄹ   ④ ㄱ, ㄷ, ㄹ

87 유압 실린더의 누유 검사 방법 중 틀린 것은?
① 짧은 중이를 패서 모드에 대고 있어도 묻어나오지 않아야 본다.
② 정상적인 작동온도에서 실시한다.
③ 각 유압 실린더를 몇 번씩 작동 후 점검한다.
④ 얇은 가죽이나 V패킹으로 교환한다.

88 유압 실린더의 설명으로 맞는 것은?
① 둘 다 회전운동을 한다.
② 모터는 직선운동, 실린더는 회전운동을 한다.
③ 둘 다 왕복운동을 한다.
④ 모터는 회전운동, 실린더는 직선운동을 한다.

89 유압장치에 사용되는 액추에이터(actuator) 중 회전운동을 하는 것은?
① 유압 펌프   ② 유압 탱크
③ 유압 모터   ④ 축압기

90 보기 중 유압유의 압력에너지(힘)를 기계적 에너지(일)로 변환시키는 작용을 하는 것은?

• 유압 액추에이터는 유압펌프로부터 공급된 액에너지를 이용하여 기계적인 일을 하는 직선운동이나 회전운동으로 변환시키는 장치로 유압 모터는 회전운동, 유압 실린더는 직선운동을 한다.

① 전기 모터   ② 유압 펌프
③ 어큐뮬레이터   ④ 유압 모터

91 유압 실린더를 정비할 때 주의해야 할 사항과 거리가 먼 것은?
① 분해 및 조립할 때 무리한 힘을 가하지 않는다.
② 도면을 보고 순서에 따라 분해 및 조립을 한다.
③ 구성기구는 작은 유압회로나 압축공기를 불어 막힌 여부를 검사한다.
④ 조립할 때 유압유에 잘 담그지 않고 그리스를 발라서는 안 된다.

• 설명은 액추에이터(작동기구)의 일반적인 내용으로 액추에이터에는 유압모터, 유압 실린더가 있다.

• 유압 실린더 단점
  • 작동유의 점도변화에 의하여 유압 모터의 사용이 제약이 있다.
  • 작동유가 인화하기 쉽다.
  • 작동유에 먼지나 공기가 침입하지 않도록 특히 보수에 주의해야 한다.
  • 공기와 먼지 등이 침투하면 성능에 영향을 준다.

92 유압 모터의 용량을 나타내는 것은?
① 입구압력(kgf/cm²) 토크
② 유입공급 압력량(kgf/cm²) 토크
③ 주어진 동력(HP)
④ 체적(cm³)

• 유압 모터의 용량은 입구압력 토크로 나타낸다.

93 유압 모터의 회전속도가 규정속도보다 느릴 경우의 원인에 해당하지 않는 것은?
① 유압 펌프의 오일 토출량 과다
② 유압유의 유입량 부족
③ 각 습동부의 유압유 마모 또는 파손
④ 오일의 내부누설

94 유압 모터의 장점이 될 수 없는 것은?
① 소형 경량으로서 큰 출력을 낼 수 있다.
② 공기와 먼지 등이 침투하여도 성능에는 영향이 없다.
③ 변속, 역전의 제어도 용이하다.
④ 속도나 방향의 제어가 용이하다.

95 유압 모터의 속도는 무엇에 의해 결정되는가?
① 오일의 압력   ② 오일의 점도
③ 오일의 흐름 양   ④ 오일의 온도

96 피스톤 모터의 특징으로 맞는 것은?
① 효율이 낮다.
② 내부 누설이 많다.
③ 고압 작동에 적합하다.
④ 구조가 간단하다.

97 유압 모터의 단점에 해당되지 않는 것은?
① 작동유의 먼지나 공기가 침입하지 않도록 특히 보수에 주의해야 한다.
② 작동유가 인화되면 작업성능에 지장이 있다.
③ 작동유의 점도 변화에 의하여 유압 모터의 사용에 제약이 있다.
④ 릴리프 밸브를 부착하여 속도나 방향 제어하기 곤란하다.

• 피스톤형(플런저형) 모터의 특징
  • 구조가 복잡하고 가격이 비싸다.
  • 펌프의 최고 토출압력 및 평균효율이 가장 높아 고압 대출력에 사용한다.
  • 레이디얼형과 액시얼형이 있다.

정답
85 ④ 86 ③ 87 ④ 88 ④ 89 ③ 90 ④ 91 ④
92 ① 93 ① 94 ② 95 ③ 96 ③ 97 ④

98 유압 모터의 감속기 오일 수준 점검 시 유의사항을 설명한 것이다. 다음 중 틀린 것은?
① 오일 수준을 점검하기 전에 항상 오일 수준 점검 게이지 주변을 깨끗하게 청소한다.
② 오일 수준 점검 시는 오일의 정상적인 작업 온도에서 점검해야 한다.
③ 오일량이 너무 적으면 모터 유닛(unit)이 올바르게 작동하지 않거나 손상될 수 있다.
④ 오일량이 너무 많으면 모터 유닛(unit)이 과열될 수 있다.

99 유압 구성품을 분해하기 전에 내부 압력을 제거하려면 어떻게 하는 것이 좋은가?
① 압력 밸브를 밀어 준다.
② 너트를 서서히 푼다.
③ 엔진 정지 후 조정 레버를 모든 방향으로 작동하여 압력을 제거한다.
④ 엔진 정지 후 살짝만 개방하여 압력을 제거한다.

100 유압 액추에이터(작업장치)를 교환하였을 경우, 반드시 해야 할 작업이 아닌 것은?
① 엔진 정지 후에도 유압회로에는 상당기간 압력이 남아있을 수 있으므로, 엔진 정지 후 조정 레버를 모든 방향으로 작동하여 압력을 제거하도록 한다. 또한 압력을 안전히 제거하기 전에는 무엇 무엇이든 분해하지 않도록 주의하여야 한다.

101 유압 에너지의 저장, 충격흡수 등에 이용되는 것은?
① 축압기(accumulator)
② 스트레이너(strainer)
③ 펌프(pump)
④ 오일 탱크(oil tank)

▶ 아큐뮬레이터(accumulator, 축압기)는 유체 에너지를 일시 저장하여 주는 것으로 유체의 맥동 고압을 완충한 것이다.

102 가스 압축형 축압기에 사용되는 가스는?
① 산소
② 질소
③ 아세틸렌
④ 이산화탄소

▶ 가스 압축형 축압기에 사용되는 가스는 질소로 공기 또는 질소가스 등의 기체가 직접 접촉하게 한다.

103 축압기의 용도로 맞지 않는 것은?
① 충격 압력의 흡수
② 보조적 압력원
③ 서지 압력(surge pressure) 발생 유도
④ 맥동량의 감쇠

▶ 축압기(아큐뮬레이터)의 용도
• 대용량의 작동유를 순간적으로 공급한다.
• 유압 펌프의 맥동을 제거한다.
• 충격 압력을 흡수한다.
• 압력을 보상해 준다.

104 아큐뮬레이터(축압기)의 사용 목적이 아닌 것은?
① 유압 회로 내의 압력 상승
② 충격압력 흡수
③ 유체의 맥동 감쇠
④ 압력 보상

105 유압계통에서 오일의 누설 점검시 유의사항이 아닌 것은?
① 오일의 누출성
② 실(seal)의 마모
③ 실(seal)의 파손
④ 볼트의 이완

▶ 유압 작동부에서 오일 누설 시 가장 먼저 점검해야 할 것은 실(seal)이며, 그외 볼트 이완 상태 등을 확인하여야 한다.

정답 98 ④ 99 ③ 100 ① 101 ① 102 ② 103 ③

정답 104 ① 105 ①

CHAPTER 05 작업장치 익히기

Craftsman Fork Lift Truck Operator

Lesson 03 지게차 일반

1 지게차 정의

지게차(Forklift)는 화물을 운반하거나, 다른 차량에 적재 또는 하역 작업을 하기 위한 장비로 앞바퀴 구동식으로 되어있으며 뒷바퀴 조향식으로 되어 있다.

2 지게차의 종류

1) 동력원의 형식에 의한 분류

① 엔진식 지게차
㉮ 기관을 동력원으로 하여 기동성이 좋고, 중량물 적재작업에 대부분 이용되고 있다.
㉯ 사용 연료에 따라 디젤 엔진, 가솔린 엔진, LPG 엔진으로 구분된다.

② 전동식 지게차 : 축전지를 동력원으로 하며, 소음이 무소음 건물내 작업 장소에서 사용한다.
㉮ 카운터형 전동식 지게차 : 엔진식 지게차와 같은 구조로서, 기관 대신 웨이트가 장착된다.
㉯ 리치형 전동식 지게차 : 카운터 웨이트가 없으며 리치 레그가 있어 미스트가 전·후진할 수 있는 구조이다.

[엔진식 지게차]

[리치형 전동식 지게차]

Lesson 04 지게차의 구성과 작업

1 지게차의 주요 구성

1) 동력전달장치의 순서

① 엔진식 마찰 클러치형 : 엔진 → 클러치 → 변속기 → 종감속기어 및 차동장치 → 구동차축 → 앞바퀴

② 엔진식 토크 컨버터형 : 엔진 → 토크 컨버터 → 변속기 → 구동차축 → 종감속기어 → 앞바퀴

③ 전동식 : 축전지 → 컨트롤러 → 구동모터 → 변속기 → 차동장치 → 앞바퀴

2) 동력전달 장치의 구조

① 클러치 : 마찰 클러치를 사용하는 경우 건식 단판식이 사용된다.
② 토크 컨버터 : 유체식 클러치를 사용하는 경우이며 다른 장비의 차량에서와 같다.
③ 변속기 : 기관에서 전달된 동력을 작업상태에 따라 변속을 하는 근거에서 지게차를 정지시키지 않고도 방향전환이 가능한 트랜스액슬이 사용된다.
④ 추진축 : 변속기 출력축의 회전력을 종감속 기어나 차동 장치에 전달하는 축이다.
⑤ 차동기어 : 변속기를 통하여 이루어지고 앞바퀴의 조향에 따라 좌우 바퀴의 회전상태를 서로 다르게 하기 위한 기관의 움직임으로 앞차축의 회전상태를 서로 다르게 하는 기어가 필요하다.
⑥ 최종 구동 기어 : 지게차는 앞바퀴 구동이므로 앞차축의 끝부분에 설치되어 있다.

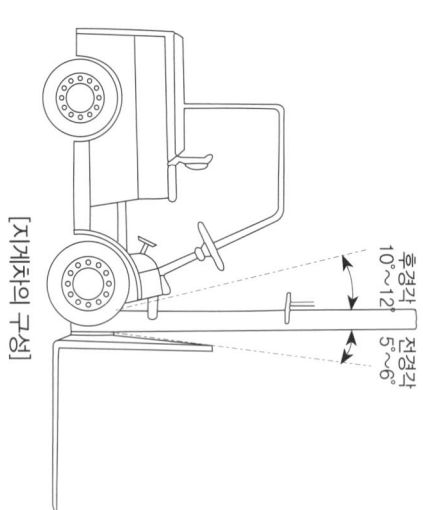
[지게차의 구성]
전경각 10°~12°
후경각 5°~6°

Lesson 05 작업장치 익히기 (tire section)

1) 타이어 설치에 의한 분류

① 복륜식 : 앞바퀴가 2개 접쳐져 있는 형식으로, 안쪽 바퀴에 크기가 설치되어 있다.
② 단륜식 : 앞 타이어가 1개 있는 것으로, 기둥설을 위주로 하는 곳에 사용되고 있다.

2) 타이어에 의한 분류

① 공기 주입식 타이어
㉮ 튜브를 설치하여 공기를 주입하는 것으로 접지 압이 좋은 특징이 있다.
② 솔리드 타이어
㉮ 튜브와 타이어링고도 타이어를 설치하지 않은 타이어를 말하며, 가격이 비싸고 마모가 적다.

[차동기어]

[앞바퀴 구동차축(기관식)]

3) 조향장치

진행방향을 임의로 바꾸는 장치로서, 뒷바퀴로 방향을 바꾸게 되어 있으며, 조향 조작방식은 유압식으로 최소 회전반경은 1,800~2,750mm, 안쪽 바퀴의 조향각은 65~75°로 하고 있다.

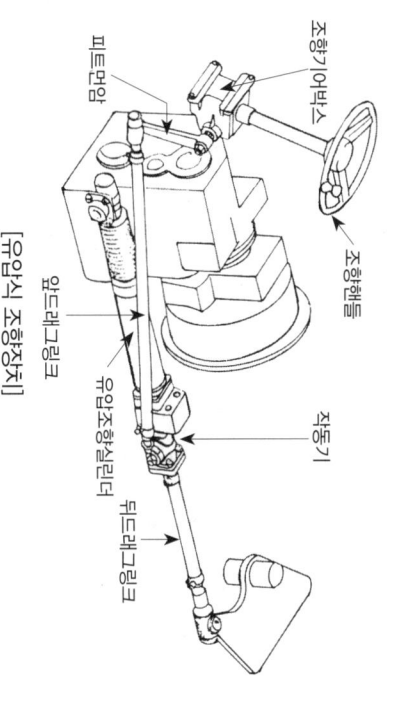

[유압식 조향장치]

4) 제동장치

브레이크 장치는 주행 중의 지게차를 감속 또는 정차시키는 장치와 주차상태를 유지하기 위한 안전상의 이유로 유압식이 사용된다.

5) 작업장치

① **마스트** : 이너(inner) 레일과 아웃(out) 레일로 구성되어 있고 오버랩은 500±50mm이며 리프트 실린더, 리프트 체인, 백 레스트, 캐리어, 틸트 실린더, 벨트 실린더, 핑거보드 등이 부착되어 있다.

② **리프트 체인(마스트 체인)** : 리프트 체인은 리프트 실린더와 포크가 상승 및 하강 작용을 돕는 역할을 하며 좌우 포크의 높이는 리프트 체인에 의해서 조정된다.

③ **핑거 보드** : 포크가 설치되는 수평판으로 백 레스트에 지지되어 있으며 리프트 체인의 한쪽 끝이 고정된다.

④ **캐리어** : 포크를 불러 베어링에 의해 이너 레일을 따라 상승 하강작용을 돕는 역할을 하며 상하 방향의 좌우 방향의 안력에 견딜 수 있도록 2° 기울여 설치되어 있다.

⑤ **백 레스트** : 핑거보드 위에 설치되어 적재된 화물을 지지하는 역할을 한다.

⑥ **포크** : 포크는 핑거보드에 설치되어 화물을 들어올리는 역할을 하며 좌우 간격을 팔레트 폭의 1/2~3/4 정도이다.

⑦ **평형추(카운터 웨이트)** : 지게차 프레임의 맨 뒤쪽에 설치되어 지게차 앞쪽으로 쏠리는 것을 방지하며 화물의 적재 작업 시 지게차의 균형을 유지시키는 역할을 한다.

6) 유압 계통

① **유압 펌프** : 유압을 발생하여 컨트롤 밸브를 통해 각 실린더로 유압유를 공급한다. 이 때에 발생되는 유압은 70~130kg/cm² 정도이며 유압 펌프는 조향 펌프와 작업용 펌프가 있다.

② **리프트 실린더**

㉮ 레버를 당기면 유압유가 실린더의 아래쪽으로 유입되어 피스톤을 밀어 올려 포크가 상승되는 단동식 실린더이다.

㉯ 레버를 밀면 화물의 중량에 의해 실린더에 유입된 유량이 탱크로 돌아오게 되어 포크가 자중에 의해 실린더에 유입된 유량이 탱크로 돌아오게 되어 포크가 자중에 의해 하강되는 단동식 실린더이다.

2 작업장치 구조와 기능

1) 마스트와 리프트 체인

① **마스트**(mast) : 포크 상하운동을 위한 구조이다.

② **리프트 체인**(lift chain) : 마스트를 따라 캐리지(carriage)를 올리고 내리는 역할을 한다.

③ **틸트 실린더**

㉮ 레버를 밀면 유압유가 피스톤의 뒤쪽으로 유입되어 피스톤이 앞쪽으로 밀려나가 마스트가 앞쪽 방향기된 유압유가 피스톤의 앞쪽으로 내장되어 있다.

㉯ 레버를 당기면 유압유가 피스톤의 앞쪽으로 유입되어 마스트가 뒤쪽으로 기울어져 자는 복동 실린더이다.

㉰ 틸트 실린더는 화물의 중량에 의해 유압유가 밸브빔 빠져나가 갑자기 기울어지는 것을 방지하기 위하여 화물의 중량에 의해 컨트롤 밸브빔 하강하는 속도를 조절한다.

2) 포크

지게차 포크는 포크를 놓이 올린 상태에서 주행함으로서 발생할 수 있는 지게차의 전복, 하물 낙하에 따른 사고를 방지하기 위하여, 운반 시 포크의 위치를 운전자가 쉽게 설치 안전 작업할 수 있는 위치에 표시해 둔다.

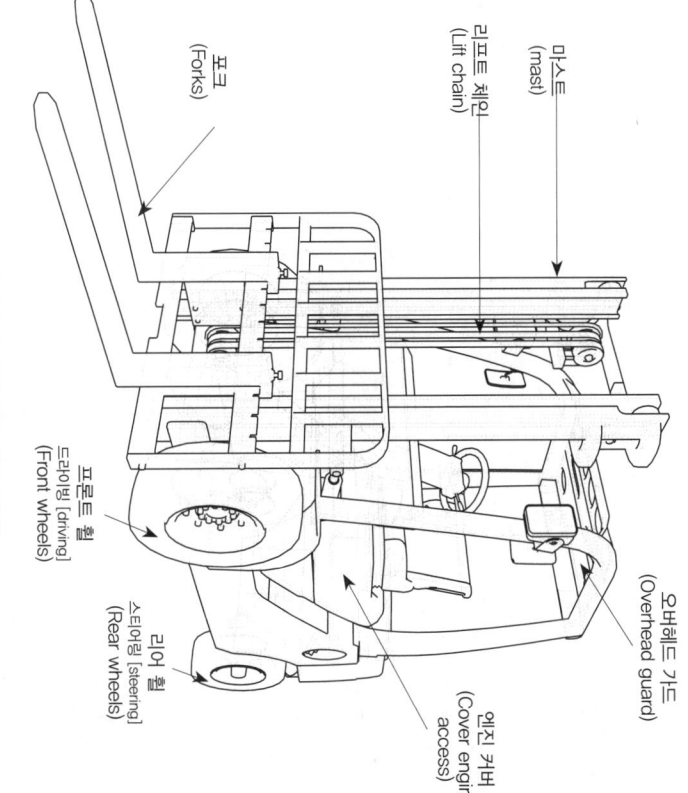

[지게차 작업장치 각부 명칭]

3) 가이드(guide)

지게차 포크 가이드는 포크를 이용하여 짐을 이송할 목적으로 사용하기 위해 필요하다.

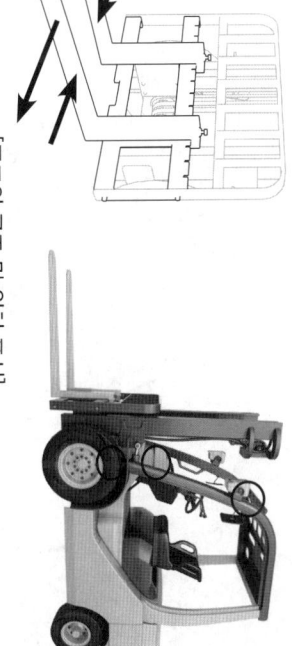

[포크의 구조 및 위치 표시]

4) 조작 레버 장치의 구조와 기능

① 전·후진 레버 : 지게차의 전·후진을 선택한다.
② 주차 브레이크 : 주차를 위해 사용한다.
③ 작업 브레이크(인칭 페달) : 작업물을 적재하기 위해 장비를 정지하고 차 할 때 사용한다.
④ 브레이크 : 장비를 정지하기 위해서 사용한다.
⑤ 가속 페달 : 엔진을 가속하기 위해서 사용한다.
⑥ 리프트 레버 : 포크를 상승하기 위해서 사용한다.
⑦ 틸트 레버 : 포크를 기울이기 위해서 사용한다.

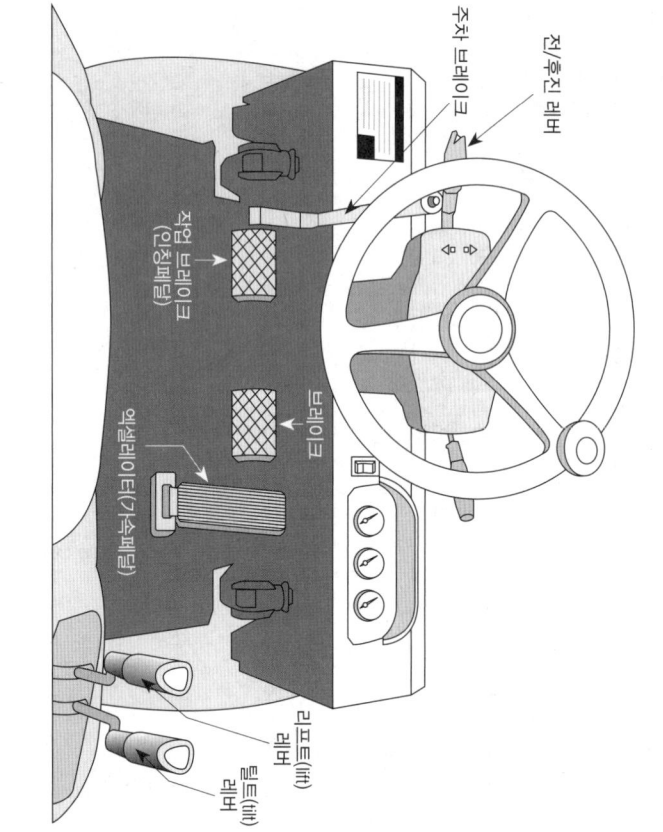

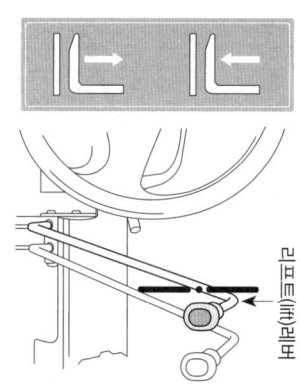
[리프트 레버 동작]

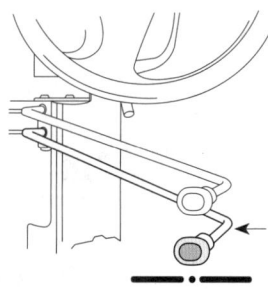
[틸트 레버 동작]

05 출제예상문제

CHAPTER 05 | 작업장치 익히기

01 지게차의 주된 구동 방식은?
① 앞바퀴 구동 ② 뒷바퀴 구동
③ 전후 구동 ④ 중간 차축 구동

→ 지게차는 앞바퀴 구동식으로 되어 있으며 복잡한 전달장치 때문에 뒷바퀴로 조향식으로 되어 있다.

02 지게차의 일반적인 조향방식은?
① 앞바퀴 조향방식이다.
② 뒷바퀴 조향방식이다.
③ 작업조건에 따라 바꿀 수 있다.
④ 빛바퀴 조향방식이다.

→ 지게차는 일반적으로 앞바퀴 구동, 뒷바퀴 조향식이다.

03 지게차의 하중을 지지해 주는 것은?
① 마스트 실린더 ② 구동 차축
③ 차동 장치 ④ 최종 구동장치

04 지게차의 앞바퀴는 어디에 설치되는가?
① 샤크 핀에 설치된다.
② 직접 프레임에 설치된다.
③ 너클 암에 설치된다.
④ 등속이음에 설치된다.

→ 지게차의 앞바퀴는 직접 프레임에 설치된다.

05 지게차의 구조상 관계가 없는 것은?
① 마스트 ② 밸런스 웨이트
③ 틸트 레버 ④ 배김 볼

06 지게차의 리프트 실린더의 역할은?
① 마스트를 틸트시킨다.
② 마스트를 이동시킨다.
③ 니플 암을 이동시킨다.
④ 포크를 상승, 하강시킨다.

→ 리프트 볼은 엔진의 견인을 바꾸기 위해 크레인에 매달리는 후크나는 공 모양의 실린더를 말한다.

07 지게차의 리프트 실린더의 상승력이 부족한 원인과 거리가 먼 것은?
① 오일 필터의 막힘
② 유압 펌프의 불량
③ 리프트 실린더에서 오일 누출
④ 포크의 휘어짐

→ 리프트 실린더는 레버를 당기면 유압유가 실린더의 아래쪽으로 유입되어 포크가 상승되는 단동 실린더이다. 또한, 레버를 밀면 체크 밸브가 열리고 포크 중량 또는 포크의 적재 하중에 의해 실린더 내의 유압유가 탱크로 리턴되어 하강한다.

08 지게차에서 틸트 실린더의 역할은?
① 포크의 상·하 이동
② 차체 수평유지
③ 마스트 앞·뒤 경사각 유지
④ 차체 좌·우회전

→ 틸트 레버를 당기면 마스트가 운전자의 역할은 뒤 경사각이고, 일면 마스트가 앞쪽으로 기울어진다.

09 지게차에서 틸트 레버를 운전자 쪽으로 당기면 기울어지는가?
① 아래쪽으로 ② 앞쪽으로
③ 위쪽으로 ④ 뒤쪽으로

→ 틸트 레버를 당기면 마스트가 뒤쪽으로 기울어지고, 일면 마스트가 앞쪽으로 기울어진다.

10 지게차의 적정각 및 후경각을 조종사가 작접적하게 선정하여 작업을 하여야 하는 데 이를 조정하는 레버는?
① 리프트 레버 ② 리프트 레버
③ 반속 레버 ④ 후진 레버

11 지게차의 조종레버의 설명으로 틀린 것은?
① 로우어링(lowering) ② 리프트 레버
③ 덤핑(dumping) ④ 후진 레버
③ 리프팅(lifting)
④ 틸팅(tilting)

12 지게차의 조종 레버 명칭이 아닌 것은?
① 리프트 레버 ② 밸브 레버
③ 반속 레버 ④ 틸트 레버

→ 로우어링(lowering) : 포크 하강
 리프팅(lifting) : 포크 상승
 틸팅(tilting) : 마스트 기울임

13 지게차의 스프링 장치에 대한 설명으로 맞는 것은?
① 탠덤 드라이브 장치이다.
② 코일스프링 장치이다.
③ 판스프링 장치이다.
④ 스프링 장치가 없다.

→ 지게차에는 롤링이 생기면 적하물이 떨어지기 때문에 스프링을 사용하지 않는다.

14 지게차에서 자동차와 같이 스프링을 사용하지 않는 이유를 설명한 것으로 옳은 것은?
① 롤링이 생기면 적하물이 떨어지기 때문이다.
② 현가장치가 있으면 조종이 어렵기 때문이다.
③ 화물에 충격을 주지 않기 위함이다.
④ 앞차축이 구동축이기 때문이다.

정답
01 ① 02 ④ 03 ② 04 ② 05 ④ 06 ③ 07 ④
08 ③ 09 ④ 10 ① 11 ② 12 ② 13 ④ 14 ①

15 지게차의 체인장력 조정방법으로 틀린 것은?
① 좌우 체인의 동시에 평행한가를 확인한다.
② 포크를 지면에서 조금 올린 후 조정한다.
③ 손으로 체인을 눌러보아 양쪽이 다르면 조정 너트로 조정한다.
④ 조정 후 로크 너트를 풀어야 한다.

◎ 체인장력 조정 후에는 로크 너트를 조여야 한다.

16 지게차의 운전장치를 조작하는 동작에 대한 설명으로 틀린 것은?
① 전·후진 레버를 앞으로 밀면 후진이 된다.
② 틸트 레버를 뒤로 당기면 마스트는 뒤로 기운다.
③ 리프트 레버를 앞으로 밀면 포크가 내려간다.
④ 전·후진 레버를 뒤로 당기면 후진이 된다.

◎ 전·후진 레버를 앞으로 밀면 전진이 된다.

17 지게차의 인칭 조절 기구에 대한 설명으로 맞는 것은?
① 변속기 내부에 있다.
② 브레이크 내부에 있다.
③ 디셀레이터 페달이다.
④ 작업장치의 유압상승을 방지한다.

◎ 인칭 조절 기구는 변속기 내부에 있다.

18 지게차 작업 시 지게차를 화물에 천천히 접근시키거나 신속한 유압 작동으로 화물을 적재 작업에 사용하는 것은?
① 인칭 페달
② 가속 페달
③ 브레이크 페달
④ 디셀레이터 페달

◎ 적재작업 시 지게차를 화물에 천천히 접근시키는 것은 인칭 페달이다.

19 지게차 작업 도중에 엔진이 정지 되었을 때 틸트 레버를 밀어도 마스트가 경사되지 않는다.
① 체크 밸브
② 스태빌라이저
③ 틸트 록 밸브
④ 벨 크랭크 기구

◎ 지게차 작업 도중에 엔진이 정지되면 유압회로를 차단하여 틸트 레버를 조작해도 마스트가 경사되지 않는다.

20 지게차 작업 중 포크를 하강시키는 방법으로 맞는 것은?
① 가속 페달을 밟고 리프트 레버를 뒤로 당긴다.
② 가속 페달을 밟고 리프트 레버를 앞으로 민다.
③ 가속 페달을 밟지 않고 리프트 레버를 뒤로 당긴다.
④ 가속 페달을 밟지 않고 리프트 레버를 앞으로 민다.

21 지게차의 좌우 포크 높이가 다를 경우 조정하는 방법으로 맞는 것은?
① 리프트 밸브로 조정한다.
② 리프트 체인의 길이로 조정한다.
③ 틸트 레버로 조정한다.
④ 틸트 실린더로 조정한다.

◎ 지게차의 좌우 체인의 높이가 다르면 리프트 체인의 길이로 조정한다.

22 지게차의 리프트 체인에 주유하는 오일로 맞는 것은?
① 자동변속기 오일로 주유한다.
② 작동유로 주유한다.
③ 엔진오일로 주유한다.
④ 솔벤트로 주유한다.

◎ 리프트 체인의 주유는 엔진오일로 한다.

23 지게차 리프트 레버의 작동에 대한 설명으로 틀린 것은?
① 리프트 레버를 뒤로 당기면 포크가 상승한다.
② 리프트 레버를 앞으로 밀면 포크가 하강한다.
③ 포크 상승 시에는 가속페달을 밟는다.
④ 포크 하강 시에는 가속페달을 밟는다.

◎ 리프트 실린더는 단동 실린더 이므로 하강 시에는 가속 페달을 밟지 않는다.

24 지게차 뒤쪽에 설치되어 차체가 앞쪽으로 쏠리는 것을 방지하는 것은?
① 엔진
② 클러치
③ 변속기
④ 카운터 웨이트

◎ 카운터 웨이트는 지게차 뒤쪽에 설치하여 화물을 적재하였을 때 앞쪽으로 쏠리는 것을 방지하여 평형추라고도 한다.

25 지게차 포크를 작동함에 따라 간격을 늘리고 줄이는 것을 사용하는 것은?
① 틸트 실린더 고정 핀
② 마스트 고정 핀
③ 리프트보드 고정 핀
④ 핑거보드 고정 핀

26 토크 컨버터가 설치된 지게차의 기동 방법으로 맞는 것은?
① 클러치 페달을 내부의 누름 체크하기 위함이다.
② 클러치 페달에서 서서히 발을 놓으며 가속 페달을 밟는다.
③ 브레이크 페달을 밟고 저·고속 레버를 저속 위치로 한다.
④ 클러치 페달을 밟고 저·고속 레버를 저속 위치로 한다.

27 지게차 작업 전 포크를 올렸다 내렸다 하고, 틸트를 앞뒤로 작동시키는 목적으로 맞는 것은?
① 유압 실린더 내부의 누유 체크하기 위함이다.
② 작동유의 온도를 높이기 위함이다.
③ 오일 여과기의 오물을 제거하기 위함이다.
④ 작동유 탱크 내의 공기빼기 하기 위함이다.

28 지면이 고르지 않은 야외 붐불장이나 야적장 등의 험준한 지역에서 작업되는 지게차는?
① 방폭형 지게차
② 사이드형 지게차
③ 험지형 지게차
④ 협통로 지게차

◎ 험지형 지게차는 시름구조 지게차로 지게차로는 기본 지게차로는 동의 출준한 지형에서 작업이 가능한 도로, 모래, 자갈 및 진흙 등이 깔린 공사장 등에서 작업 가능하다.

정답
15 ④ 16 ① 17 ① 18 ① 19 ③ 20 ④ 21 ②
22 ③ 23 ④ 24 ④ 25 ④ 26 ① 27 ② 28 ③

PART 02 지게차 작업 및 안전관리

Craftsman Fork Lift Truck Operator

Chapter 01. 안전관리
Chapter 02. 작업 전 점검
Chapter 03. 화물적재 및 하역작업
Chapter 04. 화물 운반작업 및 운전시야 확보
Chapter 05. 작업 후 점검
Chapter 06. 도로주행
Chapter 07. 응급대처

CHAPTER 01 안전관리

Lesson 01 안전보호구 착용 및 안전장치 확인

1 산업안전 일반

1) 안전관리와 재해

① 안전사고와 재해
  ㉮ 안전사고 : 고의성이 없는 어떤 불안전한 행동이나 조건이 선행되어 발생하는 사고
  ㉯ 재해(Loss, Calamity) : 안전사고의 결과로 일어난 인명피해 및 재산상의 손실
  ㉰ 무재해 사고(near accident, 아차사고) : 인명이나 물적 등 일체의 피해가 없는 사고

② 산업재해의 통계적 분류
  ㉮ 사망 : 업무로 인해서 목숨을 잃게 되는 경우
  ㉯ 중경상 : 부상으로 인하여 8일 이상의 노동 상실을 가져온 상해 정도
  ㉰ 경상해 : 부상으로 1일 이상 7일 이하의 노동 상실을 가져온 상해 정도
  ㉱ 무상해 사고 : 응급처치 이하의 상처로 작업에 종사하면서 치료를 받는 상해 정도

③ 재해예방의 4원칙
  ㉮ 손실우연의 원칙 : 사고에 의해서 생기는 손실(상해)의 종류와 정도는 우연적이다.(1 : 29 : 300의 법칙)
  ㉯ 원인계기의 원칙 : 모든 재해는 필연적인 원인에 의해 발생한다.
  ㉰ 예방가능의 원칙 : 모든 재해는 원칙적으로 방지가 가능하다.
  ㉱ 대책선정의 원칙 : 사고의 원인이나 불안전 요소가 발견되면 반드시 대책을 선정하여 실시하여야 한다.

④ 무재해운동의 3원칙
  ㉮ 무(Zero)의 원칙 : 산재 위험의 잠재요인을 근원적으로 해결하기 위한 원칙
  ㉯ 선취의 원칙 : 위험요인의 행동 전에 예지, 발견
  ㉰ 참가의 원칙 : 전원(근로자, 회사 내 모든 종업원, 근로자 가족) 참가

2) 재해의 원인

① 직접원인(물적요인)
  ㉮ 불안전한 행동(행위) : 위험장소 접근, 안전장치의 기능 제거, 복장·보호구의 잘못 사용, 기계 기구 잘못 사용, 운전 중인 기계장치의 손도 조작, 위험물 취급 부주의, 불안전한 상태 방치, 불안전한 자세 및 동작, 감독 및 연락 불충분
  ㉯ 불안전한 상태 : 물 자체의 결함, 안전 방호장치 결함, 물의 배치 및 작업장소 결함, 보호구·복장 등의 결함, 물의 배치 및 작업환경의 결함, 생산 공정의 결함, 경계표시·설비의 결함

2 안전보호구

1) 안전보호구의 구비 조건

① 착용이 간단하고 착용 후 작업하기가 쉬워야 한다.
② 유해·위험요소로부터 보호 성능이 충분해야 한다.
③ 품질이 양호해야 한다.
④ 끝 마무리가 양호해야 한다.
⑤ 외관 및 디자인이 양호해야 한다.

2) 안전모

① 안전모의 종류

종류 기호	사용 구분	모체의 재질	내전 압성
AB	물체의 낙하 또는 비래(날아옴) 및 추락에 의한 위험을 방지 또는 경감시키기 위한 것	합성수지	×
AE	물체의 낙하 또는 비래(날아옴)에 의한 위험을 방지 또는 경감하고, 머리 부위 감전에 의한 위험을 방지하기 위한 것	합성수지 (FRP)	○
ABE	물체의 낙하 또는 비래(날아옴) 및 추락에 의한 위험을 방지 또는 경감하고, 머리 부위 감전에 의한 위험을 방지하기 위한 것	합성수지 (FRP)	○

② 안전모 사용 및 관리
  ㉮ 작업내용에 적합한 안전모를 착용한다.
  ㉯ 안전모 착용 시 턱끈을 바르게 한다.
  ㉰ 충격을 받은 안전모나 변형된 안전모는 폐기 처분한다.
  ㉱ 자신의 크기에 맞도록 착용제의 머리 고정대를 조절한다.
  ㉲ 안전모에 구멍을 내지 않도록 한다.
  ㉳ 합성수지는 자외선에 균열 및 노화가 되므로 자동차 및 창문 예 보관을 하지 않는다.

② 간접원인
  ㉮ 기술적 원인 : 건물·기계장치 설계 불량, 구조·재료의 부적합, 생산 공정의 부적당, 점검·정비·보존 불량
  ㉯ 교육적 원인 : 안전의식의 부족, 안전수칙의 오해, 경험훈련의 미숙, 작업방법의 교육 불충분, 유해위험 작업의 교육 불충분
  ㉰ 관리적 원인 : 안전관리 조직 결함, 안전수칙 미제정, 작업준비 불충분, 인원배치 부적당, 작업지시 부적당

3) 안전화

① 안전화의 종류

종류	성능 구분
가죽제안전화	물체의 낙하, 충격 또는 날카로운 물체에 의한 찔림 위험으로부터 발을 보호하기 위한 것
고무제안전화	물체의 낙하, 충격 또는 날카로운 물체에 의한 찔림 위험으로부터 발을 보호하고 내수성을 겸한 것
정전기안전화	물체의 낙하, 충격 또는 날카로운 물체에 의한 찔림 위험으로부터 발을 보호하고 정전기의 인체대전을 방지하기 위한 것
발등안전화	물체의 낙하, 충격 또는 날카로운 물체에 의한 찔림 위험으로부터 발 및 발등을 보호하기 위한 것
절연화	물체의 낙하, 충격 또는 날카로운 물체에 의한 찔림 위험으로부터 발을 보호하고 저압의 전기에 의한 감전을 방지하기 위한 것
절연장화	고압에 의한 감전 방지 및 방수를 겸한 것
화학물질용 안전화	물체의 낙하, 충격 또는 날카로운 물체에 의한 찔림 위험으로부터 발을 보호하고 화학물질로부터 유해위험을 방지하기 위한 것

② 안전화의 등급

등급	사용 장소
중작업용	광업, 건설업 및 철광업등에서의 원료취급, 가공, 강재취급 및 강재운반, 건설업 등에서 중량물 운반작업, 가공대상물의 중량이 큰 물체를 취급하는 작업장으로서 날카로운 물체에 의해 찔릴 우려가 있는 장소
보통작업용	기계공업, 금속가공업, 운반, 건축업 등 공구 가공품을 손으로 취급하는 작업 및 차량 사업용, 기계 등을 운전조작하는 일반 작업장으로서 날카로운 물체에 의해 찔릴 우려가 있는 장소
경작업용	금속 선별, 전기제품 조립, 화학제품 선별, 반응장치 운전, 식품 가공업 등 비교적 경량의 물체를 취급하는 작업장으로서 날카로운 물체에 의해 찔릴 우려가 있는 장소

4) 기타 보호구

① 안전대

㉮ 안전대의 종류 : 벨트식(1개 걸이용, U자 걸이용), 안전그네식(추락방지대, 안전블록)

㉯ 안전대의 용도

㉠ 작업 제한 : 개구부 또는 측면이 개방 형태로 추락할 위험이 있는 경우 작업자의 행동반경을 제한하여 추락 방지
㉡ 작업자세 유지 : 전신주 작업 등에서 작업 시 자세를 유지할 수 있는 자세제 유지
㉢ 추락 억제 : 철골 구조물 비계작업 등 추락 하중을 신체에 고르게 분산하여 추락 하중을 경감하는 장소

② 보안경

종류	사용구분
유리보안경	비산물로부터 눈을 보호하기 위한 것으로 렌즈의 재질이 유리인 것
프라스틱 보안경	비산물로부터 눈을 보호하기 위한 것으로 렌즈의 재질이 프라스틱인 것
도수렌즈 보안경	비산물로부터 눈을 보호하기 위한 것으로 도수가 있는 것

③ 방음 보호구

구분	등급	기호	성능	비고
귀마개	1종	EP-1	저음(회화음 영역)부터 고음까지를 차음하는 것	귀마개의 경우 재사용 여부를 제조특성으로 표기
귀마개	2종	EP-2	주로 고음을 차음하고 저음은 차음하지 않는 것	
귀덮개	—	EM	—	—

④ 호흡용 보호구

구분	종류	설명
방진마스크	전면형	분진 등으로부터 안면부 전체(눈, 코, 입)를 덮을 수 있는 구조의 방진마스크
방진마스크	반면형	분진 등으로부터 안면부의 입과 코를 덮을 수 있는 구조의 방진마스크
방독마스크	전면형	유해물질 등으로부터 안면부 전체(눈, 코, 입)를 덮을 수 있는 구조의 방독마스크
방독마스크	반면형	유해물질 등으로부터 안면부의 입과 코를 덮을 수 있는 구조의 방독마스크
송기마스크		저장조, 하수구 등 청소 및 산소결핍 위험작업장에서 사용하는 마스크

3 안전장치

1) 지게차 전도방지 및 안정

① 지게차 전도방지 안전장치

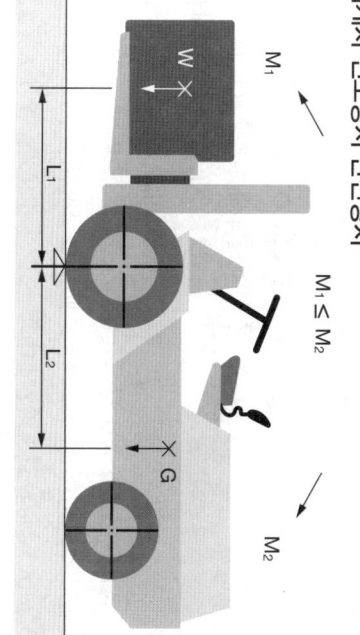

- W : 포크 중심에서 화물의 중량(kg)
- G : 지게차 중심에서 지게차의 중량(kg)
- L_1 : 앞바퀴에서 화물 중심까지의 거리(cm)
- L_2 : 앞바퀴에서 지게차 뒷바퀴 중심까지의 거리(cm)
- M_1 : 화물의 모멘트
- M_2 : 지게차의 모멘트, $M_1 = W \times L_1$
- $M_2 = G \times L_2$
- ∴ 화물의 모멘트(M_1) ≤ M_2(지게차의 모멘트)

② 지게차의 안정도

상태	구배
기준부하 상태에서 포크를 들어 올린 상태	4%(5톤 이상은 3.5%)
기준무부하 상태에서 주행 시의 기준부하 상태	18% 이내
기준부하 상태에서 하역 작업 시의 좌우 안정도	6% 이내
기준무부하 상태에서 주행 시의 전후 안정도	(15+1.1V)% 이내, 최대 40% (V : 최고속도 km/h)
기준무부하 상태에서 주행 시의 좌우 안정도	

안정도

$$\text{안정도} = \frac{h}{l} \times 100(\%)$$

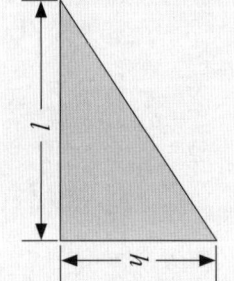

2) 안전장치의 종류 및 기능

① 주행연동 안전벨트
지게차의 전·후진 레버의 접점과 안전벨트를 연결하여 안전벨트 착용 시에만 전·후진할 수 있도록 인터록 시스템을 구축하여 전복·충돌 시 운전자가 운전석에서 튕겨져 나가는 것을 방지한다.

② 후방접근경보장치
㉮ 지게차 후진 시 후방의 근로자 또는 물체와의 충돌을 방지하기 위해 후방 접근상태를 감지할 수 있는 접근경보장치를 설치한다.
㉯ 지게차 후면에 근로자 등이 있을 때 접근감지장치의 센서가 감지하여 경보음(또는 경광등)이 발생하도록 경보장치를 설치하고, 지게차와 근로자와의 거리를 숫자로도 표시하여 운전자가 위험상태를 인지할 수 있도록 운전석 정면에 표시장치(Display)를 설치한다.

③ 대형후사경
기준의 소형 후사경으로는 지게차의 후면을 확인하기 곤란하므로 지게차 후진 시 지게차의 후면에 위치한 근로자 또는 물체를 인지하기 위해 자동차용 대형 후사경 또는 룸 미러(room mirror)를 지게차 운전자가 쉽게 알 수 있는 위치에 부착한다.

④ 룸 미러(room mirror)
대형 후사경으로도 확인할 수 없는 지게차 후면의 사각지역 해소를 위하여 룸 미러를 설치한다.

⑤ 포크위치표시
㉮ 포크를 높이 올린 상태에서 주행함으로써 발생되는 지게차의 전복이나, 화물이 떨어져 발생하는 사고로부터 지게차의 전복이나 낙하로부터의 위치를 운전자가 쉽게 알 수 있도록 바닥으로부터의 포크 위치를 표시한다.
㉯ 포크가 바닥으로부터 포크의 이격거리가 20~30cm 위치에 표시되도록 페인트 또는 색상 테이프로 표시한다.

⑥ 기타 안전장치
㉮ 지게차의 신발을 위한 헤드 램프 부착 : 조명이 어두운 작업장에서 약한 불빛으로 운행하는 경우에도 지게차의 전방에서 확인할 수 있도록 지게차 전방에 충분한 밝기의 전조등을 부착한다.
㉯ 경광등 설치 : 조명이 불충분한 작업장소에서 지게차의 운행상태를 알릴 수 있도록 경광등을 설치한다.
㉰ 지게차에 안전모 설치 : 지게차 전복 시 운전자가 밖으로 튕겨 나가는 것을 방지하고 기상의 악조건 등 작업환경의 변화에도 작업이 가능하도록 안전벨트를 설치한다.
㉱ 포크 받침대 : 지게차 수리·점검 시 포크의 불시하강을 방지하기 위하여 받침대를 설치한다.
㉲ 후사경 : 지게차 운전 시 발생할 수 있는 지게차 뒷면 사각지역을 해소하기 위하여 후사경을 2개 이상 설치한다.

후사경의 설치 조건
- 각도를 쉽게 조정할 수 있는 구조일 것
- 쉽게 탈락하지 않게 가능할 것
- 쉽게 손상되지 아니하는 구조 및 위치일 것

3) 지게차 방호장치

① 헤드가드(Head guard)
㉮ 헤드가드란 지게차를 이용한 작업 중에 위쪽으로부터 떨어지는 물건에 의한 위험을 방지하기 위하여 운전자의 머리 위쪽에 설치하는 덮개를 말한다.

헤드가드의 구비조건
㉠ 강도는 지게차의 최대하중의 2배의 값(그 값이 4톤을 넘는 것에 대해서는 4톤으로 한다)의 등분포정하중에 견딜 수 있을 것
㉡ 상부틀의 각 개구의 폭 또는 길이가 16cm 미만일 것
㉢ 운전자가 앉아서 조작하거나 서서 조작하는 지게차의 헤드가드는 한국산업표준에서 정하는 높이 기준 이상일 것(좌승식: 0.903m 이상, 입승식: 1.88m 이상)

② 백레스트(Backrest)
㉮ 백레스트란 지게차를 이용한 작업 중에 마스트를 뒤로 기울일 때 화물이 마스트 방향으로 떨어지는 것을 방지하기 위해 설치하는 짐받이 틀을 말한다.

③ 전조등 및 후미등
㉮ 전조등 : 야간작업 시에 지게차의 전·후방의 조명을 확보하여 안전한 작업이 되도록 하기 위하여 대응의 기준에 따라 전조등과 후미등을 갖추어야 한다.
㉯ 전조등
㉠ 좌우에 1개씩 설치할 것
㉡ 등광색은 백색으로 할 것
㉢ 점검 시 지게차 다른 부분에 의하여 가려지지 아니할 것
㉰ 후미등
㉠ 지게차 뒷면 양쪽에 설치할 것
㉡ 등광색은 적색으로 할 것
㉢ 지게차 중심선에 좌우대칭 설치할 것
㉣ 등화의 중심점을 기준으로 좌우측 수평각 45도에서 볼 때 투영면적이 12.5cm² 이상일 것

④ 조작안전장치 : 지게차가 넘어질 경우 근로자가 운전석으로부터 이탈되어 발생할 수 있는 재해를 예방하기 위한 안전벨트를 말한다.

지게차의 방적 방호장치
- 전조등 및 후미등
- 헤드가드(Head guard)
- 백레스트(Backrest)
- 좌석안전띠

Lesson 02 위험요소 확인

1 안전보건표지

1) 안전보건표지

① 금지표지 : 바탕은 흰색, 기본모형은 빨간색, 관련 부호 및 그림은 검은색

② 경고표지 : 바탕은 노란색, 기본모형, 관련 부호 및 그림은 검은색
다만, 인화성물질 경고, 산화성물질 경고, 폭발성물질 경고, 급성독성ㆍ물질 경고, 부식성물질 경고 및 발암성ㆍ변이원성ㆍ생식독성ㆍ전신독성ㆍ호흡기과민성물질 경고의 경우 바탕은 무색, 기본모형은 빨간색(검은색도 가능)

③ 지시표지 : 바탕은 파란색, 관련 그림은 흰색

④ 안내표지 : 바탕은 흰색, 기본모형 및 관련 부호는 녹색 바탕, 관련 부호 및 그림은 흰색

⑤ 출입금지표지 : 글자는 흰색바탕에 흑색, 다음 글자는 적색
 - ○○○제조/사용/보관 중
 - 석면취급/해체 중
 - 발암물질 취급 중

2) 안전보건표지 색채, 색도기준 및 용도

색채	색도기준	용도	사용례
빨간색	7.5R 4/14	금지	정지신호, 소화설비 및 그 장소, 유해행위의 금지
		경고	화학물질 취급장소에서의 유해ㆍ위험 경고
노란색	5Y 8.5/12	경고	화학물질 취급장소에서의 유해ㆍ위험 경고 이외의 위험경고, 주의표지 또는 기계방호물
파란색	2.5PB 4/10	지시	특정 행위의 지시 및 사실의 고지
녹색	2.5G 4/10	안내	비상구 및 피난소, 사람 또는 차량의 통행표지
흰색	N9.5	-	파란색 또는 녹색에 대한 보조색
검은색	N0.5	-	문자 및 빨간색 또는 노란색에 대한 보조색

3) 안전보건표지의 종류

금지표시	출입금지	보행금지	차량통행금지	사용금지	탑승금지	금연	화기금지	물체이동금지
경고표시	인화성물질경고	산화성물질경고	폭발성물질경고	급성독성물질경고	부식성물질경고	방사성물질경고	고압전기경고	매달린물체경고
	낙하물경고	고온경고	저온경고	몸균형상실경고	레이저경고	발암성ㆍ변이원성ㆍ생식독성ㆍ전신독성ㆍ호흡기과민성물질경고	위험장소경고	

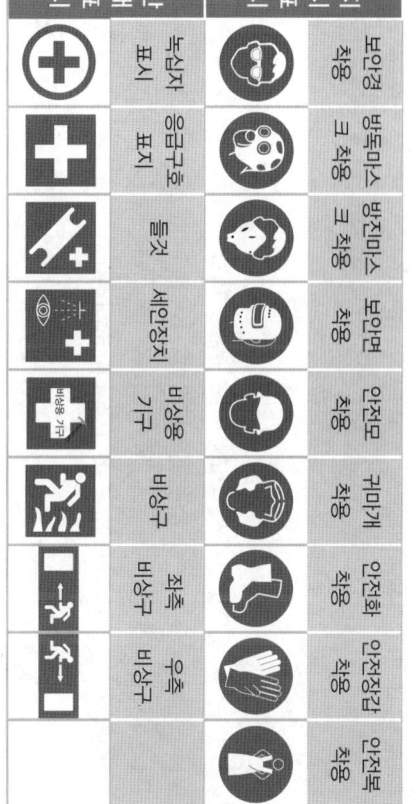

지시표시	보안경착용	방독마스크착용	방진마스크착용	보안면착용	안전모착용	귀마개착용	안전화착용	안전장갑착용	안전복착용
안내표시	녹십자표시	응급구호표시	들것	세안장치	비상용기구	비상구	좌측비상구	우측비상구	

2 안전수칙

1) 안전수칙 일반

① 안전보호구 지급 착용 : 기계, 설비 등 위험요인으로부터 작업자를 보호하기 위해 작업 조건에 맞는 안전보호구의 착용법을 숙지하고 착용한다.

② 안전보건표지 부착 : 위험장소 및 작업별로 위험요인에 대한 경각심을 부각하기 위해 작업장의 눈에 잘 띄는 해당 장소에 안전보건표지를 부착한다.

③ 안전작업절차 준수 : 정비, 보수 등의 비계획적 작업 또는 잠재 위험이 존재하는 작업공정에서 지켜야 할 작업 단위별 안전작업 절차와 순서를 숙지하여 안전작업을 할 수 있도록 유지한다.

④ 안전작업교육 실시 : 작업자 및 사업주에게 안전에 관한 교육을 실시하여 안전의식에 대한 경각심을 고취하고 작업 중 발생할 수 있는 안전사고에 대비한다.

2) 주행 시 안전수칙

① 운전자는 좌석에 앉아서 방향의 지게차를 운전하는 근로자는 반드시 좌석 안전띠를 착용하여야 한다.

② 사업주는 미터 작업장소의 지형 및 지반상태 등에 적합한 제한속도를 정하고(최대제한속도가 10 km/h 이하인 것을 제외), 운전자로 하여금 제한속도를 초과하여 운전하지 아니하도록 한다.

③ 비포장도로, 좁은 통로, 언덕길 등에서는 급출발하거나, 급브레이크 조작, 급선회 등을 하지 않는다.

④ 지게차는 전방 시야가 나쁘므로 장애물을 충분히 관찰하여야 하며, 적재물이 시야를 가려서 현저하게 방해할 때에는 다음과 같은 조치를 한다.
 ㉮ 유도자를 배치하여 안전하게 진행하며, 후진 시에는 경음과 경광등을 되도록 가능한 한 후진한다.
 ㉯ 후진으로 진행하며, 후진 시에는 경음과 경광등을 되도록 가능한 한 후진한다.

⑤ 옥내 주행시에는 전조등을 켜고 주행한다.

⑥ 화물적재 상태에서 지상에서 30cm 이상으로 들어올리거나 마스트를 앞으로 기울인 상태에서 주행하지 말고 마스트를 뒤로 기울인 상태로 가능한 낮추어 운행한다.

⑦ 신호하는 경우에는 후륜이 비정상쪽으로 크게 회전하므로 사람이나 건물에 접촉하지 않도록 선회한다.

⑧ 도로상을 주행할 때에는 포크의 선단에 신호판을 부착하는 등 보행자, 작업자가 식별할 수 있도록 한다.

⑨ 포크 선단을 주행할 경우에는 포크 또는 총돌하지 않도록 선단에 표시하는 등 보행자, 작업자가 식별할 수 있도록 한다.

⑩ 포크 또는 팔레트, 스키드, 균형추(Counter balance) 등에 사람을 태우고 주행하지 않는다.
⑪ 운전석 외부에서 운전해서는 안 된다.
⑫ 전기 배터리 충전 시에는 수소가스로 인한 폭발을 주의해야 한다.

3) 주차 시의 안전수칙

① 안전하고 견고하게 정해진 지역에 주차하며, 경사면에 주차하지 않는다.
② 포크를 바닥까지 안전히 내리고 마스트는 포크가 바닥에 닿을 때까지 앞으로 기울인다.
③ 방향전환 레버는 중립 위치에 놓는다.
④ 시동을 끄고 열쇠는 운전자가 지참하며 주차 브레이크를 확실히 작동시켜 둔다.
⑤ 주차 시 운전자 신체의 일부를 차체 밖으로 나오지 않게 한다.

3 위험요소

1) 지게차 작업관련 재해 및 원인

재해형태	발생원인
지게차 전복	• 연약한 지반 위에서 받침판을 사용하지 않고 운전 • 연약한 곳(흙)에서 편하중이 발생 • 기계의 능력(용량)을 무시하고 무리하게 운전 • 급발진, 급제동, 오조작 등의 운전
지게차의 충돌 및 접촉	• 출입금지 위반(위험구역 내 접근) • 감시자(안전감시자)의 미배치 • 신호수의 신호불량 • 급발진, 급제동, 오조작 등의 운전 • 지게차에 뛰어오르거나 뛰어내림
지게차에 협착(끼임)	• 설치방법의 불량 • 규정 이상의 과부하운전 • 급선회, 급제동, 오조작 등의 운전결함 • 출입금지 위반(위험구역 내 접근) • 연약지반에서 지반 보강재 미사용
지게차부품의 추락	• 운전미숙(난폭운전) 및 신호 불량 • 안전벨트 미착용 • 승차자의 탑승 • 지게차 후미에서 고소작업 수행
지게차부품의 낙하	• 감시자(안전감시자)의 미배치 • 인양중인 화물과의 충돌 • 포크의 결함(심한 굽힘)에 의한 불꽃으로 화물이탈 • 작업 상부에서 불꽃으로 화물이탈
지게차부품의 감전	• 감시자(안전감시자)의 미배치 • 통로(출선)이 되고 있는 전선에 철선, 포크 등 접촉 • 전선에 방호조치(안전커버) 미설치

2) 위험요소 파악
① 위험요소 주기 상태 파악 : 작업 지시사항에 따라 정확하고 안전한 작업을 수행하기 위해서는 작업에 부응하는 지게차의 일일점검 실시하여야 하므로 정기적으로 주기 상태의 지게차를 확인한다.
② 지게차 작업 반경 내의 위험요소 확인 : 작업 시 안전사고 예방을 위해 지게차 작업 반경 내의 위험요소를 육안으로 확인한다.
③ 주변 시설물의 위치 확인 : 작업현장 주변의 위험요소를 수행하기 위해 작업장 주변 구조물의 위치를 육안으로 확인한다.

3) 재해형태별 예방요령

① 화물의 낙하재해 예방
㉮ 화물의 적재상태를 확인한다.
㉯ 하중을 초과한 적재를 금지한다.
㉰ 지게차 운행구간별 제한속도 지정 및 표지판을 부착한다.
㉱ 미끄러운 노면에는 타이어 체인을 설치한다.
㉲ 경사지에서 화물 적재 및 하차시 미끄러지지 않도록 주의한다.

② 협착(끼임) 및 충돌재해 예방
㉮ 지게차 작동 통로를 확보한다.
㉯ 연약한 지반에서는 받침판을 사용하고 작업한다.
㉰ 하중을 초과한 조정을 금지한다.
㉱ 지게차의 용량을 무시하고 무리하게 작업하지 않는다.
㉲ 무자격자는 운전을 금지한다.
㉳ 작업장 바닥의 요철을 확인한다.

③ 지게차 전도(기울어짐) 재해예방
㉮ 연약한 지반에서는 받침판을 사용하고 작업한다.
㉯ 지게차의 용량을 무시하고 무리하게 작업하지 않는다.
㉰ 급선회, 급제동, 오조작 등을 금지한다.
㉱ 지게차의 화물중량보다 작은 소형 지게차로 작업하지 않는다.
㉲ 지게차를 이용한 고소작업을 금지한다.

④ 추락재해 예방
㉮ 운전석 이외에 작업자 탑승을 금지한다.
㉯ 나무팔레트 및 유도자의 신호에 따라 작업한다.
㉰ 작업 전 안전벨트를 착용하고 작업한다.
㉱ 화물의 적재중량보다 작은 소형 지게차로 작업하지 않는다.

Lesson 03 안전운반작업

1 장비사용설명서

1) 장비사용설명서 개요
장비 제조사에서 장비와 함께 공급되는 장비사용설명서(Operator manual)는 장비의 구조와 제원, 각 장치의 그림, 기능 지조, 운전 방법, 작동 방법, 작동 시 유의 사항, 운행 중 주요 위치, 작업 시 안전 유의 사항, 예방 정비 및 고장 시 긴급조치 사항 등이 포함되어 있다.

2) 장비사용설명서 종류
① 운전자 매뉴얼 : 안전수칙, 운행상의 주의사항, 시동 및 운전절차를 포함한 장비의 구조와 기능, 정비, 고장진단 및 운전자가 알아야 할 전반적인 사항을 수록한 지침서이다.

② 장비사용 매뉴얼 : 지게차의 올바른 사용을 통해 그 성능을 최상의 상태로 유지하면서 작업효율을 증대시키기 위해 필요한 지침서이다.
③ 정비(사용) 지침서 : 장비의 일반사항 및 작동원리, 제원 및 규정값, 고장진단, 부품교정, 점검 수리 등에 대한 내용을 도해와 함께 중점적으로 수록한 지침서이다.

2 안전운반

1) 안전한 운행경로 확보

① 운행통로의 확보
㉮ 지게차 1대가 다니는 통로 : 운행 지게차의 최대 폭에 60cm 이상의 여유 확보
㉯ 지게차 2대가 다니는 통로 : 운행 지게차 2대의 최대 폭에 90cm 이상의 여유 확보

② 운행통로의 구조
㉮ 지게차를 이용하여 화물을 싣거나 내리는 하역작업 장소는 평탄하고 지게차의 하중을 견딜 수 있는 견고한 구조로 한다.
㉯ 지게차의 운행통로는 지반의 부동침하, 갓길의 붕괴에 의한 전도·전락 위험이 없어야 한다.
㉰ 지게차의 운행통로에는 운행을 방해하는 장애물이 없어야 한다.
㉱ 여닫이 도어는 운행 중 진도·전락의 위험이 있으므로 가능한 장소에는 설치하지 않는다. 다만, 가드레일을 설치하기 곤란한 장소에는 유도자를 배치한다.

2) 안전운반 직업 순서

① 작재중량을 준수하여 적재한다.

㉮ 전·후진 주행장치 점검
㉯ 브레이크 페달을 밟은 채 기어 변속레버를 전진 위치에 놓는다.
㉰ 주차 브레이크를 해제한다.
㉱ 화물적재 시 편하중이 되지 않도록 적재한다.
㉲ 화물적재 후 후진 상태에서 발을 떼고 가속페달을 서서히 밟는다.
㉳ 화물적재 시 운전 시야를 확인한다.
㉴ 화물의 적재 상태를 확인한다.
㉵ 화물에서 적재상태를 사용한다.
㉶ 화물에서 적재된다.
㉷ 인접 주행장치 점검

② 전·후진 중량장치와 인칭 제동장치를 점검한다.

㉮ 전·후진 주행장치 점검
㉯ 브레이크 페달을 밟은 뒤 20cm 들어 올린다.
㉰ 브레이크 페달을 밟은 채 기어 변속레버 전진 위치에 놓는다.
㉱ 주차 브레이크를 해제한다.
㉲ 브레이크 페달에서 발을 서서히 떼는 동안 브레이크의 이상이 있는지 확인한다.
㉳ 브레이크 페달을 밟을 때에 제동이 되면 정상이다.
㉴ 인칭 제동장치 점검

③ 포크를 수평으로 유지하고 안전높이로 조정한다.

㉮ 파렛트에 포크 삽입 시 지게차를 화물에 대하여 적절 각도로 향한다.
㉯ 포크를 지면으로부터 5~10cm 정도 들어 올려 파렛트에 올려 포크를 지면으로부터 5~10cm 정도 들어 올려 파렛트에 삽입한다.

3 작업안전 및 기타 안전 사항

1) 경사진 장소에서의 안전

① 임식 지게차는 경사진 장소에서 사용을 금지한다.
② 운반·작업할 화물 앞에서는 급격하게 오르거나 급격하게 내리지 않도록 한다.
③ 팔레트 또는 스키드에 포크를 꽂거나 빼낼 때는 바닥이 평편하지 않은 상태를 피하고, 적재 시에는 정지된 후 또는 비틀지 않도록 주의한다.
④ 경사면을 따라 올라가거나 내려갈 때는 변경하지 않도록 한다.
⑤ 지게차가 앞쪽으로 기울어진 상태에서 화물을 올리지 않도록 한다.

안전작업을 위하여 산부 장애물을 확인한다.

㉮ 적재할 장소의 크기나 높이에 맞게 포크를 조정한다.
㉯ 화물의 적재 상태를 확인한 후 이동한다.
㉰ 화물적재 후 이동할 때에는 차를 내리지 않는다.
㉱ 중앙부를 확인한다.
㉲ 미스트를 위로 올려 기울이지 지면으로부터 20cm 들어 올린다.

2) 상·하역 직업 시의 안전

① 운반·적재할 화물 앞에서는 적정 속도로 사용한다.
② 운반 경량지로 바뀌는 곳에서는 미스트를 수직으로 세운다.
③ 팔레트 포크를 모든 스키드에 포크를 꽂거나 빼낼 때는 정중 또는 비틀지 않도록 주의한다.
④ 화물을 5~10cm 정도 들어올린 후 화물의 안정상태와 편하중 유무를 확인한다.
⑤ 화물적재중을 초과하지 않도록 화물을 올린다.

3) 하역 직업 안전수칙

① 공동작업은 작업자끼리 신호하에 따른다.
② 하역 적재중의 높이를 초과하는 화물은 금지한다.
③ 화물 위에 사람이 탑승하지 않도록 한다.
④ 부피 관련 화물의 탑승은 반드시 묶는다.
⑤ 풍압 위험이 있는 물체는 고압으로 막는다.
⑥ 가벼운 경적 소리, 무거운 것은 밑으로 적재한다.

4) 야간작업 시의 안전

① 전조등이나 후미등, 그 밖의 조명을 이용하여 현장을 최대한 밝게 한 후 작업한다.
② 야간에는 특히 주위 작업자와 장애물에 주의하고 안전한 속도로 운전한다.

Lesson 04 장비 안전관리

1 장비안전관리

1) 장비안전관리 기본

① 안전작업 매뉴얼 준수
- ㉮ 작업계획서를 작성한다.
- ㉯ 리프트 실린더 작업 장소의 안전한 운행경로를 확보한다.
- ㉰ 지게차 작업 전 안전수칙을 준수한다.
- ㉱ 안전수칙 및 안전도구를 준수한다.

② 작업 시 안전수칙 준수
- ㉮ 작업 전 일일점검을 실시한다.
- ㉯ 주행 시 안전수칙을 준수한다.
- ㉰ 운반 시 안전수칙을 준수한다.
- ㉱ 하역작업 시 안전수칙을 준수한다.
- ㉲ 주차 및 작업 종료 후 안전수칙을 준수한다.

2) 장비안전관리

① 장비안전관리 작동 상태를 점검한다.
- ㉮ 리프트 실린더 테를 작동하여 리프트 실린더의 누유 여부 및 실린더로드의 손상을 점검한다.
- ㉯ 리프트 실린더 내부에 마모가 심하면 로드의 내부 섭동으로 리프트 실린더 지연 하강이 된다.
- ㉰ 제동장치 점검 : 브레이크 페달을 밟아 페달유격이 정상인지 이 느껴지는지 확인하고 유주상태를 점검한다.
- ㉱ 주차 브레이크 점검 : 주차 전, 후진 레버를 페달 조작에 대비하 여 느슨하게 체결되는지 확인한다.

② 전·후진 작동 제동장치 및 핸들 조작 상태를 점검한다.
- ㉮ 제동장치 점검 : 브레이크 페달을 밟아 페달유격이 정상인지 확인한다.
- ㉯ 주차 브레이크 점검 : 주차 시 전·후진 레버를 페달 조작에 대비하여 조정한다.
- ㉰ 핸들 작동상태 점검 : 조향핸들을 조작해서 핸들에 이상 진동이 느껴지는지 확인하고 유주상태를 점검한다.
- ㉱ 작업지지 안전하게 제동되는지 확인한다.

③ 연료 누유 및 각종 오일 누유 상태를 점검한다.
- ㉮ 지게차의 각종 오일이 누유되고 있는지 확인한다.
- ㉯ 연료 누유 시 누유 점검은 작업 전 점검 사항으로 주기된 지게차의 지면을 확인하여 연료 및 각종 오일의 흔적을 확인한다.

■ 작업계획서 작성시기

- 일상적인 최초 작업개시 전
- 작업장 내 구조, 설비 및 작업방법이 변경되었을 때
- 작업장소 또는 화물의 상태가 변경되었을 때
- 지게차 운전자가 변경되었을 때

2 작업요청서

1) 작업요청서 작성

① 작업요청서 작성 : 작업요청서는 화물 운반작업을 해당 업체에 의뢰 하는 서류로 의뢰인의 작업요청 내용을 정확하게 파악할 수 있도 록 작성한다.

② 작업시간 확인 : 작업요청서의 화물의 운반장소, 규격, 중량, 운반수량, 운반 경로 및 작업요청 장비를 선정하고 도착지 및 작업경 로를 고려하여 작업시간을 계산한다.

2) 작업요청서를 통한 화물의 사전 정보 확인사항

① 작업요청서의 화물 내역 확인 : 화물의 명칭, 규격, 중량, 운반 수량, 운반 경로, 운반수단을 확인한다.

② 운반할 화물 보관기업 여부 파악 : 작업요청서를 확인하여 운반할 화물의 화물에 가연되어 있는지 확인한다. 확인 방법은 보관가능 이나 보관불가인지 확인한다.

3 장비안전관리교육

1) 위험예지훈련교육

① 작업 중에 발생할 수 있는 위험요인을 사전에 파악하여 그에 맞은 대책을 세워 작업 전 위험요인에 대한 해결책을 강구하기 위한 훈련이다.

② 위험예지훈련 4단계
- ㉮ 제1단계 - 현상파악 : 작업 현장에서 어떤 위험이 잠재하고 있는지, 위험에 대한 현실성을 파악한다.
- ㉯ 제2단계 - 본질추구 : 발견한 위험요구 사항을 진행한다.
- ㉰ 제3단계 - 대책수립 : 위험도가 높은 상황에 대하여 구체적인 대책을 수립한다.
- ㉱ 제4단계 - 목표설정 : 대책을 수립한 사항 중 중점 실시 항목을 요약하여 최종적으로 목표 설정을 한다.

2) 사고 발생 시 대응조치 교육

① 사고 발생 신고자
- ㉮ 사고 발생 사실 및 사고 현장 접근 금지 경고 안내를 한다.
- ㉯ 부상자 발생 시 사고 현장에서 안전하게 대피시키고 응급조치를 실시한다.
- ㉰ 안전이 확보되는 범위 내에서 초동대응을 실시한다.
- ㉱ 화재 발생 시 : 소화기 또는 소화전으로 소화한다.
- ㉲ 가스 누출 시 : 밸브를 잠그고 실내를 환기한다.
- ㉳ 인명 누출 시 : 실내를 환기한다.
- ㉴ 관련 부서 및 시설관리담당부서에 사고 발생 사실을 통보한다.

② 현장관리자
- ㉮ 다른 작업자의 사고 현장에 대한 출입을 제한한다.
- ㉯ 안전이 확보되는 범위 내에서 사고 방지 조치를 한다.
- ㉰ 사고 현장 내 다른 작업자의 출입을 통제한다.
- ㉱ 관련 부서에 사고 발생 사실을 상황을 보고한다.

③ 안전담당자
- ㉮ 사고 현장을 조사하고 확인한다.
- ㉯ 사고 피해자를 면담하여 상태를 파악한다.
- ㉰ 사고조사보고서를 작성하여 보고한다.

③ 특별안전·보건교육(산업안전보건법 시행규칙)
① 개요 : 운반용 등 하역기계를 5대 이상 보유한 사업장에서의 해당 기계로 하는 작업 시 산업안전보건법령에 따라 특별안전·보건교육을 실시하여야 한다.
② 교육대상 및 교육시간
 ㉮ 일용근로자 : 2시간 이상
 ㉯ 일용근로자를 제외한 근로자
  ㉠ 16시간 이상(최초 작업에 종사하기 전 4시간 이상 실시하고 12시간은 3개월 이내에서 분할하여 실시 가능)
  ㉡ 단기간 작업 또는 간헐적 작업인 경우에는 2시간 이상
③ 교육내용
 ㉮ 운반하역기계 및 부속설비의 점검에 관한 사항
 ㉯ 작업순서와 방법에 관한 사항
 ㉰ 안전운전방법에 관한 사항
 ㉱ 화물의 취급 및 작업신호에 관한 사항
 ㉲ 그 밖에 안전·보건관리에 필요한 사항

4 기계·기구 및 공구에 관한 사항

1) 스패너 및 렌치 사용
① 스패너의 입이 너트 폭과 맞는 것을 사용하고 입이 변형된 것은 사용치 않는다.
② 스패너를 너트에 정확히 끼워서 앞으로 잡아당길 때 힘이 걸리도록 한다.
③ 스패너를 두 개로 연결하거나 자루에 파이프를 이어 사용해서는 안 된다.
④ 렌치는 볼트 및 너트 머리에 꼭 맞는 것을 사용해야 한다.
⑤ 멍키 렌치는 아래턱(이동 jaw)의 방향으로 돌려서 사용한다.
⑥ 복스 렌치는 볼트나 너트의 주위를 완전히 감싸게 되어 있어 미끄러지지 않는다.
⑦ 토크 렌치는 볼트나 너트를 규정값에 정확히 맞추기 위해 사용하며, 오른 엔드 파이프 피팅을 풀고 조일 때 사용한다.

2) 해머 작업
① 자루가 쐐기역할을 못하거나 타격면이 넓어 경사진 것은 사용하지 않는다.
② 쐐기를 박아서 자루가 단단한 것을 사용한다.
③ 작업에 맞는 무게의 해머를 사용하고 주위상황을 확인한 후 두 번 가볍게 친 다음 본격적으로 두들긴다.
④ 장갑이나 기름 묻은 손으로 자루를 잡지 않는다.
⑤ 재료에 변형이나 요철이 있을 때 해머를 타격하면 한쪽으로 쏠려 부상당할 수 있으므로 주의한다.
⑥ 담금질한 것은 함부로 두들겨서는 안 된다.
⑦ 불꽃에 해머를 대고 불어 위치를 정하여 발을 힘껏 디디고 작업한다.
⑧ 처음부터 크게 휘두르지 않고 목표에 잘맞기 시작한 후 차차 크게 휘두른다.

3) 정 작업
① 머리가 벗겨진 정은 사용하지 않는다.
② 정 머리에 기름이 묻어 있으면 깨끗이 닦아내고 사용한다.
③ 날끝은 결손된 것이나 둥글어진 것은 사용하지 않는다.
④ 방진안경을 착용하여 파편의 비산에 의한 재해를 예방한다.
⑤ 정 작업은 처음에는 약하게 타격을 가하고, 목표가 정해진 후에 세게 두들긴다. 또 작업이 끝날 때에는 타격을 약하게 한다.
⑥ 담금질한 재료를 정으로 쳐서는 안 된다.

4) 연삭기 작업의 안전수칙
① 안전모, 안전화, 보안경, 귀마개, 가죽장갑 등의 개인보호구를 반드시 착용하고 작업을 실시해야 한다.
② 가공물을 연삭숫돌에 접촉시키기 전에 3분 이상 시운전을 하고 해당 기계에 이상이 있는지를 확인해야 한다.
③ 연삭숫돌을 지정장소에 보관하고 운반이나 교체 시 충격이 가지 않도록 한다.
④ 연삭작업을 하는 연삭기와 마찬가지로 고정형, 이동형 또는 정치형 기계·기구의 노출된 비중전 금속체에는 접지를 실시하여야 한다.
⑤ 회전 중인 연삭숫돌이 근로자에게 위험을 미칠 우려가 있는 경우에 그 부위에 덮개를 설치해야 한다.
⑥ 연삭숫돌을 사용하는 작업의 경우에는 작업을 시작하기 전에는 1분 이상, 연삭숫돌을 교체한 후에는 3분 이상 시험운전을 하고 해당 기계에 이상이 있는지를 확인해야 한다.
⑦ 연삭숫돌의 최고 사용 회전속도를 초과하여 사용해서는 안 된다.
⑧ 연삭숫돌은 규격에 맞는 것을 사용해야 한다.
⑨ 인화성 물질 주변에서는 연삭작업을 금지한다.
⑩ 연삭숫돌은 측면 사용을 목적으로 만들어진 것 이외에는 측면을 사용해서는 안 된다.
⑪ 작업장소 주위에 다른 작업자가 접근하지 못하도록 통제해야 한다.
⑫ 작업 중 이상현상이나 중대 사이렌, 전원 스위치를 끄고 연삭숫돌이 정지되지 않은 상태에서는 접촉을 금지한다.

5) 드릴 사용 시 주의사항
① 회전하고 있는 주축이나 드릴에 손이나 걸레를 대거나 가까이하지 말아야 한다.
② 드릴을 사용 전에 점검하고 상처가 있는 것은 사용하지 않는다.
③ 가공 중에 드릴이 절삭분이 불량해지고 이상음이 있을 때 즉시 드릴을 바꾼다.
④ 가공 중 드릴에 깊이 들어가면 기계를 멈추고 손으로 돌려서 드릴을 뽑아낸다.
⑤ 드릴이나 드릴머신이 나무토막을 놓고 테이블 중앙에 나무조각 등을 통하여 놓고 작업한다.
⑥ 테이블 드릴머신은 작업 중 칼럼(column)과 암(arm)을 확실히 체결하여 안정시킬 때 주위에 조심하고 정지 시는 안전 베이스의 중심 위치에 놓는다.

⑦ 면장갑을 착용해서는 절대로 안 된다.
⑧ 작은 가공물이라도 가공물을 손으로 고정시키고 작업해서는 안 된다.
⑨ 가공물이 관통되는 구멍에는 일맞게 힘을 가해야 한다.
⑩ 드릴 끝이 가공물을 관통하였는지 손으로 확인해서는 안 된다.
⑪ 가공물을 이동시킬 때에는 드릴 날에 손이나 가공물이 접촉되지 않도록 드릴을 안전한 위치에 올려두고 작업해야 한다.
⑫ 드릴 회전 중 철을 제거하는 것은 위험하므로 절대 금해야 한다.
⑬ 드릴 척에 고정시킬 때 유동을 받지 않도록 고정해야 한다. 가공 작업 시는 가공물의 반대쪽을 확인하고 작업을 중지하고 기계의 작업 중 소음이나 진동이 발생 시에는 작업을 중지하고 기계의 이상 유무를 확인하여야 한다.
⑭ 드릴 날은 항시 점검하여 생차거나 균열이 생긴 드릴을 사용하면 안 된다.
⑮ 주물 소재 칠은 해머나 입으로 불어서 제거하면 안 된다.

■ 점검 작업 금지 작업
• 드릴작업, 정밀기계작업, 연삭작업, 해머작업, 선반작업, 목공기계작업 등

6) 가스용접 작업 시 안전수칙
① 봄베 주둥이 쇠나 몸통에 녹이 슬지 않도록 오일이나 그리스를 바르지 말 것.
② 토치는 반드시 작업대 위에 놓고 기름이나 그리스가 문지 않도록 한다.
③ 가스를 안전히 연결이 되지 않거나 점화된 상태로 방치하지 말아야 한다.

④ 봄베는 던지거나 넘어뜨리지 말아야 한다.
⑤ 산소 용기의 보관 온도는 40℃ 이하로 해야 한다.
⑥ 아세틸렌 밸브를 먼저 열고 점화한 후 산소 밸브를 연다.
⑦ 점화는 성냥불로 직접 점화하지 않으며, 반드시 소화기를 준비해야 한다.
⑧ 산소 용접할 때 역류·역화가 일어나면 빨리 산소 밸브부터 잠가 야 한다.
⑨ 운반할 때에는 운반용으로 된 전용 운반자를 사용한다.

7) 카바이드 취급 시 안전수칙
① 밀봉해서 보관한다.
② 인화성이 없는 곳에 보관한다.
③ 저장소에 전등을 설치할 경우 방폭 구조로 한다.
④ 카바이드를 습기가 있는 곳에 보관하면 수분과 카바이드가 작용하여 아세틸렌 가스를 발생시키고, 소석회로 변화된다.
⑤ 카바이드 저장소에는 전등 스위치가 옥내에 있으면 위험하다.

■ 고압가스 용기의 도색

가스의 종류	도색의 구분	가스의 종류	도색의 구분
액화석유가스(LPG)	회색	산소	녹색(흑소는 흑색 또는 녹색)
수소	주황색	아세틸렌	황색(흑소는 적색)

CHAPTER 01 | 안전관리

출제 예상문제

01 다음 중 안전의 제1 이념에 해당하는 것은?
① 품질 향상 ② 재산 보호
③ 인간 존중 ④ 생산성 향상

☞ 안전관리란 재해로부터 인간의 생명과 재산을 보호하기 위한 계획적이고 체계적인 제반 활동을 의미한다.

02 작업계획서 작성시기로 볼 수 없는 것은?
① 지게차 운전자가 변경되었을 때
② 작업장 내 구조, 설비 및 작업방법이 변경되었을 때
③ 작업장소 또는 화물의 상태가 변경되었을 때
④ 일상작업은 매일의 작업개시 전

☞ 작업계획서 작성시기
• 일상작업은 최초 작업개시 전
• 작업장 내 구조, 설비 및 작업방법이 변경되었을 때
• 작업장소 또는 화물의 상태가 변경되었을 때
• 지게차 운전자가 변경되었을 때

03 산업재해의 통계적 분류 중 중경상은?
① 업무로 인해서 목숨을 잃게 되는 경우
② 부상으로 30일 이상의 노동 상실을 가져온 상해 정도
③ 부상으로 8일 이상의 노동 상실을 가져온 상해 정도
④ 부상으로 1일 이상 7일 이하의 노동 상실을 가져온 상해 정도

☞ 산업재해의 통계적 분류
• 사망 : 업무로 인해서 목숨을 잃게 되는 경우
• 중상해 : 부상으로 8일 이상의 노동 상실을 가져온 상해 정도
• 경상해 : 부상으로 1일 이상 7일 이하의 노동 상실을 가져온 상해 정도
• 무상해 사고 : 응급처치 이하의 상처로 작업에 종사하면서 치료를 받는 상해 정도

04 재해의 원인 요소 중 작업장의 부적절, 작업방법의 부적절, 작업공간의 불량 등과 관계가 있는 것은?
① 인간(man) ② 기계(machine)
③ 매체(media) ④ 관리(management)

05 재해 발생의 직접 원인에 해당되지 않는 것은?
① 인적 수준의 오해 ② 사회적 환경
③ 위험 장소의 접근 ④ 불안전한 조작

06 재해의 발생원인 중 직접원인에 해당되는 것은?
① 유전적 요소 ② 사회적 환경
③ 불안전한 행동 ④ 인간의 결함

☞ 재해의 직접원인
• 불안전한 행동 : 위험장소 접근, 안전장치의 기능 제거, 복장·보호구의 잘못 사용, 기계·기구의 잘못 사용, 운전 중인 기계장치의 손질, 불안전한 속도 조작, 위험물 취급 부주의, 불안전한 상태 방치, 불안전한 자세 동작, 감독 및 연락 불충분
• 불안전한 상태 : 물 자체 결함, 안전 방호장치 결함, 보호구의 결함, 물의 배치 및 작업장소 결함, 작업환경의 결함, 생산 공정의 결함, 경계표시 결함

07 재해의 원인을 직접 원인과 간접 원인으로 나눌 때, 직접 원인에 해당하는 것은?
① 기술적 원인 ② 관리적 원인
③ 교육적 원인 ④ 물적 원인

☞ 직접 원인
• 불안전한 행동 : 위험장소의 기능 제거, 복장·보호구의 잘못 사용, 기계·기구의 잘못 사용, 운전 중인 기계장치의 손질, 불안전한 속도 조작, 위험물 취급 부주의, 불안전한 상태 방치, 불안전한 자세 동작, 감독 및 연락 불충분
• 불안전한 상태 : 물 자체 결함, 안전 방호장치의 결함, 보호구의 결함, 물의 배치 및 작업장소 결함, 작업환경의 결함, 생산 공정의 결함, 경계표시 결함

08 무재해운동 기본이념 3기둥에 해당되지 않는 것은?
① 무의 원칙 ② 자주활동의 원칙
③ 참가의 원칙 ④ 선취 해결의 원칙

☞ 무재해운동의 3원칙
• 무(Zero)의 원칙 : 재해 위험요인을 근본적으로 해결하기 위한 원칙
• 선취의 원칙 : 위험요인 행동 전에 예지, 발견
• 참가의 원칙 : 전원(근로자, 회사 내 전문원)의 기록 참가

09 다음 중 재해예방의 4원칙에 해당하지 않는 것은?
① 예방가능의 원칙 ② 손실우연의 원칙
③ 원인계기의 원칙 ④ 선취해결의 원칙

☞ 재해예방의 4원칙 : 손실우연의 원칙, 원인계기의 원칙, 예방가능의 원칙, 대책선정의 원칙

10 보호구의 구비 조건으로 가장 거리가 먼 것은?
① 착용이 간편하고 착용 후 작업하기가 쉬워야 한다.
② 유해 · 위험요소로부터 보호 성능이 충분해야 한다.
③ 품질이 양호해야 한다.
④ 외관이 아름다워야 한다.

☞ 보호구의 구비 조건
• 착용이 간단하고 착용 후 작업하기가 쉬워야 한다.
• 유해 · 위험요소로부터 보호 성능이 충분해야 한다.
• 품질이 양호해야 한다.
• 외관 및 디자인이 양호해야 한다.

11 작업장에서 안전모를 쓰는 이유는?
① 작업자의 사기 진작을 위해
② 작업자의 안전을 위해
③ 작업자의 복장 통일을 위해
④ 작업자의 합심을 위해

☞ 보호구를 사용하는 목적은 작업장에서 안전모 등을 위한 것이다.

12 감전되거나 전기화상을 입을 위험이 있는 작업에서 제일 먼저 작업자가 구비해야 할 것은?
① 안전기 ② 구급차
③ 보호구 ④ 신호기

☞ 감전 등의 위험이 있는 작업장에서는 내전압성 검증 안전모 등의 보호구를 착용하여야 한다.

정답 01 ③ 02 ④ 03 ③ 04 ③ 05 ① 06 ③ 07 ④ 08 ② 09 ④ 10 ④ 11 ② 12 ③

13 안전보호구 선택 시 유의사항으로 틀린 것은?
① 보호구 검정에 합격하고 보호성능이 보장될 것
② 착용이 용이하고 크기 등 사용자에게 편리할 것
③ 작업 행동에 방해되지 않을 것
④ 반드시 검정품 체용되어 안전된 보호성일

보호구의 구비 조건
• 착용이 간단하고 착용 후 작업하기가 쉬워야 한다.
• 유해 · 위험요소들로부터 보호 성능이 충분해야 한다.
• 품질이 양호해야 한다.
• 품 미무리가 양호해야 한다.
• 외관 및 디자인이 양호해야 한다.

14 물체의 낙하 또는 비래(날아옴)에 의한 위험을 방지 또는 경감하고, 머리 부위 감전에 의한 위험을 방지하는 안전모의 기호는?
① AB   ② AE
③ ABE   ④ AC

안전모의 종류	사용구분
AB	물체의 낙하 또는 비래(날아옴) 및 추락에 의한 위험을 방지 또는 경감시키기 위한 것
AE	물체의 낙하 또는 비래에 의한 위험을 방지 또는 경감하고, 머리부위 감전에 의한 위험을 방지하기 위한 것
ABE	물체의 낙하 또는 비래에 의한 위험을 방지 또는 경감하고, 머리부위 감전 및 추락에 의한 위험을 방지하기 위한 것

15 작업시 보안경을 반드시 사용해야 하는 것으로 적합하지 않은 것은?
① 장비 밑에서 정비 작업할 때
② 인체에 해로운 가스가 발생하는 작업
③ 철분, 모래 등이 날리는 작업
④ 전기 용접 및 산소용접 작업

16 보호안경을 사용하는 설명으로 맞지 않는 것은?
① 유해 광선으로부터 눈을 보호하기 위하여
② 중량물의 낙하시 눈을 보호하기 위하여
③ 비산되는 칩으로부터 눈을 보호하기 위하여
④ 유해 약물로부터 눈을 보호하기 위하여

인체에 해로운 가스가 발생하는 작업장에서는 반드시 마스크를 착용해야 한다.

17 안전화의 등급에 해당되지 않는 것은?
① 독소작업용   ② 중작업용
③ 보통작업용   ④ 경작업용

안전화의 등급 : 중작업용, 보통작업용, 경작업용

18 안전사항으로 운전 및 정비 작업시의 작업복으로 적당치 않은 것은?
① 잘배 헐렁으로 상의 옷자락을 여밀 수 있는 것
② 작업용구 등을 넣기 위해 호주머니가 많은 것
③ 소매를 오무릴 수 있는 노동복 되어 있는 것
④ 소매를 손목까지 가릴 수 있는 것

작업복은 기급적 호주머니를 최소화해야 한다.

19 안전한 작업을 하기 위하여 작업복장을 선정할 때의 유의사항으로 가장 거리가 먼 것은?
① 착용자의 취미, 기호 등에 중점을 두고 스타일을 선정한다.
② 화기사용 장소에서는 방염성, 불연성의 것을 사용하도록 한다.
③ 상의의 끝이나 바지자락 등이 기계에 말려 들어갈 위험이 없도록 한다.
④ 작업복은 몸에 맞고 동작이 편하도록 제작한다.

작업 복장은 착용자의 취미, 기호 등이 아니라 안전에 우선을 두어야 한다.

20 지게차의 안정도와 관련하여 주행 시의 기준에서 전·후 안정도 기준 으로 맞은 것은?
① 18% 이내   ② 18% 이상
③ 6% 이내   ④ 6% 이상

전·후 안정도	
기준보다 상태에서 지게차의 뒷바퀴가 지면으로부터 떨어지는 거리(cm)	4%(5t 이상은 3.5%) 이내
주행 시의 기준무하 상태	18% 이내

21 지게차 하역의 모멘트 M1, 지게차의 모멘트를 M2라 할 때 지게차로 하역 안전 시 지게차의 뒷바퀴가 들겠자기 안 되는 조건으로 가장 알맞은 것은?
① M1 < M2   ② M1 > M2
③ M1 ≤ M2   ④ M1 ≥ M2

• W : 포크 중심에서의 화물의 중심(kg)
• G : 지게차 중심에서의 지게차 중량
• L1 : 앞바퀴에서 화물 중심까지의 거리(cm)
• L2 : 지게차 앞바퀴에서 지게차 중심까지의 거리(cm)
• M1 : 화물의 모멘트, M1 = W × L1
• M2 : 지게차의 모멘트, M2 = G × L2
∴ 화물의 모멘트(M1) ≤ M2(지게차의 모멘트)

22 지게차 주행 시의 좌·우 안정도 기준으로 옳은 것은?(단, 주행 시의 무무하 상태이다.)
① (15+1.1V)% 이상
② (15+1.1V)% 이내
③ (10+1.1V)% 이내
④ (10+1.1V)% 이상

좌·우 안정도	
기준부하 상태에서 포크(fork)를 최대로 올리고 마스트를 최대로 기울인 상태	6% 이내
주행 시의 기준무하 상태	(15+1.1V)% 이내 (V : 최고속도 km/h)

23 지게차 안전장치 중 안전벨트 착용 시에만 전·후진 레버의 조작과 가속페달을 구축하여 작업 · 충돌 시 운전자가 운전석에서 튕겨나가는 것을 방지하는 것은?
① 헤드가드
② 지게차 안전문
③ 주행연동 안전벨트
④ 백레스트

주행연동 안전벨트는 안전벨트 착용 시 지게차 전·후진 레버의 인터록 시스템을 구축하여 안전벨트 미착용시 전·후진이 되지 않도록 하여 운전자가 운전석에 튕겨나가는 것을 방지한다.

정답 13 ④ 14 ② 15 ② 16 ② 17 ① 18 ②
정답 19 ① 20 ③ 21 ① 22 ② 23 ③

24 지게차에 설치하는 후사경의 설치 조건으로 틀린 것은?
① 각도를 조정할 수 있는 구조일 것
② 쉽게 발진될 가능할 것
③ 쉽게 파손되지 아니하는 구조 및 위치일 것
④ 최대한 작은 크기일 것

○ 소형 후사경으로는 지게차 후진 시 지게차 후방에 위치한 근로자 또는 물체를 인지하기 위해 자동차용 대형 후사경과 교체 설치하는 것이 바람직하다.

25 지게차를 이용한 작업 중에 위쪽으로부터 떨어지는 물건에 의한 위험을 방지하기 위하여 운전자의 머리 위쪽에 설치하는 덮개는?
① 안전벨트   ② 백레스트
③ 헤드가드   ④ 포크 받침대

○ 헤드가드(Head guard)란 지게차를 이용한 작업 중에 위쪽으로부터 떨어지는 물건에 의한 위험을 방지하기 위하여 운전자의 머리 위쪽에 설치하는 덮개를 말한다.

26 지게차의 방호장치 중 받침적으로 받드시 설치되어야 하는 것에 해당되지 않는 것은?
① 안전문
② 헤드가드(Head guard)
③ 백레스트(Backrest)
④ 좌석안전띠

○ 지게차의 방호장치
• 헤드가드(Head guard)
• 백레스트(Backrest)
• 좌석안전띠

27 지게차에 설치되는 전조등 및 후미등의 등광색 기준으로 옳은 것은?
① 전조등 - 백색, 후미등 - 백색
② 전조등 - 백색, 후미등 - 적색
③ 전조등 - 적색, 후미등 - 백색
④ 전조등 - 적색, 후미등 - 적색

○ 전조등과 후미등
• 전조등 : 좌우에 1개씩 설치, 등광색은 백색
• 후미등 : 지게차 뒷면 양쪽에 설치, 등광색 적색

28 지게차의 방호장치에 대한 설명으로 틀린 것은?
① 헤드가드의 강도는 지게차의 최대하중의 2배의 값(그 값이 4톤을 넘는 것에 대해서는 4톤으로 한다)의 등분포정하중에 견딜 수 있는 것이어야 하며, 상부틀의 각 개구의 폭 또는 길이가 16cm 미만이어야 한다.
② 백레스트는 지게차를 이용한 작업 중에 마스트를 뒤로 기울일 때 화물이 마스트 방향으로 떨어지는 것을 방지하기 위해 설치하는 짐받이 틀을 말한다.
③ 좌석안전띠는 지게차가 넘어질 경우 운전자가 운전석으로부터 이탈이 방지될 수 있는 지게차에 대해 운전자의 안전벨트를 착용하지 않도록 하기 위해 지게차 뒷면에 안전블록과 전조등을 갖추어야 한다.
④ 안간작업 시에 재해를 예방하기 위한 안전한 작업이 되도록 하기 위해 지게차 뒷면에 전조등과 후미등을 갖추어야 한다.

○ 헤드가드(Head guard)의 구비조건
• 강도는 지게차 최대하중의 2배의 값(그 값이 4톤을 넘는 것에 대해서는 4톤으로 한다)의 등분포정하중에 견딜 수 있는 것일 것
• 상부틀의 각 개구의 폭 또는 길이가 16cm 미만일 것
• 운전자가 앉아서 조작하거나 서서 조작하는 지게차의 헤드가드는 한국산업표준에서 정하는 산업표준화법에 따른 한국산업표준에 적합하거나 이와 동등 이상일 것. 서서 조작하는 경우 0.903m 이상, 1.88m 이상

29 다음 중 안전보건표지의 종류가 아닌 것은?
① 안내표지   ② 허가표지
③ 지시표지   ④ 금지표지

○ 안전보건표지의 종류 : 금지표지, 경고표지, 지시표지, 안내표지

30 안전보건표지 중 안내표지의 바탕색으로 맞는 것은?
① 검은색   ② 녹색
③ 빨간색   ④ 노란색

○ 안내표지 : 바탕은 흰색, 기본모형 및 관련 부호는 녹색, 바탕은 녹색, 관련 부호 및 그림은 흰색

31 다음 그림의 안전보건표지가 나타내는 것은?

① 녹십자 표지   ② 출입금지
③ 인화성 물질경고   ④ 보안경 착용

32 안전보건표지에서 그림이 표시하는 것으로 맞는 것은?

① 독극물 경고   ② 폭발물 경고
③ 고압전기 경고   ④ 낙하물 경고

33 안전보건표지에서 그림이 나타내는 것으로 맞는 것은?

① 비상구 표지   ② 방사선 위험 표지
③ 탑승 금지 표지   ④ 보행금지 표지

비상구 표지
방사선 위험 표지
탑승 금지 표지

34 다음 그림은 안전보건표지 중 어떠한 내용을 나타내는가?

① 지시표지
② 경고표지
③ 금지표지
④ 안내표지

안전보건표지의 종류			
방독마스크 착용	보안면 착용	안전모 착용	귀마개 착용
안전화 착용	보안경 착용	안전장갑 착용	안전복 착용

35 다음의 안전보건표지가 나타내는 것은?

① 비상구
② 출입금지
③ 인화성물질 경고
④ 보안경 착용

안전보건표지		
비상구	인화성물질경고	보안경 착용

36 지게차 주차 시의 안전준수사항으로 틀린 것은?
① 안전하고 경사가 작은 청결한 지역에 주차하며, 경사면에 주차하지 않는다.
② 방향전환에 바쁘는 중립 위치에 놓는다.
③ 시동을 끄고 열쇠는 운전자가 지참하며 주차 브레이크를 확실히 작동시켜 둔다.
④ 포크는 지면에서 30cm 정도 유지하여 주차한다.

37 지게차 전복되 재해예 발생원인으로 가장 거리가 먼 것은?
① 연약한 지반에서 받침판을 사용하지 않고 운전
② 연약한 공작장소에서 편하중이 발생
③ 지게차에 뛰어오르거나 뛰어내림
④ 포크를 내리고 안전히 마스트를 뒤로 젖힌 채 주행함

38 일반적으로 지게차의 운전자 매뉴얼에 포함될 내용과 가장 거리가 먼 것은?
① 안전수칙
② 제원 및 규정값
③ 검사절차
④ 운행상의 주의사항

39 지게차 1대가 다니는 운행통로의 폭은 운행 지게차의 최대 폭에 얼마 이상의 여유를 확보해야 하는가?
① 10cm
② 30cm
③ 50cm
④ 60cm

40 폭이 2.5m인 지게차 2대가 다니는 통로의 최소 기준은 얼마 이상이야 하는가?
① 2.5m
② 3.1m
③ 5.6m
④ 5.9m

41 지게차 운행통로의 구조에 대한 설명으로 틀린 것은?
① 지게차를 이용하여 화물을 싣거나 내리는 하역작업 장소는 평탄하고 지게차의 하중을 견딜 수 있는 견고한 구조로 한다.
② 지게차의 운행통로는 지반의 부등침하, 갓길의 붕괴에 의한 전도 위험이 없어야 한다.
③ 지게차 2대가 다니는 통로는 운행 지게차 2대의 최대 폭에 60cm 이상의 여유를 확보해야 한다.
④ 연약, 경사지에는 운행 중 전도·전락의 위험이 있으므로 가드레일을 설치한 경사하게 설치한 장소에는 유도자를 배치한다.

• 운행통로의 폭
• 지게차 1대가 다니는 통로: 운행 지게차의 최대 폭에 60cm 이상의 여유 확보
• 지게차 2대가 다니는 통로: 운행 지게차 2대의 최대 폭에 90cm 이상의 여유 확보

42 지게차 전·후진 주행장치의 점검 순서를 바르게 나열한 것은?
㉠ 포크를 지면으로부터 20cm 들어 올린다.
㉡ 브레이크 페달을 밟은 채 기어 변속레버를 전진 위치에 놓는다.
㉢ 주차 브레이크를 해제한다.
㉣ 브레이크 페달에서 발을 서서히 밟는다.
㉤ 브레이크 페달을 밝아 제동이 되는 정상이다.

① ㉠→㉡→㉢→㉣→㉤
② ㉠→㉢→㉡→㉣→㉤
③ ㉡→㉠→㉢→㉣→㉤
④ ㉡→㉠→㉣→㉢→㉤

전·후진 주행장치 점검: 포크를 지면으로부터 20cm 들어올림 → 브레이크 페달을 밟은 채 기어 변속레버를 전진 위치 → 주차 브레이크 해제 → 브레이크 페달에서 발을 떼고 가속페달을 서서히 밟음 → 브레이크 페달을 밟아 제동이 되면 정상

43 지게차 작업 시 안전 작업 요령으로 틀린 것은?
① 적재화물의 크기나 형상에 맞게 포크 간격을 조정한다.
② 옥내 주행시는 전조등을 켜고 작업한다.
③ 급선회, 급정동을 오조작을 하지 않는다.
④ 중량물 운반 시 최대한 빠른 속도로 운전한다.

정답
34 ① 35 ② 36 ④ 37 ③
38 ② 39 ④ 40 ④ 41 ③ 42 ① 43 ④

44 지게차를 이용한 작업장 화물운반 작업 시 안전사항으로 틀린 것은?
① 급경사 언덕길을 오를 때는 포크의 선단이나 팔레트의 바닥 부분이 노면에 접촉되지 않도록 하고, 되도록 지면 가까이 접근시켜 노행한다.
② 경사지를 따라 옆으로 주행하거나 방향을 전환하지 않도록 한다.
③ 울라가거나 내려갈 때는 적재된 화물이 언덕길의 위쪽을 향하도록 주행한다.
④ 지게차가 앞쪽으로 기울어진 상태에서 화물을 올리거나 내리지 않도록 위쪽을 향하도록 주행한다.

45 일반적으로 화물의 안정상태로 포크의 경사진 안전운전을 확인하기 위한 포크의 높이는 지면으로부터 얼마 정도인가?
① 지면과 밀착   ② 5~10cm 정도
③ 20~30cm 정도   ④ 최대 높이

☞ 포크를 지면으로부터 5~10cm 정도 들어올려 화물의 안정상태와 포크에 대한 편하중을 확인한다.

46 지게차 작업안전과 관련된 설명으로 틀린 것은?
① 공동작업은 작업지휘자의 신호에 따른다.
② 무거운 것은 아래, 가벼운 것은 위로 적재한다.
③ 경사면을 따라 옆으로 주행하거나 방향을 전환하지 않도록 한다.
④ 화물 위에 사람이 탑승하거나 가까이 있도록 한다.

☞ 가벼운 것은 위로, 무거운 것은 아래로 적재한다.

47 화물 운반작업을 해당 운전에게 의뢰하는 사유로 운반할 화물의 품목, 규격, 중량, 운반수량 등을 확인할 수 있는 것은?
① 작업계획서   ② 작업요청서
③ 안전작업 매뉴얼   ④ 장비사용 설명서

☞ 작업지휘자는 화물 운반작업을 해당 운전에게 의뢰하는 작업요청 정확하게 파악할 수 있도록 작성한다.

48 다음 중 위험분지훈련 4단계 진행에서 '위험의 포인트'를 결정하여 전원이 지적 확인을 하는 단계로 가장 적절한 것은?
① 제1단계   ② 제2단계
③ 제3단계   ④ 제4단계

☞ 위험분지훈련 4단계
· 제1단계 : 현상파악
· 제2단계 : 본질추구
· 제3단계 : 대책수립
· 제4단계 : 목표설정
· 위험도가 높은 사항에 대하여 구체적이고 실천 가능한 대책을 세우며 요약하여 최종적으로 목표설정한다.

49 운반용 등 하역기계를 5대 이상 보유한 사업장에서의 해당 기계로 하는 작업 시 산업안전보건법령에 따라 특별안전·보건교육을 실시해야 한다. 일용근로자에 대한 교육시간은?
① 16시간 이상   ② 8시간 이상
③ 4시간 이상   ④ 2시간 이상

☞ 일용근로자 및 단기간 작업 또는 간헐적 작업인 경우에는 2시간 이상 특별안전·보건교육을 실시하여야 한다.

50 운반용 등 하역기계를 5대 이상 보유한 사업장에서의 해당 기계로 하는 작업 시 실시하여야 하는 특별안전·보건교육의 교육내용에 해당하지 않는 것은?
① 운반하역기계 및 부속설비의 점검에 관한 사항
② 작업순서와 방법에 관한 사항
③ 운반하역기계 방법에 관한 점검 및 요령에 관한 사항
④ 화물의 취급 및 작업신호에 관한 사항

☞ 교육내용
· 운반하역기계 및 부속설비의 점검에 관한 사항
· 작업순서와 방법에 관한 사항
· 화물의 취급 및 작업신호에 관한 사항
· 그 밖에 안전·보건관리에 필요한 사항

51 일반공구 사용법에서 안전한 사용법에 적합하지 않은 것은?
① 녹이 생긴 볼트나 너트에는 오일을 넣어 스며들게 한 후 돌린다.
② 렌치를 해머로 두들겨 사용하지 말아야 한다.
③ 언제나 깨끗한 상태로 보관한다.
④ 렌치의 조정조에 힘이 가해지는 방향으로 돌린다.

☞ 렌치는 조임을 수 있는 위치에서 작업하도록 하며, 렌치의 조정조 쪽으로 힘이 가해져서는 안 된다.

52 작업에 필요한 수공구의 보관에 알맞지 않은 것은?
① 공구함을 준비하여 종류와 크기별로 보관한다.
② 사용한 수공구는 방치하지 말고 소정의 장소에 보관한다.
③ 날이 있거나 뾰족한 물건은 위험하므로 꽂이에 보관한다.
④ 녹이 생기지 않도록 오일을 발라서 공구상자에 보관한다.

53 작업장에서 수공구 재해예방 대책으로 잘못된 사항은?
① 결함이 없는 안전한 공구 사용
② 공구의 올바른 사용과 취급
③ 공구는 항상 오일을 묻혀서 보관
④ 작업에 알맞은 공구 사용

☞ 회전공구를 사용하는 곳에 브러시를 부착시키지 않으며 건조한 상태에서 보관하여야 한다.

54 스패너, 렌치를 사용할 때의 주의사항으로 잘못 작업하지 않는 것은?
① 너트에 맞는 것을 사용한다.
② 스패너 렌치는 뒤로 당겨 작업한다.
③ 해머 대용으로 사용하지 않는다.
④ 무리한 힘으로 가하지 않는다.

☞ 공구는 당겨 경쾌하게 작업할 수 있도록 작업장 지정된 장소에 보관하여야 한다.

55 렌치 사용시 적합하지 않은 것은?
① 너트에 맞는 것을 사용할 것
② 렌치를 볼트 · 너트에 깊이 물리게 할 것
③ 해머 대용으로 사용하지 말 것
④ 파이프 렌치를 사용할 때는 정지상태를 확실히 할 것

☞ 스패너나 렌치는 앞으로 당길 때 힘이 걸리도록 한다.

정답 44 ③ 45 ② 46 ② 47 ② 48 ② 49 ④ 50 ③ 51 ④ 52 ④ 53 ③ 54 ② 55 ②

56 복스렌치가 오픈렌치보다 많이 사용되는 이유로 가장 적합한 것은?
① 볼트, 너트 주위를 완전히 감싸게 되어 있어서 사용 중 미끄러지지 않는다.
② 여러 가지의 볼트, 너트에 사용할 수 있다.
③ 적은 힘으로 작업할 수 있다.
④ 가볍고, 사용하는데 양손으로 사용할 수 있다.

※ 복스렌치는 모든 랜치와 조임을 동일함에서 여러 방향에서 사용이 가능하여, 볼트나 너트 주위를 완전히 감싸게 되어 있어서 사용 중에 미끄러지지 않는 장점이 있다.

57 소켓렌치 사용에 대한 설명으로 틀린 것은?
① 임팩트용으로 사용되므로 수작업시는 사용하지 않도록 한다.
② 큰 힘으로 조일 때 사용한다.
③ 오픈렌지와 규격이 동일하다.
④ 사용 중 잘 미끄러지지 않는다.

※ 소켓렌치는 큰 힘으로 조일 때 사용하여 수작업 시 효과적으로 사용된다.

58 드라이버 사용방법으로 틀린 것은?
① 날 끝이 홈의 폭과 길이에 맞는 것을 사용한다.
② 날 끝이 수평이어야 한다.
③ 전기작업시에는 절연된 자루를 사용한다.
④ 작은 공작물이라도 바이스에 고정하지 말고 손으로 잡고 작업한다.

※ 작은 부품일 경우 바이스에 고정시키고 작업하도록 한다.

59 드라이버(driver)의 올바른 사용방법이 가장 적절하지 않은 것은?
① 날 끝이 재료의 홈에 맞는 것을 사용한다.
② 공작물을 바이스(vise)에 고정시킨다.
③ 강하게 조이려고 드라이버 자루를 손으로 단단히 조인다.
④ 전기작업시 절연된 손잡이를 사용한다.

※ 작은 크기의 부품의 경우 바이스에 고정시키고 작업하도록 한다.

60 일반적으로 장갑을 착용하고 작업을 하게 되는 데, 안전을 위하여 오히려 장갑을 사용하지 않아야 하는 작업은?
① 전기 용접 작업
② 해머 작업
③ 타이어 교환 작업
④ 건설기계 운전

61 해머 사용 중 주의사항이 틀린 것은?
① 타격면이 넓어 경사진 것은 사용하지 않는다.
② 장갑이나 기름묻은 손으로 잡지 않는다.
③ 담금질한 것은 단단하므로 한 번에 정확히 타격한다.
④ 물건에 해머를 대고 몸의 위치를 정한다.

※ 해머를 사용할 때는 처음에는 작게 휘두르고 차차 크게 휘두른다. 열물러진 재료는 해머로 타격하지 않아야 한다.

62 해머 사용시 주의사항이 아닌 것은?
① 쐐기를 박아서 자루가 단단한 것을 사용한다.
② 기름이 묻은 손으로 손잡이를 잡지 않는다.
③ 타격면이 넓고 경사진 것을 사용하지 않는다.
④ 처음에는 크게 휘두르고, 차차 작게 휘두른다.

※ 처음에는 작게 휘두르고, 차차 크게 휘두른다.

63 다음 중 올바른 드라이버 사용시 안전수칙으로 틀린 것은?
① 정을 대신할 때는 드라이버를 절대 사용한다.
② 드라이버에 충격압력을 가하지 말아야 한다.
③ 자루가 쪼개졌거나 허름한 드라이버는 사용하지 않는다.
④ 드라이버의 끝을 항상 양호하게 관리하여야 한다.

※ 드라이버 정 대신으로 사용해서는 안 된다.

64 아세틸렌 가스 용기의 취급 방법 중 틀린 것은?
① 용기의 온도는 50℃ 이하로 유지할 것
② 드라이버에 충격압력을 가하지 말아야 한다.
③ 저장, 전략 중에는 반드시 세워서 보관할 것
④ 충전용기는 온도가 40℃ 이하인 곳에 무진동의 장소에 각각 보관할 것

※ 아세틸렌 가스 용기의 사용해서는 안 된다.

65 다음에서 산소가스 용접기에 사용되는 용기의 도색으로 모두 맞는 것은?
㉠ 산소 – 녹색   ㉡ 수소 – 흰색   ㉢ 아세틸렌 – 황색
① ㉠
② ㉡, ㉢
③ ㉠, ㉡
④ ㉠, ㉡, ㉢

고압가스 용기의 종류	도색의 구분
액화석유가스(LPG)	회색
수소	주황색
산소	녹색(호스는 흑색 또는 녹색)
아세틸렌	황색(호스는 적색)

66 산소–아세틸렌 가스용접에서 토치의 점화시 작업의 우선순위 설명으로 올바른 것은?
① 토치의 아세틸렌 밸브를 먼저 연다.
② 용기의 산소 밸브를 연다.
③ 산소 밸브와 아세틸렌 밸브를 동시에 연다.
④ 혼합가스 밸브를 먼저 연 다음 아세틸렌 밸브를 연다.

※ 산소–아세틸렌 가스용접에서 토치의 점화시에는 토치의 아세틸렌 밸브를 먼저 열고 점화한 후 산소 밸브를 연다.

67 용접 작업시 유해 광선으로 눈에 이상이 생긴 때 응급조치로 적합한 것은?
① 안약을 넣고 안대를 한다.
② 온수로 씻어낸 후 치료한다.
③ 냉수로 씻어낸 다음 치료한다.
④ 비눗물로 마주보고 눈을 깜박거린다.

※ 용접 작업시 유해광선이 눈에 들어오면 동공이 발생한다. 따라서 유해광선으로 인해 눈에 이상이 생기면 냉수로 충분히 치료를 하여야 한다.

정답 56 ① 57 ① 58 ④ 59 ③ 60 ② 61 ③ 62 ④ 63 ① 64 ① 65 ③ 66 ① 67 ③

68 가스누설 검사에 가장 좋고 안전한 것은?
① 아세톤 ② 비눗물
③ 순수한 물 ④ 성냥불

○ 가스 누설을 비눗물을 사용하여 기포 발생 여부를 확인하는 것이 가장 효과적이며 안전하다.

69 연삭기의 안전한 사용방법이 아닌 것은?
① 숫돌측면 사용제한
② 보안경과 방진마스크 착용
③ 숫돌덮개 설치 후 작업
④ 숫돌과 받침대 간격 6mm 이상 유지

○ 연삭기의 숫돌에는 직경 5cm 이상의 덮개를 씌워야 하며, 탁상용 연삭기 사용 시에는 작업받침대와 숫돌 간격을 3mm 이내로 하여야 한다.

70 일반적으로 장비의 부속품을 세척하기 위해 가장 안전한 것은?
① 외이어 브러시
② 걸레
③ 솔
④ 에어건

○ 정밀한 부속품 세척을 위해서는 압축공기를 이용한 에어건이 가장 효과적이다.

71 사고로 인한 재해가 가장 많이 발생할 수 있는 것은?
① 기관
② 벨트, 풀리
③ 동력전달장치
④ 캐브

○ 벨트, 풀리는 협착사고 등에 끼여진 상태 또는 말려든 상태에 의한 재해가 빈번하게 발생할 수 있다.

72 벨트 취급에 대한 안전사항 중 틀린 것은?
① 벨트 교환시 회전을 완전히 멈춘 상태에서 한다.
② 벨트의 회전을 정지할 때 손으로 잡고서 한다.
③ 벨트의 적당한 장력을 유지하도록 한다.
④ 벨트에 기름이 묻지 않도록 한다.

○ 벨트, 풀리는 협착사고로 끼워진 상태 또는 말려든 상태에 의한 재해로 손이나 팔의 절단 등 큰 사고가 발생할 수 있다.

73 벨트를 풀리에 걸 때는 어떤 상태에서 걸어야 하는가?
① 회전을 정지시킨 후
② 벨트의 회전수가 낮을 때
③ 중속으로 회전할 때
④ 고속으로 회전할 때

○ 벨트를 풀리에 걸때는 반드시 회전을 완전히 멈춘 상태에서 작업한다.

74 기계에 사용되는 방호덮개 장치의 구비 조건으로 틀린 것은?
① 마모나 외부로부터 충격에 쉽게 손상되지 않을 것
② 작업자가 임의로 제거 후 사용할 수 있을 것
③ 검사나 급유조정 등 정비가 용이할 것
④ 최소의 손질로 장기간 사용할 수 있을 것

○ 기계에 사용되는 방호덮개는 작업자가 임의로 제거할 수 없어야 한다.

정답 68 ② 69 ④ 70 ④ 71 ② 72 ② 73 ① 74 ②

---

75 기계장치의 안전관리를 위해 정지상태에서 점검하는 사항이 아닌 것은?
① 볼트·너트의 풀림상태
② 스위치 및 외관 상태
③ 함의 걸림 부분의 흠집
④ 이상음 및 진동 상태

○ 이상음 및 진동 상태는 기계장치가 작동 중인 상태에서 점검할 수 있는 사항이다.

76 정기기의 손상방지 대책에 관한 사항으로 옳은 것은?
① 포즈 단선시는 철사 등으로 연결하여 임시 사용한다.
② 포즈 단선시는 전선으로 연결 후 계속 사용한다.
③ 코드의 연결 가능한 규격 길이로 한다.
④ 포즈 단선시 적격 포즈로 교체 후 사용한다.

○ 포즈 단선 시에는 반드시 적격 포즈로 교체하여야 한다.

77 물품을 운반할 때 주의할 사항으로 틀린 것은?
① 가벼운 화물은 규정보다 많이 적재하여도 된다.
② 긴 물건을 쌓을 때는 끝에 표시를 해 둔다.
③ 정밀한 물품은 상자에 넣고 쌓는다.
④ 가벼운 기계 위에 무거운 것을 올려 쌓는다.

○ 가벼운 화물이라도 규정에 따라 적재해야 한다.

78 안전작업 측면에서 장갑을 착용하고 해도 가장 무리가 있는 작업은?
① 연삭 작업을 할 때
② 무거운 물건을 들 때
③ 해머 작업을 할 때
④ 정밀기계 작업을 할 때

○ 가벼운 작업에라도 규정에 따라 작업해야 한다.
정밀을 착용해서는 안 되는 작업 : 연삭작업, 해머작업, 드릴작업, 정밀기계작업

79 공장에서 엔진 등 중량물을 이동하려고 한다. 가장 좋은 방법은?
① 여러 사람이 들고 조심히 운반한다.
② 체인 블록이나 호이스트를 사용한다.
③ 로프로 묶고 잡아 당긴다.
④ 지렛대를 이용하여 운반한다.

○ 중량물은 인력으로만 금지되며, 체인 블록이나 호이스트를 사용해서 운반해야 한다.

80 전동 스위치가 옥내에 있으면 안 되는 경우는?
① 건설기계 장비 차고
② 절삭유 저장소
③ 가메이드 저장소
④ 기계류 저장소

○ 가메이드 저장소에는 전등을 설치할 경우에는 방폭구조로 하여야 하며, 전동 스위치는 옥외에 설치하여야 한다.

정답 75 ④ 76 ④ 77 ① 78 ② 79 ② 80 ③

CHAPTER 02 작업 전 점검

Lesson 01 외관 점검

1 지게차 점검

1) 지게차 점검 개요

① 작업 전 점검 : 외관 점검, 각부 누유·누수 점검, 엔진오일 점검, 냉각수 양 점검, 유압오일 양 점검, 팬 벨트 장력 점검, 외관 상태 점검, 공기청정기 엘리먼트 청소, 배기색 점검 등
② 작업 중 점검 : 이상한 소리, 이상한 냄새, 배기색 점검 등
③ 작업 후 점검 : 지게차 외관의 변형 및 균열 점검, 각부 누수 점검, 연료 보충 등

2) 지게차의 외관 점검

① 안전한 주기 상태 확인 : 지면이 평탄한지, 포크는 지면에 접촉하게 내렸는지, 마스트는 전경되어 있는지 여부를 육안으로 확인
② 오버 헤드가드 점검 : 오버 헤드가드의 균열 및 변형 점검
③ 백 레스트 점검 : 백 레스트의 균열 및 변형 점검
④ 포크 점검 : 포크의 휨, 균열, 이상 마모 및 평행도와의 정상 연결 상태 확인
⑤ 핑거보드 점검 : 핑거보드의 균열 및 변형 점검

2 타이어 공기압 및 손상 점검

1) 타이어 개요

① 타이어 종류
㉮ 공기압 타이어
㉯ 솔리드 타이어(솔리드 타이어)
㉰ 고압 타이어, 저압 타이어, 초저압 타이어
㉱ 쿠션 타이어(솔리드 타이어)
㉲ 전동식 지게차에서 주로 사용되며 솔리드 타이어로 분류된다.

② 타이어의 역할
㉮ 지게차의 하중을 지지한다.
㉯ 지게차의 동력과 제동력을 전달한다.
㉰ 노면에서의 충격을 흡수한다.

③ 포장된 실내에서 작업용으로 좋으나 비포장 실외에서는 잘 사용하지 않는다. 솔리드 타이어를 장착한 전동식 지게차는 건설기계로 등록을 하지 않아도 된다.

2) 공기식 타이어 점검

① 지게차가 안전하게 주기 되었는지 확인한다.
㉮ 지게차의 안전한 주기 상태 확인
㉯ 지게차의 동력과 제동력을 전달한다.
㉰ 노면에서의 충격을 흡수한다.

② 타이어 점검
㉮ 지게차의 하중을 지지한다.
㉯ 지게차의 동력과 제동력을 전달한다.
㉰ 노면에서의 충격을 흡수한다.

③ 조향 핸들이 무거운 원인
㉮ 타이어의 공기압이 부족하다.
㉯ 조향 기어의 백래시가 작다.
㉰ 조향 기어 박스 내에 오일이 부족하다.
㉱ 앞바퀴 정렬 상태가 불량하다.
㉲ 타이어의 마멸이 과대하다.

④ 핸들 조작 상태 점검
㉮ 조향핸들을 조작해서 유격상태를 점검하고 핸들에 이상 진동이 느껴지는지 확인한다.
㉯ 조향핸들 조작 시 조작비 및 조작력에 큰 차이가 느껴지면 점검이 필요하다.
㉰ 조향핸들을 좌우 방향 끝까지 풀가게 돌려 조향점검을 하고 핸들을 양쪽으로 끝까지 회전 시켰을 때 양쪽 바퀴의 돌아 가는 위치의 각도가 같은지 점검 한다.

⑤ 차량에 따른 타이어 마모 한계
㉮ 체동력을 조향하여 제동거리가 길어진다.
㉯ 비오는 날 주행 시 도로와 타이어 사이의 물이 배수가 잘 되지 않아 수막현상이 발생한다.
㉰ 도로주행 시 도로의 작은 이물질에 의해서도 타이어 찰 찰지 상처가 발생하여 사고의 원인이 된다.

⑥ 차량에 따른 타이어 마모 한계
㉮ 소형차 : 1.6mm
㉯ 중형차 : 2.4mm
㉰ 대형차 : 3.2mm

3 조향장치 및 제동장치 점검

1) 조향장치 점검

① 조작 방식에 따른 조향장치의 분류
㉮ 기계식 조향장치
㉯ 동력식 조향장치

② 핸들 조작 상태 점검
㉮ 조향핸들을 조작해서 유격상태를 점검하고 핸들에 이상 진동이 느껴지는지 확인한다.
㉯ 조향핸들 조작 시 조작비 및 조작력에 큰 차이가 느껴지면 점검이 필요하다.
㉰ 조향핸들을 좌우 방향 끝까지 풀가게 돌려 조향점검을 하고 핸들을 양쪽으로 끝까지 회전 시켰을 때 양쪽 바퀴의 돌아 가는 위치의 각도가 같은지 점검 한다.

③ 조향 핸들이 무거운 원인
㉮ 타이어의 공기압이 부족하다.
㉯ 조향 기어의 백래시가 작다.
㉰ 조향 기어 박스 내에 오일이 부족하다.
㉱ 앞바퀴 정렬 상태가 불량하다.
㉲ 타이어의 마멸이 과대하다.

④ 조향핸들이 한쪽으로 치우치는 원인
㉮ 타이어의 공기 압력이 불균일하다.
㉯ 앞바퀴의 정렬 상태가 불량하다.
㉰ 쇽업쇼버의 작동상태가 불량하다.
㉱ 앞 차축 한쪽 스프링이 파손되었다.

(대) 멎자축의 차량 중심선에 대하여 직각이 되지 않았다.
(래) 허브 베어링의 마멸이 과다하다.

2) 제동장치 점검

① 제동장치 점검 방법
  (가) 포크를 지면으로부터 20cm 들어 올린다.
  (나) 브레이크 페달을 밟은 채 전·후진 기어를 전진에 넣는다.
  (다) 주차 브레이크를 해제한다.
  (라) 브레이크 페달에서 발을 떼고 가속페달을 서서히 밟는다.
  (마) 브레이크 페달을 밟아 제동이 되면 제동장치는 정상이다.

② 브레이크 고장 점검
  (가) 브레이크 라이닝과 드럼과의 간극이 클 때
  (나) 브레이크 작동이 늦어진다.
  (다) 브레이크 페달의 행정이 길어진다.
  (라) 브레이크 페달에서 발을 떼도 제동 작용이 풀어지지 않는다.
  (마) 라이닝 또는 드럼의 과도한 편마모
  (바) 라이닝과 드럼의 간극이 축진된다.
  (사) 드럼 축의 편마모

③ 브레이크 제동 불량 원인
  (가) 브레이크 회로 내의 오일 누설 및 공기 혼입
  (나) 라이닝에 기름, 물 등이 묻어 있을 때
  (다) 라이닝의 경화나 페이드 현상을 일으켰을 때
  (라) 라이닝 또는 드럼의 과도한 마모
  (마) 라이닝과 드럼의 간극이 너무 클 경우
  (바) 브레이크 페달의 자유간극이 너무 클 경우

■ 브레이크 페달 자유간극

브레이크 페달을 밟았을 때 마스터 실린더의 유압이 브레이크 라이닝을 밀어서 드럼에 달을 때까지의 간격이다. 브레이크 라이닝과 드럼이 너무 붙어 있으면 마찰이 생겨 제동력이 저하되므로 일정한 간격을 두어야 하며, 자유간격은 정비 기준에 일반적으로 다음의 값을 갖는다.
  • 대형 : 15~30mm   • 중형 : 10~15mm   • 소형 : 5~10mm

4 엔진 시동 전·후 점검

1) 엔진 시동 전 점검
① 기어변속, 각 작동 레버가 정위치(중립)에 있는지 확인한다.
② 핸드 브레이크가 확실히 당겨져 있는지 확인한다.
③ 각종 계기판 경고등이 램프 작동 상태를 확인한다.
④ 미터류 지침이 정위치에 있는가 확인한다.
⑤ 엔진 오일 및 냉각수를 확인한다.
⑥ 유압유 팽크와 오일량을 확인한다.

2) 엔진 시동 후 소음 및 공회전 상태 점검
① 흡배기 밸브 간극 및 밸브 기구 불량으로 이상한 소음이 발생하는지 점검한다.
② 엔진 내·외부 각종 베어링의 불량으로 이상한 소음이 발생하는지 점검한다.
③ 방진기 및 불 풀리 구동벨트의 불량으로 이상한 소음이 발생하는지 점검한다.
④ 배기계통 불량으로 이상한 소음이 발생하는지 점검한다.

■ 지게차 작업시작 전 점검표 (지게차 안전작업에 관한 지침, KOSHA GUIDE, M-185-2015)

항목	엔진 시동 전	엔진 시동 후 (운전석에서)	서행으로 주행
이상부분	점별 이상이 있는 부분의 정비 유무		
외관	각 부의 이상유무, 누설, 각부의 헐거움, 균열 상태		
바퀴 및 타이어	타이어의 공기압, 타이어의 손상, 휠 너트의 할거움		
방향지시기 및 백림프	램프의 오염의 순상, 점멸 상태		
백미러	오염, 순상	뒤쪽의 가시상태	
라디에이터	수량, 부동액(동질기)		
작동유	유량		
연료	유량		
각 계기류	돌의 여부	각 계기의 작동	
경보장치 (경적)		경보장치의 작동	
엔진	오일량, 오염	이상한 소리, 배기가스의 색	
클러치		페달의 유격	클러치의 작동
풋 브레이크	오일량	브레이크 페달의 유격, 인칭 페달의 유격	브레이크의 작동
주차 브레이크		레버의 당김, 작동	
스티어링		핸들의 여유, 덜컥거림	
배터리	액량		
헤드가드		변형, 균열	
하역장치	마스트 체인의 장력, 포크, 균열	마스트의 변형, 균열, 실린더 등의 흡가능	
낙하 방지 작용			진동

Lesson 02 누유·누수 확인

1 엔진 누유점검

1) 엔진오일의 기능
① 마찰 감소 및 마멸 방지 작용 : 엔진 미끄럼 운동 부분에 오일 막을 형성하여 마찰 부분의 면의 및 베어링에 운활하여 표면마찰을 감소시켜 마멸을 줄인다.
② 냉각 작용 : 각 미끄럼 운동부에서 마찰로 인하여 발생한 열을 오일 팬이나 오일 냉각기를 거쳐 냉각시킨다.

③ 세척 작용 : 엔진 각 부분을 순환한 엔진오일은 각종 불순물을 흡수하여 오일 팬에 침전시킨 후 다시 순환할 때 부분으로 흡수될 때 오일 여과기 가서 정제되어 공급된다.
④ 응력분산 작용 : 동력행정 모든 노크 등으로 인하여 순간적으로 큰 충격이 가해지고 오일 막이 파괴되어 고착을 일으킬 때 부분적인 압력을 액 전체에 분산시킨다.
⑤ 방청 작용 : 오일 막을 형성하여 외부의 공기나 수분의 침투를 차단하고 금속이 부식되는 것을 방지한다.
⑥ 소음 완화 작용 : 엔진 가동 시 각 부에서 발생되는 소음을 흡수하여 진동에서 발생하는 소음을 흡수한다.

2) 엔진오일의 구비 조건
① 점도지수가 커서 점도 변화가 적어야 한다.
② 인화점 및 자연 발화점이 높아야 한다.
③ 강인한 오일 막을 형성하여야 한다.
④ 응고점이 낮아야 한다.
⑤ 기포 발생 및 카본 생성에 대한 저항력이 커야 한다.

3) 엔진오일의 분류
① 점도에 따른 분류 : SAE(미국자동차기술협회) 분류

구분	겨울	봄·가을	여름
SAE 번호	SAE 10W, SAE 20W	SAE 30W	SAE 40W

② 사용조건 및 온도에 따른 분류 : API(미국석유협회) 분류
③ API 및 SAE 신분류

구분	운전 조건	API 분류	SAE 분류
가솔린 기관	좋은 조건(경하중)	ML	SA
	중간 조건(중하중)	MM	SB
	가혹한 조건(고하중)	MS	SC, SD
디젤 기관	좋은 조건(소하중)	DG	CA
	중간 조건(중하중)	DM	CB, CC
	가혹한 조건(고속, 고출력 과급기 부착)	DS	CD, CE

3) 점도 및 점도지수
① 점도 : 액체를 유동시킬 때 발생하는 액체 내부의 저항 또는 마찰을 말하며, 엔진오일의 가장 중요한 성질이다.
 ⑦ 점도가 낮으면 : 끈적끈적하여 유동성이 저하된다.
 ⑨ 점도가 높으면 : 끈적끈적하여 유동성이 저하된다.
② 점도지수 : 온도에 따른 점도의 변화를 나타내는 수치이다.
 ⑦ 점도지수가 크면 : 온도 변화에 따른 점도의 변화가 작다.
 ⑨ 점도지수가 작으면 : 온도 변화에 따른 점도의 변화가 크다.
③ 유성 : 오일이 금속 마찰면에 유막을 형성하는 성질이다.
④ 오일의 혼합 : 점도가 다른 두 종류의 유류를 혼합하거나 제작사가 다른 오일은 혼합하지 말아야 한다.

2 유압 실린더 누유점검

1) 유압오일의 주요 기능
① 압력에너지를 이송하여 동력을 전달한다.
② 마찰열을 흡수한다.
③ 움직이는 기계요소의 마모를 방지(seal)한다.
④ 필요한 요소 사이를 밀봉한다.

2) 유압오일의 구비 조건
① 넓은 온도 범위 이용 시 점도 변화가 적어야 한다.
② 압력에 대한 안정성이 있어야 한다.
③ 점도지수가 커야 한다.
④ 윤활성과 방청성이 있어야 한다.
⑤ 신화에 대한 안정성이 있어야 한다.
⑥ 착화점이 높아야 한다.
⑦ 점성과 유동성이 있어야 한다.
⑧ 물리적, 화학적인 변화가 없고 비압축성이어야 한다.
⑨ 유압장치에 사용되는 재료에 대하여 불활성이어야 한다.

3) 유압오일의 누유 점검
① 육안 확인
 ⑦ 유압오일이 유압장치에서 지면을 확인하여 누유된 부분이 있는지 육안으로 확인한다.
② 각 실린더 및 유압호스의 누유 상태 점검
 ⑦ 유압펌프 배관 및 호스의의 이음부분 누유, 진동을 밸브의 리프트 실린더 및 실린더의 누유를 확인한다.
 ⑨ 유압오일을 확인하여 부족 시 유압오일을 보충한다.
③ 유압오일의 양 점검
 ⑦ 유압오일의 유면표시기는 유압오일 탱크 내의 유압오일 양을 점검할 때 사용되는 유면표시기에는 아래쪽에 L(Low, Min) 위쪽에 F(Full 또는 Max)의 눈금이 표시되어 있다.
④ 유압오일이 유면표시기의 L과 F 중간에 위치하고 있으면 정상이다.

4) 누유 점검
① 엔진오일의 누유 점검은 엔진에서 동력을 전달한다. 미세하는 기계요소의 마모 부분이 있는지 육안으로 확인한다.
② 주기된 지개차의 지면을 확인하여 엔진오일의 누유 흔적을 확인한다.

3 제동장치 및 조향장치 누유점검

1) 제동장치 누유점검

① 제동장치 오일의 구비조건
㉮ 비등점이 높고 빙점이 낮아야 한다.
㉯ 농도의 변화가 적어야 한다.
㉰ 화학적 변화를 잘 일으키지 말아야 한다.
㉱ 고무나 금속을 변질시키지 말아야 한다.

② 브레이크 오일교환 및 보충 시 주의사항
㉮ 지정된 오일만 사용할 것
㉯ 제조 회사가 다른 것을 혼용하지 말 것
㉰ 빼낸 오일은 다시 사용하지 말 것
㉱ 브레이크 부품 세척 시 알콜 또는 세척용 오일로 세척할 것

③ 제동장치 누유 점검
㉮ 마스터 실린더의 누유를 점검한다.
㉯ 제동계통 파이프 연결 부위의 누유를 점검한다.

2) 조향장치 누유점검

① 조향장치 개요
㉮ 조향장치는 건설기계의 주행방향을 바꾸기 위한 조종장치로 조향휠(steering wheel)을 회전시켜 바퀴를 조향하는 구조로 되어 있다.
㉯ 조향장치는 장비의 안전상 브레이크장치와 함께 매우 중요하며 조향장치로서의 기능 외에 충돌 시에 운전자의 보호라는 안전성의 기능이 요구되고 있다.

② 조향장치 누유 점검
㉮ 조향계통 파이프 연결 부위에서의 누유를 점검한다.
㉯ 조향기어박스 내의 오일의 누유를 점검하면 조향핸들이 무거워지는 원인이 된다.

4 냉각수 점검

1) 냉각수와 부동액

① 냉각수 : 디젤엔진의 냉각수는 연수(수돗물, 빗물 등)를 사용하므로 구하기 쉬운 장점이 있으나 100℃에서 비등하고, 응고점이 낮아 0℃에서 얼어 스케일이 생기는 단점이 있다.

② 부동액
㉮ 냉각수가 동결되는 것을 방지하기 위하여 냉각수와 혼합하여 사용하는 액체로 에틸렌글리콜, 메탄올, 글리세린 등이 있으며 에틸렌글리콜을 주로 사용한다.
㉯ 사계절 부동액은 엔진을 냉각시켜 주는 효과가 크고 추운 날씨에도 잘 응고되지 않는다.
㉰ 비등점이 물보다 높아야 하며 응고점은 물보다 낮아야 한다.

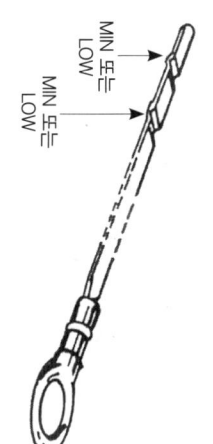

[유면오일 유면표시기]

㉱ 불순물이 없고 순환이 잘되어야 한다.
㉲ 휘발성이 없고 팽창계수가 적어야 한다.
㉳ 내부식성이 크고 팽창계수가 적어야 한다.
㉴ 냄새가 없고 휘발하지 않는다.
㉵ 침전물이 없어야 한다.

■ 에틸렌글리콜의 특징
• 비등점이 197℃로 높고 응고점이 최고 -50℃ 이다.
• 지게차의 도료를 침식하지 않는다.
• 냄새가 없고 휘발하지 않는다.
• 불연성이다.

2) 엔진 과열 및 과냉 시 현상

① 엔진 과열 시 현상
㉮ 냉각수 순환계통이 불량해지고 금속의 산화가 촉진된다.
㉯ 각 작동 부분의 고착 및 변형이 발생된다.
㉰ 윤활 불충분으로 각 부품이 손상된다.

② 엔진 과냉 시 현상
㉮ 연료의 응결로 연소가 불량해진다.
㉯ 연료 소비량이 증가한다.
㉰ 엔진오일의 점도가 높아져 엔진 기동 시 회전저항이 커진다.

3) 냉각수의 누수 점검

① 육안 점검
㉮ 냉각장치에서 누수된 부분이 있는지 육안으로 확인한다.
㉯ 주기된 지게차의 지면을 확인하여 냉각수의 누수 흔적을 확인한다.

② 냉각수의 양 점검
㉮ 엔진 과열을 방지하기 위해 냉각수의 양 및 각부 이음에서의 냉각수의 누수를 육안으로 확인한다.

③ 냉각수 양 부족 시 냉각수를 보충한다.

Lesson 03 계기판 점검

1 계기 및 경고등 점검

1) 엔진오일 순환압력 계기등 점검

① 엔진오일 순환압력 계기등은 운전장치 내를 순환하는 오일 압력을 알려주는 계기지로 엔진이 작동하는 도중 엔진 압력이 규정값 이하로 떨어지면 경고등이 점등하는 것이다.

② 엔진오일 양 점검
㉮ 오일량은 엔진오일 유면표시기를 빼어 엔진오일이 묻은 부분을 깨끗이 닦은 후 엔진오일 유면표시기를 다시 넣었다가 빼어 묻은 오일이 기준에 있으면 정상이다.
㉯ 엔진오일 유면표시기의 F와 L 사이의 중간에 있으면 정상이다.
㉰ 유면표시기의 L 이하 시 엔진오일 점검도를 점검한다.

③ 엔진오일 색 점검
㉮ 엔진오일의 점은색일 때 : 심하게 오염된 경우로 점도를 점검하고 엔진오일을 교환한다.
㉯ 엔진오일이 우유색일 때 : 냉각수가 혼합된 상태인 경우 우유색을 나타낸다.

2) 냉각수, 연료게이지, 아워미터 점검
① 냉각수 온도게이지 점검
㉮ 냉각수 온도게이지를 점검하여 냉각수 정상 순환 여부를 확인한다.
㉯ 냉각수 온도게이지는 저온에서 고온으로 점진적인 증가를 보이도록 작동된다.

② 연료게이지 점검
㉮ 연료게이지를 확인하여 연료의 양을 점검한다.
㉯ 연료게이지 경고등 점등 시 연료를 주유한다.

③ 아워미터 점검
㉮ 아워미터를 점검하여 지게차 가동시간을 확인한다.
㉯ 아워미터는 디지털식과 아날로그식이 있다.

2 방향지시등, 전조등 점검

1) 방향지시등의 점멸이 느릴 때의 원인
㉮ 전구의 접지 불량이다.
㉯ 축전지 용량이 저하되어 있다.
㉰ 전구의 용량이 규정값보다 작다.
㉱ 플래셔 유닛의 결함이 있다.

2) 좌·우의 점멸 횟수가 다르거나 한쪽이 작동되지 않는 원인
㉮ 규정 용량의 전구를 사용하지 않았다.
㉯ 접지가 불량하다.
㉰ 전구 1개가 단선되었다.
㉱ 플래셔 스위치에서 지시등 사이에 단선이 있다.

2) 전조등 점검 및 교환
① 세미실드빔 전조등
렌즈와 반사경은 일체형이지만 전구는 별도로 설치한 것으로 할로겐 전구가 많이 활용되고, 전구만 교환한다.

② 실드빔 전조등
렌즈, 반사경 및 필라멘트가 일체로 된 형식으로 내부에 불활성 가스가 들어 있다. 점등상태를 확인하고, 점등되지 않을 경우 렌즈와 반사경을 포함한 전조등 전체를 교환한다.

Lesson 04 마스트·체인 점검

1 체인 연결 부위 점검

1) 마스트, 리프트 체인의 구조
① 마스트(mast)
㉮ 마스트는 핑거보드(finger board) 및 백 레스트가 가이드 롤러에 의해 상하로 섭동하는 레일로 아우터 레일(outer rail)로 구성된다.
㉯ 리프트 실린더, 리프트 체인, 리프트 체인 스프로킷, 리프트 체인 실린더, 핑거보드, 백 레스트, 포크 등이 부착된다.

② 리프트 체인(lift chain)
㉮ 리프트 체인은 리프트 실린더와 함께 포크의 상승 하강 작용을 한다.
㉯ 체인의 한쪽은 아웃레일의 스트랩 및 하강사키는 작동을 한다.

핑거보드에 고정되고 다른 한쪽은

2) 포크와 체인의 연결 부위 점검
① 포크와 리프트 체인 연결부위의 균열 여부를 확인하며 포크의 휨, 이상 마모, 균열 및 핑거보드와의 연결 상태를 점검한다.
② 리프트 체인의 마모 및 리프트 실린더의 유격 상태를 확인한다.
③ 좌우 리프트 체인의 유격 상태를 확인한다.
④ 체인의 장력상태는 좌우가 균등한지 점검한다.

3) 체인의 최소파단하중
① 지게차의 마스트용 체인의 최소파단하중
체인의 최소파단하중 = 체인수 × 체인의 최소파단하중
② 지게차의 마스트용 체인의 최소파단하중비가 5 이상이어야 한다.

2 마스트 및 베어링 점검

1) 마스트(mast)
㉮ 마스트의 전경각 : 지게차의 기준무부하상태에서 지게차의 마스트를 앞으로 가장 기울인 경우 마스트가 수직면에 대하여 이루는 기울기
㉯ 마스트의 후경각 : 지게차의 기준무부하상태에서 지게차의 마스트를 뒤로 가장 기울인 경우 마스트가 수직면에 대하여 이루는 기울기
㉰ 마스트의 전경각 및 후경각 기준
㉠ 카운터밸런스 지게차는 : 전경각은 6° 이하, 후경각은 12° 이하일 것
㉡ 사이드포크형 지게차 : 전경각 및 후경각 각각 5° 이하일 것

② 마스트 기둥기의 변형량 등

㉮ 지게차의 유압실린더 오일온도가 50℃인 상태에서 지게차가 최대하중을 싣고 엔진을 정지한 경우 마스트에 대하여 이루는 기울기의 변화량은 정지한 후 최초 5분 동안 2.5°(마스트의 경사각이 5° 이하일 경우는 최초 10분 동안 5°) 이하이어야 한다.

㉯ 지게차의 유압실린더 오일온도가 50℃인 상태에서 지게차가 최대하중을 싣고 엔진을 정지한 경우 쇠스랑의 지지 및 하중에 의하여 내려가는 거리는 10분당 100mm 이하이어야 한다.

㉰ 지게차의 기준무하중상태에서 쇠스랑을 들어 올린 경우 하강작용 또는 유압 계통의 고장에 의한 쇠스랑의 하강속도는 최초 0.6m 이하이어야 한다.

㉱ 쇠스랑의 균열방지장치를 부착하는 경우에는 실린더에 부착하여야 한다.

2) 베어링(bearing)

① 베어링의 역할 : 베어링은 회전축을 지지하는 것으로, 축의 위치를 확보하고, 마찰 저항을 줄이는 역할을 하는 기계요소이다.

② 베어링의 종류

㉮ 미끄럼 베어링(sliding bearing)
- 면과 면이 접촉하기 때문에 축이 회전할 때 마찰저항이 구름 베어링보다 크지만 하중을 지지하는 능력은 일반적으로 크다.

㉯ 구름 베어링(rolling bearing)
- 축과 베어링 사이에 볼이나 롤러가 접촉하면서 회전하는 베어링이다.
- 미끄럼 베어링보다 마찰이 적어 고속 회전에 적합한 베어링이다.

㉰ 속도가 느리고 가벼운 힘을 받는 축에 사용된다.

㉱ 롤러 베어링(roller bearing)
- 구름 베어링의 종류로 볼 대신 내 외륜 사이에 다수의 볼을 삽입한 베어링이다.
- 구름 베어링보다 접촉면이 넓으므로 큰 하중 및 타격력이 많이 작용하는 곳에 사용된다.

③ 베어링의 구비 조건
㉮ 축의 재료보다 연하면서 마모에 잘 견디어야 한다.
㉯ 축과의 마찰계수가 적어야 한다.
㉰ 마찰열의 냉각이 잘 되도록 열전도성이 좋아야 한다.
㉱ 내부식성이 있어야 한다.
㉲ 제작이 쉬워야 한다.

3) 마스트 및 베어링 점검
① 마스트 상하 작동 상태를 점검한다.
② 마스트의 휨, 이상 마모, 균열 여부 및 변형을 확인하며 실린더를 조작하여 정상 작동 상태를 점검한다.
③ 마스트 볼트 베어링의 정상 작동 상태를 점검한다.

Lesson 05 엔진시동 상태 점검

1 축전지 점검

1) 축전지의 종류 및 관리

① 축전지의 종류
㉮ MF 축전지 : 무정비용 축전지로 납산 축전지의 단점인 자기 방전이나 화학반응 시 발생하는 가스로 인한 전해액의 감소 등에 개량된 축전지로 증류수를 보충할 필요가 없는 자기 방전이 적으며 과충전에도 가스 발생이 없는 축전지이다.
㉯ 납산 축전지 : 케이스 속에 6개의 셀이 있고 셀 속에는 양극판 및 음극판, 전해액이 들어 있어서 화학적 반응으로 기전력을 각 셀마다 약 2.1V씩 발생시킨다.

② 축전지의 관리
㉮ 지게차가 시동이 걸리지 않은 상태에서 정기장치를 사용하지 않는다.
㉯ 정기장치 소비가 커져 축전지를 방전시키지 않는다.
㉰ 시동을 하기 위해 과도하게 엔진을 시동시키지 않는다.
㉱ 남은 적으로 케이블 보존을 필요로 하며 지게차 장기간 방치시에는 반드시 축전지의 방전상태를 확인한다.

2) 축전지 점검 및 충전
① 축전지 단자 및 결선 상태 점검 : 축전지 단자의 파손 상태를 점검하고 축전지 결선 상태를 점검한다.
② 축전지 충전 상태 점검 : 축전지 충전 상태를 점검한다.
③ 축전지 충전 시 주의사항
㉮ 축전지 충전장소에는 환기시설을 설치한다.
㉯ 축전지 방전 시 충전한다.
㉰ 충전 중 전해액의 온도는 45℃ 이상 상승시키지 않는다.
㉱ 충전 중 축전지 근처에서 불꽃을 가까이 하지 않는다.
㉲ 충전 중 축전지를 과도 충전 시키지 않는다.
㉳ 지게차에서 축전지를 떼어내지 않고 충전 시 축전지와 연결된 배선을 분리한다.

MF 축전지의 점검방법(점검 창의 색깔 확인)
- 초록색 : 충전된 상태
- 검정색 : 방전된 상태(충전 필요)
- 흰색 : 축전지 점검(축전지 교환)

2 예열장치 점검

1) 예열장치의 개요
① 예열장치
㉮ 디젤엔진은 압축 착화 방식으로 날씨가 추운 지역에서는 경우가 잘 착화하지 못해 엔진시동이 어렵다. 예열장치는

② 예열 플러그의 종류
㉮ 예열 방식 : 실린더 내로 흡입되는 공기를 흡기다기관에서 가열하는 방식으로 흡기히터와 히트 레인지가 있다.
㉯ 예열 플러그식 : 연소실 내의 공기를 직접 예열하는 방식으로 예연실식과 와류실식에 사용된다.

2) 예열 플러그의 종류
① 코일형(coil type)
㉮ 코일형은 직접 연소실에 있는 히트 코일이 연소실에 노출되어 있다.
㉯ 예열시간이 짧으나 항상 연소가스에 노출되어 기계적 강도 및 내부식성이 적다.

② 실드형(sheathed type)
㉮ 실드형은 병렬로 결선되어 있으며 튜브 속에 열선이 들어 있어 연소실에 노출되지 않는다.
㉯ 발열부가 코일이 아니라 열선으로 되어 있어 발열량도 크고 열용량도 크다.

◆ 코일형과 실드형의 비교

항목	코일형	실드형
발열량	30~40W	60~100W
발열 온도	950~1050℃	950~1050℃
열로	직렬접속	병렬접속
예열시간	40~60초	60~90초
소요 전류	30~60A	5~6A

3) 예열 플러그의 단선 원인
① 기관이 과열되었을 때
② 기관 가동 중에 예열시켰을 때
③ 예열 플러그에 규정 이상의 과대 전류가 흐를 때
④ 예열 시간이 너무 길 때
⑤ 예열 플러그 설치 시 조임이 불량할 때

3 시동장치 점검

1) 시동(기동)전동기 개요
① 내연기관을 사용하는 건설기계도 자기 힘만으로는 기동이 어렵다. 따라서 외력에 의해 크랭크축을 회전시켜 기동시킬 필요를 얻어야 하는데, 이 회의 폭발을 시동전동기가 담당한다.
② 시동전동기는 동력발생장치인 전동기부와 동력전달기구인 피니언 부로 되어 있으며, 플라이휠 링기어와 피니언의 감속비는 10~15 : 1 정도이다.
③ 현재 사용되는 건설기계에는 축전지의 전원으로 직류직권전 동기가 사용되고 있다.

2) 시동전동기 사용 시 주의
① 시동전동기 기동 시간은 1회 10초 정도이고, 기동되지 않으면 다른 부분을 점검하고 나서 기동한다. 시동전동기 최대 연속 사용시간은 30초 이내로 한다.
② 엔진이 시동되면 재가동하지 않는다.
③ 시동전동기의 회전속도가 규정 이하이면 장시간 연속 회전해도 엔진이 회전되지 않으므로 회전속도에 유의한다.
④ 시동전동기의 회전은 엔진 회전수에 유의한다.

② 시동전동기가 회전하지 않는 원인
㉮ 기동 스위치 접촉 및 배선 불량일 때
㉯ 계자코일이 손상되었을 때
㉰ 브러시가 정류자에 밀착이 안 될 때
㉱ 전기자 코일이 단선되었을 때

3) 엔진의 난기운전
① 지게차 난기운전
㉮ 엔진의 난기운전은 시동하여 엔진의 정상 작동온도에 도달할 때까지의 시간을 의미한다.
㉯ 가속페달을 서서히 밟으면서 리프트 실린더를 최고 높이까지 상승시킨다.
㉰ 가속페달에서 발을 떼고 리프트 실린더를 하강시킨다.
㉱ 지게차에서 난기운전은 작업 전 20℃ ~ 27℃ 이상이 되도록 정속도 운전한다.

② 지게차 난기운전 방법
㉮ 엔진 온도를 정상온도까지 상승시킨다.
㉯ 가속페달을 천천히 밟으며 리프트 실린더를 상승시킨다.
㉰ 가속페달에서 발을 떼고 리프트 실린더를 하강시킨다. (동절기에는 횟수를 증가해서 실시한다).
㉱ 가속페달을 서서히 밟으며 틸트 실린더를 작동시킨다.
㉲ 위 ㉯, ㉰를 10회 정도 실시한다(동절기에는 횟수를 증가해서 실시한다).

4 연료계통 점검

1) 디젤기관 연료(경유)의 구비 조건
① 자연 발화점이 낮아야 한다.
② 유황 성분이 적어야 한다.
③ 세탄가가 높고 발열량이 커야 한다.
④ 고형 미립이나 유해성분을 함유하지 않아야 한다.

2) 유압유의 온도
① 난기운전 후 유압유의 온도 : 20℃~27℃
② 최저 허용 유압유의 온도 : 40℃
③ 작업 중 정상 유압유의 온도 : 50℃±5℃(45℃~55℃)
④ 최고 허용 유압유의 온도 : 80℃
⑤ 열화되는 오일의 온도 : 80℃~100℃

3) 디젤기관의 점검 및 단점
① 디젤기관의 점검
㉮ 효율이 높다.
㉯ 연료 소비율이 적다.

㉲ 대형기관 제작이 가능하다.

② 디젤기관의 단점
㉮ 연소 압력이 커 엔진 각 부를 튼튼하게 제작하여야 한다.
㉯ 엔진 출력 당 무게와 형체가 크다.
㉰ 운전 중 소음과 진동이 크다.
㉱ 연료 분사장치가 정밀하고 제작비가 비싸다.
㉲ 압축비가 높아 출력의 기동전동기가 필요하다.

3) 디젤기관 연료계통에 공기가 흡입된 경우
① 분사노즐에서 분사상태가 불균일해진다.
② 엔진의 회전상태가 불균해진다.
③ 엔진에 진동이 발생한다.
④ 공기 침입이 심한 경우 엔진 작동이 정지된다.

디젤 연료계통의 공기빼기 순서

공기빼기는 "공급펌프 → 연료여과기 → 분사펌프" 순서로 작업하며 프라이밍 펌프를 작동시키면서 벤트 플러그를 열고 기포가 없어질 때까지 작동한다.

CHAPTER 02 | 작업 전 점검

출제 예상문제

01 지게차의 엔진시동 전 점검 사항과 가장 거리가 먼 것은?
① 외관 점검
② 누유·누수 점검
③ 배기색 확인·점검
④ 팬 벨트 장력 점검

⊙ 이상한 소리, 이상한 냄새, 배기색 등은 지게차 작업 중에 확인이 가능한 사항이다.

02 지게차 외관 점검으로 틀린 것은?
① 안전한 주기 상태 확인
② 오버 헤드가드 점검
③ 포크 점검
④ 팬 벨트 장력 점검

⊙ 지게차의 외관 점검
• 안전한 주기 상태 확인
• 오버 헤드가드 점검
• 포크 점검
• 팬 벨트 장력 점검

03 건설기계 장비의 운전 중에도 안전을 위하여 점검해야 하는 것은?
① 체기판 점검
② 냉각수량 점검
③ 타이어 압력 점검
④ 팬 벨트 장력 점검

⊙ 냉각수량, 타이어 압력, 팬 벨트 등은 운전 전에 점검할 사항이지만 계기판은 운전 중에도 점검이 가능한 요소이다.

04 지게차 사용되는 타이어에 대한 설명으로 틀린 것은?
① 공기압 타이어는 주로 엔진식 지게차에 사용된다.
② 전동식 지게차에는 주로 구성 타이어가 사용된다.
③ 타이어는 지게차의 동력과 제동력을 전달한다.
④ 솔리드 타이어의 지게차는 비포장 도로에서 느린 것이다.

⊙ 쿠션 타이어(솔리드 타이어)
전동식 지게차에서 사용되며 솔리드 타이어로 불린다. 포장이 잘된 실내에서는 주로 사용되고 좋으나 비포장 실외에서는 사용하지 않는다. 솔리드 타이어를 장착한 전동식 지게차는 건설기계로 등록하지 않아도 된다.

05 사용압력에 따른 타이어의 분류에 속하지 않는 것은?
① 고압 타이어
② 초고압 타이어
③ 저압 타이어
④ 초저압 타이어

06 건설기계에 사용되는 저압 타이어의 호칭 치수 표시는?
① 타이어의 외경 – 타이어의 폭 – 플라이수
② 타이어의 폭 – 타이어의 내경 – 플라이수
③ 타이어의 폭 – 림의 지름
④ 타이어의 내경 – 타이어의 폭 – 플라이수

⊙ 타이어 호칭 지수
• 저압 타이어 : 폭-내경-플라이수
• 고압 타이어 : 외경-폭-플라이수

정답 01 ③ 02 ④ 03 ① 04 ④ 05 ② 06 ②

---

07 소형차의 타이어 마모 한계 기준은?
① 1.0mm
② 1.6mm
③ 2.4mm
④ 3.2mm

⊙ 차량의 타이어 마모 한계
• 소형차 : 1.6mm
• 중형차 : 2.4mm
• 대형차 : 3.2mm

08 마모 한계를 초과하여 타이어를 사용할 때 발생되는 현상이 아닌 것은?
① 제동력이 저하되어 제동거리가 길어진다.
② 비 오는 날 주행 시 수막현상이 발생한다.
③ 도로 주행 시 도로의 작은 이물질에 의해서도 타이어 트레드에 상처가 발생하여 사고의 원인이 된다.
④ 조작이 미숙하면 엔진이 자동으로 정지된다.

09 동력조향장치의 점검으로 적합하지 않은 것은?
① 작은 조작력으로 조향 조작을 할 수 있다.
② 조향 기어비는 조작력에 관계없이 선정할 수 있다.
③ 굴곡 노면에서의 충격을 흡수하여 조향핸들에 전달되는 것을 방지한다.
④ 조향핸들의 시미현상을 줄일 수 있다.

10 지게차 조향 핸들의 조작을 가볍고 원활하게 하는 방법과 가장 거리가 먼 것은?
① 동력조향을 사용한다.
② 바퀴의 정렬을 정확히 한다.
③ 타이어의 공기압을 적정압으로 한다.
④ 종감속 장치를 사용한다.

⊙ 동력조향장치
조향조작력의 경감을 위해 기관의 동력으로 오일펌프를 구동하여 발생한 유압을 이용하는 장치이다.

11 동력조향 장치에서 핸들이 매우 무거워 조작하기 힘든 상태일 때 원인으로 맞는 것은?
① 바퀴가 습지에 있다.
② 바퀴의 정렬이 정확하다.
③ 볼 조인트의 교환시기가 되었다.
④ 핸들 유격이 크다.

⊙ 동력조향장치는 조향펌프의 오일압력으로 작동되므로 유압이 부족하면 핸들의 작동이 무거워진다.

정답 07 ② 08 ④ 09 ④ 10 ④ 11 ②

12 조향핸들의 조작이 무거운 원인으로 틀린 것은?
① 유압유 부족시
② 타이어 공기압 과다 주입시
③ 앞바퀴 휠 얼라이먼트 조정 불량시
④ 유압 계통 내에 공기 혼입시

○ 조향핸들의 무거운 원인
• 타이어의 공기압이 부족하다.
• 조향 기어 박스 내의 오일이 부족하다.
• 앞바퀴 휠 얼라이먼트 불량하다.
• 유압 계통 내에 공기 혼입이다.

13 조향핸들이 한쪽으로 치우치는 원인으로 적당하지 않은 것은?
① 타이어의 공기 압력이 균일하다.
② 앞바퀴 정렬 상태가 불량하다.
③ 쇽업소버의 작동 상태가 불량하다.
④ 허브 베어링의 마멸이 과다하다.

○ 조향핸들이 한쪽으로 치우치는 원인
• 타이어의 공기 압력이 불균일하다.
• 앞바퀴 정렬 상태가 불량하다.
• 쇽업소버의 작동상태가 불량하다.
• 앞 차축 한쪽 스프링이 파손되었다.
• 뒷차축이 차량 중심선에 대하여 직각이 되지 않았다.
• 허브 베어링의 마멸이 과다하다.

14 브레이크 라이닝과 드럼의 간격이 클 때 나타나는 현상이 아닌 것은?
① 브레이크 작동이 늦어진다.
② 라이닝의 기름, 물 등이 섞여 있을 때
③ 브레이크 페달의 행정이 길어진다.
④ 라이닝과 드럼의 간극이 너무 큰 경우

○ 브레이크 라이닝과 드럼간의 간격이 적을 때 라이닝과 드럼의 마모가 촉진되고, 베이퍼 록의 원인이 된다.

15 브레이크 제동이 불량한 원인으로 볼 수 없는 것은?
① 브레이크 호스 내의 오일 누설 및 공기 혼입
② 라이닝에 기름, 물 등이 섞여 있을 때
③ 브레이크 페달의 밟는 각도가 너무 작은 경우
④ 라이닝과 드럼의 간극이 너무 큰 경우

○ 브레이크 제동 불량 원인
• 브레이크 호스 내로 오일 누설 및 공기 혼입
• 라이닝에 기름, 물 등이 섞여 있을 때
• 라이닝과 드럼의 간극이 과도한 편 마멸
• 라이닝과 드럼의 간극이 너무 큰 경우

16 작업 중 운전자가 확인해야 할 것으로 틀린 것은?
① 온도계기
② 전류계기
③ 오일압력계기
④ 실린더 압력

○ 실린더 압력은 운전자가 점검할 사항이 아니고 정비사가 해체정비 여부를 결정할 사항이다.

17 기관을 시동하기 전에 점검할 사항과 가장 관계가 먼 것은?
① 연료의 양
② 냉각수의 양
③ 오일의 양
④ 엔진오일의 양

○ 엔진오일의 온도는 시동 후 기관이 정상가동된 상태에서 점검할 수 있지만 냉각수 온도계로 과열 여부를 판단하는 경우이다.

18 안전점검의 종류에 해당되지 않는 것은?
① 수시점검
② 정기점검
③ 특별점검
④ 구조점검

○ 안전점검의 종류 : 일상점검, 특별점검, 정기점검, 수시점검

19 일상 점검 정비 작업내용에 속하지 않는 것은?
① 엔진 오일량
② 브레이크 오일 수준 점검
③ 라디에이터 냉각수량
④ 연료 분사노즐 압력

○ 분사중의 압력은 특수기공을 측정하여 일상점검사항이 아니다.

20 엔진시동 시에 점검하는 사항이 아닌 것은?
① 기관의 팬벨트 장력을 점검
② 오일의 누출 여부를 점검
③ 냉각수의 누출 여부를 점검
④ 배기가스의 색깔을 점검

○ 기관의 팬벨트 정비 점검 엔진 시동하기 전에 점검해야 할 일상점검 사항이다.

21 안전검사의 일상점검표에 포함되어 있는 항목이 아닌 것은?
① 전기 스위치
② 작업장치 부착상태
③ 가동 이상소음
④ 쿨링팬 회전수

○ 쿨링팬의 회전수는 시동할 경우 공회전시 점검해야 한다.

22 기관을 시동하기 전에 점검해야 할 사항이 아닌 것은?
① 엔진의 오일량
② 냉각수의 양
③ 엔진의 회전수
④ 엔진오일의 양

○ 엔진의 회전수는 시동 한 이상 유무는 사후 발생 시에만 하는 점검으로 일상점검 아니다.

23 디젤기관의 윤활유 압력이 낮은 원인이 아닌 것은?
① 점도지수가 높은 오일을 사용하였다.
② 윤활유 양이 부족하다.
③ 오일팬에 오일이 과대 마모되어 있다.
④ 윤활유 압력 릴리프 밸브가 열린 채 고장이 있다.

○ 점도지수는 윤활유의 변화에 따른 점도의 변화정도를 점검해야 한다.

24 유압유에서 온도에 따른 점도변화 정도를 표시하는 것은?
① 점도
② 점도보

③ 점도지수
④ 윤활성

○ 점도지수란 윤활유의 온도변화에 따른 오일 점성의 변화를 나타내는 수치이다. 점도지수가 작으면 온도 변화에 따른 점도의 변화가 크고, 점도지수가 크면 작업 시 온도 변화에 따른 점도의 변화가 적다.

25 온도변화에 따른 점도변화가 큰 오일의 점도지수는?
① 점도지수가 높은 것이다.
② 점도지수가 낮은 것이다.
③ 점도지수가 변하지 않는 것이다.
④ 점도변화와 점도지수는 무관하다.

☞ 점도지수는 작동유 온도에 대한 점도의 변화를 나타내는 값으로 점도지수가 높을수록 온도 변화에 따른 점도변화가 적다.

26 엔진오일의 구비 조건으로 적합하지 않은 것은?
① 점도지수가 커서 점도 변화가 적어야 한다.
② 인화점 및 자연 발화점이 높아야 한다.
③ 강인한 오일 막을 형성하여야 한다.
④ 응고점이 낮아야 한다.

☞ 엔진오일의 구비 조건
• 점도지수가 커서 점도 변화가 적어야 한다.
• 인화점 및 자연 발화점이 높아야 한다.
• 강인한 오일 막을 형성해야 한다.
• 응고점이 낮아야 한다.
• 기포발생 및 카본생성에 대한 저항력이 커야 한다.

27 엔진에 사용되는 윤활유 사용 방법으로 옳은 것은?
① 계절과 윤활유 SAE 번호는 관계가 없다.
② 겨울은 여름보다 SAE 번호가 큰 윤활유를 사용한다.
③ SAE 번호는 일정하다.
④ 여름용은 겨울용보다 SAE 번호가 크다.

☞ 여름에는 SAE 번호가 큰 (점도가 높은 것) 을 사용하고, 겨울에는 점도가 낮은 오일을 사용하여야 한다.

28 디젤기관의 엔진오일 중 고속·고출력 과급기가 부착된 기관에 사용되는 엔진오일의 API 분류기호는?
① DG   ② CB
③ DS   ④ SA

디젤기관 엔진오일		
운전 조건	API 분류	SAE 분류
좋은 조건(소형디젤)	DG	CA
중간 조건(중소형디젤)	DM	CB, CC
가혹한 조건(고속·고출력 과급기 부착)	DS	CD, CE

29 유압 작동부에서 오일이 누유되고 있을 때 먼저 점검하여야 할 것은?
① 실(seal)   ② 피스톤(piston)
③ 기어(gear) ④ 펌프(pump)

☞ 실(seal)은 유압작동유를 밀봉하는 것으로 손상 및 마모가 되면 누유가 발생한다.

30 엔진 오일량 점검에서 오일게이지에 상한선(Full)과 하한선(Low)표시가 되어 있을 때 가장 적합한 것은?
① Low 표시에 있어야 한다.
② Low와 Full 표시 사이에 있으면 좋다.
③ Low와 Full 표시 사이에서 Full에 가까이 있으면 좋다.
④ Full 표시 이상이 되어야 한다.

☞ 엔진오일은 기관정지 상태에서 점검하며 오일게이지의 Full선 가까이 있으면 가장 적합하다.

정답 25 ② 26 ② 27 ④ 28 ③ 29 ① 30 ③

31 운전 중 엔진오일 경고등이 점등되었을 때의 원인이 아닌 것은?
① 오일 드레인 플러그가 열렸을 때
② 윤활계통이 막혔을 때
③ 오일필터가 막혔을 때
④ 오일 밑모가 빠졌을 때

☞ 엔진오일의 경고등이 점등되었을 때 엔진의 윤활계통에 이상이 있다는 뜻으로 윤활계통을 점검해야 한다.

32 건설기계장비 작업시 계기판에서 오일 경고등이 점등되었을 때 우선 조치 사항으로 적합한 것은?
① 엔진을 분해한다.
② 즉시 시동을 끄고 오일계통을 점검한다.
③ 엔진오일을 교환하고 운전한다.
④ 오일을 보충하고 계속 작업한다.

☞ 오일 경고등이 점등되었다는 것은 유압이 부족한 것이므로 즉시 시동을 끄고 오일계통을 점검한다.

33 엔진오일 교환 후 압력이 높아졌다면 그 원인으로 가장 적절한 것은?
① 엔진오일 교환시 냉각수가 혼입되었다.
② 엔진오일의 점도가 낮은 것으로 교환하였다.
③ 오일의 량을 너무 적게 넣었다.
④ 오일의 점도가 높은 것으로 교환하였다.

34 디젤기관의 엔진오일 압력이 규정 이상으로 높아질 수 있는 원인은?
① 기관의 회전속도가 너무 빠르다.
② 엔진오일의 점도가 너무 높다.
③ 오일의 양이 지나치게 많다.
④ 엔진오일이 희석되었다.

☞ 엔진 오일의 점도가 너무 높으면 오일의 압력이 규정 이상으로 높아진다.

35 계절철에 사용하는 엔진오일의 여름철에 사용하는 오일보다 점도가 어떤 것이 좋은가?
① 점도는 동일해야 한다.
② 점도가 높아야 한다.
③ 점도가 낮아야 한다.
④ 점도와는 아무런 관계가 없다.

☞ 겨울에는 날씨가 추우므로 점도가 낮은 것을 사용해야 한다.

36 운전석 계기판에 아래 그림과 같은 경고등이 점등되었다면 가장 관련이 있는 경고등은?

① 연료유 압력 경고등
② 엔진오일 온도 경고등
③ 냉각수 배출 경고등
④ 냉각수 온도 경고등

정답 31 ④ 32 ② 33 ④ 34 ③ 35 ③ 36 ①

37 작업 중 엔진온도가 급상승하였을 때 먼저 점검하여야 할 것은?
① 윤활유 점도지수 점검
② 고부하 작업
③ 장기간 작업
④ 냉각수의 양 점검

엔진온도가 급상승하면 냉각이 원활하지 못하다는 것으로 냉각수의 양을 점검하도록 한다.

38 엔진에서 오일의 온도가 상승되는 원인이 아닌 것은?
① 과부하 상태에서 연속작업
② 오일 냉각기의 불량
③ 오일의 점도가 부적당할 때
④ 유량의 과다

엔진오일의 온도상승은 오일량이 부족하거나 점도가 너무 높을 때, 과부하로 연속 작업할 때, 냉각기가 불량할 때 나타나는 증상이다.

39 엔진오일의 유유색을 띠고 있을 때의 주된 원인은?
① 가솔린이 유입되었다.
② 연소가스가 섞여 있다.
③ 경유가 유입되었다.
④ 냉각수가 섞여 있다.

엔진오일에 물이 섞이면 유유색을 띠게 된다.

40 엔진유에 점도가 서로 다른 2종류의 오일을 혼합하였을 경우에 대한 설명으로 맞는 것은?
① 오일 첨가제의 좋은 부분만 작동하므로 오히려 더욱 좋다.
② 혼합은 권장사항이며, 사용에는 전혀 지장이 없다.
③ 점도가 달라지나 사용에는 전혀 지장이 없다.
④ 열화 현상을 촉진시킨다.

엔진오일은 점도가 다르거나 제조회사가 다른 것을 혼합하여 사용하면 열화 현상이 촉진된다.

41 엔진오일 압력 경고등이 커지는 경우가 아닌 것은?
① 오일이 부족할 때
② 오일 필터가 막혔을 때
③ 엔진을 급가속 시켰을 때
④ 오일 회로가 막혔을 때

42 엔진오일의 주요 기능으로 볼 수 없는 것은?
① 압력에너지를 이송하여 동력을 전달한다.
② 마찰열을 방출한다.
③ 움직이는 기계요소의 마모를 방지한다.
④ 필요한 요소 사이를 밀봉(seal)한다.

43 엔진오일의 온도가 상승할 때 나타날 수 있는 결과가 아닌 것은?
① 점도 저하
② 펌프효율 저하
③ 오일누설의 저하
④ 밸브 기능 저하

유압오일의 온도가 상승하면 점토 저하로 펌프효율 및 밸브부의 기능이 저하되고 오일 누출이 증가한다.

44 유압오일의 구비조건으로 가장 거리가 먼 것은?
① 넓은 온도 범위 내에서 점도 변화가 적어야 한다.
② 산화에 대한 안정성이 있어야 한다.
③ 점도지수가 낮아야 한다.
④ 윤활성과 방청성이 있어야 한다.

유압오일의 구비 조건
• 넓은 온도 범위 내에서 점도 변화가 적어야 한다.
• 산화에 대한 안정성이 있어야 한다.
• 착화점이 높아야 한다.
• 윤활성과 방청성이 있어야 한다.
• 물리적·화학적 변화가 없고 비압축성이어야 한다.
• 점도와 유동성이 있어야 한다.
• 독성이 적어야 한다.
• 유압장치에 사용되는 재료에 대하여 불활성이어야 한다.

45 유압오일 선택 시 고려사항이 아닌 것은?
① 화학적으로 안정성이 높아야 한다.
② 휘발성이 커야 한다.
③ 독성이 없어야 한다.
④ 열전도성이 좋아야 한다.

46 조향기어박스 내의 오일이 부족하면 나타나는 현상은?
① 조향핸들이 무거워진다.
② 조향핸들이 가벼워진다.
③ 엔진이 과열된다.
④ 연료 소비량이 증가한다.

조향기어박스 내의 오일이 부족하면 조향핸들이 무거워지는 원인이 된다.

47 브레이크 오일 교환 및 보충 시 주의 사항으로 틀린 것은?
① 지정된 오일만 사용하여야 한다.
② 제조회사가 다른 것을 혼용하여 사용할 수 있다.
③ 빼낸 오일은 다시 사용하지 말아야 한다.
④ 브레이크 오일을 중지하고 각종 세척 시 사용 오일로 세척한다.

조항기어박스 내의 오일은 혼용하지 않아야 한다.

48 건설기계장비 작업 시 계기판에서 냉각수 경고등이 점등되었을 때 운전자로서 가장 적절한 조치는?
① 오일량을 점검한다.
② 작업이 모두 끝나면 뒤냉각수를 보충한다.
③ 작업을 중지하고 점검 및 정비를 받는다.
④ 라디에이터를 교환한다.

냉각수가 다른 오일을 혼용하지 않아야 한다.

49 동절기에 기관이 동파되는 원인으로 맞는 것은?
① 냉각수가 얼어서
② 기동전동기가 얼어서
③ 발전정지가 얼어서
④ 엔진오일이 얼어서

냉각수가 얼면 냉각수의 체적이 늘어나기 때문에 기관이 동파된다.

정답 37 ④ 38 ④ 39 ④ 40 ④ 41 ③ 42 ② 43 ③ 44 ③ 45 ② 46 ① 47 ② 48 ③ 49 ①

50 건설기계기관의 부동액에 사용되는 종류가 아닌 것은?
① 그리스
② 글리세린
③ 메탄올
④ 에틸렌글리콜

➡ 건설기계 기관의 부동액으로는 메탄올(알코올), 에틸렌글리콜, 글리세린 등이 사용된다.

51 부동액에 대한 설명으로 옳은 것은?
① 에틸렌 글리콜계만은 단맛이 있다.
② 부동액 100%인 원액으로 사용을 원칙으로 한다.
③ 온도가 낮아지면 확화점 변화를 일으킨다.
④ 부동액은 냉각계통에 부식을 일으키는 특징이 있다.

➡ 부동액으로 사용되는 에틸렌글리콜은 응축점이 높을 때 어는 점이 가장 낮아진지만, 또한 부동액은 부식성이 없어야 하고, 온도 변화에 관계없이 화학적으로 안정해야 한다.

52 엔진 과열 시 일어나는 현상으로 옳은 것은?
① 각 작동부분이 열팽창으로 고착될 수 있다.
② 윤활유 점도 저하로 유막이 파괴될 수 있다.
③ 금속이 빨리 산화되고 변형되기 쉽다.
④ 윤활유 부족이 줄고 효율이 향상된다.

➡ 엔진 과열 시 현상
• 냉각수 순환이 불량해지고 금속이 산화가 촉진된다.
• 각 작동 부분의 고착 및 변형이 발생된다.
• 점화기가 단학 시 회전계항이 있다.

53 디젤엔진 과열 원인이 아닌 것은?
① 경유에 공기가 혼입되어 있을 때
② 라디에이터 코어가 막혔을 때
③ 물 펌프의 벨트가 느슨해질 때
④ 정온기가 닫힌 채 고장이 났을 때

➡ 디젤기관 연료계통에 공기가 혼입되면 시동이 잘 안걸린다.

54 엔진 과열 시 나타날 수 있는 현상과 거리가 먼 것은?
① 연료의 소비량이 줄어든다.
② 연료 소비가 감소한다.
③ 엔진오일의 점도가 높아진다.
④ 엔진 기동 시 회전저항이 커진다.

➡ 엔진 과열 시 연료 소비량이 증가한다.

55 건설기계에 설치된 이워미터(시간계)의 설치 목적이 아닌 것은?
① 가동시간에 맞추어 예방정비를 한다.
② 가동시간에 맞추어 오일을 교환한다.
③ 각 부위 주유를 정기적으로 하기 위해 설치되었다.
④ 하차 만료 시간을 체크하기 위하여 설치되었다.

➡ 아워미터는 장비의 운행시간을 표시하는 것으로 장비의 관리·점검이나 오일교환 등에 이용된다.

56 운전 중 배터리 충전 표시등이 점등되어 무엇을 점검해야 하는가인, 점상인 경우 작동 중에는 점등되지 않는 형식임)
① 에어클리너 점검
② 엔진오일 점검
③ 연료수준 표시등 점검
④ 충전계통 점검

➡ 충전 표시등이 점등되는 것은 충전계통에 이상이 생겼다는 뜻이다.

57 방향지시등의 한쪽 등 점멸이 빠르게 작동하고 있을 때, 운전자가 가장 먼저 점검하여야 할 것은?
① 전구(램프)
② 플래서 유닛
③ 콤비네이션 스위치
④ 배터리

➡ 방향지시등의 한쪽이 점속 불량이면 전구가 끊어진다는 다른 전구 점멸이 빠르게 된다.

58 방향지시등을 스위치를 작동할 때 한쪽은 정상이고 다른 한쪽은 점멸이 정상과 다르게(빠르게 또는 느리게) 작동한다. 고장 원인이 아닌 것은?
① 전구 1개가 단선되었을 때
② 플래서 유닛이 고장났을 때
③ 좌측 전구를 교체할 때 규격 용량이 다른 전구를 사용했을 때
④ 한쪽 전구 소켓에 녹이 발생하여 점 있저가 있을 때

➡ 플래서 유닛에 결함이 생기면 방향지시등의 점멸이 느려진다.

59 현재 널리 사용되는 할로겐램프에 대하여 운전자 두 사람(A, B)이 아래와 같이 서로 주장하고 있다. 어느 운전자의 말이 옳은가?

운전자 A : 실드빔 형이다.
운전자 B : 세미실드빔 형이다.

① A가 맞다.
② B가 맞다.
③ A, B 모두 맞다.
④ A, B 모두 틀리다.

➡ 할로겐램프는 모양이 실드빔 형과 같으나 전구를 교환할 수 있어 세미실드빔 형이다.

60 세미실드빔 형식의 전조등을 사용하는 건설기계 정비에서 전조등이 점등되지 않을 때 가장 올바른 조치방법은?
① 렌즈를 교환한다.
② 전조등을 교환한다.
③ 반사경을 교환한다.
④ 전구를 교환한다.

➡ 실드빔식의 전조등은 전체를 교환하지만 세미실드빔식은 전구만 교환한다.

정답 50 ① 51 ① 52 ④ 53 ① 54 ② 55 ④   56 ④ 57 ① 58 ② 59 ② 60 ④

03 화물적재 및 하역작업

Craftsman Fork Lift Truck Operator

Lesson 01 화물의 무게중심 확인

1 화물의 종류 및 무게중심

1) 화물별 운반방법 이해

① 파렛트 작업 : 파렛트는 물건을 적재하기 위해 바닥면을 만들고, 상하 바닥이 같거나 다른 형태로 만든 받침 체품으로 중량과 용도가 다양하다. 일반적으로 물건을 보호하는 수단으로 활용된다.

② 드럼 운반작업 : 액체가 담겨 있는 드럼 운반작업 시 2단 이하로 들어서 운반하고, 2단 적재 후 운반 시에는 전방 시야가 확보되지 않으므로 후진 주행한다. 지면이 평탄하지 않을 때는 1단으로 적재한다.

③ 사격형 용기 운반작업 : 물건을 운반할 시에는 화물을 높이 1단으로 적재하여 운반한다. 빈 박스는 2단으로 적재 후 운반하며 전방 시야에는 후진 주행한다.

④ 중량물 운반작업 : 중량물 운반작업 시에는 화물이 높이 동으로 위험요소를 점검한 상태에서, 포크 돌음으로 견고하게 묶는다. 부피가 크고 시야에 장애가 있을 때에는 후진 주행한다.

⑤ 컨테이너 물건 적재작업 : 컨테이너 내부에 사람이 작업 중일 때에는 컨테이너 내부에 지게차가 들어서는 안 되며 상차장에서는 추락 방지 안전바를 설치한다.

2) 화물의 무게중심(질량중심) 확인

① 대칭 구조 : 균정한 물체일 경우 물체의 중심이 무게중심이 된다.

② 비대칭 구조 : 물체의 각 부분에 작용하는 중력의 작용하므로 물체의 한 점에 매달아 중심선을 지나 작용하는 물체의 무게는 그 중앙에 매달리면 모두 순환, 따라서, 물체의 무게중심은 각각 다른 위치에 있있는 연직선 서로 만나는 점에 있다.

③ 간 물체의 무게중심 찾기 : 연필과 같은 긴 물체에서 이 연필에 작용하는 무게는 상쇄시키면 가운데 점에 그 점이 바로 무게중심이 된다.

④ 밑도나 무게가 얇은 불규칙한 막대의 무게중심 찾기 : 양손의 집게손가락을 펴고 그 위에 막대를 올려놓는다. 이때 양손 집게손가락을 막대의 양끝에 위치하게 한다. 양손 집게손가락을 이동시키면 양손 집게손가락이 안쪽으로 이동하면서 한 점에 만나는 점이 막대의 무게중심이 된다.

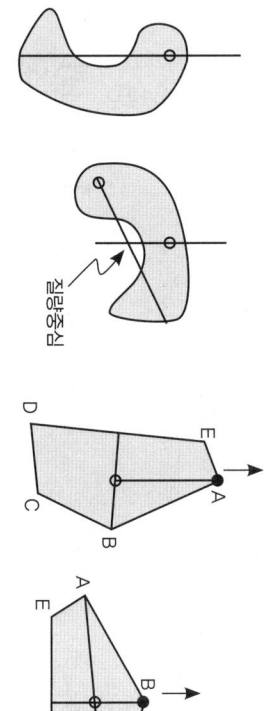

[비대칭 구조의 무게중심]

3) 포크 길이에 따른 무게중심 판단

① 지게차는 운반물을 포크에 적재하고 주행하므로 차량 앞부의 안정도가 매우 중요하다.

② 안정도는 마스트를 수직으로 한 상태에서 생기는 적재 화물의 중량과 차체에 의한 중심점 인양 끝단의 갈 판단하여야 한다.

③ 화물 중량 및 밑줄 모양에 따라 인양 화물의 중심점이 되어야 한다.

4) 화물의 무게 중심점 판단하기

① 화물의 종류에 따라 지게차 전용 컨테이너 또는 파렛트를 사용한다.

② 포장화물이 액체일 경우 운반 시 흔들림이 발생할 수 있으므로 지면에서 약간의 간 후진 주행으로 이동할 수 있으므로 포장을 견고하게 하여 차에 대비한다.

③ 무게가 가볍고 부피가 큰 화물의 경우 외부 등력(바람) 및 장애에 대비한다.

④ 검이가 긴 철근, 파이프, 목재 등은 주행 시 발생되는 진동으로 인한 안정성을 고려하여 인양한다.

⑤ 개별 포장물이나 단위별 묶음 포장의 경우 포크의 폭 좌우 이동으로 화물의 무게중심을 정확히 맞추어 인양되도록 한다.

2 작업장치 상태 점검

1) 작업장치 조정방식 이해

① 적재할 화물의 무게중심을 확인하여 포크의 넓이를 조정한다.

② 조정 방식의 구분

㉮ 조정 방식
- 수동 조정 방식 : 포크 위 평치브로 고정장치를 해제하고 수동으로 포크 넓이를 조정한다.
- 자동 조정 방식 : 포크 넓이 자동조정장치를 조작하여 포크 넓이를 조정한다.

2) 화물 유형에 따른 작업장치 선정

① 램(ram)

㉮ 기능 : 긴 환봉이 부착된 구조물을 포크 대신 설치하여 속이 비어 있는 화물을 하역하는 작업장치
㉯ 용도 : 카페트, 전선, 코일, 스팀와이어, 타이어

② 푸시 풀(push pull)

㉮ 기능 : 백 테스트 하부에 있는 장치를 이용하여 화물을 밀어 넣은 포크 위를 끌어들이거나 밀어내는 작업장치
㉯ 용도 : 식품, 기계, 전자부품 상자 또는 포장된 제품

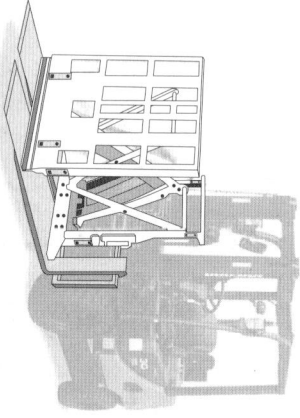

③ 잉고트 클램프(ingot clamp)

㉮ 기능 : 가열로에 단조용 소재를 좌우의 암으로 클램핑과 회전하여 빼내거나 투입하는 작업장치
㉯ 용도 : 단조공장의 가열로에서 잉고트 취급

④ 로테이팅 롤 클램프(rotating roll clamp)

㉮ 기능 : 롤 형태의 화물을 클램핑 및 회전시켜 운반, 하역, 적재하는 작업장치
㉯ 용도 : 제지공장, 펄프공장 등의 롤 형태의 화물 취급

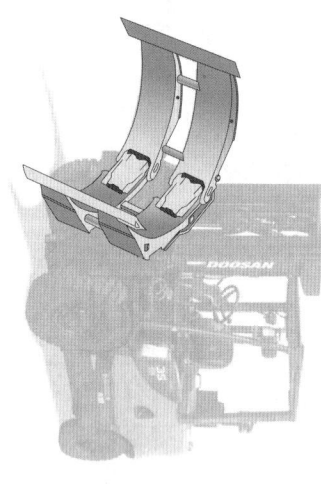

⑤ 베일 클램프(bale clamp)

㉮ 기능 : 평면의 암으로 화물을 좌우에서 압착하여 파렛트 없이 운반, 하역작업을 하는 작업장치
㉯ 용도 : 섬유업, 제지업, 재생품 판련(?)업, 식품취급업, 창고, 항만 등에서 하역작업

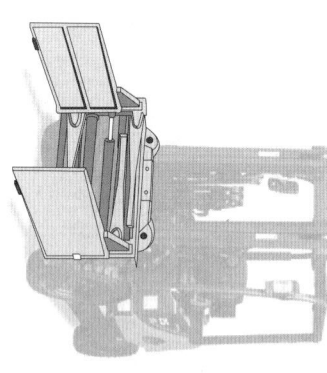

⑥ 드럼 클램프(drum clamp)

㉮ 기능 : 드럼 취급에 적합한 암으로 드럼 외부를 압착하여 적재 및 하역하는 작업장치
㉯ 용도 : 드럼 및 유사 원통형의 화물취급

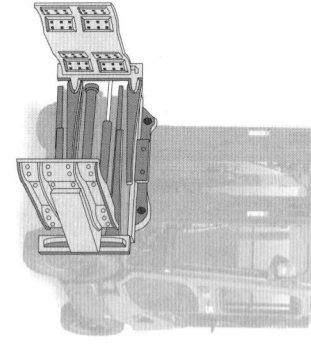

⑦ 멀티파포스 클램프(multipurpose clamp)

㉮ 기능 : 베일 클램프 안에 고무판을 부착하여 파렛트 없이 운반·하역하는 가능한 작업장치
㉯ 용도 : 펄프, 솜, 면적품 등의 원통형의 화물 및 미끄러지거나 박스에 든 화물작업

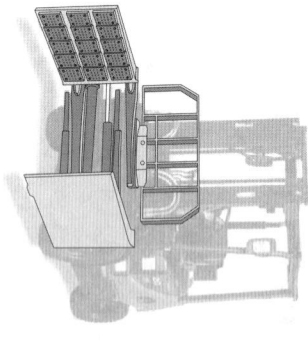

⑧ 타이어 클램프(tire clamp)

㉮ 기능 : 넓은 면의 암으로 타이어와 같은 원통형의 화물을 운반, 하역하는 작업장치
㉯ 용도 : 타이어 취급

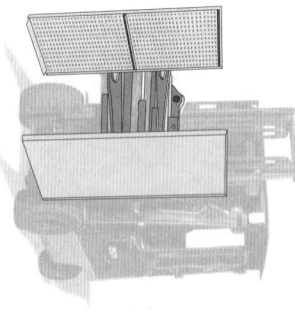

⑨ 힌지드 포크(hinged fork)
  ㉮ 기능 : 포크를 상하로 이동시켜 연주형 화물의 운반, 눕힘 각도를 이용한 적재작업에 사용되며 포크를 수평으로 이동 시 파렛트 작업이 가능한 작업장치
  ㉯ 용도 : 원목, 전주, 파이프, 원통형 화물의 운반

⑩ 로테이팅 포크(rotating fork)
  ㉮ 기능 : 포크에 360도 회전 가능한 로테이팅을 부착하여 단긴 화물을 캐리지와 포크가 같이 회전하여 하역하는 작업장치
  ㉯ 용도 : 기계 가공공장의 칩, 폐기물 처리, 주물공장, 식품공장

⑪ 사이드 쉬프터(side shifter)
  ㉮ 기능 : 포크를 좌우로 이동시켜 차량 중앙에서 벗어나는 파렛트의 화물을 적재하는 작업장치
  ㉯ 용도 : 창고, 컨테이너 안 등 제한된 공간에서 작업

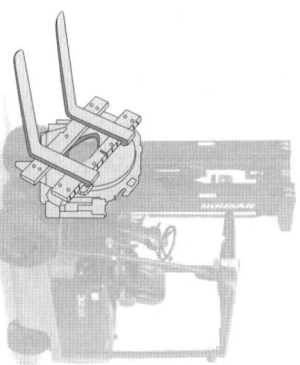

⑫ 힌지드 바켓(hinged bucket)
  ㉮ 기능 : 힌지드 포크에 바켓을 부착하여 로터 역할을 하며, 바켓은 탈부착이 용이하여 일반적인 포크 작업도 가능한 작업장치
  ㉯ 용도 : 모래, 곡물, 석탄, 비료, 소금, 시멘트 등 분말 형태의 화물 및 쓰레기 등 운반 하역

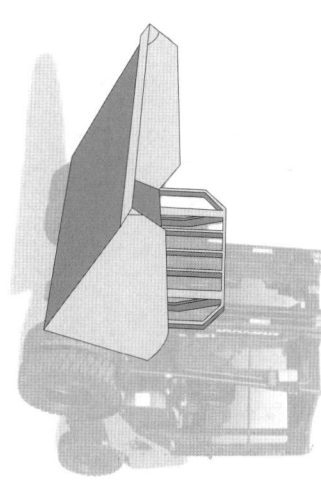

⑬ 로드 스태빌라이저(load stabilizer)
  ㉮ 기능 : 상부의 압력판과 포크로 구성되어 있으며 유압조절장치로 작동되어 부서지기 쉽거나 불안정한 화물의 떨어뜨림 방지에 적합한 작업장치
  ㉯ 용도 : 유리병, 깡통, 음료, 금류, 주류, 가전제품

⑭ 드럼 핸들러(drum handler)
  ㉮ 기능 : 세워진 드럼의 테두리를 기계식 캐처로 잡아 이송 및 상, 하차 작업을 하는 작업장치
  ㉯ 용도 : 드럼 및 유사 원형형의 화물 취급

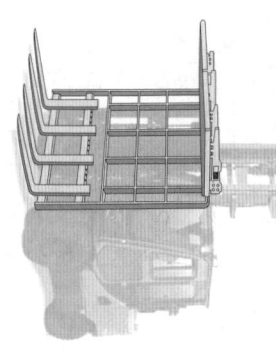

⑮ 로드 익스텐더(lade extender)
  ㉮ 기능 : 캐리지와 포크가 전방으로 빨려 나가는 구조로 좁은 공간에서의 화물적재 및 하역작업을 하는 작업장치
  ㉯ 용도 : 화물 트럭의 한쪽 방향에서 화물 상·하차, 택배 적재 및 하역 등 좁은 공간에서의 화물 적재

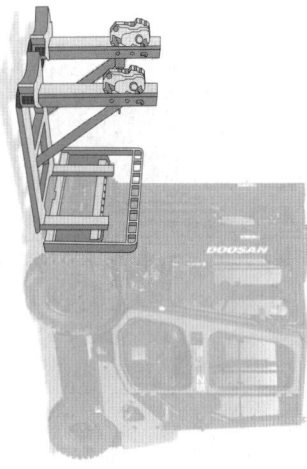

3 화물의 결착

1) 화물의 결착

① 인양물이 불안정할 경우 슬링(sling) 와이어, 로프, 체인블록(chain block) 등 결착도구(공구)를 사용하여 지게차와 결착한다.
② 결착 시 화물의 형태에 따른 결착도구(공구)와 화물 간에 손상 방지를 위하여 보호대를 사용할 수 있다. 종이, 금속과 금속 중간에 목재를 하드보드(hard bord), 종이, 천 등을 사용하여 중간에 미끄러짐 방지 및 완충 역할을 하도록 한다.

Lesson 02 화물 하역작업

1 화물 적재 상태확인

1) 파렛트 및 단위별 포장 종류

① 지게차용 파렛트는 무게, 철제, 압루미늄, 합성수지, 하드보드 등 화물의 사용 조건에 따라 장단점을 검토하여 적재한다.
② 파렛트는 외형, 규격을 비슷하거나 혹은 팔레트 등 단위별로 개방 처리하여 사용하는 포장 방법이다.
③ 일반 파렛트는 철제, 목재, 섬유 등으로 제작된다.
④ 개별 포장화물로 적재하여 작업이 가능한 경우에 품목 참고하여 작업 시 사전에 내용물을 파악하여야 한다.

2) 화물의 적재상태 확인

① 파렛트는 적재하는 화물의 중량에 따른 강도를 가지고 심한 손상이나 변형이 없는지를 확인하고 적재한다.
② 파렛트에 실려 있는 화물은 안정하고 확실하게 적재되어 있는지를 확인하며 불안정한 적재 또는 화물이 무너질 우려가 있는 경우에는 붕괴 방지 조치를 한 후에 적재한다.
③ 화물의 바닥이 불균일한 형태 시 포장과 화물의 사이에 내용물을 파이하여 고정 사용하여 안전시킬 수 있다.

3) 무게중심 확인

① 지게차는 적재하는 화물의 중량에 따라 균형추(counter balance)의 무게에 의하여 안정된 상태를 유지할 수 있도록 제한된 장비로서 최대하중 이하에서 적재하여야 한다.
② 지게차의 이상적인 안전작업은 지게차의 인체하중 모멘트(forklift tipping load moment), 즉 가운데 발란스가 정상된 맞부부이 들리지 않는 상태로서 화물의 무게중심이 앞쪽으로 작업하여 화물 이상의 포크의 안에서 작업하는 것이 안전적인 안전자세이다.
③ 마스트는 레일 확장식으로 포크 틸트 실린더가 확장되거나 수축되면 실린더 모드에 연결된 크로스바가 상하 작동되고 크로스바와 포크 캐리지에 연결된 체인에 의하여 일이도 무게중심을 높아져 지동하므로 주의하여야 한다.
④ 표준 생산품(STD)은 2단 마스트이나 고소 이상을 선택 장비로 구성하여 3단 이상을 선택 장비로 사용할 수 있다.

④ 단위 포장화물은 화물의 무게중심에 따라 포크 폭을 조정하고 천천히 포크를 안전히 넣는다.

2) 화물의 결착도구(공구)

① 로프(rope)
㉮ 섬유 또는 강선 등을 여러 가닥 꼬아 만들며, 화물의 결착에는 섬유로프가 사용된다.
㉯ 섬유 로프는 면, 합성섬유 등을 재료로 하며, 최근에는 부패에 의한 인장강도의 저하가 적고 내마모성이 강한 각종 합성섬유 로프가 주로 사용된다.

② 체인블록(chain block)
㉮ 체인에는 롤러체인(roller chain)과 링크체인(link chain)이 있으며, 화물의 결착에 사용되는 체인은 링크체인이다.
㉯ 체인은 내열성이 좋으며, 탄성 등으로 아는 정도의 충격을 흡수할 수 있다.

③ 섬유벨트 슬링(sling)
㉮ 봉제벨트 웹(web), 원사를 기미줄 모양으로 짓조한 벨트모양의 요소로 구성된 것을 말하며, 와이어로프나 체인보다 가볍고, 미끄럽거나 채움의 손상을 방지하기 위해 많이 사용된다.

체인블록
(chain block)

로프
(rope)

섬유벨트 슬링
(sling)

[화물의 결착 도구]

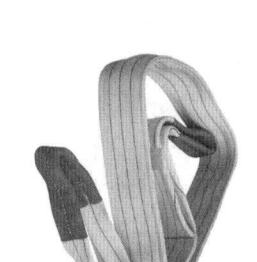

4 포크 삽입 확인

1) 지게차 포크의 간격을 파렛트 폭

포크의 간격은 그림과 같이 적재상태 파렛트 폭(b)의 1/2 이상, 3/4 이하 정도 간격을 유지한다.

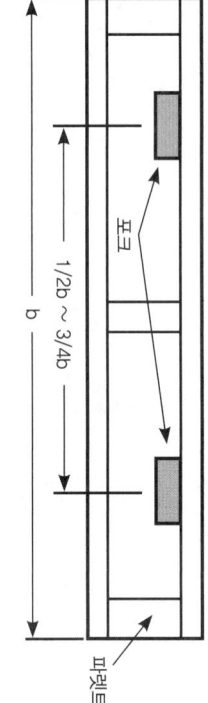

2) 포크의 길이·각도로 적재상태 확인

① 적재하고자 하는 화물의 바로 앞에 도달하면 안전한 속도로 감속한다.
② 화물 앞에 가까이 도달하면 일단 정지하여 마스트를 수직으로 한다.
③ 컨테이너, 파렛트, 스키드(skid)에 포크를 똑바로 향하고, 포크의 삽입 위치를 확인한 후에 천천히 포크를 넣는다.

2 하역작업

1) 화물을 들어 올릴 때의 작업 순서

① 일단 포크를 지면으로부터 5~10cm 들어 올린 후에 화물의 안정 상태와 포크에 대한 편하중 여부 등을 확인한다.

② 이상이 없으면 화인되면 마스트를 충분히 뒤로 기울이고, 포크를 바닥면으로부터 약 10~30cm의 높이를 유지한 상태에서 약간의 후진 시 브레이크 작동으로 화물의 내용물이 동요되는지 혹은 유모를 확인한다.

③ 적재 후 마스트를 지면에 내려놓은 후 반드시 화물의 적재상태의 이상 유무를 확인한 후 주행한다.

리프트 실린더 조작

• 화물을 운반하는 중이거나 하역 형성 포크를 들어 올리고 마스트를 뒤쪽으로 한다. 포크의 앞에 장애물이 되는 것을 약이 주변 포크를 밀이 지면이나 바닥에 충돌하거나 미끄러지는 현상을 줄일 수 있다.

• 리프트 조정 레버를 뒤로 잡아당기고 포크를 바닥에서 15~20cm 정도 들어 올리고 틸트 조정 레버를 사용하여 마스트를 뒤로 포크의 날을 등에 올린다.

2) 화물 하역할 때의 작업 순서

① 하역하는 장소의 바로 앞에 안전한 속도로 감속한다.

② 하역하는 장소의 앞에 접근하였을 때에는 일단 정지한다.

③ 하역하는 장소에 화물의 붕괴, 파손 등의 위험이 없는지 확인한다.

④ 마스트를 수직으로 하고 포크를 수평으로 한 후, 내려놓을 위치 보다 약간 높은 위치까지 올린다.

⑤ 내려놓을 위치를 확인한 후, 천천히 예정된 위치에 내린다.

⑥ 내려놓은 후 포크를 빼낼 때는 천천히 후진하여 안전을 확인하고 옆으로 이동하여 하역 위치까지 말이 내려야 한다.

⑦ 파렛트 또는 스키드로부터 포크를 빼낼 때도 들어 마찰가지로 접촉 또는 비틀리지 않도록 조심한다.

⑧ 하역하는 경우에 포크를 안전히 올린 상태에서는 마스트를 전후 작동을 가급적 조작하지 않는다.

⑨ 하역하는 상태에서는 절대로 내리거나 이탈하여서는 안된다.

⑩ 주행 시 전후 안정도는 4%, 좌우 안정도는 6% 이내이며 마스트는 전후 작동이 5~12%로써 마스트 변동 하중이 가산됨을 숙지하여야 한다.

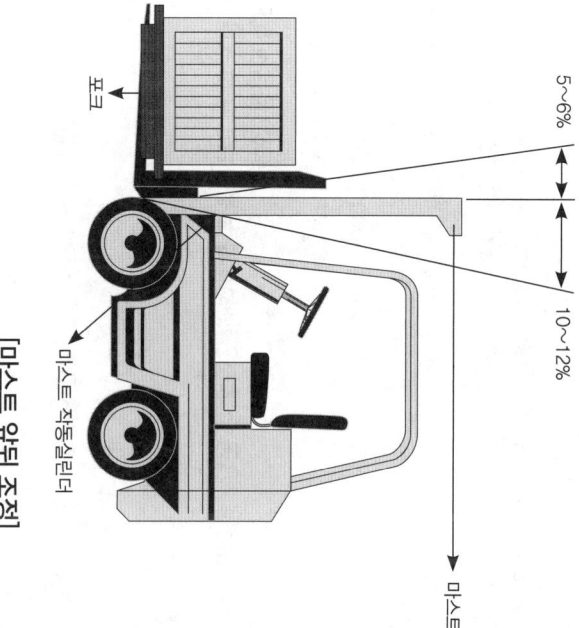

[마스트 앞뒤 조정]

3) 하역장소와 관련한 유의사항

① 하역장소를 답사하여 하역장소의 지반 및 주변 여건을 확인을 한다.

② 일반 비포장인 경우 야간작업이 지반이 견고한지 확인하여야 한다.

③ 지반 확인 결과 불안정한 경우 작업관리자에게 통보하여 수정 후 하역장에서 하역할 수 있다.

03 출제 예상문제

CHAPTER 03 | 화물적재 및 하역작업

01 화물의 종류에 따른 지게차 운반에 대한 설명으로 틀린 것은?

① 액체가 담긴 드럼 운반작업 시 2단 이하로 물을 넣어서 운행한다.
② 둥근 물건은 적재된 사각형 박스를 운반할 때는 단락도 없이 적재하여 운행 가능하다.
③ 중량물은 운반작업 시에는 외이어, 로프 등으로 견고하게 묶는다.
④ 컨테이너 내부에 사람이 작업 중일 때에는 컨테이너 내부에 지게차가 들어가서는 안 된다.

▶ 물건이 적재된 사각형 박스를 운반할 때는 1단으로 적재하여 운행한다. 빈 박스는 2단으로 적재 후 안전하다 판단 시에만 축진 운행한다.

02 화물의 무게 중심점 판단과 관련하여 내용으로 틀린 것은?

① 무게가 가볍고 부피가 큰 화물의 경우 외부 동요중(바람) 및 장애물에 대처한다.
② 포장화물이 액체일 경우 유체의 이동으로 주행 시 출렁임이 발생할 수 있으므로 적재 후 약간의 전·후진 주행작업으로 유체 이동 여부를 감지하고 고정 시 대처한다.
③ 길이가 긴 화물 등은 주행 시 화물의 발생 우려가 없으므로 신속한 운반이 가능하다는 장점이 있다.
④ 화물의 종류에 따라 지게차 전용 컨테이너 장점이 있으나, 파렛트 화물의 경우는 지면에서 인양 시 무게중심이 맞는지 자세가 안정적인지 균형을 확인하여 한다.

▶ 길이가 긴 화물, 무게의 중심주행 시 발생되는 동요중으로 인한 안정성을 고려하여 안양한다.

03 파렛트를 끼움으로 하지 않은 제품의 포장에 적용되며 화물의 성질, 형태, 중량 및 보관을 고려하여 철파 등으로 고정하는 포장은?

① 개방형 포장
② 밀폐형 포장
③ 스키드 포장
④ 번들 포장

▶ 번들(bundle) 포장은 파렛트를 끼움으로 하지 않은 제품의 포장에 적용하며, 포장물의 성질, 형태, 중량 및 보관수단, 하역조건, 충격, 보관 등을 고려해 철파 등을 사용하여 포장한다.

04 포크 넘이의 자동조정방식에서 포크 넘이를 자동으로 조절할 수 있는 장치는?

① 포크 리프트
② 포크 넘이 장치
③ 포크 지지대
④ 번들 포크

▶ 조정 방식의 구분
- 수동 조정 방식 : 포크 넘이 장치를 해제하고 수동으로 포크 넘이를 조정한다.
- 자동 조정 방식 : 포크 넘이 자동조정장치 운전선에서 포크 지지대 레버를 조정하여 포크 넘이를 조정한다.

05 둥근 목재나 파이프 등을 작업하는데 적합한 지게차의 작업장치는?

① 푸시 풀(push pull)
② 사이드 시프터(side shifter)
③ 힌지드 버킷(hinged bucket)
④ 힌지드 포크(hinged fork)

▶ 힌지드 포크는 포크를 상하로 이동시켜 화물을 담는 것을 이용한 작업장치로 둥근 목재를 수송이나 이동 시 파렛트 기능이 작업장치로 주로 원목, 전주, 파이프, 원통형 되된 포크를 작업장에 사용된다.

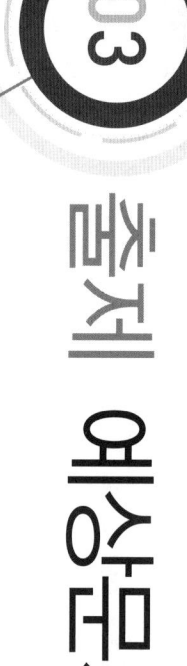

06 식탁, 소금 등의 흘러내리기 쉬운 물건 운반에 적합한 작업장치는?

① 사이드 시프터(side shifter)
② 힌지드 버킷(hinged bucket)
③ 드럼 핸들러(drum handler)
④ 로테이팅 롤 클램프(rotating roll clamp)

▶ 힌지드 버킷은 힌지드 포크에 버킷을 부착하여 로터 역할을 하며, 버킷은 탈부착이 없이 일반적으로 힌지드 포크 포크에 조립되어 있으므로 모래, 자갈, 시멘트, 소금 등 흘러내리기 쉬운 하역에 운반 작업에 사용된다.

07 캐리지와 포크리드라이 짧에 나가는 구조로 좁은 공간에서의 화물적재 및 하역작업을 하는 지게차의 작업장치는?

① 로드 익스텐더(load extender)
② 로드 스테빌라이저(load stabilizer)
③ 타이어 클램프(tire clamp)
④ 드럼 클램프(drum clamp)

▶ 로드 익스텐더는 캐리지와 포크리드라이 짧에 나가는 구조로 좁은 공간에서의 화물적재 및 하역작업을 하는 작업장치이며, 포크 길이 외로 화물길이가 벗어나거나 하역 등 좁은 공간에서 화물을 취급 하는 데 사용된다.

08 단조공장이 가열로에서 사용되는 지게차는?

① 로테이팅 롤 클램프(rotating roll clamp)
② 잉고트 클램프(ingot clamp)
③ 램(ram)
④ 로테이팅 포크(rotating fork)

▶ 잉고트 클램프는 가열로에 단조용 소재를 좌우의 클램프로 잡아 이동하는 작업장치로 단조공장 가열로에서 사용된다.

09 베일 클램프 업에 고무판을 부착하여 사용되는 지게차의 작업장치는?

① 드럼 핸들러(drum handler)
② 힌지드 버킷(hinged bucket)
③ 사이드 시프터(side shifter)
④ 멀티퍼포스 클램프(multipurpose clamp)

▶ 멀티퍼포스 클램프는 베일 클램프 업에 고무판을 부착하여 파렛트 없이 운반·하역 가능한 작업장치로 미끄러지거나 박스에 든 화물적재 및 하역 등에 이용된다.

10 포크에 360° 회전 가능한 로테이터를 부착하여 기계 가공 공장의 칩, 폐기물 처리 시 용기에 담긴 화물을 캐리지와 포크가 같이 회전하여 하역하는 작업장치는?

① 램(ram)
② 푸시 풀(push pull)
③ 사이드 시프터(side shifter)
④ 로테이팅 포크(rotating fork)

▶ 로테이팅 포크는 포크를 360도 회전 가능한 로테이터를 부착한 것으로 기계 가공장의 칩 화전시켜 하역하는 작업 및 주문공장, 사료공장 등에서 사용된다.

정답 01 ② 02 ③ 03 ④ 04 ② 05 ④ 06 ② 07 ① 08 ② 09 ④ 10 ④

11 지게차를 작업용도에 따라 분류할 때 운전 중 화물을 조이거나 회전시켜 운반 또는 적재하는데 더 적합한 것은?
① 힌지드 버킷
② 힌지드 포크
③ 로테이팅 포크
④ 로드 스테빌라이저

12 깨지기 쉬운 화물이나 불안정한 화물의 낙하를 방지하기 위하여 포크 상단에 부착하여 화물을 누르는 장치를 무엇이라 하는가?
① 하이 마스트
② 사이드 시프트 마스트
③ 로드 스테빌라이저
④ 3단 마스트

로드 스테빌라이저(load stabilizer)는 상부의 압력판과 포크로 구성되어 있어 유압조정장치로 작동되며 부서지기 쉽거나 불안정한 화물의 낙하방지를 위하여 작업하는 작업장치이다.

13 화물의 결착에 사용되는 결착도구(공구)가 아닌 것은?
① 슬링 와이어(sling wire)
② 로프(rope)
③ 체인블록(chain block)
④ 베어링(bearing)

베어링은 회전 또는 왕복운동을 하는 축을 지지하여 축에 작용하는 하중을 보존하는 기계요소이다.

14 섬유벨트의 특징에 대한 설명으로 틀린 것은?
① 와이어로프나 체인보다 가볍다.
② 취급이 용이하며 유연성이 우수하다.
③ 화물의 손상을 방지할 수 있다.
④ 와이어로프에 비해 강도가 매우 강하다.

섬유벨트는 슬링용 와이어로프에 비해 강도가 매우 약하여 취급에 주의가 필요하다.

15 섬유벨트를 폐기기준으로 옳지 않은 것은?
① 재봉실이 절단되어 이음의 홈과가 발생한 경우
② 재봉실이 절단되어 이음의 홈과가 우수한 경우
③ 나비의 방향으로 1/5이 상당하는 손상이 발생한 경우
④ 두께 방향으로 1/3에 상당하는 손상이 발생한 경우

두께 방향으로 1/3에 상당하는 손상이 발생한 경우 폐기하여야 한다.

16 지게차 포크의 간격은 파렛트 폭의 어느 정도로 하는 것이 가장 적당한가?
① 파렛트 폭의 1/2~1/3
② 파렛트 폭의 1/3~2/3
③ 파렛트 폭의 1/2~2/4
④ 파렛트 폭의 1/2~3/4

지게차 포크의 간격은 파렛트 폭의 1/2~3/4로 적당하다.

$1/2b \sim 3/4b$
포크
파렛트

17 평탄한 노면상에서 지게차를 운반작업 시 올바른 방법이 아닌 것은?
① 파렛트에 실은 짐이 안정되고 확실하게 실려 있는가를 확인한다.
② 포크를 삽입하고자 하는 곳과 평행하게 한다.
③ 불안전한 적재의 경우에는 빠르게 작업을 진행시킨다.
④ 화물 앞에서 정차한 후 마스트가 수직되도록 기울여야 한다.

불안전한 적재의 경우 작업을 진행시키지 말아야 하며, 불안전한 적재는 안전사고의 원인이 된다.

18 지게차의 안전한 작업 방법으로 맞지 않은 것은?
① 포크를 수평으로 맞추어 파렛트에 포크를 삽입한다.
② 포크를 파렛트 경향히 올리기 쉽도록 조정한다.
③ 포크 상승 시에는 리프트 레버를 뒤쪽으로 당긴다.
④ 화물 하역 시 가능한 리프트 레버를 천천히 조작한다.

화물 하역 시 붕괴될 수 있으므로 리프트 레버를 천천히 조작한다.

19 지게차를 운전하여 화물을 운반 시 작업하여야 할 사항으로 맞는 것은?
① 노면이 좋지 않을 때는 저속으로 운행한다.
② 경사지 운전 시 화물을 위쪽으로 한다.
③ 화물 상승 시에는 하강 시에는 5m 이내로 한다.
④ 노면에서 약 20~30cm 상승 후 이동한다.

지게차 운반거리는 제한이 없다.

20 화물을 운반할 때 주의할 사항으로 틀린 것은?
① 가벼운 화물은 규정보다 많이 적재하여도 된다.
② 안전사고 방지를 위하여 유의한다.
③ 적당한 높이로 들고 운반한다.
④ 노면에서 굴곡이 심한 장소는 서행한다.

가벼운 화물이라도 규정에 초과하게 적재하여서는 안 된다.

21 지게차로 짐을 싣고 경사지에서 운반을 위한 주행할 때 안전상 올바른 운전 방법은?
① 포크를 높이 들고 주행한다.
② 내려갈 때에는 저속 후진한다.
③ 내려갈 때에는 변속 레버를 중립에 위치한다.
④ 내려갈 때에는 시동을 끄고 타력으로 주행한다.

22 지게차의 적재 방법으로 틀린 것은?
① 화물을 올릴 때는 포크를 수평으로 한다.
② 화물을 올릴 때는 가속 페달을 밟는 동시에 레버를 조작한다.
③ 포크로 물건을 찌르거나 물건을 끌어서 올리지 않는다.
④ 화물이 무거우면 사람이나 중량물로 밸런스 웨이트를 삼는다.

지게차는 화물 적재 시에 지게차의 균형추(counter balance) 무게에 의하여 안정된 상태에서 유지할 수 있도록 제작된 장비로서 최대하중 이상으로 적재하여서는 안된다.

정답 11 ③ 12 ③ 13 ④ 14 ④ 15 ③ 16 ④ 17 ③ 18 ④ 19 ③ 20 ① 21 ② 22 ④

23 지게차로 화물을 운반할 때 포크의 높이는 얼마 정도가 안전하고 적합한가?

① 높이에는 관계없이 편리하게 한다.
② 지면으로부터 20~30cm 정도 높이를 유지한다.
③ 지면으로부터 60~80cm 정도 높이를 유지한다.
④ 지면으로부터 100cm 이상 높이를 높여 운행한다.

🔑 지게차의 포크 높이는 부상상태일 때 관계없이 20~30cm 정도를 유지하는 것이 안전하다.

24 지게차에서 화물취급 방법으로 틀린 것은?

① 포크는 화물의 받침대 속에 정확히 들어갈 수 있도록 조작한다.
② 운반물을 적재하여 경사지를 주행할 때는 짐이 언덕 위로 향하도록 한다.
③ 포크를 지면에서 약 800mm 정도 올려서 주행해야 한다.
④ 바이브레이트를 뒤로 약 6° 정도 기울인 다음 기울인 상태로 운반한다.

🔑 지게차 주행 시 포크는 20~30cm 정도 올려서 한다.

25 지게차의 화물운반 작업 중 가장 적합한 것은?

① 댐퍼를 뒤로 3° 정도 경사시켜 운반한다.
② 마스트를 뒤로 4° 정도 경사시켜 운반한다.
③ 샤프트를 뒤로 6° 정도 경사시켜 운반한다.
④ 바이브레이트를 뒤로 8° 정도 경사시켜 운반한다.

26 지게차를 전·후진 방향으로 서서히 화물에 접근시키거나 빠른 유압 작동으로 신속히 화물을 상승 또는 적재시킬 때 사용하는 것은?

① 인칭조절 페달
② 악셀레이터 페달
③ 디셀레이터 페달
④ 브레이크 페달

🔑 인칭조절 페달은 전·후진 및 작업조절을 위한 것이고 악셀레이터 페달은 가속이며, 디셀레이터 페달은 감속으로 작동 시에 반동 하중이나 가속됨을 숙지해야 한다.

27 지게차에서 틸트 실린더의 역할은?

① 포크의 상·하 이동
② 차체 수평유지
③ 마스트 앞·뒤 경사각 유지
④ 차체 좌·우 회전

28 지게차에서 리프트 실린더의 주된 역할은?

① 마스트를 틸트시킨다.
② 마스트를 이동시킨다.
③ 포크를 상승, 하강시킨다.
④ 포크를 앞뒤로 기울게 한다.

🔑 지게차에서 리프트 실린더는 포크를 상승 또는 하강시키며, 틸트 실린더는 마스트를 전후로 경사시킨다.

29 지게차의 운행상사항으로 틀린 것은?

① 틸트는 적재물이 빼내스에 안정히 붙도록 한 후 운행한다.
② 주행 중 노면상태에 주의하고 노면이 고르지 않은 곳에서 천천히 운행한다.
③ 내리막길에서는 급회전을 삼간다.
④ 지게차의 중량제한은 필요에 따라 무시해도 된다.

🔑 지게차의 중량제한은 반드시 지켜져야 하며, 제한 중량 이상의 화물 운반 시 안전사고의 직결된다.

30 지게차에 관한 설명으로 틀린 것은?

① 짐을 싣기 위해 마스트를 약간 전경시키고 포크를 끼워 물건을 싣는다.
② 틸트 레버는 앞으로 밀면 마스트가 앞으로 기운다.
③ 포크를 상승시킬 때는 리프트 레버를 뒤쪽으로, 하강시킬 때는 앞쪽으로 민다.
④ 목적지에 도착 후 물건을 내려 놓기 위해 틸트 실린더를 후경시켜 한다.

🔑 물건을 내리기 위해서는 마스트를 수직으로 하고 포크를 수평으로 한 후, 내려놓을 위치까지 올린 후 하강시켜 적재시킨 다음 포크를 뒤로 빼낸다.

정답 23 ② 24 ③ 25 ② 26 ① 27 ③ 28 ③ **정답** 29 ④ 30 ④

CHAPTER 04 화물 운반작업 및 운전시야 확보

Craftsman Fork Lift Truck Operator

Lesson 01 화물 운반작업

1 전·후진 주행

1) 전·후진 주행 작동원리 및 후진 작업

① 엔진에서 생성된 동력이 유체 클러치(torque converter)를 회전시키면 일체로 장착된 유체 트랜스미션 또는 기계식 미션이 작동하여 이와 연결된 액슬 샤프트가 타이어를 회전시켜 전·후진 동력을 연결하게 된다.

② 전·후진 속도는 보통 저속, 고속 2단 형태로 작업 시 저속을 사용하며 공차 주행 시는 고속을 사용한다.

③ 대형 지게차의 경우는 고출력을 위하여 최종 구동부에 증감속(final drive) 장치를 장착하여 사용한다.

④ 유체 클러치를 사용함에도 화물을 정재하고 전·후진 레버 작동 시 엔진 회전이 공회전 이상의 경우 지게차에서 충격 및 반생할 수 있으므로 항상 가속기에서 발을 땐 후 전·후진 작동을 원칙으로 하고 급출발, 급제동을 지체하여 서서히 전진을 해야야 한다.

⑤ 정재 후 후진 작업 시에는 후진 작업 전 주시경으로 확인 후 주위경각 하는 방향을 주시하여 이상 유무 확인 후 레버를 조작하여야 하며 조작 후 경고음 및 경고등 작동상태에서 가속기를 서서히 밟아 후진한다.

2) 주행을 위한 전·후진 레버 조작

① 주행 자세: 포크를 지면에서 약 20~30cm 정도 되도록 들을 올린다.

② 정비 출발: 엔진을 사용한 후 난기운전이 완료되면 다음의 방법으로 출발한다.

㉮ 주차 브레이크를 해체한다.
㉯ 기어 선택 레버를 전진 또는 후진의 1단 위치에 놓고 가속 페달을 가벼게 밟으면서 출발한다.

③ 변속 요령

㉮ 기어 레버를 원하는 위치로 이동하여 변속한다. 기어 선택 레버를 앞으로 움직 속도(1~3단)를 조정하고 중립(N) 위치에서 위로 밀고 당겨 전진(F), 후진(R)으로 조정할 수 있다.
㉯ 저속작업 시에는 1단, 고속주행 시에는 2단으로 조정을 한다.
㉰ 고속주행 중 변속 레버에 의한 급격한 감속은 피하고 브레이크를 이용하여 감속한다.
㉱ 급출발은 방지하기 위해 출분 장치가 장착되어 있다.

N위치: 중립, D위치: 주행

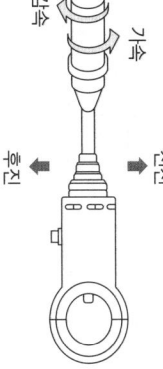

[기어 선택 레버]

3) 전·후진 전환 방법

① 변속 레버를 원하는 위치로 하여 전환한다.
② 전·후진 전환할 때에는 전환 방향의 안전을 확인한다.
③ 고속에서 전·후진 방향의 전환을 피한다.
④ 전·후진 레버를 앞으로 밀면 전진, 뒤로 당김으로써 전진, 후진을 선택할 수 있다.
⑤ 주차 브레이크 레버를 풀고 전·후진 레버 단계가 뒤로 이동된다. 지게차의 중속으로 서서히 이동할 수 있다.
⑥ 지게차를 정지시키기 위해 액셀레이터 페달로부터 발을 떼어 브레이크 페달을 밟는다.

4) 지게차 회전 방법

① 조향 휠을 회전하려는 방향으로 돌리면 지게차는 회전한다.
② 지게차는 조향 실린더에 의해 좌·우 각각 52°씩 회전한다.
③ 고속에서의 급회전 및 경사지에서의 회전을 피한다.
④ 주행 중 엔진이 정지하더라도 조향 힘이 중지되지 않으므로 전부 전환이 있다.

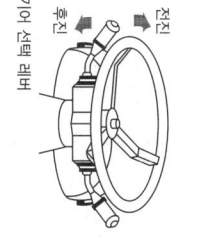

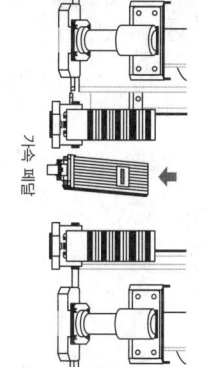

[기어 선택 레버 및 페달]

5) 지게차의 정지 및 엔진 정지

① 지게차의 정지 방법
㉮ 브레이크 페달을 사용하여 정지한다.
㉯ 기어 선택 레버를 중립으로 한다.
㉰ 주차 브레이크를 작동한다.
㉱ 포크를 지면에 내린다.

② 지게차의 엔진 정지
㉮ 엔진이 냉각되지 않은 상태에서 급정지시키면 엔진 수명 단축의 원인이 되므로 긴급한 상황이 아니라면 급정지하지 않는다.
㉯ 과열되었을 때에는 즉시 정지하지 말고 공회전 상태에서 냉각시킨 후 정지한다.
㉰ 주차 브레이크를 정지한다.
㉱ 기어 선택 레버는 중립(주차 스위치 ON) 위치에 있는지 확인한다.
㉲ 엔진을 저속으로 5분 정도 공회전 한다.
㉳ 시동 키를 OFF 위치로 하여 엔진을 정지한다.

- 엔진 정지 후 점검
  - 오일, 물의 누출, 작업장치, 외장, 주행체를 둘러보고 점검한다.
  - 비포장 및 중온, 극중의 있는 곳 등에서는 급출발이나 급브레이크 사용, 급회전 등을 하지 않는다.
  - 연료건설 내 유류 등은 화재의 원인이 되므로 제거한다.
  - 주행체에 부착된 이물질은 제거한다.

6) 주행 시의 안전

① 지게차 주행속도는 10km/h를 초과할 수 없다.
② 비포장 및 중온, 극중의 있는 곳 등에서는 급출발이나 급브레이크 사용, 급회전 등을 하지 않는다.
③ 탐재한 화물이 시야를 현저하게 방해할 때에는 보조자를 배치하여야 하며 화물적재 상태에서 지상에서부터 30cm 이상 올려 마스트가 수직이거나 앞으로 기울인 상태에서 주행하여서는 안 된다.
④ 신호 시에는 건설기계 안전에 유의하며, 차체 및 부품 이 주변에 접촉되지 않도록 주의한다.
⑤ 후진 시에는 경광등과 후진경고음 등을 사용한다.
⑥ 도로상을 주행할 때에는 포크의 선단에 표식을 부착한다.
⑦ 운전 중 제한속도 경고음의 경고등이 떨어지면 지체없이 차를 정치시킨 후 안전을 유지한 뒤 정지시킨 후 엔진을 정지한다.
⑧ 작업 중 지게차에 부하가 걸리고, 수중물품의 경우도면으로 하차한다.
⑨ 요철이 있거나 좁은 통로인 길에서는 지게차의 안전을 고려하여 저속으로 주행한다.
⑩ 30분 이상 연속으로 주행하지 않는다.
⑪ 30분 주행 시 10분간 정지상태에서 휴식을 취한다. 연속 브레이크 및 타이어 발열을 유의하여 해당 부품의 수명을 단축할 수 있다.
⑫ 적재화물이나 지게차에는 사람을 태우고 주행하거나 과도한 연료주유는 작업주중이 무거워 지게차의 뒤쪽이 들리는 듯한 상태로 주행해서는 안 된다.
⑬ 적재화물이 무거워 지게차의 뒤쪽이 들리는 듯한 상태로 주행해서는 안 된다.
⑭ 포크 밑으로 사람을 출입하게 하여서는 안 된다.

2 화물 운반작업

1) 유도자의 수신호

① 신호수를 배치하여야 하는 경우
  ㉮ 차량계 건설기계 작업 시 근로자에게 위험이 미칠 우려가 있는 경우
  ㉯ 운전 중인 건설기계에 접촉되어 근로자가 부딪힐 위험이 있는 장소
  ㉰ 지반의 부득정이 및 장감이 우려될 위험이 있을 경우
  ㉱ 근로자를 출입시키는 경우

② 수신호 요구조건
  ㉮ 신호는 오해를 피하기 위해 명확하고 간결하여야 한다.
  ㉯ 신호는 사용에 알맞고 지게차 운전자에게 충분히 이해되어야 한다.
  ㉰ 신호 발신은 지게차 운전자가 위험성을 충분히 이해하여야 한다.
  ㉱ 반드시 주의의 안전 상태를 확인한 후 출입한다.
  ㉲ 얼굴, 손, 발로 차체 바깥에 내밀지 않고 출입한다.

③ 신호수의 운전자 간 수신호 방법
  지게차 작업장의 신호체계는 명문화된 것이 없으나, 한국산업표준에 따른 크레인의 수신호를 준용하고 있다.
  ㉮ 작업장 한편 한발로 신호방법은 지게차 사용자치에 의하여 자유롭게 건설기계 운전자와 기계 동작장의 책임자의 책임자 지정한 자 이외의 모든 사람에게 수신호가 금지되어야 한다.(좌우 방향를 가리키는 것은 특정한 신호이다.)
  ㉯ 작업 가능한 한발 신호 사용해도 수용되어야 한다.
  ㉰ 건설기계의 운전자치에 의하여 지명한 자 이외에는 하여서는 안 된다.
  ㉱ 건설기계의 운전자 시야가 차단되지 않는 위치에 하여야 한다.
  ㉲ 신호수의 운전자 시야가 중단 시에 차단되지 않는 위치에 있어야 한다.
  ㉳ 신호수의 장비의 성능, 작동 등을 충분히 이해하고 비상 시 응급처치가 가능하도록 현장의 상황을 확인하여야 한다.
  ㉴ 신호수는 운전자가 보내는 사람과 한 사람이어야 한다. 예외 운전자에게 수신호를 비상정지 신호뿐이다.
  ㉵ 신호수는 1인으로 하여 수신호를 정확하게 사용하여야 한다.
  ㉶ 신호수는 운전자와 긴밀한 연락을 취하여야 한다.
  ㉷ 작업 가능한 신호수는 한 곳에 한 신호수 항상 위치하여야 한다. 예외 작업 가능한 경우, 신호를 조합하여 사용할 수 있다.

지게차의 수신호

지게차 작업장의 신호체계는 명문화된 것이 없으나, 한국산업표준에 따른 크레인의 수신호를 준용하고 있다.

No	항목	구분
1	호출	오른팔을 높이 올린다.
2	상승	오른팔을 들고 오른손 손가락으로 원을 그린다.
3	포크 하강	오른팔을 들고 내리는 동작을 한다.
4	화물 이동	오른팔을 들고 오른손 손가락으로 이동할 이동 위치를 반복하여 가리킨다.
5	포크 전경	오른팔을 들고 오른손 엄지 손가락을 아래쪽으로 반복 가리킨다.
6	포크 후경	오른팔을 들고 오른손 엄지 손가락을 위쪽으로 반복 가리킨다.
7	작업 완료	오른손으로 거수경례를 한다.
8	정지	오른팔을 들어 주먹을 쥔다.
9	급정지	두손을 넓게 올려 좌우로 크게 흔든다.
10	작업 중료	운전원의 배에 대고 개별 모은다.

2) 출입구 확인

① 지게차 1대가 다니는 통로로는 운행 지게차의 최대목에 60cm 이상의 여유폭을 확보한다.
② 지게차 2대가 다니는 통로로는 지게차 2대의 최대목에 90cm 이상의 여유폭을 확보한다.
③ 지게차의 운행을 통로에는 통로에 부득정이 없어야 한다.
④ 지게차의 운행을 방해하는 장애물이 체지되어야 한다, 노경면 등이 있는 진동 위험이 없어야 한다.
⑤ 화물을 운반할 때 포크를 너무 높게 하는 경우 중심이 높아 체지 위험이 있다.
⑥ 부득정이 없는 곳으로 안전 상태를 확인한 후 출입한다.
⑦ 반드시 주의의 안전 상태를 확인한 후 출입한다.
⑧ 얼굴, 손, 발로 차체 바깥에 내밀지 않고 출입한다.

Lesson 02 운전시야 확보

1 운전시야 확보

1) 운전시야 확보 요령

① 야간작업
- ㉮ 작업장에는 충분한 조명시설을 한다.
- ㉯ 후미등 그 밖의 조명시설이 고장나 작업에 지장을 주는 경우, 후미등 그 밖의 조명시설이 고장난 상태에서는 안 된다.
- ㉰ 야간에는 원근감이나 지면의 고저가 불명확하고, 착각을 일으키기 쉬우므로 주변의 작업원이나 장애물에 주의하여 속도를 줄여 운전한다.

② 야외 작업장
- ㉮ 햇빛으로 인한 눈부심 또는 햇빛의 반사로 인해 작업을 방해할 경우 보안경을 착용한다.
- ㉯ 보안경의 종류
  - ㉠ 차광보안경 : 눈에 해로운 자외선, 가시광선, 적외선이 발생하는 장소에서 유해광선으로부터 눈을 보호하기 위한 보안경
  - ㉡ 일반 보안경 : 자중 비산물 및 유해한 액체로부터 눈, 안면, 목 부위를 보호하는 보안경

③ 건축사고 등 예방
- ㉮ 안전경고 표시등 확인 : 점검
- ㉯ 운행 중 표시등을 확인하여 장애물을 체크하고 주행동선을 집중해야 한다.
- ㉰ 작업장 내 안전 표지판은 목적에 맞는 표지판을 설치한다.
- ㉱ 지게차는 운전원 좌석에서 작업용의 주목적이기 때문에 경제 중 요구되는 신호 및 하역 시 후방 작업 시 배달 시 요구되며 반드시, 신호수 지시에 따라 작업에 진행되는 방법을 사전에 숙지한다.

④ 보조자의 도움으로 동선 확보
- ㉮ 보조 신호수는 시로의 맞대편으로 항시 동행해야 한다.
- ㉯ 운반용 차량의 적재 시 차량 운전원의 인후한 상태에서 작업을 집행해야 한다.
- ㉰ 지게차 후륜은 보조 신호수를 요구하므로 요구하면 사고를 예방하여야 한다.

2 장비 및 주변상태 확인

1) 운전 중 작업장치 상태확인

① 마스트 작동상태 확인
- ㉮ 마스트 작동 레버를 당겨 마스트가 정상 상승 속도로 작동되는지를 확인하고 레버를 밀어서 작동되는 데 일이 매 배어 있어서 마스트 가이드에 닿는 일을 점검한다.
- ㉯ 마스트 작동 시 리프트 체인의 이송 균형이 확인하고 유무 주유 상태 시 리프트 체인의 이송 균형이 확인하고 유유 로드의 정상 상태 확인
- ㉰ 마스트 활차(sheave)와의 유간 상태 확인하고 호스 텐션 밀(tension rill) 및 가이드 활차의 접촉 면의 마모 이상 유무 확인한다.

② 포크 작동상태 확인
- ㉮ 포크 및 이동장치의 연결 부위의 마모 상태를 확인하고 작동한 후 유압 유압호스의 누유 여부 확인한다.
- ㉯ 포크는 이동장치로 작업 시 가장 많이 받기 때문에 작동 부분으로 수시로 점검하여 이상이 있으면 반드시 장비업자 섬세하여 점검을 받아야 한다.
- ㉰ 장치작동 상태 확인하기 위하여 이상 여부를 확인한 후 정상작동 상태를 확인한다.

③ 주행장치 이상 유무 점검
- ㉮ 토크 컨버터타와 트랜스미션, 유체로서 커플링 슈사이 트랜스미션으로 동력을 전달되며, 대형 지게차의 장비의 드랜 이브 장치(중간축감속장치)가 장착되어 있으며 파일럿 장치로 구동된다.
- ㉯ 모든 작동장치 운행 요유이 곱이나 오일이 교환 시기를 지키지 않으면 고장의 원인이 되므로 감간 지켜야 한다.
- ㉰ 트랜스미션 유니버설 조인트 쪽으로 연결되는 샤프트의 드랜 이버에서 누유가 가장 많으며 커버 케이스의 이상 소음이 가 발생한다.
- ㉱ 자동장치 오일의 누유가 가장 많이 발생하는 곳은 자동장치 파이너기어의 테이퍼너에 그 다음으로 파일럿 장치(중간속장치) 커버 케이스에서 누유가 발생한다.

2) 이상 소음

① 동력전달장치 소음 확인
- ㉮ 클러치 및 이상 소음 발생 여부 확인 및 베어링의 정상작동 이상 상태 여부 확인
- ㉯ 가이드 리프트 실린더 및 연결부 확인
- ㉰ 마스트 리프트 실린더 이상 소음 밀 연결부 확인
- ㉱ 브레이크 및 연결부 상태 확인
- ㉲ 리프트 체인 마모 좌우 균형상태 확인
- ㉳ 파워 트랜스미션의 경우 : 주행 테북 작동 시 변속기의 발생 여부 확인 후 이상 소음없이 주행하는지 확인

② 작업장치 소음 확인
- ㉮ 마스트 고정핀(foot pin) 및 부시 상태 확인
- ㉯ 호스 연결 실린더 고정 편, 부시 정상 연결 확인
- ㉰ 마스트 리프트 실린더 실(seal) 누유 정상상태 확인
- ㉱ 구조물의 손상 및 외관상태 확인

㉰ 가이드 및 볼터 베어링 정상작동 확인
㉱ 포크 이동 및 각 부 주유상태 확인

④ 작동장치 이상 소음 확인
　㉮ 마스트를 최대한 올리고 내림을 2~3회 반복하여 이상 소음 확인
　㉯ 마스트를 앞뒤로 2~3회 반복 조종하여 이상 소음 확인
　㉰ 포크 폭을 2~3회 반복 조종하여 이상 소음 확인

⑤ 기타 장치 소음 확인
　㉮ 조향장치 : 핸들의 허용 유격이 정상인지 상하좌우로 덜컹거림의 발생 여부 확인
　㉯ 브레이크 : 레버를 완전히 당겨 정차상태에서 여유 확인한 후 평탄 노면에서 저속주행 시 제동 작동으로 하고 평탄 노면에서 저속주행 시 제동 작동으로 브레이크 및 패달 이상 유무 확인
　㉰ 주행 브레이크 : 페달의 여유 및 페달을 밟았을 때 페달과 바닥 판의 간격 유무 확인

3) 운전 중 장치별 누유 · 누수
① 유압계통 누유상태 확인
　㉮ 작업 중 유압호스나 파이프에서 작동유가 누유될 경우 반드시 엔진을 끄고 계통 내에 있는 작업 부하를 해제하고 해당 부구로 수리 또는 교체하여야 한다. 부하가 걸린 상태에서 호스를 분해하면 부하가 걸린 고압력에 유체가 순간 해제되면서 비산되어 안전사고를 발생시킬 수 있다.

② 유압유 누유 시 문제점
　㉮ 유압장치 계통 내의 운활 부족으로 마모나 열이 발생한다.
　㉯ 유압펌프에서 유압유를 흡입할 때 공기도 같이 흡입하게 되어 공동현상을 일으키고 공동현상으로 각 작동부와 유압장치에 고장원인이 된다.
　㉰ 누유되는 유압유 부족량이 많으면 유압에 고압을 만들어 주지 못하여 유압장치가 작동되지 않는다.
　㉱ 누유되는 곳으로 이물질이 혼입되어 유압장치의 수명을 단축시킨다.
　㉲ 밸브 중간에서 가장 많이 누유가 되는 곳은 밸브의 스풀(spool)로 고압력으로 인산되는 곳은 밸브의 사용하기 때문이다.

③ 장치별 누유 및 누수 확인
　㉮ 워터펌프 누수 확인
　㉯ 라디에이터 누수 및 호스 누수 확인
　㉰ 엔진오일 누유 확인
　㉱ 헤드 개스킷의 누유 확인
　㉲ 엔진 크랭크 축에서의 누유 확인

출제예상문제

CHAPTER 04 | 하물 운반작업 및 운전시야 확보

01 대형 지게차의 동력전달 계통에서 고출력을 얻기 위한 장치는?
① 트랜스 모터
② 종감속 기어
③ 스프로킷
④ 변속기

∴ 대형 지게차의 경우는 고출력을 얻기 위하여 최종 구동부에 종감속(final drive) 장치를 장착하여 사용한다.

02 종감속비에 대한 설명으로 맞지 않는 것은?
① 종감속비는 엔진의 출력, 차량 중량, 가속성능, 등판능력 등에 따라 정해진다.
② 종감속비가 크면 가속 성능이 향상된다.
③ 종감속비가 적으면 구동력이 향상된다.
④ 종감속비는 나누어서 떨어지지 않는 값으로 한다.

∴ 종감속비를 크게 하면 가속 성능과 등판능력은 향상되지만, 고속 성능은 저하된다.

03 지게차 작업 시 안전한 운행사항으로 틀린 것은?
① 시선은 정방향을 주시한다.
② 후진 시는 반드시 뒤를 확인한다.
③ 큰 화물적재 시 전면 시야가 방해를 받을 때는 후진 주행한다.
④ 높은 장소에서 작업 시 포크에 작업자를 태워 작업한다.

∴ 어떠한 경우라도 포크에 화물이 아닌 사람을 태워서는 안 된다.

04 지게차 운전 시 지켜야 할 안전수칙으로 틀린 것은?
① 후진 시도 반드시 뒤를 살필 것
② 진·후진 변속 시는 장비가 정지된 상태에서 행할 것
③ 주·정차 시는 반드시 주차 브레이크를 작동시킬 것
④ 이동 시는 포크를 반드시 지상에서 높이 들고 이동할 것

∴ 이동 시에는 포크를 크크림 지면에서 20~30cm 정도 올린다.

05 지게차 운전 조작 시 안전한 사항으로 맞지 않는 것은?
① 마스트를 전방으로 틸트하고 포크를 지면에 내려놓는다.
② 시동 스위치를 OFF하고 주차 브레이크를 당기어 전진한다.
③ 주·정차 시 지게차에 기름 묻은 듯한다.
④ 통로나 비상구에는 주차하지 않는다.

06 지게차의 주행과 관련한 조작으로 옳은 것은?
① 전·후진 레버를 앞으로 밀면 전진하고 당기면 후진한다.
② 전·후진 레버를 앞으로 밀면 후진하고 당기면 전진한다.
③ 전·후진 주행 중에는 고속주행이 상하에서 효과적이다.
④ 포크를 지상에서 최대한 높이 들어올린 상태에서 주행한다.

∴ 주·정차할 때 키는 지정된 장소에 보관한다.

07 지게차의 조종 레버의 설명으로 틀린 것은?
① 로어링(lowering)
② 덤핑(dumping)
③ 리프팅(lifting)
④ 틸팅(tilting)

∴ 리프트 레버는 포크를 상하로 움직이며, 틸트 레버는 마스트를 전경 또는 후경시키는 동작이다.

08 그림과 같은 지게차 기어 선택 레버에서 전진 주행할 위한 동작은?

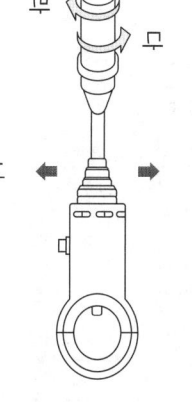

① 가
② 나
③ 다
④ 라

∴ 가 - 전진, 나 - 후진, 다 - 가속, 라 - 감속

09 지게차의 변속 요령에 대한 설명으로 틀린 것은?
① 기어 선택 레버를 앞뒤로 밀고 당겨 전진(F), 후진(R)으로 조정할 수 있다.
② 적재작업 시에는 3단에서 작업한다.
③ 고속주행 시에는 변속 레버에 의한 급격한 감속은 피하고 브레이크 페달을 이용하여 감속한다.
④ 자동변속기가 장착된 경우 전진에서 후진으로 주행 중 후진으로 변속 시 브레이크 페달을 밟지 않고 변속한다.

∴ 적재작업 시에는 1단 또는 2단으로 작업을 한다.

10 하물 적재 후 지게차의 안전한 운전 방법에 대한 설명으로 맞는 것은?
① 평지에서 주행할 때는 급제동을 해도 된다.
② 오르막길을 올라갈 때는 마스트를 앞쪽으로 기울인다.
③ 비탈길을 내려갈 때는 후진으로 천천히 내려온다.
④ 자동변속기의 경우 잠금장치가 장착되어 있다.

∴ 하물적재 시 경사지를 내려올 때는 후진으로, 올라갈 때는 전진으로 올라간다.

11 지게차의 변속 요령에 대한 설명으로 틀린 것은?
① 기어 레버를 완충하는 위치로 이동시킨 급제동은 된다.
② 적재작업 시에는 미스트를 앞으로 작업을 한다.
③ 고속주행 중 변속은 피한다.
④ 급변속을 방지하기 위해 중립 잠금장치가 장착되어 있다.

∴ 고속주행 중 변속 레버의 피하고 브레이크 페달을 이용하여 감속한다.

정답
01 ② 02 ③ 03 ④ 04 ④ 05 ③ 06 ① 07 ② 08 ① 09 ② 10 ③ 11 ③

12 지게차는 조향 핸들을 돌려 회전시킬 수 있다, 회전 시 좌·우 각각 몇 도(°)씩 회전하는가?

① 5° ② 15°
③ 31° ④ 52°

☞ 조향 핸들을 회전하고자 하는 방향으로 돌리면 지게차는 회전하게 되며, 조향 실린더에 의해 좌·우 각각 52°씩 회전한다.

13 지게차의 정지 순서로 옳은 것은?

가. 브레이크 페달을 사용하여 정지한다.
나. 주차 브레이크를 작동한다.
다. 기어선택 레버를 중립으로 한다.
라. 포크를 지면에 내린다.

☞ 지게차의 정지 방법 : 브레이크 페달 작동 → 기어 중립 → 주차 브레이크 작동 → 포크 지면에 내림

14 지게차의 엔진이 과열되었을 때 엔진 정지 요령으로 적절한 것은?

① 즉시 정지시키고 냉각수를 가득히 기다린다.
② 지게차를 정지시킨 후 냉각수를 보충한 뒤 정지시킨다.
③ 중속 회전시켜 서서히 냉각시킨 후 정지시킨다.
④ 과열 여부와 관계없이 곧바로 엔진을 정지시킨다.

☞ 엔진이 냉각되지 않은 상태에서 엔진 수온이 급상승이면 건조한 상태이므로 급정지시키면 안 되며 금지하지 않는다. 또한, 과열되었을 때에는 즉시 정지하지 말고 중속 회전시켜 서서히 냉각시킨 후 정지한다.

15 지게차 주행 시의 안전에 대한 내용으로 틀린 것은?

① 혼잡 시에는 경음기를 사용하여 경적 등을 사용한다.
② 30분 이상 연속으로 주행하지 않는다.
③ 적재화물이나 지게차에 사람을 태우고 주행하지 않는다.
④ 운전 중 경고등이 점등되면 작업을 끝낸 후 점검한다.

16 다음 중 산업안전보건법령에 따라 반드시 신호수를 배치하여야 하는 경우가 아닌 것은?

① 차량계 건설기계 작업 시 근로자에게 위험이 미칠 우려가 있는 경우
② 운전 중인 건설기계에 접촉되어 근로자가 부딪힐 위험이 있는 장소
③ 지반의 부등침하 및 갓길 붕괴 위험이 있는 경우
④ 운전 중 제한된 시야로 인한 장애물이 체한된 경우

• 신호수를 배치하여야 하는 경우
• 차량계 건설기계 작업 시 근로자에게 위험이 미칠 우려가 있는 경우
• 운전 중인 건설기계에 접촉되어 근로자가 부딪힐 위험이 있는 장소
• 지반이 부등침하 및 갓길 붕괴 위험이 있는 경우
• 근로자를 출입하여 건설기계에 부딪힐 위험이 있는 경우

17 지게차 중량물을 운반할 때 주의할 점이 아닌 것은?

① 화물의 무게를 파악하여 제한하중 이하에서 작업한다.
② 운반 중 화물이 분리 이탈되지 않게 작업을 중지한다.
③ 신호의 규정이 있으므로 반드시 작업자가 직접 한다.
④ 지게차 작업 시 신호는 크레인 표준작업에 준한다.

18 신호수가 필요한 지게차 작업 시 신호수의 운전자 간의 수신호 방법으로 틀린 것은?

① 신호수는 수신호, 경적 등을 정확하게 사용하여야 한다.
② 신호수의 부근에 혼동되기 쉬운 경적, 음성, 동작 등이 있어서는 안 된다.
③ 위험 요소가 많은 지게차는 신호가 없으면 작업자가 직접 한다.
④ 작업 가능한 경우, 신호수도 사용할 수 있다.

☞ 건설기계 운전사는 작업장의 책임자가 지명한 자 이외에는 사용할 수 없다.

19 지게차 작업과 관련한 설명으로 틀린 것은?

① 작업 중 지게차에 의한 사고 위험이 인지되면 지정된 신호수에게 전달하여 지게차 운전자에게 비상정지를 알린다.
② 차량계 건설기계 작업 시 근로자에 미칠 우려가 있는 경우는 신호체 건설기계 작업 시 근로자에게 위험이 미칠 우려가 있는 경우는 신호수를 배치하여야 한다.
③ 수신호 사용 시 좁은 통로, 국부이 있는 곳 등에서는 신호를 주고받지 않도록 이해하여야 한다.
④ 비포장 및 좁은 통로, 급경사 등을 사용, 급회전 등을 가능하다.

20 지게차의 수신호 방법에서 오른팔을 들고 오른손을 중지 손가락으로 원을 그리는 신호로 맞는 것은?

① 호출 ② 상승
③ 포크 상승 ④ 화물 이동

21 지게차 1대가 다니는 통로는 해당 지게차의 최대폭에 얼마의 여유를 확보하여야 하는가?

① 15cm 이상 ② 30cm 이상
③ 60cm 이상 ④ 90cm 이상

☞ 지게차 1대가 다니는 통로는 운행 지게차의 최대폭에 60cm 이상, 2대가 다니는 통로는 지게차 2대의 최대폭에 90cm 이상의 여유를 확보하여야 한다.

22 지게차로 화물을 적재하고 창고 등을 출입할 때의 유의사항으로 틀린 것은?

① 반드시 주위의 안전상태를 확인한 후 출입한다.
② 얼굴, 손, 발을 차체 밖으로 내밀지 않고 출입한다.
③ 운행할 방향으로 장애물은 사전에 제거한다.
④ 지게차는 다니는 통로는 운행 지게차의 최대폭에 60cm 이상의 여유를 확보한다.

정답
12 ④ 13 ② 14 ③ 15 ④ 16 ④
17 ③ 18 ③ 19 ① 20 ② 21 ③ 22 ④

23 지게차 작업 시 운전시야 확보에 대한 설명으로 틀린 것은?

① 야간작업 시 작업장에는 충분한 조명시설을 하도록 한다.
② 야간작업 시 전조등, 후미등 등 그 밖의 조명시설이 고장난 상태에서 작업해서는 안 된다.
③ 햇빛으로 인한 눈부심 또는 햇빛의 반사로 인해 작업을 방해할 경우 보안경을 착용한다.
④ 각종 비산물 및 유해한 액체로부터 눈을 보호하기 위해서는 차광보안경을 착용한다.

○ 보안경의 종류
  • 차광보안경 : 눈에 해로운 자외선, 가시광선, 적외선이 발생하는 장소에서 유해광선으로부터 눈을 보호하는 보안경
  • 일반 보안경 및 보안면 : 각종 비산물 및 유해한 액체로부터 눈, 안면, 목 부위를 보호하는 보안면 및 보안경

24 지게차의 적재화물이 커서 운전시야를 방해할 경우의 작업방법으로 틀린 것은?

① 유도자와 함께 작업한다.
② 후진으로 주행한다.
③ 적재물을 하향 위로 들고 작업한다.
④ 필요 시 경적을 울리면서 시행한다.

○ 적재화물을 들어올린 경우 낙하에 의한 안전사고 위험이 있다.

25 지게차 작업 시 안전수칙으로 틀린 것은?

① 주차 시에는 포크를 완전히 지면에 내려야 한다.
② 화물을 적재하고 경사지를 내려갈 때는 운전 시야 확보를 위해 전진으로 운행해야 한다.
③ 포크를 이용하여 사람을 싣거나 들어 올리지 않아야 한다.
④ 경사지를 오르거나 내려갈 때는 급회전을 금해야 한다.

○ 화물을 적재하고 경사지를 내려갈 경우 반드시 후진을 하고 지게차가 후진으로 내려간다.

26 지게차 운전 중 마스트 작동상태 확인인 것은?

① 마스트 작동 레버를 밀어서 마스트가 정상 속도로 상승하는지를 확인한다.
② 화물을 적재하고 경사지를 내려갈 때는 운전을 위해 전진으로 운행해야 한다.
③ 운행을 주의 상태 및 작동 볼트 체결 상태를 확인한다.
④ 유압오일 작동 시 리프트 실린더 압력 균형이 맞는지 확인한다.

○ 마스트가 정상 속도로 상승하는지를 확인하려면 마스트 작동 레버를 밀어야 한다.

27 지게차의 리프트 실린더 작동회로에 사용되는 플로우 레귤레이터(슬로우 리턴)밸브의 역할은?

① 포크의 하강속도를 조절하여 천천히 내려오도록 한다.
② 포크 상승 시 작동유의 이물을 높인다.
③ 짐을 하강시킬 때 신속하게 내려오도록 한다.
④ 포크가 상승하다가 리프트 실린더 중간에서 정지 시 실린더 내부 누유를 방지한다.

○ 지게차의 리프트 실린더 작동되는 플로우 레귤레이터(슬로우 리턴) 밸브는 지게차에서 짐을 하강할 때 하강 속도를 늦추는 밸브이다.

28 지게차의 작우 포크 높이가 다를 경우에 조정하는 부위는?

① 리프트 밸브 조정
② 체인 조정
③ 틸트 레버 조정
④ 틸트 실린더 조정

○ 지게차 작업장치의 포크 한쪽이 기울어지는 가장 큰 원인은 체인(chain)이 늘어지는 것으로 체인을 조정해 주어야 한다.

29 유압계통에서 진동이 심한 파이프나 호스의 결합에 효과적인 것은?

① 클램프(clamp)
② 볼트와 너트(bolt & nut)
③ 나사(screw)
④ 커플링(coupling)

○ 호스나 파이프에서 유압유가 누유되는 것은 대부분 작동 시 미분의 열이 발생한 것으로 진동이 심한 파이프나 호스의 결합은 단단히 결합시키는 클램프가 효과적이다.

30 유압유가 누유될 때의 문제점으로 적당하지 않은 것은?

① 유압장치 체동 내의 운행 부족으로 미끄럼 발생한다.
② 누유되는 유압유 부족으로 작동이 작동되지 않는다.
③ 누유되는 곳으로 이물질이 혼입되어 유압장치의 수명을 단축시킨다.
④ 유압펌프의 유압유 흡입하여 공동현상을 약제한다.

○ 유압펌프에서 유압유 흡입할 때 공기를 흡입하여 유압장치에 공동현상을 일으키고 작동부의 압력에 고질를 일으켜 각 작동부의 압력에 의해 소음을 만들어 유압 부품에 고장을 일으킨다.

정답 23 ④ 24 ③ 25 ② 26 ① 27 ① 28 ② 29 ① 30 ④

CHAPTER 05 작업 후 점검

Craftsman Fork Lift Truck Operator

Lesson 01 안전주차

1 주기장 선정

1) 주기장의 정의 및 표지

① 주기장의 정의 : 바닥이 평탄하여 지게차를 주차하기에 적합하여야 하며, 진입로는 건설기계 및 수송용 트레일러가 통행할 수 있는 곳을 말한다.

② 건설기계 주기장의 표지
  ㉮ 규격 : 가로 100cm, 세로 70cm
  ㉯ 바탕색 및 글자색 : 노란색 바탕에 흑색 글씨
  ㉰ 기둥 : 기둥을 철제를 사용하고 기초콘크리트로 주변 시설물에 부착하여 건설기계를 쉽게 청소만 등 주변 시설물에 표지판을 부착할 수 있다. 다만, 건물의 벽 또는 철근콘크리트 구조물에 기둥을 설치하지 아니하고 주변 시설물에 표지판을 부착할 수 있다.

2) 공영주기장의 설치(건설기계관리법)

① 시·도지사 또는 시장·군수·구청장은 공영주기장을 설치하려면 해당 공영주기장의 설치·운영에 관한 계획을 수립하여야 한다. 이 경우 시·도지사 또는 시장·군수·구청장은 미리 시·도지사의 인가를 받아야 하며, 건설기계사업자단체 또는 건설기계사업자에게 의견을 들어야(운영이 위탁을 포함)할 수 있다.

② 시·도지사 또는 시장·군수·구청장은 공영주기장을 설치하려면 공영주기장의 설치·운영에 관한 계획을 수립하여야 한다. 이 경우 시·도지사 또는 시장·군수·구청장은 공영주기장의 설치·운영 계획을 수립하거나 변경하기 인가를 받은 때에는 이를 공고하여야 한다.

③ 시·도지사 또는 시장·군수·구청장은 공영주기장의 설치·운영 계획을 수립하거나 변경하기 인가를 받은 때에는 이를 공고하여야 한다.

2 주차 제동장치 체결 및 주차 시 안전조치

1) 제동장치 체결

① 주차 제동장치 체결
  ㉮ 지게차의 운전석을 떠나는 경우 브레이크를 완전하게 건다.
  ㉯ 변속 레버를 중립으로 한 후 포크 등을 바닥면에 내리고 엔진을 정지시킨다.

② 보행자의 안전을 위한 주차 방법
  ㉮ 마스트를 앞으로 기울게 주차한다.
  ㉯ 포크 끝이 지면에 닿게 주차한다.

③ 경사지 주차 방법
  ㉮ 승인된 장소에만 지게차를 주차하고 포크는 안전히 바닥에 내려지게 하고, 방향을 낮은 쪽에 임시주차를 반드시 통행이 고장시킨다.
  ㉯ 경사지에 임시주차 시 차량이 우발적인 움직임을 방지하기 위하여 바퀴에 굄목을 리브트 쪽면에 방지하기 설치한다.

2) 주차가 금지되는 장소

① 교차로·횡단보도·건널목이나 보도
② 교차로의 가장자리나 도로의 모퉁이로부터 5m 이내의 곳
③ 안전지대의 사방으로부터 각각 10m 이내의 곳
④ 버스여객자동차의 정류(停留)를 표시하는 기둥이나 판 또는 선이 설치된 곳으로부터 10m 이내의 곳
⑤ 건널목의 가장자리 또는 횡단보도로부터 10m 이내의 곳
⑥ 소방용수시설 또는 비상소화장치가 설치된 곳으로부터 5m 이내
⑦ 소방시설로서 옥내소화전설비·스프링클러설비·물분무등소화설비 외의 송수구, 소화용수설비, 연결송수관설비·연결살수설비·무선통신보조설비의 무선기기접속단자가 설치된 곳으로부터 5m 이내
⑧ 터널 안 및 다리 위
⑨ 도로공사를 하고 있는 경우 그 공사구역의 양쪽 가장자리로부터 5m 이내인 곳
⑩ 지방경찰청장이 도로에서의 위험을 방지하고 교통의 안전과 원활한 소통을 확보하기 위하여 필요하다고 인정하여 지정한 곳
※ 위 ①항부터 ⑦항까지는 정차 및 주차가 모두 금지됨

Lesson 02 연료량 점검

1 연료 상태 점검

운행 종료 후 주차
운행이 종료되면 반드시 지정된 곳에 안전하게 주차하고 시동키는 안전하게 일시함에 보관한다.

1) 작업 후 연료의 보충

① 연료를 채우는 동안 폭발성 가스가 존재할 수도 있다.

Lesson 03 외관점검

1 휠 볼트, 너트 상태 점검

1) 상태 점검
휠 볼트 시 또는 휠 너트의 연결부위를 중심으로 하지 않고 휠의 설치면, 휠 너트 등이 깨끗한지 확인한 후 휠 너트를 다시 조인다.

2) 이중 휠로 되어 있는 조향륜과 구동륜의 조임
① 조향륜
   ㉮ 조향륜을 설치하고 서로 맞은편(180°)의 두 너트를 끼우고 조인 뒤 나머지 너트들도 설치하고 모든 너트를 서로 맞은편(180°)기 순차조로 조인다.
   ㉯ 조향륜의 조임 토크 : 440±N·m(325±lb·ft)
② 구동륜
   ㉮ 구동륜을 설치하고 서로 맞은편(180°)의 두 너트를 끼우고 조인 다, 나머지 너트들도 설치하고 모든 너트를 서로 맞은편(180°)기 순차조로 조인다.
   ㉯ 구동륜의 조임 토크 : 600±N·m(440±lb·ft)

2 그리스 급유 및 윤활유

1) 각 부의 그리스 급유
① 리프트 체인 : SAE 30~40 정도의 오일을 선택한다.
② 마스트 가이드 레일 롤러의 작동 부위 : 그리스를 주입한다.
③ 슬라이드 가이드 레일 및 슬라이더 레일 : 정체적으로 고르게 그리스를 바른다.
④ 내·외장 마스트 사이의 미끄럼부 : 정체적으로 고르게 그리스를 바른다.
⑤ 포크와 핑거바 사이의 미끄럼부 : 그리스를 바른다.

2) 기관오일을 교환할 때 주의 사항
① 기관에 알맞은 오일을 선택한다.
② 주유할 때 시동장치 및 주유 표에 의한다.
③ 오일교환 시기를 맞춘다.
④ 재생오일(사용하던 오일)은 사용하지 않는다.

3) 냉각수 점검
① 기관의 영향
   ㉮ 금속이 빨리 신화되고 실린더 헤드 등이 변형되기 쉽다.
   ㉯ 윤활유 점도 저하로 오일 많이 피괴된다.
   ㉰ 각 작동 부분이 열팽창으로 인하여 변다.
   ㉱ 조기점화 시기를 맞춘다.
② 수행식 기관 과열 원인
   ㉮ 팬 벨트의 정렬부 헐거울 때
   ㉯ 물 펌프의 작동 불량할 때
   ㉰ 라디에이터 코어가 규정 이상으로 막혔을 때
   ㉱ 냉각수가 부족할 때
   ㉲ 수온 조절기 고장으로 닫힌지 않을 때

---

② 급유장소에 담배를 피워서는 아니 된다. 지개차의 지정된 안전한 장소에서만 한다. 일반적으로 옥내보다는 옥외가 좋다.
③ 급유 중에는 엔진을 정지하고 차량에서 내려야 한다.
④ 연료 배럴이 너무 낡거나 하차하여서 또는 연료통을 운반용 기타 소지시기에 하여서는 아니 된다. 연료통 내의 침전물이나 기타 불순물이 연료체통으로 흘러들어갈 수 있기 때문에 되면 시동이 어렵게 되거나 부품이 손상을 입을 수 있다.
⑤ 연료 배럴이 너무 낡거나 하차하여서 또는 연료통을 운반용 기타 소지시기에 하여서는 아니 된다.

2) 작업 후 연료주입 순서를 숙지한다.
① 지개차를 지정된 안전한 장소에서만 주차한다.
② 변속기를 중립에 두고 포크를 지면까지 내린다.
③ 주차 브레이크를 채우고 엔진을 정지한다.
④ 연료탱크 주유구(필러) 캡을 연다.
⑤ 연료탱크를 주유해서 채운다.
⑥ 연료탱크 주유구(필러) 캡을 만고 넘쳤으면 닦아내고 급유
제도 깨끗이 청소한다.

2 유압유 점검

1) 유압유 누유 시 보충 방법
① 유압유 탱크에 레벨 계이지를 확인한다.
② 유압유 레벨 점검 방법은 장비상태로 하고 작업부 포크를 지면에 안착한다.
③ 엔진의 시동을 끄고 유압유가 내려오도록 5분 정도 기다린 다음 캡을 풀고 바닥에 내려놓고 유압유 레벨 게이지를 확인한다.

2) 유압호스 교체
① 교체하고자 하는 호스의 표시 압력이 지개차의 안력과 맞는지 확인한다.
② 교체하고자 하는 호스의 길이와 양 연결 나플(nipple)의 크기와 나사산을 맞추는지 확인한다.
③ 교체하고자 하는 호스에 맞는 공구를 준비한다.
④ 교체 작업 전에 교체하고자 하는 호스의 앞뒤 작동유를 받을 용기를 준비한다.
⑤ 유압호스 교체 시는 장비를 체거하고 깨끗한 걸래로 호스를 걸시고 렌지로 호스를 분리한다(유압호스 바산 방지).
⑥ 분리된 호스는 신품으로 신속히 교체한다.

경유상 방지 조치 방법
- 매일 운전이 끝난 후에는 연료를 보충하고 습기 흡문한 공기를 탱크에서 제거하여 응축이 안 되게 한다. 동절기에는 응축되어 연료계통에 녹이 발생할 수 있으므로 수분이 동결되어 시동이 어려워질 수 있다.
- 탱크를 완전히 채워지 않은 되면, 기온이 올라가면 연료가 팽창하여 넘칠 수 있다.
- 축전지의 충전상태를 확인한다.

05 출제예상문제

CHAPTER 05 | 작업 후 점검

01 바닥이 평탄하여 지게차를 주차하기에 적합하여야 하며 진입로는 건설기계 및 수송용 트레일러가 통행할 수 있는 곳을 무엇이라 하는가?

① 가둔장
② 주기장
③ 운동장
④ 작업장

🔑 주기장의 정의: 바닥이 평탄하여 지게차를 주차하기에 적합하여야 하며 진입로는 건설기계 및 수송용 트레일러가 통행할 수 있는 곳을 말한다.

02 건설기계의 주기장 표지의 가로 및 세로 규격은?

① 가로 30cm, 세로 50cm
② 가로 100cm, 세로 70cm
③ 가로 70cm, 세로 100cm
④ 가로 50cm, 세로 30cm

🔑 주기장의 규격은 가로 100cm, 세로 70cm이다.

03 건설기계 주기장의 표지와 관련된 내용으로 틀린 것은?

① 규격은 가로 100cm, 세로 70cm이다.
② 노란색 바탕에 흑색 글씨로 표기한다.
③ 기둥은 철재로 한다.
④ 가로는 목재로 하여야 한다.

🔑 주기장의 기둥은 철재로 하여야 한다. 단, 건물의 벽 또는 철조망 등 주변시설물에 표지판을 부착하여 표지판을 쉽게 볼 수 있다면 기둥 및 기초를 설치하지 아니하고 주변 시설물에 표지판을 부착할 수 있다.

04 건설기계의 공영주기장을 설치할 수 있는 설치권자가 아닌 사람은?

① 도지사
② 특별시장
③ 군수
④ 국토부장관

🔑 공영주기장은 건설기계사용자에게 제공되는 주기장으로서 시·도지사 또는 시장·군수·구청장이 설치한 것을 말한다.

05 지게차의 주차 제동장치 체결 및 주차 시 안전조치에 대한 설명으로 틀린 것은?

① 지게차의 운전을 떠나는 경우 브레이크를 완전히 걸어놓고 시동키를 빼두고 지게차의 유동점을 방지하기 위해 굄목으로 고정시킨다.
② 주차 시 열쇠는 지게차에 꽂아두고 포크는 지면에 내린 후 고정시킨다.
③ 보행자의 안전을 위해 포크는 최대한 올려 주차한다.
④ 경사지에 임시주차 시 지게차의 수랑직 유람정 등 주방지를 위하여 바퀴에 굄목을 받친다.

🔑 주차자의 안전을 위해서는 마스트를 앞으로 기울게 하고, 포크 끝이 지면에 닿게 주차한다.

06 지게차를 주차할 때 포크의 위치는?

① 지면에 내려놓는다.
② 지면으로부터 15~20cm 정도 높이를 유지한다.
③ 지면으로부터 20~30cm 정도 높이를 유지한다.
④ 지면으로부터 최대한 높이 들어올린 상태를 유지한다.

🔑 포크의 위치
• 주차 시: 지면에 내려놓는다.
• 주행 시: 지면으로부터 20~30cm 정도 높이를 유지한다.

07 지게차 운전 종료 후 주차 시 조치 사항으로 잘못된 것은?

① 주차용 브레이크를 작동시킨다.
② 변속기 레버를 중립으로 한다.
③ 경사가 있는 경우 굄목을 괸다.
④ 마스트는 앞으로 기울인다.

🔑 마스트는 앞으로 기울게 하고, 포크 끝이 지면에 닿게 주차한다.

08 주차가 금지되는 장소에 해당되지 않는 곳은?

① 소방용수시설 또는 비상소화장치가 설치된 곳으로부터 5m 이내인 곳
② 교차로의 가장자리나 도로의 모퉁이로부터 5m 이내인 곳
③ 터널 안 및 다리 위
④ 건널목의 가장자리 정지시킨다.

🔑 소방용수시설 또는 비상소화장치가 설치된 곳으로부터 5m 이내인 곳은 주차가 금지된다.

09 지게차의 운전을 종료된 경우의 방법으로 틀린 것은?

① 각종 레버는 중립에 위치시킨다.
② 연료를 빼낸다.
③ 키는 꽂아놓는다.
④ 주차 브레이크를 작동시킨다.

🔑 지게차의 운전이 종료된 경우 지정된 안전한 장소에서 이루어져야 하며, 일반적으로 옥내보다 옥외가 좋다.

10 지게차 작업 후 연료주입 순서를 올바르게 나열한 것은?

가. 소방용수시설 안전한 장소에 주차한다.
나. 주차 브레이크를 채우고 포크를 지면까지 정치한다.
다. 변속기를 중립에 두고 엔진을 정지시킨다.
라. 연료탱크 주입구(캡)를 연다.
마. 연료탱크를 서서히 채운다.
바. 연료탱크 주입구(캡)를 닫는다.

① 가 - 나 - 다 - 라 - 마 - 바
② 가 - 다 - 나 - 라 - 마 - 바
③ 가 - 나 - 다 - 마 - 라 - 바
④ 가 - 다 - 나 - 마 - 라 - 바

🔑 연료주입은 주차 - 변속기 중립 및 포크 지면 - 엔진 정지 - 주입구 개방 - 연료주입 - 주입구 닫기 순서로 이루어진다.

11 겨울철에 연료탱크를 가득 채우는 주된 이유는?

① 연료가 적으면 중발하여 손실되므로
② 연료가 적으면 증발되기 때문에
③ 공기 중의 수분이 응축되어 물이 생기기 때문에
④ 연료 게이지에 고장이 발생하기 때문에

🔑 겨울철에는 응축수가 생기기 때문에 연료탱크 기득 채워 응축수를 방지하여야 한다.

정답
01 ② 02 ② 03 ④ 04 ④ 05 ③ 06 ①
07 ④ 08 ① 09 ② 10 ② 11 ③

12 디젤기관 연료계통에 응축수가 생기면 시동이 어렵게 되는데 이 응축수는 주로 어느 계절에 가장 많이 생기는가?

① 봄
② 여름
③ 가을
④ 겨울

↳ 겨울철에는 응축수가 생기기 때문에 연료탱크에 연료를 가득 채워 응축수가 생기는 것을 방지해야 한다.

13 건설기계운전 작업 후 탱크에 연료를 가득 채워주는 이유와 가장 관련이 적은 것은?

① 다음 작업을 위해서
② 연료의 기포방지를 위해서
③ 공기 중의 수분이 응축되어 연료에 섞이지 않도록 하기 위해서
④ 연료의 기포 및 증발을 방지하기 위해서

↳ 작업 후 연료탱크 비어있는 공간에 공기 차이로 인해 수분이 응축되어 연료에 섞이는 것을 방지하기 위해 가득 채워주는 것이며 연료 압력을 높이기 위함은 아니다.

14 건설기계정비시설을 갖춘 정비사업자만이 정비할 수 있는 사항은?

① 오일의 보충
② 배터리 교환
③ 유압장치의 호스 교환
④ 제동등 전구의 교환

↳ 유압장치의 호스 교환은 전문정비업자만 할 수 있다.

15 휠볼트 및 너트의 상태 점검에 대한 설명으로 틀린 것은?

① 휠의 볼트 시트에는 윤활유를 주입한다.
② 이중 휠에 있는 조향륜의 조임 토크는 440±35N·m이다.
③ 이중 휠의 뒤쪽의 조임 토크는 600±90N·m이다.
④ 휠 너트의 볼트 면에는 윤활유를 주입하지 않는다.

↳ 휠의 볼트 너트 또는 휠 너트의 볼트 면에는 윤활유를 주입하지 않고 하루에 1회 설치하면, 휠 너트 등이 깨끗한지 확인한 후 24시간 운전한 후에 휠 너트를 다시 조인다.

16 건설기계의 연료 주입구는 배기관의 끝으로부터 얼마 이상 떨어져 설치하여야 하는가?

① 5cm
② 10cm
③ 30cm
④ 50cm

↳ 건설기계의 연료탱크, 주입구 및 가스배출구
- 연료탱크의 주입구는 연료탱크 외부에서 연료가 새지 아니할 것
- 연료 주입구 부근에는 사용하는 연료의 종류를 표시하여야 하며, 유증기에 의하여 실내가 아니지 아닐 것
- 노출된 전기단자 및 전기개폐기로부터 20cm 이상 떨어져 있을 것 (연료탱크는 제외)
- 연료 주입구는 배기관의 끝으로부터 30cm 이상 떨어져 있을 것
- 연료 주입구는 배기관의 고정하되는 부분에서 고정성과 안정성이 있는 구조일 것
- 연료탱크는 건설기계 차체에 건고하게 고정하는 건설기계의 온도 변화에 손상되지 않도록 분말되어 있을 것

17 마스트 서포트, 틸트 실린더 링크, 리프트 체인 등에 가장 적합한 윤활유는?

① 유압유
② 기어오일
③ 그리스
④ 엔진오일

↳ 마스트 서포트, 틸트 실린더 링크 및 리프트 체인 등 부위에는 그리스를 주입한다.

18 지게차에서 그리스 주입 개소가 아닌 것은?

① 마스트 서포트
② 틸트 컨버터
③ 킹 핀
④ 조향 실린더 링크

↳ 토크 컨버터는 자동 변속기 오일 또는 토크 컨버터 오일이 주유된다.

19 솔잎 이음이나 유니버셜 조인트에 주입하기에 가장 적합한 윤활유는?

① 유압유
② 기어오일
③ 그리스
④ 엔진오일

↳ 유니버셜 조인트, 휠 베어링 등에는 그리스가 사용된다.

20 엔진 오일량 점검에서 오일게이지에 상한선(Full)과 하한선(Low)표 시가 되어 있을 때, 가장 적합한 것은?

① Low 표시에 있어야 한다.
② Low와 Full 표시 사이에서 Low에 가까이 있으면 좋다.
③ Low와 Full 표시 사이에서 Full에 가까이 있으면 좋다.
④ Full 표시 이상이 되어 있어야 한다.

↳ 엔진오일은 기관정지 상태에서 오일게이지의 Full 표시나 Full 표시 가까이 있으면 정상이다.

21 기관 오일의 교환 시의 주의사항으로 틀린 것은?

① 기관에 알맞은 오일을 선택한다.
② 주입할 때 불순물이 유입되지 및 주의해야 한다.
③ 오일교환 시기를 맞춘다.
④ 오일은 이상하여 사용한다.

↳ 재생오일(사용하던가 빼낸 오일)은 사용하지 않는다.

22 수행식 기관의 과열 원인으로 보기 힘든 것은?

① 오일 양이 과대할 때
② 물 펌프의 작동이 불량할 때
③ 라디에이터 코어가 규정 이상으로 막혔을 때
④ 냉각수가 부족할 때

23 기관 과열의 원인과 가장 거리가 먼 것은?

① 팬 벨트가 헐거울 때
② 냉각팬 작동이 불량할 때
③ 크랭크축 타이밍 기어가 마모되었을 때
④ 방열기 코어가 규정 이상으로 막혔을 때

↳ 기관 과열의 원인으로는 ①, ②, ④항 외에도 라디에이터 캡의 고장일 때, 냉각수가 부족할 때 등이 있다.

정답 12 ④ 13 ④ 14 ③ 15 ① 16 ③ 17 ③ 18 ② 19 ③ 20 ③ 21 ④ 22 ① 23 ③

24 기관 작동 중 냉각수의 온도가 정상적으로 올라가지 않을 때의 원인으로 맞는 것은?
① 수온 조절기의 열림
② 팬벨트의 헐거움
③ 물 펌프의 불량
④ 냉각수 부족

↳ 수온조절기가 열려 고장이 나면 과열의 원인이 되고, 닫혀 고장이 나면 과냉의 원인이 된다.

25 지게차 운전 시 계기판에서 냉각수량 경고등이 점등되었다. 그 원인으로 가장 거리가 먼 것은?
① 냉각수량이 부족할 때
② 냉각 계통의 물 호스가 파손되었을 때
③ 라디에이터 캡이 열린 채 운행하였을 때
④ 냉각수 통로에 스케일(물때)이 없을 때

↳ 냉각수 통로에 스케일이 없으면 정상이므로 경고등이 점등되지 않는다.

26 건설기계 운전 작업 중 온도 게이지가 "H"위치에 근접되어 있다. 운전자가 취해야 할 조치로 가장 알맞은 것은?
① 작업을 계속해도 무방하다.
② 잠시 작업을 중단하고 휴식을 취한 후 다시 작업한다.
③ 운행을 즉시 중단하고 보충수를 채운 후 작업한다.
④ 작업을 중단하고 냉각수 계통을 점검한다.

↳ 온도 게이지가 "H"위치에 근접한 경우 작업을 중단하고 냉각수 계통을 점검하여야 한다.

27 방열기 캡을 열어 보았더니 냉각수에 기름이 섞여 있을 때 그 원인으로 가장 적합한 것은?
① 물 펌프 마모
② 수온 조절기 파손
③ 방열기 코어 파손
④ 헤드 개스킷 파손

↳ 헤드 개스킷이 파손되면 실린더 내에서 연소 행정시 미연소 가스가 틈으로 새어나가 냉각수와 섞여 기름이 된다.

28 지게차 안전작업 점검 시 안전운행을 위한 준수사항의 세부 내용과 가장 거리가 먼 것은?
① 사업장 내 제한속도 지정 및 준수
② 헤드가드 및 백레스트 설치상태
③ 전용통로 확보 및 운행 여부
④ 승차석 외에 근로자 탑승 운행금지

안전운행을 위한 준수사항
• 사업장 내 제한속도 지정 및 준수
• 승차석 외에 근로자 탑승한 채 운행금지
• 후진 시 후진경보음 예방대책 포함한 작업계획서 작성
• 전용통로 확보 및 운행 여부
• 운행경로상의 사각지대 반사경 설치상태

29 지게차 안전작업을 위해 산업안전보건법령에 설치를 명하고 있는 안전장치가 아닌 것은?
① 좌석안전띠
② 전조등 및 후미등
③ 후방확인장치
④ 헤드가드

↳ 산업안전보건법령상 반드시 설치해야 하는 안전장치는 좌석안전띠, 전조등 및 후미등, 헤드가드 및 백레스트이며, 후방확인장치는 권고사항이다.

30 지게차 정비관리일지에 포함되어야 하는 항목으로 보기 힘든 것은?
① 장비규격
② 부품사용내역
③ 정비일자 및 내용
④ 작업 중 사고 현황

↳ 정비 관리일지는 정비 장비규격, 등록번호, 정비개소, 부품사용내역, 정비일자 및 내용, 정비원 등을 포함하는 것으로 기록하고 유지한다.

정답 24 ① 25 ④ 26 ④ 27 ④ 28 ② 29 ③ 30 ④

Lesson 01 교통법규 준수

1 도로주행 관련 도로교통법

1) 도로교통법의 목적

도로에서 일어나는 교통상의 모든 위험과 장해를 방지하고 제거하여 안전하고 원활한 교통을 확보함을 목적으로 한다.

2) 주요 용어의 정의

용어	설명
자동차전용도로	자동차만 다닐 수 있도록 설치된 도로
고속도로	자동차의 고속 운행에만 사용하기 위하여 지정된 도로
중앙선	차마의 통행 방향을 명확하게 구분하기 위하여 도로에 황색실선이나 황색점선 등의 안전표지로 표시한 선 또는 중앙분리대나 울타리 등으로 설치한 시설물, 다만, 가변차로가 설치된 경우에는 신호기가 지시하는 진행방향의 가장 왼쪽에 있는 황색점선
차도(車道)	연석선(차도와 보도를 구분하는 돌 등으로 이어진 선), 안전표지 또는 그와 비슷한 인공구조물을 이용하여 경계(境界)를 표시하여 모든 차가 통행할 수 있도록 설치된 도로의 부분
차선	차마가 한 줄로 도로의 정하여진 부분을 통행하도록 차선에 의하여 구분되는 차도의 부분
보도	연석선, 안전표지나 그와 비슷한 인공구조물로 경계를 표시하여 보행자(유모차와 행정안전부령으로 정하는 보행보조용 의자차를 포함)가 통행할 수 있도록 한 도로의 부분
길가장자리구역	보도와 차도가 구분되지 아니한 도로에서 보행자의 안전을 확보하기 위하여 안전표지 등으로 경계를 표시한 도로의 가장자리 부분
횡단보도	보행자가 도로를 횡단할 수 있도록 안전표지로 표시한 도로의 부분
교차로	+자로, T자로나 그 밖에 둘 이상의 도로(보도와 차도가 구분되어 있는 도로에서는 차도)가 교차하는 부분
안전표지	교통안전에 필요한 주의·규제·지시 등을 표시하는 표지판이나 도로의 바닥에 표시하는 기호·문자 또는 선 등
안전지대	도로를 횡단하는 보행자나 통행하는 차마의 안전을 위하여 안전표지나 이와 비슷한 인공구조물로 표시한 도로의 부분
주차	운전자가 승객을 기다리거나 화물을 싣거나 차가 고장 나거나 그 밖의 사유로 차를 계속 정지 상태에 두는 것 또는 운전자가 차로부터 떠나서 즉시 그 차를 운전할 수 없는 상태에 두는 것
정차	운전자가 5분을 초과하지 아니하고 차를 정지시키는 것으로서 주차 외의 정지 상태
서행	운전자가 차를 즉시 정지시킬 수 있는 정도의 느린 속도로 진행하는 것
앞지르기	차의 운전자가 앞서가는 다른 차의 옆을 지나서 그 차의 앞으로 나가는 것
일시정지	차의 운전자가 그 차의 바퀴를 일시적으로 완전히 정지시키는 것

2) 신호 시 신호 또는 경찰공무원등의 지시 준수

① 주행 시 신호 또는 경찰공무원등의 지시 준수

㉮ 도로를 통행하는 보행자와 차마의 운전자는 교통안전시설이 표시하는 신호 또는 지시와 교통정리를 하는 국가경찰공무원(의무경찰을 포함한다) 및 제주특별자치도의 자치경찰공무원(이하 "경찰공무원"이라 함)과 경찰공무원을 보조하는 사람(이하 "경찰보조자")가 하는 신호 또는 지시를 따라야 한다.

㉯ 도로를 통행하는 보행자와 모든 차마의 운전자는 신호 또는 지시를 하는 교통정리를 하는 경찰공무원 또는 경찰보조자의 신호나 지시에 따라야 한다.

② 경찰공무원의 범위(신호 또는 지시를 우선적으로 따라야 하는 사람)

㉮ 교통정리를 하는 국가경찰공무원(전투경찰순경 포함) 및 제주특별자치도의 자치경찰공무원
㉯ 국가경찰공무원 및 자치경찰공무원을 보조하는 다음의 사람 (경찰보조자)
㉠ 모범운전자
㉡ 군사훈련 및 작전에 동원되는 부대의 이동을 유도하는 헌병
㉢ 본래의 긴급한 용도로 운행하는 소방차·구급차를 유도하는 소방공무원

3) 차로에 따른 통행구분

도로	차로 구분	통행할 수 있는 차종
고속도로 외의 도로	왼쪽 차로	승용자동차 및 경형·소형·중형 승합자동차
	오른쪽 차로	대형 승합자동차, 화물자동차, 특수자동차, 건설기계
고속도로	편도 2차로	1차로	앞지르기를 하려는 모든 자동차. 다만, 차량통행량 증가 등 도로상황으로 인하여 부득이하게 시속 80km 미만으로 통행할 수밖에 없는 경우에는 앞지르기를 하는 경우가 아니라도 통행할 수 있다.
		2차로	모든 자동차
	편도 3차로 이상	1차로	앞지르기를 하려는 승용자동차 및 앞지르기를 하려는 경형·소형·중형 승합자동차
		왼쪽 차로	승용자동차 및 경형·소형·중형 승합자동차
		오른쪽 차로	대형 승합자동차, 화물자동차, 특수자동차, 건설기계

※ 모든 차는 위 표에서 지정된 차로보다 오른쪽에 있는 차로로 통행할 수 있다.
※ 앞지르기를 할 때에는 위 표에서 지정된 차로의 왼쪽 바로 옆 차로로 통행할 수 있다.
※ 도로의 진출입 부분에서 진출입하는 때에는 위 표에서 정하는 기준에 따르지 아니할 수 있다.
※ 일방통행도로에서는 도로의 오른쪽부터 1차로로 한다.

※ 위 표에서 사용하는 용어의 뜻은 다음 각 목과 같다.

가. "왼쪽 차로"란 다음에 해당하는 차로를 말한다.

1) 고속도로 외의 도로의 경우 : 차로를 반으로 나누어 1차로에 가까운 부분의 차로. 다만, 차로수가 홀수인 경우 가운데 차로는 제외한다.
2) 고속도로의 경우 : 1차로를 제외한 차로를 반으로 나누어 그중 1차로에 가까운 부분의 차로. 다만, 1차로를 제외한 차로의 수가 홀수인 경우 그중 가운데 차로는 제외한다.

나. "오른쪽 차로"란 다음에 해당하는 차로를 말한다.

1) 고속도로 외의 도로의 경우 : 왼쪽 차로를 제외한 나머지 차로
2) 고속도로의 경우 : 1차로와 왼쪽 차로를 제외한 나머지 차로

참고

차로별 통행방법		
4차로 고속도로	1차로	앞지르기 차로
	2차로	왼쪽 차로
	3차로	오른쪽 차로
	4차로	오른쪽 차로
4차로 일반도로	1차로	왼쪽 차로
	2차로	오른쪽 차로
3차로 일반도로	2차로	오른쪽 차로
	3차로	오른쪽 차로

4) 도로별, 차로수별 속도

도로 구분		최고속도	최저속도
주거지역 · 상업지역 및 공업지역의 일반도로		50km/h 이내	제한 없음
1. 주거지역 · 상업지역 및 공업지역의 일반도로		50km/h 이내	
2. 위 "1" 외의 일반도로		60km/h 이내 단, 편도 2차로 이상의 도로에서는 80km/h 이내	
고속도로	편도 1차로	80km/h 단, 적재중량 1.5톤 초과 화물자동차, 특수자동차, 건설기계, 위험물운반자동차는 80km/h	50km/h
	편도 2차로 이상	100km/h 단, 적재중량 1.5톤 초과 화물자동차, 특수자동차, 건설기계, 위험물운반자동차는 80km/h 이내	50km/h
	지정 · 고시한 노선 또는 구간의 고속도로	120km/h 이내 단, 적재중량 1.5톤 초과 화물자동차, 특수자동차, 건설기계, 위험물운반자동차는 90km/h	50km/h
자동차전용도로		90km/h	30km/h

5) 운전할 수 있는 차의 종류

면허 구분		운전할 수 있는 차량
1종	대형면허	• 승용자동차, 승합자동차, 화물자동차 – 덤프트럭, 아스팔트살포기, 노상안정기 – 콘크리트믹서트럭, 콘크리트펌프, 천공기 – 콘크리트믹서트레일러, 아스팔트콘크리트재생기 – 도로보수트럭, 3톤 미만의 지게차 – 특수자동차(대형견인차, 소형견인차 및 구난차는 제외) • 원동기장치자전거
	보통면허	• 승용자동차 • 승차정원 15인 이하의 승합자동차 • 적재중량 12톤 미만의 화물자동차 • 건설기계(도로를 운행하는 3톤 미만의 지게차에 한함) • 총중량 10톤 미만의 특수자동차(구난차등은 제외) • 원동기장치자전거

2 도로표지판

1) 교통안전표지의 종류

안전표지란 교통안전에 필요한 주의 · 규제 · 지시 등을 표시하는 표지판이나 도로의 바닥에 표시하는 기호 · 문자 또는 선 등을 말한다.

종류	설명
주의표지	도로상태가 위험하거나 도로 또는 그 부근에 위험물이 있는 경우 필요한 안전조치를 할 수 있도록 이를 도로사용자에게 알리는 표지
규제표지	도로교통의 안전을 위하여 각종 제한 · 금지 등의 규제를 하는 경우에 이를 도로사용자에게 알리는 표지
지시표지	도로의 통행방법 · 통행구분 등 도로교통의 안전을 위하여 필요한 지시를 하는 경우에 도로사용자가 이를 따르도록 알리는 표지
보조표지	주의표지 · 규제표지 또는 지시표지의 주기능을 보충하여 도로사용자에게 알리는 표지
노면표시	• 도로교통의 안전을 위하여 각종 주의 · 규제 · 지시 등의 내용을 노면에 기호 · 문자 또는 선으로 도로사용자에게 알리는 표시 • 노면표시에 사용되는 각종 선에서 점선은 허용, 실선은 제한, 복선은 의미의 강조 • 노면표시의 기본색상 중 백색은 동일방향의 교통류 분리 및 경계 표시, 황색은 반대방향의 교통류분리 또는 도로이용의 제한 및 지시, 청색은 지정방향의 교통류 분리 표시

2) 도로명 개요

① 도로명 주소 : 도로명주소는 부여되는 도로명, 기초번호, 건물번호, 상세주소에 의하여 건물의 주소를 표기하는 방식이다.

㉮ 도로명과 건물번호

㉯ 도로명 : 도로 구간마다 부여된 이름으로 주된 명사에 도로별 구분기준인 대로(8차로 이상), 로(2차로에서 7차로까지), 길('로'보다 좁은 도로)을 붙여서 부여

㉰ 건물번호 : 도로 시작점에서 20m 간격으로 왼쪽은 홀수, 오른쪽은 짝수를 부여

㉱ 도로구간 설정 : 연속성을 고려한 도로의 시 · 종점, 남 → 북 방향, 서 → 동 방향으로 설정

㉲ 기초번호 부여 : 주된 출입구에 인접한 도로의 기초번호 사용

㉳ 건물번호 부여 : 도로명 부여 대상은 생활의 근거가 되는 건물(건물번호 부여 대상은 생활의 근거가 되는 건물)

3) 건물 번호판 및 도로명판

구분	일반용	관공서용	문화재·관광지용
건물 번호판	세종대로 209 Sejong-daero	중앙로 35 Jungang-daero	보성길 24 Boseong-gil
도로명판	종로 Jong-ro 2345	중앙로 262 Jungang-ro	종로 Jong-ro 200m

① 종로 : 현 위치에서 다음에 나타날 도로는 '종로'
② 200m : 현 위치로부터 전방 200m에 예고한 도로가 있음

3) 도로명판 보는 방법

도로명판	명판의 의미
강남대로 Gangnam-daero 1→699	① 강남대로 : 넓은 길 시작지점 의미 ② 1→ : 현 위치는 도로 시작점 '1' ③ 1→699 : 강남대로는 6.99km(699×10m)
대정로23번길 Daejeong-ro 23beon-gil 1←65	① 대정로23번길 : 대정로 시작지점에서부터 약 230m 지점에서 왼쪽으로 분기된 도로 ② ←65 : 좌측으로 92번 이하 건물 위치 ③ 1←65 : 이 도로는 650m(65×10m)
중앙로 Jungang-ro 92 96	① 중앙로 : 전방 교차 도로는 중앙로 ② 92 : 현 위치는 92번 이하 건물 위치 ③ 96 : 우측으로 96번 이상 건물 위치
사임당로 Saimdang-ro 250↑92	① 사임당로 : 사임당로의 중간 지점을 의미 ② 92 : 현 위치는 사임당로상의 92번 ③ 92 → 250 : 사임당로의 남은 거리는 1.58km[(250-92)×10m]

Lesson 02 안전운전 준수

1 도로주행 시 안전운전

1) 이상 기후 시의 운행속도

운행속도	이상 기후 상태
최고속도의 100분의 20을 줄인 속도로 운행하여야 하는 경우	• 비가 내려 노면이 젖어 있는 경우 • 눈이 20mm 미만 쌓인 경우
최고속도의 100분의 50을 줄인 속도로 운행하여야 하는 경우	• 폭우·폭설·안개 등으로 가시거리가 100m 이내인 경우 • 노면이 얼어붙은 경우 • 눈이 20mm 이상 쌓인 경우

2) 도로주행 시 보행자 보호

① 보행자가 횡단보도를 통행하고 있을 때에는 그 횡단보도 앞에서 일시 정지하여야 한다.
② 교차로에서 좌회전 또는 우회전을 하고자 하는 경우에 횡단하는 보행자의 통행을 방해하여서는 아니 된다.
③ 교차로 내대 또는 그 부근의 도로를 횡단하는 보행자의 통행을 방해하여서는 아니 된다.
④ 안전지대에 보행자가 있는 경우에는 그 안전지대에 보행자의 옆을 지나는 경우에는 안전한 거리를 두고 서행하여야 한다.
⑤ 보행자가 횡단보도가 설치되어 있지 아니한 도로를 횡단하고 있을 때에는 안전거리를 두고 일시 정지하여 보행자가 안전하게 횡단할 수 있도록 하여야 한다.

3) 교통정리가 없는 교차로에서의 양보운전

① 이미 교차로에 들어가 있는 다른 차가 있을 때에는 그 차에 진로를 양보하여야 한다.
② 해당 차로와 통행하고 있는 도로의 폭보다 교차하는 도로의 폭이 넓은 경우에는 서행하여야 하며, 폭이 넓은 도로로부터 교차로에 들어가려고 하는 다른 차가 있을 때에는 그 차에 진로를 양보하여야 한다.
③ 우선순위가 같은 차가 동시에 교차로에 들어가고자 하는 때에는 우측도로의 차에 진로를 양보하여야 한다.
④ 좌회전하고자 하는 차는 그 교차로에서 직진하거나 우회전하려는 다른 차에 진로를 양보하여야 한다.

4) 일시정지해야 할 장소 및 상황

① 보도와 차도가 구분된 도로의 보도를 횡단하기 직전에 일시정지
② 철길건널목을 통과하려고 하는 때에 일시정지
③ 보행자가 횡단보도를 통행하고 있는 때에 일시정지
④ 보행자 전용도로 통행 시 보행자의 걸음걸이 속도로 운행하거나 일시정지
⑤ 교차로 또는 그 부근에서 긴급자동차가 접근한 때에는 교차로를 피하여 우측 가장자리에 일시정지
⑥ 보행자가 통행하고 있는 좁은 도로에서 보행자의 옆을 통과할 시 안전한 거리를 두고 서행
⑦ 교통정리가 행하여지고 있지 아니하고 좌·우를 확인할 수 없거나 교통이 빈번한 교차로에 진입 시 일시정지
⑧ 교차로 정지선이 설치되어 있는 곳에서의 일시정지
⑨ 어린이가 보호자 없이 도로를 횡단할 때, 도로에 앉아 있거나 서 있을 때 또는 어린이가 도로에서 놀이를 할 때 등 어린이에 대한 교통사고의 위험이 있는 것을 발견한 때
⑩ 앞을 보지 못하는 사람이 흰색 지팡이를 가지거나 장애인보조견을 동반하고 도로를 횡단하고 있는 경우나 지하도·육교 등 도로 횡단시설을 이용할 수 없는 지체장애인이 도로를 횡단하고 있는 경우 그 직전이나 정지선에 일시정지

5) 도로주행 시 사각지대의 시야 확보 및 안전운전

① 주행 시 경운기 항상 잘 보이게 유지한다.
② 화물이나 작업장치(작업장치 등)가 시야를 가릴 경우 역주행을 하고, 시야가 가릴 때는 특히 주의를 기울여야 한다.
③ 지게차를 안전하게 지탱할 수 있는 하점점의 가장자리, 도랑, 그 밖의 급경사면 등을 파쇄하고 지점된 주행로 인에서 주행은 금지를 특별히 주의한다.
④ 출입구, 커브, 교차점, 시야가 좁아지는 장소를 지날 때는 속도를 낮추고 특별히 주의한다.
⑤ 신차도, 커브, 경사도, 표면이 고르지 않거나 미끄러운 곳에서는 속도를 낮추고, 표면이 불안전한 지역에서는 주행경로 내에 장애물, 중앙이, 기타 위험 요소 등을 불결히 피해야 한다.
⑥ 화물은 가능한 낮게 내리고 마스트를 뒤로 기울인 상태로 이동하고 활동에 가려서 전방 시야가 방해될 받은 경우에는 후진으로 운행한다.
⑦ 경사면에서 운행할 때는 화물을 경사면 위쪽으로 향하게 한다.

6) 철길건널목 통과 요령

① 모든 차는 철길 앞에서 일시 정지를 하여 안전함을 확인한 후에 통과하여야 한다.
② 신호기 등이 표시하는 신호에 따르는 때에는 정지하지 않고 통과할 수 있다.
③ 건널목의 차단기가 내려져 있거나 내려지려고 하는 때 또는 건널목의 경보기가 울리고 있는 동안에는 그 건널목으로 들어가서는 안 된다.

지게차 포크의 위치
- 주행 시 및 화물 운반 시 : 지면으로부터 20~30cm 정도 높인다.
- 주차 시 : 지면에 내려놓는다.

Lesson 03 건설기계관리법

1 건설기계 등록 및 검사

1) 등록 및 등록의 말소

① 건설기계의 등록 : 건설기계의 소유자는 대통령령이 정하는 바에 따라 건설기계 소유자의 주소지 또는 건설기계의 사용 본거지를 관할하는 특별시장·광역시장 또는 시·도지사에게 건설기계 취득일부터 2월(전시, 사변, 기타 이에 준하는 국가비상사태 하에서는 5일) 이내에 등록신청을 하여야 한다.

등록의 말소
㈎ 소유자의 신청으로 등록말소
㉠ 건설기계를 천재지변 또는 이에 준하는 사고 등으로 사용할 수 없게 되거나 멸실된 경우
㉡ 건설기계 차대가 등록 시의 차대와 다른 경우

㉢ 건설기계가 법 규정에 따른 건설기계안전기준에 적합하지 아니하게 된 경우
㉣ 건설기계를 수출하는 경우
㉤ 건설기계를 도난당한 경우
㉥ 건설기계를 폐기한 경우
㉦ 구조적 제작결함 등으로 건설기계를 제작자 또는 판매자에게 반품한 경우
㉧ 건설기계를 교육·연구 목적으로 사용하는 경우
㉨ 시·도지사의 직권으로 등록말소
㉩ 시·도지사의 직권에 의하여 건설기계 등록을 말소하고자 하는 경우에는 미리 그 소유자 및 이해관계인에게 통지하여야 하며, 통지 후 1월(저당권이 등록된 경우에는 3월)이 경과한 후가 아니면 이를 말소할 수 없다.

㈐ 소유자가 신청하는 경우 등록말소의 신청 기한
㉠ 건설기계를 도난당한 경우 : 도난당한 날부터 2개월 이내
㉡ 건설기계를 수출하는 경우 : 수출하는 날까지
㉢ 그 밖의 경우 : 사유가 발생한 날부터 30일 이내

2) 임시운행

① 건설기계의 임시운행 : 건설기계를 등록을 한 후가 아니면 이를 사용하거나 운행하지 못한다. 다만, 등록하기 전에 임시적으로 운행할 필요가 있을 경우에는 국토교통부령이 정하는 바에 따라 임시운행번호표를 제작·부착하여야 하며, 이 경우 건설기계를 제작·수입·조립한 자가 변경표를 제작하며, 임시운행 기간은 15일을 초과할 수 없다. 단, 신개발 건설기계의 시험·연구의 목적으로 운행하는 경우 임시운행 허가기간은 3년 이내이다.

② 임시운행 사유
㈎ 등록신청을 하기 위하여 건설기계를 등록지로 운행하는 경우
㈏ 신규등록검사 및 확인검사를 받기 위하여 건설기계를 검사장소로 운행하는 경우
㈐ 수출을 하기 위하여 건설기계를 선적지로 운행하는 경우
㈑ 수출을 하기 위하여 등록말소한 건설기계를 점검·정비의 목적으로 운행하는 경우
㈒ 신개발 건설기계를 시험·연구의 목적으로 운행하는 경우
㈓ 판매 또는 전시를 위하여 건설기계를 일시적으로 운행하는 경우

3) 건설기계 등록번호표

① 등록된 건설기계에는 국토교통부령이 정하는 바에 의하여 등록번호표를 부착하고 등록번호를 새겨야 한다.
② 또한, 건설기계의 등록사항이 변경(등록번호의 새김이 경우는 제외한다)되었을 때에는 등록번호표의 봉인을 떼는 후 그 사실을 10일 이내에 시·도지사에게 반납하여야 하고 도지사의 명령이 없이 새로 등록변호표를 교부받아 그 사실을 교부받아야 한다.

4) 등록의 표지

건설기계 등록번호표에는 등록관청, 용도, 기종 및 등록번호를 표시하여야 한다. 또한, 번호표에 표시되는 모든 문자 및 외곽선은 1.5mm 튀어나와야 한다.

구분	관용	흰색 바탕에 검은색 문자	0001~0999
비사업용	자가용	흰색 바탕에 검은색 문자	1000~5999
대여사업용		주황색 바탕에 검은색 문자	6000~9999

5) 기종별 기호표시

표시	기종	표시	기종	표시	기종
01	불도저	10	노상 안정기	19	아스팔트 살포기
02	굴착기	11	콘크리트 뱃칭 플랜트	20	골재 살포기
03	로더	12	콘크리트 피니셔	21	쇄석기
04	지게차	13	콘크리트 살포기	22	공기 압축기
05	스크레이퍼	14	콘크리트 믹서 트럭	23	천공기
06	덤프 트럭	15	콘크리트 펌프	24	항타 및 항발기
07	기중기	16	아스팔트 믹싱 플랜트	25	사리 채취기
08	모터 그레이더	17	아스팔트 피니셔	26	준설선
09	롤러	18	아스팔트 살포기	27	타워 크레인

6) 특별표지 부착 대상 대형건설기계

① 길이가 16.7m를 초과하는 건설기계
② 너비가 2.5m를 초과하는 건설기계
③ 높이가 4.0m를 초과하는 건설기계
④ 최소 회전 반경이 12m를 초과하는 건설기계
⑤ 총중량이 40톤을 초과하는 건설기계(다만, 굴착기, 로더 및 지게차는 운전중량이 40톤을 초과하는 경우를 말함)
⑥ 총중량 상태에서 축하중이 10톤을 초과하는 건설기계(다만, 굴착기, 로더 및 지게차는 운전중량 상태에서 축하중이 10톤을 초과하는 경우를 말함)

7) 건설기계검사

건설기계의 소유자는 다음의 구분에 따른 검사를 받은 후 검사증 교부받아 항상 당해 건설기계에 비치하여야 한다.

① **신규등록검사** : 건설기계를 신규로 등록할 때 실시하는 검사
② **정기검사** : 건설공사용 건설기계로서 3년의 범위 내에서 국토교통부령이 정하는 검사유효기간의 끝난 후에 계속하여 운행하고자 할 때 실시하는 검사와 대기환경보전법에 따른 운행차의 정기검사

③ **구조변경검사** : 등록된 건설기계의 주요 구조나 원동기, 동력전달장치, 제동장치 등 주요장치를 변경 또는 개조하였을 때 실시하는 검사
④ **수시검사** : 성능이 불량하거나 사고가 빈발하는 건설기계의 안전성 등을 점검하기 위하여 수시로 실시하는 검사와 건설기계 소유자의 신청에 의하여 실시하는 검사

■ 건설기계의 정기검사 유효기간(특수건설기계 제외)

기종	구분	검사유효기간
굴착기	타이어식	1년
로더	타이어식	2년
	타이어식 1톤 이상	2년
지게차		1년
덤프트럭		1년
기중기		1년
모터그레이더		2년
콘크리트 믹서트럭		1년
콘크리트펌프		1년
아스팔트 살포기		1년
천공기		1년
항타 및 항발기		1년
타워크레인		6개월
그 밖의 건설기계 (특수건설기계 제외)		3년
연식 20년 이하		1년
연식 20년 초과		6개월

8) 정기검사의 신청 및 연기

① **정기검사의 신청**
㈎ 검사 유효기간의 만료일 전후 각각 31일 이내의 기간에 신청해야 한다.
㈏ 건설기계 검사신청서와 보험가입을 증명하는 서류에 첨부하여 시·도지사에게 제출하여야 한다.

② **정기검사의 연기**
㈎ 검사신청기간 만료일까지 시·도지사 또는 검사 대행자에게 정기검사신청을 할 수 없는 경우 연기신청을 제출한다.
㈏ 정기검사신청 연기 불허통지를 받은 자는 정기검사신청 만료일부터 10일 이내에 검사신청을 해야 한다.
㈐ 검사 대행을 하게 한 경우 검사 대행자에게 이를 제출하여야 한다.
㈑ 검사를 연기하는 경우 그 연기 기간은 6월 이내로 한다.

9) 검사장소

① 검사소에서 검사를 받아야 하는 건설기계
㈎ 덤프 트럭
㈏ 콘크리트 믹서 트럭
㈐ 콘크리트 펌프
㈑ 아스팔트 살포기
㈒ 트럭적재식 콘크리트 펌프

② 건설기계가 위치한 장소에서 검사를 받을 수 있는 경우
㈎ 도서지역에 있는 경우
㈏ 자체 중량이 40톤을 초과하는 경우
㈐ 축하중이 10톤을 초과하는 경우
㈑ 너비가 2.5m를 초과하는 경우
㈒ 최고 속도가 35km/h 미만인 경우

10) 건설기계의 구조변경 범위

① 건설기계의 기종 변경, 육상 작업용 건설기계의 규격 증가 또는 적재함의 용량 증가를 위한 구조변경은 할 수 없다.
② 주요 구조의 변경 및 개조의 범위
  ㉮ 원동기의 형식 변경
  ㉯ 동력전달 장치의 형식 변경
  ㉰ 제동장치의 형식 변경
  ㉱ 주행장치의 형식 변경
  ㉲ 유압장치의 형식 변경
  ㉳ 조종장치의 형식 변경
  ㉴ 작업장치의 형식 변경
  ㉵ 건설기계의 길이·너비·높이 등의 변경
  ㉶ 수상작업용 건설기계의 선체의 형식 변경

2 건설기계조종사 면허

1) 건설기계조종사면허의 결격사유

① 18세 미만인 사람
② 건설기계 조종상의 위험과 장해를 일으킬 수 있는 정신질환자 또는 뇌전증환자로서 국토교통부령으로 정하는 사람
③ 앞을 보지 못하는 사람, 듣지 못하는 사람, 그 밖에 국토교통부령으로 정하는 장애인
④ 건설기계 조종상의 위험과 장해를 일으킬 수 있는 마약·향정신성의약품 또는 알코올중독자로서 국토교통부령으로 정하는 사람
⑤ 건설기계조종사면허가 취소된 날부터 1년(거짓이나 그 밖의 부정한 방법으로 건설기계조종사면허를 받은 경우와의 건설기계조종사 면허의 효력정지기간 중 건설기계를 조종한 경우의 사유로 인해 취소된 경우에는 2년)이 지나지 아니하였거나 건설기계조종사면허의 효력정지처분 기간 중에 있는 사람

2) 적성검사 기준

① 두 눈을 동시에 뜨고 잰 시력(교정시력을 포함함)이 0.7 이상이고 두 눈의 시력이 각각 0.3 이상일 것
② 55데시벨(보청기를 사용하는 사람은 40데시벨)의 소리를 들을 수 있고, 언어분별력이 80퍼센트 이상일 것
③ 시각은 150도 이상일 것
④ 정신형자·지적장애인·뇌전증환자, 마약·대마·향정신성의약품·알코올중독자가 아닐 것

3) 건설기계조종사면허의 취소·정지처분 기준

위반행위	처분기준
가. 거짓이나 그 밖의 부정한 방법으로 건설기계조종사 면허를 받은 경우	취소
나. 건설기계조종사면허의 효력정지기간 중 건설기계를 조종한 경우	취소
다. 건설기계조종사면허의 결격사유에 해당하게 된 경우	취소
라. 건설기계의 조종 중 고의로 인명피해(사망·중상·경상 등을 말한다)를 입힌 경우	취소

위반행위	처분기준
1) 고의로 인명피해(사망·중상·경상 등을 말한다)를 입힌 경우	취소
② 과실로 산업안전보건법에 따른 다음의 중대재해가 발생한 경우	
(1) 사망자가 1명 이상 발생한 재해	
(2) 3개월 이상의 요양이 필요한 부상자가 동시에 2명 이상 발생한 재해	
(3) 부상자 또는 직업성질병자가 동시에 10명 이상 발생한 재해	취소
③ 그 밖의 인명피해를 입힌 경우	
(1) 사망 1명마다	면허효력정지 45일
(2) 중상 1명마다	면허효력정지 15일
(3) 경상 1명마다	면허효력정지 5일
④ 재산피해 : 피해금액 50만원마다	면허효력정지 1일 (90일을 넘지 못함)
⑤ 건설기계조종 중 고의 또는 과실로 가스공급시설을 손괴하거나 가스공급시설의 기능에 장애를 입혀 가스의 공급을 방해한 경우	면허효력정지 180일
마. 술 또는 마약 그 밖의 약물을 투여한 상태에서 건설기계조종사면허를 조종한 경우	
1) 술에 취한 상태(혈중알코올농도 0.03퍼센트 이상 0.08퍼센트 미만)에서 건설기계를 조종한 경우	면허효력정지 60일
2) 술에 취한 상태에서 건설기계를 조종하다가 사고로 사람을 죽게 하거나 다치게 한 경우	취소
3) 술에 만취한 상태(혈중알코올농도 0.08퍼센트 이상)에서 건설기계를 조종한 경우	취소
4) 2회 이상 술에 취한 상태에서 건설기계를 조종하여 면허효력정지를 받은 사실이 있는 사람이 다시 술에 취한 상태에서 건설기계를 조종한 경우	취소
5) 약물(마약, 대마, 향정신성 의약품 및 환각물질)을 투여한 상태에서 건설기계를 조종한 경우	취소
아. 정기적성검사를 받지 않고 1년이 지난 경우	취소
자. 정기적성검사 또는 수시적성검사에서 불합격한 경우	취소

4) 건설기계조종사면허증의 반납

① 건설기계조종사면허를 받은 자는 반납 사유가 발생한 때에는 그 사유가 발생한 날부터 10일 이내에 주소지를 관할하는 시장·군수 또는 구청장에게 그 면허증을 반납하여야 한다.
② 면허증의 반납 사유
  ㉮ 면허가 취소된 때
  ㉯ 면허의 효력이 정지된 때
  ㉰ 면허증의 재교부를 받은 후 잃어버린 면허증을 발견한 때

3 벌칙

1) 2년 이하의 징역 또는 2천만원 이하의 벌금

① 등록되지 아니한 건설기계를 사용하거나 운행한 자
② 등록이 말소된 건설기계를 사용하거나 운행한 자
③ 시·도지사의 지정을 받지 않고 등록번호표를 제작하거나 등록번호표를 새긴 자

④ 검사대행자 또는 그 소속 직원에게 재물이나 그 밖의 이익을 제공하거나 제공 의사를 표시하고 부정한 검사를 받은 자
⑤ 건설기계의 주요 구조나 원동기, 동력전달장치, 제동장치 등 주요 장치를 변경 또는 개조한 자
⑥ 무단 해체한 건설기계를 사용·운행하거나 타인에게 유상·무상으로 양도한 자
⑦ 제작결함에 따른 시정명령을 이행하지 아니하거나 거짓으로 시정명령을 이행하였다고 보고한 자
⑧ 등록을 하지 아니하고 건설기계사업을 하거나 거짓으로 등록한 자
⑨ 등록이 취소되거나 사업의 전부 또는 일부가 정지된 건설기계사업자로서 계속하여 건설기계사업을 한 자

2) 1년 이하의 징역 또는 1천만원 이하의 벌금

① 거짓이나 그 밖의 부정한 방법으로 건설기계 등록을 한 자
② 건설기계의 등록번호를 지워 없애거나 그 식별을 곤란하게 한 자
③ 건설기계의 구조변경검사 또는 수시검사를 받지 아니한 자
④ 건설기계의 정비명령을 이행하지 아니한 자
⑤ 형식승인, 형식변경승인 또는 확인검사를 받지 아니하고 건설기계의 제작등을 한 자
⑥ 사후관리에 관한 명령을 이행하지 아니한 자
⑦ 내구연한을 초과한 건설기계 또는 건설기계 장치 및 부품을 사용하거나 사용을 알고도 말리지 아니하거나 운행한 자
⑧ 내구연한을 초과한 건설기계의 사후관리에 관한 교육·점검을 이행하지 아니한 자
⑨ 매매용 건설기계를 운행하거나 사용한 자
⑩ 폐기인수 사실을 증명하는 서류의 발급을 거부하거나 거짓으로 발급한 자
⑪ 폐기요청을 받은 건설기계를 폐기하지 아니하거나 등록번호표를 폐기하지 아니한 자
⑫ 건설기계조종사면허를 받지 아니하고 건설기계를 조종한 자
⑬ 건설기계조종사면허를 거짓이나 그 밖의 부정한 방법으로 받은 자
⑭ 소형 건설기계의 조종에 관한 교육과정의 이수에 관한 거짓 보고 또는 사실과 다른 증명서를 발급한 자
⑮ 술에 취하거나 마약 등 약물을 투약한 상태에서 건설기계를 조종한 자와 그런 자가 건설기계를 조종하는 것을 알고도 말리지 아니하거나 건설기계를 조종하도록 시킨 고용주
⑯ 건설기계를 도로나 타인의 토지에 버려둔 자

3) 300만원 이하의 과태료

① 등록번호표를 부착하지 아니하거나 봉인하지 아니한 건설기계를 운행한 자
② 건설기계의 정기검사를 받지 아니한 자
③ 건설기계사업자의 신고의무를 이행하지 아니하거나 거짓으로 신고한 자
④ 건설기계조종사의 정기적성검사 또는 수시적성검사를 받지 아니한 자
⑤ 시설 또는 업무에 관한 보고를 하지 아니하거나 거짓으로 보고한 자
⑥ 소속 공무원의 검사·질문을 거부·방해·기피한 자
⑦ 중대한 사고 발생 시 재작결함 또는 안전기준 위배 사고 현장을 출입하는 직원의 출입을 거부하거나 방해한 자

4) 100만원 이하의 과태료

① 수출의 이행 여부를 신고하지 아니하거나 폐기 또는 등록을 하지 아니한 자
② 등록번호표를 부착·봉인하지 아니하거나 등록번호를 새기지 아니한 자
③ 등록번호표를 가리거나 훼손하여 알아보기 곤란하게 하거나 그러한 건설기계를 운행한 자
④ 등록번호의 새김명령을 위반한 자
⑤ 건설기계안전기준에 적합하지 아니한 건설기계를 사용하거나 운행한 자
⑥ 검사유효기간이 끝난 날부터 31일이 지난 건설기계를 사용하게 하거나 운행한 자 또는 사용하거나 운행한 자
⑦ 특별한 사정 없이 건설기계임대차 등에 관한 계약과 관련된 자료를 제출하지 아니한 자
⑧ 범칙행정 청원 건설기계임대차업의 의무를 이행하지 아니한 자
⑨ 안전교육 등을 받지 아니하고 건설기계를 조종한 자

5) 50만원 이하의 과태료

① 등록 질 임시정으로 운행하는 건설기계에 임시번호표를 붙이지 아니하고 운행한 자
② 등록사항의 변경신고를 하지 아니하거나 거짓으로 신고한 자
③ 등록이전신고를 하지 아니하거나 거짓으로 신고한 자
④ 등록번호표를 제작자가 받은 통지에 대한 변경 사항에 따라 변경신고를 하지 아니하거나 거짓으로 변경신고한 자
⑤ 등록번호표의 반납 시 하지 아니하거나 거짓으로 반납한 자
⑥ 건설기계의 정비명령을 이행하지 아니한 자
⑦ 건설기계사업자의 지위승계신고를 하지 아니하거나 거짓으로 신고한 자
⑧ 건설기계 제작자가 받은 소속 사항에 대한 변경 사항이 있음에도 등록번호표를 반납하지 아니한 자
⑨ 건설기계를 주택가 주변의 도로·공터 등에 세워 두어 교통소통을 방해하거나 소음 등으로 주민의 조용하고 평온한 생활환경을 침해한 자

CHAPTER 06 | 도로주행

06 출제 예상문제

01 도로교통법에 위반되는 행위는?
① 주간에 방향을 전환할 때 지시등을 켰다.
② 야간에 교행할 때 전조등의 광도를 줄였다.
③ 도로의 모퉁이를 부근에서 앞지르기하였다.
④ 견인부 비닮 전에 일시 정차하였다.

앞지르기 금지 장소
- 교차로, 터널 안, 다리 위
- 도로의 구부러진 곳(도로 모퉁이)
- 비탈길의 고갯마루 부근
- 가파른 비탈길의 내리막
- 앞지르기 금지표지 설치장소

02 통일방향으로 주행하고 있는 전·후 차간의 안전운전방법으로 틀린 것은?
① 뒷차는 앞차가 급정지할 때 충돌을 피할 수 있는 필요한 안전거리를 유지한다.
② 뒤에서 따라오는 차량의 속도보다 느린 속도로 진행하려고 할 때에는 진로를 양보한다.
③ 앞차가 다른 차를 앞지르고 있을 때에는 앞지르기하고는 안 된다.
④ 앞차는 부득이한 경우를 제외하고는 급정지·급감속을 하여서는 안 된다.

※ 앞차가 다른 차를 앞지르고 있을 때에는 앞지르기가 금지된다.

03 노면 표시 중 진로 변경 제한선으로 맞는 것은?
① 백색 점선으로 진로 변경할 수 있다.
② 백색 실선으로 진로 변경할 수 있다.
③ 백색 실선으로 진로 변경할 수 없다.
④ 황색 점선으로서 진로 변경할 수 있다.

04 편도 4차로의 일반도로에서 건설기계는 어느 차로로 통행해야 하는가?
① 1차로
② 2차로
③ 3차로
④ 4차로

※ 편도 4차로의 일반도로에서는 진로를 변경할 수 있다. 백색 실선이 있는 곳에서는 진로 변경을 해서는 안 된다.

05 차로의 설치에 관한 설명 중 틀린 것은?
① 횡단보도, 교차로 및 철길건널목 부분에는 차로를 설치하지 못한다.
② 차로를 설치하는 때에는 중앙선 표지를 하여야 한다.
③ 차로가 보도보다 낮을 때에는 길가장자리 구역을 설치해야 한다.
④ 차로의 너비는 보도보다 3m 이상으로 하여야 하며 부득이한 경우는 275cm 이상으로 할 수 있다.

※ 도로의 바깥쪽에 보행자 통행의 안전을 위하여 길가장자리 구역을 설치하여야 한다.

06 교통정리가 행하여지고 있지 않은 교차로에서 우선순위가 같은 차량이 동시에 교차로에 진입한 때의 우선순위로 맞는 것은?
① 소형 차량이 우선한다.
② 우측도로의 차가 우선한다.
③ 좌측도로의 차가 우선한다.
④ 중량이 큰 차량이 우선한다.

동시에 교통정리가 없는 교차로에 진입할 때
- 도로의 폭이 좁은 도로로부터 진입하는 차에 진로를 양보
- 동시에 진입하려고 하는 경우에는 우측도로의 차에 진로를 양보
- 좌회전하려고 하는 차는 직진하거나 우회전하려는 차에 진로를 양보

07 비보호 좌회전 교차로에서의 통행방법 가장 적절한 것은?
① 황색 신호 시 반대방향의 교통에 방해되지 않게 좌회전한다.
② 황색 신호 시에만 좌회전할 수 있다.
③ 녹색 신호 시 반대방향의 교통에 방해되지 않게 좌회전할 수 있다.
④ 녹색 신호 시에는 언제나 좌회전할 수 있다.

08 주행 중 진로를 변경하고자 할 때 운전자가 지켜야 할 가장 적절한 것은?
① 후속 차량에 주의할 필요가 없다.
② 신호를 실시하여 뒤차에 알린다.
③ 진로를 변경할 때에는 뒤차에 주의할 필요가 없다.
④ 뒷차의 속도를 확인한 후 좌회전할 수 있다.

※ 진로를 변경할 때에는 의의 자동차통행뿐만 아니라 후방의 차량이나 상황이 주의하여 신호해야 한다.

09 건설기계를 운전하여 교차로 전방 20m 지점에 이르렀을 때 황색 등화로 바뀌었을 경우 운전자의 조치방법은?
① 계속 진행하려 교차점에서 진행 중인 방향으로 가야 한다.
② 그대로 계속 진행한다.
③ 일시 정지하여 안전을 확인한 후 진행한다.
④ 정지할 조치를 취하여 정지선에 정지한다.

10 고속도로가 아닌 도로에서 운전자가 진행방향을 변경하려고 할 때 회전신호를 하여야 할 시기로 맞는 것은?
① 회전하려고 하는 지점의 30m 전에서
② 특별히 정하여져 있지 않고, 운전자 임의대로
③ 회전하려고 하는 지점 3m 전에서
④ 회전하려고 하는 지점 10m 전에서

정답 01 ③ 02 ③ 03 ② 04 ④ 05 ③ 06 ② 07 ③ 08 ③ 09 ④ 10 ①

11 정차선이나 횡단보도 및 교차로 직전에서 정지하여야 할 신호는?

① 녹색 및 적색등화
② 적색 및 황색등화
③ 녹색 및 황색등화
④ 황색 및 적색등화

○ 적색 및 황색등화 등에는 정지선이 있거나 교차로의 직전에 정지하여야 하며, 차마는 황색등화의 점멸 시에는 다른 교통 또는 안전표지의 표시에 주의하면서 진행할 수 있다.

12 도로교통법상 어린이로 규정되고 있는 연령은?

① 13세 미만
② 18세 미만
③ 12세 미만
④ 16세 미만

○ 도로교통법상 영유아는 6세 미만인 사람, 어린이는 13세 미만인 사람을 말하며, 노인은 65세 이상인 사람을 말한다.

13 제한 외의 적재 및 승차 허가를 할 수 있는 관청은?

① 도착지를 관할하는 경찰서
② 시, 읍면 사무소
③ 관할 시, 군청
④ 출발지를 관할하는 경찰서

○ 모든 차의 운전자는 승차인원, 적재중량 및 적재용량과 관련하여 운행상의 안전기준을 넘어서 승차시키거나 적재한 상태로 운전하여서는 안 된다. 다만, 출발지를 관할하는 경찰서장의 허가를 받은 경우에는 예외로 한다.

14 안전기준을 초과하는 화물의 적재허가를 받은 자는 그 길이 또는 폭의 양끝에 너비 및 길이를 각각 몇 cm 이상의 빨간 헝겊으로 된 표지를 달아야 하는가?

① 30(너비), 40(길이)
② 40(너비), 50(길이)
③ 30(너비), 50(길이)
④ 60(너비), 50(길이)

○ 안전기준을 넘는 화물의 적재허가를 받은 사람은 그 길이 또는 폭의 양끝에 너비 30cm, 길이 50cm 이상의 빨간 헝겊으로 된 표지를 달아야 한다. 다만, 밤에 운행하는 경우에는 반사체로 된 표지를 달아야 한다.

15 보기에서 도로교통법상 어린이보호와 관련하여 위험성이 큰 놀이기구로 정하여 운전자가 특별히 주의하여야 할 놀이기구로 지정한 것을 모두 조합한 것은?

ㄱ. 킥보드 ㄴ. 롤러스케이트
ㄷ. 인라인스케이트 ㄹ. 스케이트보드
ㅁ. 스노우보드

① ㄱ, ㄴ
② ㄱ, ㄴ, ㄷ
③ ㄱ, ㄴ, ㄷ
④ ㄱ, ㄴ, ㄷ, ㄹ
⑤ ㄱ, ㄴ, ㄷ, ㄹ, ㅁ

○ 도로교통법 시행규칙에서 정한 위험성이 큰 놀이기구는 킥보드, 롤러스케이트, 인라인스케이트, 스케이트보드, 그 밖에 위 4가지 놀이기구와 비슷한 놀이기구를 말한다. 이러한 놀이기구를 이용할 때는 반드시 안전모를 착용하여야 한다.

16 도로를 통행하는 자동차가 야간에 켜야하는 등화의 구분 중 견인되는 자동차가 켜야 할 등화는?

① 전조등, 차폭등, 미등
② 차폭등, 미등
③ 전조등, 미등, 번호등
④ 전조등, 미등

○ 야간에 도로를 통행할 때 켜야 할 등화
• 자동차 : 전조등, 차폭등, 미등, 번호등, 실내조명등(승합자동차와 여객자동차운송사업용 승용자동차)
• 견인되는 차 : 미등, 차폭등 및 번호등
• 야간 주차 또는 정차할 때 : 미등, 차폭등
• 안개 등으로 장애로 100m 이내의 장애물을 확인할 수 없을 때 : 야간에 준하는 등화

정답 11 ④ 12 ① 13 ④ 14 ③ 15 ③ 16 ②

---

17 차마의 통행방법으로 도로의 중앙이나 좌측부분을 통행할 수 있는 경우로 가장 적절한 것은?

① 통행이 불편할 때
② 도로에 흠이 파여 있을 때
③ 도로가 정상이 아닐 때
④ 도로의 파손, 도로공사 또는 우측 부분을 통행할 수 없을 때

○ 도로의 중앙이나 좌측부분을 통행할 수 있는 경우
• 도로가 일방통행인 경우
• 도로의 파손, 도로공사 또는 그 밖의 장애로 도로의 우측 부분을 통행할 수 없는 경우
• 도로의 우측 부분의 폭이 6m가 되지 아니하는 도로에서 다른 차를 앞지르려는 경우

18 일시정지 안전표지판이 설치된 횡단보도에서 위반되는 것은?

① 경찰공무원이 진행신호를 하여 일시정지하지 않고 통과하였다.
② 횡단보도 직전에 일시 정지하여 안전을 확인한 후 통과하였다.
③ 보행자가 없으므로 그대로 통과하였다.
④ 연속적으로 진행 중인 앞차의 뒤를 따를 때에는 일시정지하였다.

○ 일시정지 안전표지판이 설치되어 있는 보행자가 관계없이 진행 중에 일시정지하여야 한다.

19 그림의 교통안전표지는?

① 우로 이중 굽은 도로
② 좌로 이중 굽은 도로
③ 좌로 굽은 도로
④ 회전형 교차로

20 최고속도의 100분의 50을 줄인 속도로 운행하여야 할 경우와 관계가 없는 것은?

① 눈이 20mm 이상 쌓인 때
② 비가 내려 노면에 습기가 있는 때
③ 노면이 얼어붙은 때
④ 폭우, 폭설, 안개 등으로 가시거리가 100m 이내인 때

○ 최고속도의 100분의 20을 줄인 속도로 운행하여야 하는 경우
• 비가 내려 노면이 젖어 있는 경우
• 눈이 20mm 미만 쌓인 경우

21 앞지르기 금지장소가 아닌 것은?

① 교차로, 도로의 구부러진 곳
② 버스 정류장 부근, 주차금지 구역
③ 터널 내, 앞지르기 금지표지 설치장소
④ 경사로의 정상 부근, 급경사로의 내리막

○ 앞지르기 금지 장소
• 교차로, 터널 안, 다리 위
• 도로의 구부러진 곳, 비탈길의 고개마루 부근
• 가파른 비탈길의 내리막
• 앞지르기 금지표지 설치장소

정답 17 ④ 18 ③ 19 ② 20 ② 21 ②

22. 주·정차를 할 수 있는 곳은?
① 도로의 우측 가장자리
② 도로의 모퉁이
③ 교차로의 가장자리
④ 횡단보도

정차 및 주차의 금지
① 교차로, 횡단보도, 건널목이나 보도와 차도가 구분된 도로의 보도
② 교차로의 가장자리나 도로의 모퉁이로부터 5m 이내인 곳
③ 안전지대가 설치된 도로에서는 그 안전지대의 사방으로부터 각각 10m 이내인 곳
④ 버스정류장을 표시하는 기둥이나 판 또는 선이 설치된 곳으로부터 10m 이내인 곳
⑤ 건널목의 가장자리 또는 횡단보도로부터 10m 이내인 곳
⑥ 지방경찰청장이 도로에서의 위험을 방지하고 교통의 안전과 원활한 소통을 확보하기 위하여 필요하다고 인정하여 지정한 곳

23. 도로에서 정차를 하고자 할 때 방법으로 옳은 것은?
① 차체의 전단부를 도로 중앙을 향하도록 비스듬히 정차한다.
② 진행방향의 반대방향으로 정차한다.
③ 차도의 우측 가장자리에 정차한다.
④ 일방 통행로에서 좌측 가장자리에 정차한다.

정차하는 운전자가 5분을 초과하지 아니하고 차를 정지시키는 것으로서 주차 외의 정지 상태를 말하며, 정차할 때는 차도의 우측 가장자리에 정차한다.

24. 1년간 누산점수가 몇 점 이상이면 면허가 취소되는가?
① 271   ② 201   ③ 121   ④ 190

벌점·누산점수 인한 면허 취소
• 1년간 : 121점 이상
• 2년간 : 201점 이상
• 3년간 : 271점 이상

25. 제1종 운전면허를 받을 수 있는 사람은?
① 두 눈을 동시에 뜨고 잰 시력이 0.8 이상인 사람
② 양쪽 눈의 시력이 각각 0.5 이상인 사람
③ 한쪽 눈을 보지 못하고 다른 쪽 눈의 시력이 0.6 이상인 사람
④ 적색, 황색, 녹색의 색채 식별이 가능한 사람

26. 교차로 또는 그 부근에서 긴급자동차가 접근하였을 때 피양 방법으로 가장 적절한 것은?
① 그 자리에 즉시 정차한다.
② 교차로를 피하여 도로의 우측 가장자리에 일시 정차한다.
③ 서행하면서 앞지르기하라는 신호를 한다.
④ 그대로 진행방향으로 진행을 계속한다.

모든 차의 운전자는 교차로나 그 부근에서 긴급자동차가 접근하는 경우에는 교차로를 피하여 도로의 우측 가장자리에 일시정지하여야 한다. 다만, 일방통행으로 된 도로에서 우측 가장자리로 피하여 정차하는 것이 긴급자동차의 통행에 지장을 주는 경우에는 좌측 가장자리로 피하여 정차할 수 있다.

27. 신호기가 표시하고 있는 내용과 경찰관의 수신호가 다른 경우 통행방법으로 옳은 것은?
① 경찰관 수신호를 우선적으로 따른다.
② 신호기 신호를 우선적으로 따른다.
③ 자기가 편한대로 신호를 따르면 된다.
④ 수신호는 보조 신호이므로 따르지 않아도 좋다.

교통안전시설이 표시하는 신호 또는 지시와 교통정리를 하는 국가경찰공무원·자치경찰공무원 또는 경찰보조자(모범운전자)의 신호 또는 지시가 서로 다른 경우에는 경찰공무원등의 신호 또는 지시에 따라야 한다.

28. 도로교통법상 술에 취한 상태의 기준은?
① 혈중 알콜농도 0.03% 이상
② 혈중 알콜농도 0.1% 이상
③ 혈중 알콜농도 0.15% 이상
④ 혈중 알콜농도 0.2% 이상

29. 도로교통법에 의해 인적 피해있는 교통사고를 야기하고 도주한 차량의 운전자를 신고하여 검거하게 한 운전자에게 부여되는 벌점상계의 특혜점수는 몇 점인가?
① 120점   ② 100점   ③ 80점   ④ 40점

인적 피해 있는 교통사고의 도주 차량 검거 등에 특혜점수 부여 : 인적 피해가 있는 교통사고를 야기하고 도주한 차량의 운전자를 검거하거나 신고하여 검거하게 한 운전자(교통사고의 피해자가 아닌 경우로 한정한다)에게는 40점의 특혜점수를 부여하여, 기간에 관계없이 그 운전자가 정지 또는 취소처분을 받게 될 경우 누산점수에서 이를 공제한다. 이 경우 공제되는 점수는 40점 단위로 한다.

30. 운전면허 취소 처분에 해당되는 것은?
① 과속운전
② 중앙선 침범
③ 면허 정지 기간에 운전한 경우
④ 신호 위반

운전면허 행정처분 기간 중에 운전을 하면 취소 사유가 된다.

31. 교통사고가 발생하였을 때 승무원으로 하여금 신고하게 하고 계속 운전할 수 있는 경우가 아닌 것은?
① 긴급자동차
② 긴급을 요하는 우편물 자동차
③ 위험한 화물 적재 자동차
④ 특수자동차

교통사고 발생 시 긴급자동차 또는 부상자를 운반 중인 차 및 우편물자동차 등의 운전자는 긴급한 경우 동승자로 하여금 신고를 하게 하고 운전을 계속할 수 있다.

32. 긴급자동차에 관한 설명 중 틀린 것은?
① 소방자동차, 구급자동차는 항시 우선권과 특례의 적용을 받는다.
② 긴급 용무 중임을 표시할 때에만 우선권과 특례의 적용을 받는다.
③ 우선권과 특례의 적용을 받으려면 경광등을 켜고 경음기를 울려야 한다.
④ 긴급 용무임을 표시하지 아니하면 일반차와 같이 취급된다.

긴급자동차라 함은 소방차, 구급차 및 대통령령이 정하는 자동차로서 그 본래의 용도로 사용되는 자동차를 말한다.

33. 철길건널목 통과 방법에 대한 설명으로 틀린 것은?
① 철길건널목 앞지르기를 하여서는 안 된다.
② 철길건널목 부근에서는 주·정차를 하여서는 안 된다.
③ 철길건널목 앞에서 일시정지 표지가 없으면 서행하면서 통과한다.
④ 철길건널목에서는 반드시 일시정지 후 안전함을 확인하고 통과한다.

철길건널목을 통과하려는 경우에는 건널목 앞에서 일시정지하여 안전한지 확인한 후에 통과하여야 한다. 다만, 신호기 등이 표시하는 신호에 따르는 경우에는 정지하지 아니하고 통과할 수 있다.

정답
22 ① 23 ③ 24 ③ 25 ③ 26 ② 27 ①
28 ① 29 ④ 30 ③ 31 ④ 32 ① 33 ③

34 일시정지를 하지 않고도 철길건널목을 통과할 수 있는 경우는?

① 차단기가 올려져 있을 때
② 경보기가 울리지 않을 때
③ 앞차가 진행하고 있을 때
④ 신호등이 진행신호 표시일 때

➡ 철길건널목에 설치된 신호기 등이 표시하는 신호에 따르는 경우에는 정지하지 아니하고 통과할 수 있다.

35 교통사고로서 도로교통법상의 중상의 기준에 해당하는 것은?

① 2주 이상의 치료를 요하는 부상
② 1주 이상의 치료를 요하는 부상
③ 3주 이상의 치료를 요하는 부상
④ 4주 이상의 치료를 요하는 부상

➡ 도로교통법상의 사고 기준
• 사망 : 사고발생 시부터 72시간 이내에 사망한 때
• 중상 : 3주 이상의 치료를 요하는 부상
• 경상 : 3주 미만 5일 이상의 치료를 요하는 부상
• 부상 : 5일 미만의 치료를 요하는 부상

36 교통사고처리특례법상 12개 항목에 해당되지 않는 것은?

① 중앙선 침범
② 무면허 운전
③ 신호 위반
④ 통행 우선순위 위반

➡ 교통사고처리특례법상 12개 항목
• 신호·지시위반사고
• 중앙선 침범, 고속도로나 자동차전용도로에서의 횡단·유턴 또는 후진 위반사고
• 속도위반(20km/h 초과) 과속사고
• 앞지르기의 방법·금지시기·금지장소 또는 끼어들기 금지 위반사고
• 철길건널목 통과방법 위반사고
• 보행자보호의무 위반사고
• 무면허운전사고
• 음주운전·약물복용운전 사고
• 보도침범·보도횡단방법 위반사고
• 승객추락방지의무 위반사고
• 어린이보호구역 내 안전운전의무 위반사고
• 자동차의 화물이 떨어지지 아니하도록 필요한 조치를 하지 아니하고 운전하여 발생한 사고

37 도로명주소 안내시설 중 도로명판이 아닌 것은?

① 강남대로
  Gangnam-daero
  1→699

② 사임당로
  Saimdang-ro
  250 ↑ 92
  92

③ 중앙로
  Jungang-ro
  92 ↑ 96

④ 세종대로
  Sejong-daero
  209

➡ 보기 중 ④번은 건물번호판 중 일반용 건물번호판에 해당된다.

38 다음 건물번호판에 대한 설명으로 맞는 것은?

① 세종대로는 도로명, 209는 건물번호이다.
② 세종대로는 주출입구, 209는 기초번호이다.
③ 세종대로는 시작점, 209는 건물주소이다.
④ 세종대로는 도로별 구분기준, 209는 상세주소이다.

➡ 보기의 그림은 일반용 건물번호판으로 상단에는 도로명, 하단에는 건물번호가 표시되어 있다.

39 다음 도로명판에 대한 설명으로 옳은 것은?

강남대로
Gangnam-daero
1→699

① 왼쪽과 오른쪽 양방향용 도로명판이다.
② "1→"이 위치는 도로가 끝나는 지점이다.
③ 강남대로는 총 699m 길이의 도로이다.
④ "강남대로"는 도로의 이름을 나타낸다.

➡ 도로명판의 의미
• "강남대로"는 도로명을 붙인 길 시작지점을 나타낸다.
• "1→"한 위치는 도로 시작점을 의미한다.("1")
• 강남대로는 6.99km이다.(699 × 10m)
• 문제의 도로명판은 오른쪽 한 방향용 도로명판이다.

40 다음의 도로명판이 의미하는 바에 대한 설명으로 틀린 것은?

대정로23번길
Daejeong-ro 23beon-gil
1~65

① 대정로23번길은 대정로 시작지점부터 약 230미터 지점에서 분기되는 길이다.
② 대정로23번길의 총 길이는 약 650미터 정도이다.
③ 대정로23번 길은 대정로 시작지점에서 오른쪽으로 분기되는 길이다.
④ 도로명판이 세워진 위치는 대정로23번길의 끝지점이다.

➡ 도로명판
• 대정로23번길은 대정로 시작지점부터 약 230미터 지점에서 분기되는 길이다.(명판의 양방향 화살표 참조, 대정로 × 번길의 반듯 번호인 약 100미터 구간을 의미하므로 23 × 10m = 230m)
• 대정로23번길은 대정로의 왼쪽에 위치한 대정로23번길의 끝지점이다.'65'이다.(1~65)
• 대정로23번길은 세워진 한 위치는 대정로23번길의 끝지점으로 단위가 있으므로 65 × 10m = 650m

41 건설기계 등록신청을 받을 수 있는 자는 누구인가?

① 행정안전부장관
② 읍·면·동장
③ 서울특별시장
④ 경찰서장

➡ 건설기계의 소유자가 건설기계 등록을 특별시장·광역시장·도지사 또는 특별자치도지사에게 신청해야 한다.

42 건설기계 소유자는 건설기계 등록사항에 변경이 있을 때(주소지 또는 사용본거지의 변경 제외)이 있는 경우는 비상사태하의 경우를 제외하고는 등록사항의 변경신고를 변경이 있는 날부터 며칠 이내에 하여야 하는가?

① 10일 ② 15일
③ 20일 ④ 30일

▶ 건설기계 소유자는 건설기계등록사항에 변경(주소지 또는 사용본거지의 변경을 제외한다)이 있는 때에는 그 변경이 있은 날부터 30일(상속의 경우에는 상속개시일부터 3개월) 이내에 건설기계 등록사항변경신고서에 관계서류를 첨부하여 등록을 한 시·도지사에게 제출하여야 한다. 다만, 전시·사변 기타 이에 준하는 국가비상사태하에 있어서는 5일 이내에 하여야 한다.

43 건설기계 등록말소 사유 중 반드시 시·도지사가 직권으로 등록말소하여 야 하는 경우는?

① 거짓이나 그 밖의 부정한 방법으로 등록을 한 경우
② 건설기계의 차대가 등록 시의 차대와 다른 경우
③ 건설기계를 도난당한 경우
④ 건설기계를 수출하는 경우

▶ 직권으로 등록말소해야 하는 경우
• 거짓이나 그 밖의 부정한 방법으로 등록을 한 경우
• 건설기계의 차대가 등록 시의 차대와 다른 경우
• 건설기계가 천재지변 또는 이에 준하는 사고 등으로 사용할 수 없게 되거나 멸실된 경우
• 건설기계가 법규정에 따른 최고(최종)연식기준에 적합하지 아니하게 된 경우

44 건설기계 등록말소를 하고자 할 때 신청서는 누구에게 제출하는가?

① 구청장 ② 도지사
③ 국토교통부장관 ④ 읍·면·동장

45 건설기계 등록말소 사유에 해당되지 않는 것은?

① 건설기계가 천재지변으로 멸실된 경우
② 정비 또는 개조를 목적으로 해체된 경우
③ 건설기계를 폐기한 경우
④ 건설기계가 차대가 등록 시의 차대와 다른 경우

46 시·도지사는 건설기계 등록원부를 건설기계의 등록을 말소한 날부터 몇 년간 보존하여야 하는가?

① 1년 ② 2년
③ 4년 ④ 10년

47 건설기계 기종별 기호 표시방법으로 맞지 않은 것은?

① 07 : 기중기 ② 01 : 아스팔트 살포기
③ 03 : 로더 ④ 13 : 콘크리트 살포기

▶ 시·도지사는 건설기계등록원부를 건설기계의 등록을 말소한 날부터 10년간 보존하여야 한다.

48 다음 중 건설기계 임시운행 사유가 아닌 것은?

① 등록신청을 하기 위하여 건설기계를 등록지로 운행하는 경우
② 신규등록검사 및 확인검사를 받기 위하여 건설기계를 검사장소로 운행하는 경우
③ 신개발 건설기계를 시험·연구의 목적으로 운행하는 경우
④ 수리를 위해 임시로 건설기계를 정비업체로 운행하는 경우

▶ 임시운행 허용사유
• 등록신청을 하기 위하여 건설기계를 등록지로 운행하는 경우
• 신규등록검사 및 확인검사를 받기 위하여 검사장소로 운행하는 경우
• 수출을 하기 위하여 건설기계를 선적지로 운행하는 경우
• 신개발 건설기계를 시험·연구의 목적으로 운행하는 경우
• 판매 또는 전시를 위하여 건설기계를 임시로 운행하는 경우

49 시·도지사로부터 임시운행 허가를 받은 건설기계 소유자는 며칠 이내에 임시운행 허가증을 제작자에게 신청하여야 하는가?

① 3일 ② 5일
③ 7일 ④ 10일

50 등록번호표 제작자는 등록번호표 제작 등의 통지 또는 명령을 받은 날부터 며칠 이내에 등록번호표를 제작하여야 하는가?

▶ 등록번호표 제작자는 등록번호표 제작 통지서 또는 명령서를 받은 때에는 7일 이내에 등록번호표를 제작해야 하며, 등록번호표 제작 통지(명령)서는 3년간 보존하여야 한다.

51 등록번호표의 반납 사유가 발생했을 경우에는 며칠 이내에 반납하여야 하는가?

① 5일 ② 10일
③ 15일 ④ 30일

52 자가용 건설기계 등록번호표의 도색은?

① 청색판에 흰색문자 ② 적색판에 흰색문자
③ 흰색판에 검은색문자 ④ 녹색판에 흰색문자

53 건설기계 등록번호표 중 관용에 해당하는 등록번호 숫자는?

① 0001~0999 ② 1000~4999
③ 5000~8999 ④ 9000~9999

▶ 등록번호표의 규격
• 재질은 철판 또는 알루미늄판
• 변호판에 표시되는 모든 문자 및 외곽선은 1.5mm 튀어나와야 한다.
• 등록번호
 - 비사업용(관용 또는 자가용) : 흰색 바탕판에 검은색 문자
 - 대여사업용 : 주황색 바탕에 검은색 문자
• 자가용 : 1000~5999
• 영업용 : 0001~0999
• 대여사업용 : 6000~9999

정답 42 ④ 43 ① 44 ② 45 ② 46 ④ 47 ② 48 ④ 49 ① 50 ③ 51 ② 52 ③ 53 ①

54 건설기계 적재중량 측정할 때 측정인원은 1인당 몇 kg을 기준으로 하는가?
① 50kg　② 55kg
③ 60kg　④ 65kg

◎ 적재중량 측정 시 탑승자 1인의 체중은 65kg을 기준으로 한다.

55 건설기계사업을 영위하고자 하는 자는 누구에게 등록하여야 하는가?
① 시장·군수 또는 구청장
② 전문건설기계정비업자
③ 국토교통부장관
④ 건설기계해체재활용업자

56 건설기계대여업을 하고자 하는 자는 누구에게 등록하여야 하는가?
① 고용노동부장관
② 행정안전부장관
③ 국토교통부장관
④ 시장·군수 또는 구청장

◎ 건설기계사업을 하려는 자(지방자치단체는 제외)는 사업의 종류별로 시장·군수 또는 구청장(자치구의 구청장을 말한다)에게 등록하여야 한다.

57 건설기계정비업의 업종구분에 해당하지 않는 것은?
① 종합건설기계정비업
② 부분건설기계정비업
③ 전문건설기계정비업
④ 특수건설기계정비업

◎ 건설기계정비업의 종류
• 종합건설기계정비업
• 부분건설기계정비업
• 전문건설기계정비업

58 건설기계검사의 종류가 아닌 것은?
① 신규등록검사　② 정기검사
③ 구조변경검사　④ 예비검사

◎ 건설기계검사의 종류
• 신규등록검사 : 건설기계를 신규로 등록할 때 실시하는 검사
• 정기검사 : 건설공사용 건설기계로서 3년의 범위에서 국토교통부령으로 정하는 검사유효기간의 만료 후에 계속하여 운행하려는 경우에 실시하는 검사와 대기환경보전법 및 소음·진동관리법에 따른 운행차의 정기검사
• 구조변경검사 : 건설기계의 주요 구조를 변경하거나 개조한 경우 실시하는 검사
• 수시검사 : 성능이 불량하거나 사고가 자주 발생하는 건설기계의 안전성 등을 점검하기 위하여 수시로 실시하는 검사와 건설기계 소유자의 신청을 받아 실시하는 검사

59 건설기계로 등록된 연식 20년 이하인 덤프트럭의 정기검사 유효기간은?
① 6월　② 1년
③ 1년 6월　④ 2년

◎ 주요 건설기계의 정기검사 유효기간(연식 20년 이하인 경우)
• 굴착기(타이어식) : 1년
• 지게차(1톤 이상) : 2년
• 모터그레이더 : 2년
• 타워크레인 : 6개월

정답 54 ④ 55 ① 56 ④ 57 ④ 58 ④ 59 ②

60 타이어식 굴착기의 정기검사 유효기간은?
① 3월　② 6월
③ 2년　④ 1년

◎ 굴착기(타이어식) : 연식과 무관하게 1년

61 연식 20년 이하인 지게차의 정기검사 유효기간은?
① 6월　② 1년
③ 2년　④ 3년

◎ 지게차(1톤 이상) : 연식 20년 이하 - 2년, 연식 20년 초과 - 1년

62 정기 검사대상 건설기계의 정기검사 신청기간 중 맞는 것은?
① 건설기계의 정기검사 유효기간 만료일의 전후 16일 이내에 신청한다.
② 건설기계의 정기검사 유효기간 만료일 전후 31일 이내에 신청한다.
③ 건설기계의 정기검사 유효기간 만료일 전 5일 이내에 신청한다.
④ 건설기계의 정기검사 유효기간 만료일 전 16일 이내에 신청한다.

◎ 건설기계의 정기검사
• 검사유효기간의 만료일 전후 각각 31일 이내의 기간에 신청
• 검사신청을 받은 시·도지사 또는 검사대행자는 신청을 받은 날부터 5일 이내에 검사일시와 검사장소를 지정하여 신청인에게 통지

63 건설기계 신규등록검사를 실시하는 자는?
① 국토교통부장관
② 군수
③ 검사대행자
④ 행정안전부장관

◎ 신규등록검사는 건설기계를 신규로 등록할 때 실시하는 검사이다.

64 정기검사 연기를 할 경우 연기기간은 얼마 이내인가?
① 5월　② 4월
③ 6월　④ 2월

◎ 정기검사의 연기
• 정기검사대상건설기계의 소유자는 천재지변, 건설기계의 도난, 사고발생, 압류, 1월 이상에 걸친 정비 그 밖의 부득이한 사유로 검사신청기간 내에 검사를 신청할 수 없는 경우에는 그 사유를 증명할 수 있는 서류를 검사신청기간 만료일까지 시·도지사에게 제출하여야 한다. (검사대행을 하게 한 경우에는 검사대행자에게 제출) 이 경우 연기신청을 받은 시·도지사 또는 검사대행자는 그 신청일부터 5일 이내에 연기 여부를 결정하여 신청인에게 통지하여야 한다. 이 경우 그 기간 내에 통지가 없는 때에는 연기된 것으로 본다.

65 정기검사를 받을 수 없는 사유가 발생한 경우 연기신청은 언제까지 하여야 하는가?
① 검사신청 유효기간 만료일까지
② 검사신청 만료일부터 10일 이내
③ 검사유효기간 만료일로부터 10일 이내
④ 검사신청 유효기간 10일 전까지

◎ 검사신청기간 만료일까지 검사신청자는 검사연기신청서에 연기사유를 증명할 수 있는 서류를 첨부하여 시·도지사에게 제출하여야 한다. (검사대행을 하게 한 경우에는 검사대행자에게 제출)

정답 60 ④ 61 ③ 62 ② 63 ③ 64 ③ 65 ③

66 검사소에서 검사를 받아야 할 건설기계 중 해당 건설기계가 위치한 장소에서 검사를 할 수 있는 경우가 아닌 것은?

① 도서지역에 있는 경우
② 자체중량이 40톤을 초과하거나 축중이 10톤을 초과하는 경우
③ 너비가 2.5미터를 미달하는 경우
④ 최고속도가 시간당 35km 미만인 경우

67 건설기계의 구조변경검사는 누구에게 신청하여야 하는가?

① 건설기계정비업소
② 자동차검사소
③ 검사대행자(검설기계검사소)
④ 건설기계해체업소

68 다음 중 건설기계의 구조 또는 장치를 변경하는 것과 관련이 있는 설명은?

① 건설기계정비업소에서 구조 장치의 변경 작업을 한다.
② 관할 시·도지사에게 구조변경 승인을 받아야 한다.
③ 구조변경 검사를 받아야 한다.
④ 구조변경 검사는 주요 구조를 변경 또는 개조한 날부터 20일 이내에 신청하여야 한다.

69 제작자로부터 건설기계를 구입한 자가 무상으로 사후관리를 받을 수 있는 법정 기간은?

① 3월
② 6월
③ 18월
④ 12월

70 건설기계관리법상 건설기계 조종사의 면허를 발급 받을 수 있는 자는?

① 파산자로서 복권되지 아니한 자
② 사지의 활동이 정상적이 아닌 자
③ 마약 또는 알코올 중독자
④ 심신장애자

71 건설기계 조종사 면허에 관한 사항 중 틀린 것은?

① 시장·군수 또는 구청장에게 건설기계조종사 면허를 받아야 한다.
② 건설기계조종사면허를 받고자 하는 건설기계의 종류별로 받아야 한다.
③ 5톤 미만의 불도저는 교육과정을 이수함으로써 기술자격의 취득을 대신할 수 있다.
④ 특수건설기계 조종은 국토교통부 장관이 지정하는 건설기계로 운전면허에 따른 운전면허를 받아서 조종할 수 있다.

72 건설기계를 운전해서는 안 되는 사람은?

① 국제운전면허증을 가진 사람
② 범칙금 납부 통고처분 받은 사람
③ 면허시험에 합격하고 면허증 전재 중에 있는 사람
④ 운전면허 효력정지 처분을 받고 있는 사람

73 건설기계조종사면허를 받은 자가 다음에 해당하는 때에는 그 사유가 발생한 날로부터 10일 이내에 주소지를 관할하는 시장·군수 또는 구청장에게 그 면허증을 반납하여야 한다.

① 면허가 취소된 때
② 면허의 효력이 정지된 때
③ 주소지가 변경된 때
④ 면허증의 재교부를 받은 후 잃어버린 면허증을 발견한 때

74 건설기계 조종사 면허가 취소되었을 경우, 그 사유가 발생한 날부터 며칠 이내에 면허증을 반납해야 하는가?

① 10일 이내
② 30일 이내
③ 14일 이내
④ 7일 이내

75 건설기계 조종사 면허의 적성검사 기준으로 틀린 것은?

① 두 눈의 시력이 각각 0.3 이상
② 시각은 150도 이상
③ 청력은 10m의 거리에서 60데시벨의 소리를 들을 수 있을 것
④ 두 눈을 동시에 뜨고 잰 시력(교정시력 포함)이 0.7 이상이고 두 눈의 시력이 각각 0.3 이상일 것

정답
66 ③ 67 ③ 68 ② 69 ④ 70 ①
71 ④ 72 ③ 73 ① 74 ③ 75 ③

건설기계조종사면허의 결격사유
- 18세 미만인 사람
- 건설기계 조종상의 위험과 장해를 일으킬 수 있는 정신질환자 또는 뇌전증환자
- 앞을 보지 못하거나, 듣지 못하는 사람, 그 밖에 국토교통부령으로 정하는 장애인
- 건설기계 조종상의 위험과 장해를 일으킬 수 있는 마약·대마·향정신성의약품 또는 알코올중독자
- 건설기계조종사면허가 취소된 날부터 1년이 지나지 아니하였거나 건설기계조종사면허의 효력정지처분 기간 중에 있는 사람

76 건설기계관리법상 등록되지 아니한 건설기계를 사용하거나 운행한 자에 대한 벌칙은?

① 300만원 이하의 과태료
② 100만원 이하의 벌금
③ 1년 이하의 징역 또는 1천만원 이하의 벌금
④ 2년 이하의 징역 또는 2천만원 이하의 벌금

2년 이하의 징역 또는 2천만원 이하의 벌금
- 등록되지 아니한 건설기계를 사용하거나 운행한 자
- 등록이 말소된 건설기계를 사용하거나 운행한 자
- 시·도지사의 지정을 받지 아니하고 등록번호표를 제작하거나 등록번호표를 새긴 자
- 건설기계의 주요 구조나 원동기, 동력전달장치, 제동장치 등 주요 장치를 변경 또는 개조한 자
- 무단 해체된 건설기계를 사용·운행하거나 타인에게 유상·무상으로 양도한 자
- 제작결함에 따른 시정명령을 이행하지 아니한 자
- 등록을 하지 아니하고 건설기계사업을 하거나 거짓으로 등록을 한 자
- 등록이 취소되거나 사업의 전부 또는 일부가 정지된 건설기계사업자로서 계속하여 건설기계사업을 한 자

77 건설기계 운전자가 조종 중 고의로 중상 2명, 경상 5명의 사고를 일으킬 때 면허 처분 기준은?

① 취소
② 면허효력 정지 30일
③ 면허효력 정지 20일
④ 면허효력 정지 10일

건설기계조종사면허의 취소 사유
- 거짓이나 그 밖의 부정한 방법으로 건설기계조종사면허를 받은 경우
- 건설기계조종사면허의 효력정지기간 중 건설기계를 조종한 경우
- 건설기계조종사면허 취득의 결격사유에 해당하게 된 경우
- 건설기계 조종 중 고의로 인명피해(사망·중상·경상 등을 말한다)를 입힌 경우
- 건설기계 조종 중 고의 또는 과실로 산업안전보건법에 따른 중대재해가 발생한 경우
  - 사망자가 1명 이상 발생한 재해
  - 3개월 이상의 요양이 필요한 부상자가 동시에 2명 이상 발생한 재해
  - 부상자 또는 직업성질병자가 동시에 10명 이상 발생한 재해

78 건설기계 조종사의 면허 취소 사유 설명으로 맞는 것은?(단, 산업안전보건법에 따른 중대재해가 아닌 경우이다)

① 과실로 인하여 1명을 사망하게 하였을 때
② 면허 정지 처분을 받은 자가 그 기간 중에 건설기계를 조종한 때
③ 과실로 인하여 10명에게 경상을 입힌 때
④ 건설기계로 1천만원 이상의 재산 피해를 냈을 때

79 건설기계 운전 중 과실로 사망 1명의 인명피해를 입힌 운전자에 대한 면허 취소 기준은?

① 면허효력 정지 45일
② 면허효력 정지 30일
③ 면허효력 정지 15일
④ 면허효력 정지 5일

과실로 인한 인명피해에 따른 면허효력 정지기간
- 인명피해에 따른 면허효력 정지기간
  - 사망 1명마다: 면허효력 정지 45일
  - 중상 1명마다: 면허효력 정지 15일
  - 경상 1명마다: 면허효력 정지 5일
- 과실로 인한 인명피해의 경우 경상 1명마다 면허효력 정지 5일에 해당된다.

80 건설기계관리법상 폐기요청을 받은 건설기계를 폐기하지 아니하거나 등록번호표를 폐기하지 아니한 자에 대한 벌칙은?

① 2년 이하의 징역 또는 2천만원 이하의 벌금
② 1년 이하의 징역 또는 1천만원 이하의 벌금
③ 500만원 이하의 벌금
④ 100만원 이하의 과태료

1년 이하의 징역 또는 1천만원 이하의 벌금
- 거짓이나 그 밖의 부정한 방법으로 등록을 한 자
- 등록번호표를 부착 또는 봉인하지 아니하거나 등록번호를 새기지 아니한 자
- 등록번호를 지워 없애거나 그 식별을 곤란하게 한 자
- 구조변경검사 또는 수시검사를 받지 아니한 자
- 정비명령을 이행하지 아니한 자
- 형식승인을 받지 않고 건설기계를 조종한 자
- 사후관리에 관한 명령을 이행하지 아니한 자
- 내구연한을 초과한 건설기계 또는 건설기계 장치 및 부품을 사용한 자
- 매매용 건설기계를 운행하거나 사용한 자
- 폐기인수 사실을 증명하는 서류의 발급을 거부하거나 거짓으로 발급한 자
- 폐기요청을 받은 건설기계를 폐기하지 아니하거나 등록번호표를 폐기하지 아니한 자
- 건설기계조종사면허를 받지 아니하고 건설기계를 조종한 자
- 건설기계조종사면허를 거짓이나 그 밖의 부정한 방법으로 받은 자
- 소형 건설기계의 조종에 관한 교육과정의 이수에 관한 증빙서류를 거짓으로 발급한 자
- 술에 취하거나 마약 등 약물을 투여한 상태에서 건설기계를 조종한 자와 그러한 자가 건설기계를 조종하는 것을 알고도 말리지 아니하거나 건설기계를 조종하도록 한 자
- 건설기계를 도로나 타인의 토지에 버려둔 자

81 건설기계관리법상 등록번호표를 부착하지 아니하거나 봉인하지 아니한 건설기계를 운행한 자에 대한 벌칙은?

① 1년 이하의 징역 또는 1천만원 이하의 벌금
② 300만원 이하의 과태료
③ 100만원 이하의 과태료
④ 50만원 이하의 과태료

82 건설기계관리법상 100만원 이하의 과태료에 해당하는 벌칙 사항은?

① 건설기계의 정기검사를 받지 아니한 자
② 건설기계조종사의 정기적성검사 또는 수시적성검사를 받지 아니한 자
③ 안전교육 등을 받지 아니하고 건설기계를 조종한 자
④ 건설기계를 주택가 주변의 도로·공터 등에 세워둔 자

- 보기 ①항: 300만원 이하의 과태료
- 보기 ②항: 300만원 이하의 과태료
- 보기 ③항: 100만원 이하의 과태료
- 보기 ④항: 50만원 이하의 과태료

CHAPTER 07 응급대처

Lesson 01 고장 시 응급조치

1 고장 시 음급조치

1) 고장자동차의 표시

① 자동차의 운전자는 고장이나 그 밖의 사유로 고속도로 또는 자동차전용도로에서 자동차를 운행할 수 없게 되었을 때에는 다음 각 호의 표지를 설치하여야 한다.
  ㉮ 주간 : 안전삼각대
  ㉯ 야간 : 사방 500m 지점에서 식별할 수 있는 적색의 섬광신호·전기제등 또는 불꽃신호
② 자동차의 운전자는 ①항에 따른 표지를 설치하는 경우 그 자동차의 후방에서 접근하는 자동차의 운전자가 확인할 수 있는 위치에 설치하여야 한다.

2) 기타 2차 사고 예방을 위한 물품

① 소화기 및 비상용 망치, 손전등
  ㉮ 차량 화재, 혹은 차량 내부에 갇히게 될 경우에 대비해 소화기와 비상용 망치도 반드시 준비해야 한다. 특히 소화기의 경우, 휴게소나 건물에 설치된 소화기도 사용할 수 있으므로 운전자가 안전을 위해 항상 실내에 구비하는 것이 좋다.
  ㉯ 차량고장 시 하부나 엔진 점검 등 주간에도 도움이 필요한 곳에는 아간에는 주간보다 빛이 많이 필요하므로 음급 상황에 대처하는 데도 도움이 된다.

② 사고 표시용 스프레이
  ㉮ 교통사고 발생 시 현장 상황을 보존하는 것은 매우 중요하다. 차량에 사고 표시용 스프레이를 미리 준비해 두면 사고 상황을 나타낼 수 있다.
  ㉯ 휴대폰이나 카메라 만 이용해 증거를 남길 수 있다.
  ㉰ 스프레이는 가까이 있을수록 사고 상황을 촬영해 두는 데 도움이 된다.

2 고장내용 점검

1) 브레이크 페달 유격 과대에 따른 제동력 불량

① 브레이크 오일에 공기가 들어 있을 경우의 원인은 브레이크 오일 부족, 오일 파이프 파열, 마스터 실린더 내의 체결 밸브 불량으로 조치방법은 공기빼기를 실시한다.
② 브레이크 라이닝 공기빼기 실시한다.
③ 브레이크 라이닝이 마멸된 경우 정비 공장에 의뢰하여 수리, 교환한다.
③ 브레이크 파이프에서 오일이 누유될 경우 정비 공장에 의뢰하여 교환한다.

④ 마스트 실린더 및 휠 실린더 불량의 경우 정비 공장에 의뢰하여 수리, 교환한다.
⑤ 베이퍼 현상이 발생 시에는 엔진 브레이크를 사용한다.
⑥ 페이드 현상 시에는 엔진 브레이크를 병용한다.

■ 베이퍼 록(vapor lock)의 원인
  • 브레이크 드럼의 과열
  • 흘로 내리 연속 저하
  • 브레이크 오일의 비등점이 낮을 경우

2) 기타 상황별 점검 조치사항

① 타이어 펑크 시 : 안전하게 주차하고 후면 안전거리에 고장표시판을 설치한 후 정비사에게 지원을 요청한다.
② 주행장치(동력전달장치, 조향장치 등) 고장 시 : 안전거리에 고장하고 견인 조치한다.
③ 마스트 유압장치의 고장 시 : 안전주차하고 후면 안전거리에 고장표시판을 설치 설치한 후 포크를 마스트에 고정하여 응급 운행한다.

3 고장유형별 응급조치

1) 고장유형별 원인 및 조치

유형	원인	조치방법
브레이크액 부족		수리, 보충
브레이크 연결 호스의 및 라인 파손		수리, 교환
디스크 패드 마손		수리, 교환
드럼 내외 편차 차이		수리, 교환
베이퍼 록		수리
페이드 현상		수리
타이어 펑크	타이어 공기압 140kPa 이하로 맞춤	교환
타이어 노화		교환
타이어 펑크	안구동력 불량	수리, 교환
변속기 불량		수리, 교환
동력전달 장치 불량		수리, 교환
역순장치 불량		수리, 교환
초등감속장치 불량		수리, 교환
조향장치 불량	전·후진 주행장치 고장	수리, 교환
조향장치 불량		수리, 교환

Lesson 02 교통사고 시 대처

1 재해 사례 및 대책

1) 지게차 전방 시야 미확보로 통행 작업자와 부딪힘

사례	재해발생 원인	재해예방 대책
이동 중인 지게차 후방에서 운반물에 가려 전방 시야 확보한 상태로 이동 중이던 지게차에 운행 중이던 지게차에 부딪혀 사망	• 지게차 전방시야 미확보 • 지게차 접촉 방지조치 실시 • 작업계획서 작성 미흡 • 운행경로 산정여 • 작업지휘자 미지정	• 지게차의 전방시야 확보 • 지게차 접촉 방지조치 실시 • 작업계획서에 따른 작업 • 운행계획 수립 • 작업지휘자 배치

2) 경사진 장소에서 지게차가 넘어짐

사례	재해발생 원인	재해예방 대책
화물을 적재한 지게차에 고 운반하던 중 지게차의 오른쪽 앞바퀴가 옆에 있는 활동가로 빠지면서 지게차가 넘어져 운전자 머리기둥이 바닥에 깔려 사망	• 화물 적재시 편하중 • 무자격자의 의한 지게차 운행 • 좌석 안전띠 미착용 • 넘어짐 등의 위험 방지조치 미이행 • 사전조사 및 작업계획서 실시(운행경로 등)	• 화물 적재시 편하중 금지 • 유자격자에 의한 지게차 운행 • 좌석 안전띠 착용 • 넘어짐 등의 위험 방지조치 • 사전조사 및 작업계획서 실시(운행경로 및 작업방법 포함)

3) 지게차 운행 중 적재물 떨어짐

사례	재해발생 원인	재해예방 대책
건물 신축공사 현장에서 자재를 지게차 포크에 싣고 운반하던 중 도로상에 적재된 자재를 피해 지역으로 운행하던 중 운전석 조종 미작성 중 지게차 등 건설기계의 탑승의 다른 이래로 쓴 지재석 지게차를 무조히여 근로자가 결림	• 작업계획서 미작성 • 운전석이 아닌 위치에 탑승 • 운전자가 탑승하여 작업 • 지게차 등 미작성 • 조종석이 지격 및 면허 확인	• 작업계획서 작성 • 운전석 이외 탑승 금지 • 떨어짐 위험 방지물을 위한 조치 미실시 • 조종석이 자격 및 면허 확인

4) 지게차 포크를 이용한 고소작업 중 떨어짐

사례	재해발생 원인	재해예방 대책
사업장 내에서 지게차 포크에 쌓인 크로 까만 팔레트에 올라가 배전 연결작업을 하던 중 양쪽으로 약 3m 높이에서 떨어져 사망	• 지게차의 용도 외 사용 • 운전석이 아닌 위치에 근로자 탑승하여 작업 • 떨어짐 위험 방지조치 미실시	• 지게차의 용도 외 사용 금지 • 운전석 외의 탑승 제한 • 떨어짐 위험 방지를 위한 조치 이행

5) 지게차 포크(팔레트) 위에 탑승해 이동 중 떨어짐

사례	재해발생 원인	재해예방 대책
지게차 포크의 팔레트를 얹어 그 위에 드럼통 쌓아 이동작업을 마친 후 다시 팔레트 위에 올라가 이동 중 지게차 작업자를 운전하다 지게차에서 떨어지면서 지게차 팔레트에 얼굴부에 치여 사망	• 운전석이 아닌 포크팔레트 위에 근로자 탑승 • 사전조사 및 작업계획서 미작성 • 조종면허 미확인	• 운전위 외의 장소 탑승 제한 • 사전조사 및 작업계획서 작성(운행경로 및 작업방법) • 조종면허 소지자의 지게차 운전

6) 미스트와 지게차 프레임 사이에 끼임

사례	재해발생 원인	재해예방 대책
사업장 내에서 지게차 운전자가 운전 대신 화물의 제품 쪽을 확인 중 발을 마스트 틀에 올림 레버를 당겨 건드 려 마스트가 프레임으로 작동되어 재해자가 마스트와 프레임 사이에 끼임	• 운전 위치 이탈 시의 조치미이행(시동정지, 주차 브레이크 작동, 포크를 지면에 밀착) • 작업 위치 이탈 시의 안전수칙 작성 미이행 • 작업계획서 작성 미흡 • 작업계획에 따른 작업 실시 • 조종면허 소지자의 지게차 운전

CC

Lesson 02 교통사고 시 대처

2) 지게차 음주 견인 기술

① 견인은 단거리 이동을 위한 비상 응급 견인이며 장거리의 이동 시는 항상 수송트럭으로 운반하여야 한다.
② 견인되는 지게차에는 운전자가 핸들과 제동장치를 조작할 수 있는 탑승자를 허용해서는 안 된다.
③ 선인하는 지게차는 고장 난 지게차보다 커야 한다.
④ 고장 난 지게차도 이와같은 이동할 때는 조향과 제동을 연기 위해 더 큰 견인 하기는거나 모든 조작과 지게차를 적재 위에 연결할 필요가 있을 때도 있다. 그렇게 하여 예기치 못한 급급은 방지한다.

3) 마스트 유압라인 고장 시 응급운행 요령

① 안전주차 후 후면의 고장표시판 설치 후 포크를 마스트에 고정한다.
② 주차 브레이크를 푼다.
③ 상용브레이크 페달을 놓는다.
④ 키 스위치는 오프(OFF)로 한다.
⑤ 방향조정 레버를 중립에 위치한다.
⑥ 지게차에 견인봉을 연결한다.
⑦ 바퀴 굄목을 들어내고 견인을 서서히 견인한다.
⑧ 속도는 2km/h 이하로 유지한다.

2) 지게차 음급 견인

	유압라인 고장	수리, 교환
	리프트 실린더 볼링	수리, 교환
	유압호스 볼링	수리, 교환
	미스트론 실린더 마손	수리, 교환
	틸트 실린더 볼링	수리, 교환
	방향전환 밸브 볼링	수리, 교환
	유압펌프 볼링	수리, 교환
	압력조정 밸브 볼링	수리, 교환
	유압탱크 볼링	수리, 교환

2 교통사고 응급조치 및 긴급구호

1) 교통사고 및 고장 발생 시의 조치

① 2차 사고의 방지

㉮ 2차 사고라는 선행사고나 고장으로 정차한 차량 모두 사람을 후방에서 접근하는 차량이 재차 충돌하는 사고를 말한다. 특히, 고속으로 주행하는 고속도로에서 2차 사고 발생 시 사망사고로 이어질 가능성이 매우 높다.

㉯ 2차 예방을 위한 안전행동 요령
㉠ 신속히 비상등을 켜고 다른 차의 소통에 방해가 되지 않도록 갓길로 차량을 이동시킨다.
㉡ 후방에서 접근하는 운전자가 쉽게 확인할 수 있도록 고장자동차의 표지(안전삼각대)를 설치한다. (Lesson 01, 고장 시 응급조치) 1. 고장표시만 설치 참조)
㉢ 운전자와 탑승자 모두 주변에 있는 것은 매우 위험하므로 가드레일 밖 등 안전한 장소로 이동시킨다.
㉣ 경찰관서, 소방관서 또는 한국도로공사 콜센터로 연락하여 도움을 요청한다.

② 부상자의 구호

㉮ 사고 현장에 의사, 구급차 등이 도착할 때까지 부상자에게는 가제 나 깨끗한 손수건으로 지혈하는 등 가능한 응급조치를 하여야 한다.
㉯ 부상자를 함부로 움직여서는 안 되며, 특히 머리 부분에 상처를 입었을 때에는 움직이지 말아야 한다. 다만, 2차 사고의 우려가 있을 때에는 부상자를 안전한 장소로 이동시킨다.

③ 경찰공무원 등에게 신고

㉮ 경찰공무원이 현장에 있을 때에는 그 경찰공무원에게, 경찰공무원이 없을 때에는 가장 가까운 경찰관서에 지체없이 다음의 사항을 신고해야 한다.
㉠ 사고가 일어난 곳
㉡ 사상자 수 및 부상 정도
㉢ 손괴한 물건 및 손괴 정도
㉣ 그 밖의 조치상황 등
㉯ 사고발생 신고 후 사고 차량의 운전자는 경찰공무원이 말하는 부상자 구호와 교통안전상 필요한 사항을 지켜야 한다.

도로교통법상의 사고 기준
- 사망 : 사고발생 시부터 72시간 이내에 사망한 때
- 중상 : 3주 이상의 치료를 요하는 부상
- 경상 : 3주 미만 5일 이상의 치료를 요하는 부상
- 부상 : 5일 미만의 치료를 요하는 부상

지게차 위험 포인트
- 부딪힘 : 운전자 시야 불량, 운전 미숙, 과속에 의한 부딪힘 위험
- 끼임 : 정비 등을 실시하여 전도되는 지게차에 끼임 위험
- 맞음 : 화물 과다적재, 편하중, 지면요철 등에 의해 떨어진 화물에 맞음 위험
- 떨어짐 : 포크를 상승시킨 상태에서 고소작업 중 떨어짐 위험

2) 전복 시 생존 방법

① 항상 운전자 안전장치를 사용한다.
② 뛰어내리지 않는다.
③ 핸들을 꽉 잡는다.
④ 발을 힘껏 버틴다.
⑤ 신체를 전복되는 반대방향으로 기울인다.
⑥ 머리와 몸을 앞쪽으로 기울인다.

3) 화재 시 대처방법

① 화재의 정의 및 분류

㉮ 화재의 정의 : 화재는 어떤 물질이 산소와 결합하여 연소하면서 열을 방출시키는 산화반응으로, 가연성 물질, 산소, 점화원이 반드시 필요하다.
㉯ 화재의 분류
㉠ A급 화재 : 일반화재(고체연료의 화재), 연소 후 재를 남긴다.
㉡ B급 화재 : 휘발유, 벤젠 등의 유류(기름)화재
㉢ C급 화재 : 전기화재
㉣ D급 화재 : 금속화재
㉤ K급 화재 : 주방화재

② 소화기의 종류

㉮ 이산화탄소 소화기 : 유류화재, 전기화재 모두 적용 가능하나, 질식자가 우려에 의해 화염을 진화하기 때문에 실내에는 사용에는 주의를 기울여야 한다.
㉯ 분말 소화기 : 목재, 섬유, 유류, 등 일반화재에 적용 시 적응, 가연물과 순간 유류나 화학 약품의 화재에도 적당하나, 전기화재에 부적당하다.
㉰ 포말 소화기 : 미세한 분말 소화제를 화염에 방사시켜 진화시킨다.
㉱ 물 분무 소화설비 : 연소물의 온도를 인화점 이하로 냉각시키는 효과가 있다.

③ 소화기 사용방법

㉮ 포말소화기 사용법
㉠ 노즐의 끝을 손으로 막고 통을 앞으로 눕힌다.
㉡ 막힌 손잡이를 잡고 소화 약액이 혼합되도록 흔든다.
㉢ 노즐을 화재에 향하고 손을 뗀다.
㉯ 분말소화기 사용법
㉠ 안전핀을 뽑는다.
㉡ 호스를 불꽃에 향하게 한다.
㉢ 레버를 힘껏 누른다.
㉣ 화점 부위에 접근하여 방사한다.

출제 예상문제

CHAPTER 07 | 응급대처

01 교통사고로 인하여 사람을 사상하거나 물건을 손괴하는 사고가 발생했을 때 우선 조치사항으로 가장 적절한 것은?
① 사고 차량을 견인 후 숨무원을 구조하는 등 필요한 조치를 취해야 한다.
② 사고 차량을 운전한 운전자는 물적 피해 정도를 파악하여 즉시 사고 차량의 견인 조치를 한다.
③ 그 차량의 운전자는 즉시 사고 차량을 갓길로 이동시킨 후 경찰서에 도난 필요한 조치를 취해야 한다.
④ 그 차량의 운전자나 그 밖의 승무원은 즉시 정차하여 사상자를 구호하는 등 필요한 조치를 취해야 한다.

가장 우선적인 조치는 사상자의 구호이다.

02 교통사고 시 사상자가 발생하였을 때 운전자가 즉시 취하여야 할 조치사항 중 가장 옳은 것은?
① 사고 차량을 견인한 후 숨무원을 구조한다.
② 사고 차량의 운전자는 신고 후 피해방지 조치를 취한다.
③ 사고 차량의 운전자는 즉시 경찰서로 이동하여 사고의 관련된 현황을 신고한다.
④ 즉시 정차하여 사상자 구호 등 필요한 조치를 한 후 경찰공무원에게 사고 내용을 신고한다.

즉시정차 → 사상자 구호 → 신고 순으로 조치 후 긴급구조 요청을 한다.

03 법에 고속도로에서 차량이 고장으로 운행할 수 없게 되었을 때 식별할 수 있는 불꽃신호 등을 설치하여야 하는가?
① 사방 200m 지점 ② 사방 300m 지점
③ 사방 400m 지점 ④ 사방 500m 지점

야간에는 사방 500m 지점에서 식별할 수 있는 적색의 섬광신호·전기제등 또는 불꽃신호 등을 추가로 설치한다.

04 도로에서 교통사고가 발생한 경우, 2차 사고를 예방하기 위한 조치요령으로 가장 옳바른 것은?
① 차에서 내린 후 차량 뒤에서 손을 흔들어 다른 차량 운전자의 주의를 환기시킨다.
② 차에서 내린 후 차량 앞에서 손을 흔들어 다른 차량 운전자의 주의를 환기시킨다.
③ 신속하게 고장표지 차량 후방에 설치하고, 안전한 장소로 피한 후 경찰서에 신고한다.
④ 비상점멸등을 작동하고 자동차를 신고한다.

고장난 차량 내에 있는 것은 2차 사고의 우려가 있으므로 고장차량 표지를 후방에 설치하고 안전한 장소로 피해 경찰서 등에 신고한다.

05 다음 중 교통사고 발생 시 경찰관서에 지체 없이 신고해야 할 사항으로 가장 적절한 것은?
① 사고 차량 안에 있는 모든 물건 및 손괴 정도
② 사고가 발생한 곳의 교통량 및 주변 약도
③ 사상자 수 및 부상 정도
④ 사상자의 직업과 가족관계

교통사고발생 시 지체 없이 경찰관서에 신고해야 할 사항은 사고가 일어난 곳, 사상자 수 및 부상 정도, 손괴한 물건 및 손괴정도, 그 밖의 조치사항 등이다.

---

06 도로교통법상 중상 사고의 기준은?
① 1주 이상의 치료를 요하는 부상
② 3주 이상의 치료를 요하는 부상
③ 5주 이상의 치료를 요하는 부상
④ 6주 이상의 치료를 요하는 부상

도로교통법상 사고 기준
• 사망 : 사고발생 시부터 72시간 이내에 사망한 때
• 중상 : 3주 이상의 치료를 요하는 부상
• 경상 : 3주 미만 5일 이상의 치료를 요하는 부상
• 부상 : 5일 미만의 치료를 요하는 부상

07 도로교통법상 교통사고에 해당되지 않는 것은?
① 도로 운전 중 인도결에서 주차하여 부상한 사고
② 자동차에서 적재된 화물이 떨어져 사람이 부상한 사고
③ 주행 중 브레이크 고장으로 도로변에 주차한 차량을 충돌하여 부상한 사고
④ 도로 주행 중 적재한 화물이 추락하여 부상이 부상한 사고

도로교통법상 교통사고는 차의 교통으로 인하여 사람이 사망 또는 부상하거나 물건이 손괴되는 것을 말하는 것으로 주행하는 것과는 상관없이 해당된다.

08 교통사고가 발생되었을 때 운전자가 가장 먼저 취해야 할 조치로 적절한 것은?
① 즉시 운전을 멈추고 차에서 하차한다.
② 모범 운전자에게 신고한다.
③ 즉시 피해자 가족에게 알린다.
④ 즉시 사상자를 구호하고 경찰에 연락한다.

사상자 구조는 사고 시 최우선 조치 사항이다.

09 브레이크 오일이 유입되었을 경우의 원인으로 가장 거리가 먼 것은?
① 브레이크 회로내에 신고한다.
② 오일 파이프가 파열되어 있다.
③ 브레이크를 자주 밟았다.
④ 마스트 실린더 내에 체결 밸브가 약하다.

브레이크 오일에 공기가 들어 있을 경우의 원인은 브레이크 오일 파이프 파열, 오일 파이프 파열, 마스트 실린더 내에 체결 밸브 불량으로 공기빼기를 실시한다.

10 브레이크 오일에 공기가 들었을 때 브레이크 작용이 불가능하게 되는 현상은?
① 페이드 현상 ② 베이퍼 록 현상
③ 사이클링 현상 ④ 브레이크 록 현상

11 운행 중 브레이크 페이드 현상이 발생했을 때 조치 방법은?
① 브레이크를 자주 밟아 열을 발생시킨다.
② 운행속도를 조금 올려준다.
③ 운행을 멈추고 열이 식도록 한다.
④ 주차 브레이크를 대신 사용한다.

페이드 현상이란 브레이크를 연속하여 자주 사용하면 과열되어 나타나는 현상으로 되지 않는 현상을 말한다. 엔진 브레이크를 병용하도록 운행 맞추는 현상속도를 낮추거나, 운행을 멈추고 브레이크를 방열한다.

정답
01 ④ 02 ① 03 ④ 04 ③ 05 ③
06 ② 07 ② 08 ④ 09 ② 10 ② 11 ③

12. 브레이크 파이프 내에 베이퍼록이 발생하는 원인과 가장 거리가 먼 것은?
① 드럼의 과열
② 지나친 브레이크 조작
③ 잔압의 저하
④ 라이닝과 드럼의 간극 과대

베이퍼록이 생기는 원인
- 지나친 브레이크 과열
- 지나친 브레이크 조작
- 드럼 내외 잔압 저하
- 브레이크 오일의 변질

13. 지게차 브레이크 성능이 불량한 원인으로 가장 거리가 먼 것은?
① 브레이크액 부족
② 최종감속장치 불량
③ 디스크 패드 마모
④ 휠 실린더 누유

브레이크 성능이 불량한 원인으로는 브레이크액 부족, 브레이크의 연결 호스 및 라인 파손, 디스크 패드 마모, 휠 실린더 누유, 베이퍼록 및 페이드 현상 등이 해당된다.

14. 목재, 종이, 섬유 등 일반 가연물의 화재는 어떤 화재로 분류하는가?
① A급 화재
② B급 화재
③ C급 화재
④ D급 화재

A급 화재는 일반 가연물의 화재로 연소 후 재를 남긴다.

15. 지게차 작업과 관련한 일반적인 위험 요소로 보기 힘든 것은?
① 부딪힘
② 걸림
③ 맞음
④ 넘어짐

지게차 위험 포인트
- 부딪힘: 운전자 시야불량, 과속에 의한 부딪힘 위험
- 걸림: 경사면 등에서 급선회하여 전도되는 지게차에 걸림 위험
- 맞음: 취급 과다적재, 편하중, 지면경사 등에 의해 떨어진 화물에 맞을 위험
- 떨어짐: 포크를 상승시킨 상태에서 고소작업 중 올라간 탑승자의 떨어짐 위험

16. 지게차 전복 시 취해야 할 행동 요령으로 가장 적절하지 않은 것은?
① 항상 운전자 안전장치를 사용한다.
② 핸들을 꽉 잡고 발을 힘껏 벌려 지탱한다.
③ 머리와 몸을 뒤쪽으로 젖힌다.
④ 신체를 전복되는 반대 방향으로 기울인다.

전복 시 생존 방법
- 항상 운전자 안전장치를 사용한다.
- 뛰어내리지 않는다.
- 핸들을 꽉 잡는다.
- 발을 힘껏 벌린다.
- 상체를 전복되는 반대 방향으로 기울인다.
- 머리와 몸을 앞쪽으로 기울인다.

17. 화재의 분류에서 전기화재에 해당되는 것은?
① A급 화재
② B급 화재
③ C급 화재
④ D급 화재

화재의 분류
- A급 화재: 일반 가연물 화재
- B급 화재: 유류 화재
- C급 화재: 전기기계 및 기구 화재
- D급 화재: 금속화재
- K급 화재: 주방화재

18. 화재의 분류 기준에서 휘발유(액상 또는 기체상의 연소성 화재)로 인해 발생한 화재는?
① A급 화재
② B급 화재
③ C급 화재
④ D급 화재

화재의 분류
- A급 화재: 일반 가연물 화재
- B급 화재: 유류 화재
- C급 화재: 전기기계 및 기구 화재
- D급 화재: 금속화재
- K급 화재: 주방화재

19. 작업 중 화재 발생의 점화 원인이 될 수 있는 것과 가장 거리가 먼 것은?
① 과부하로 인한 전기장치의 과열
② 부주의로 인한 담뱃불
③ 전기배선의 합선
④ 연료유의 자연발화

20. 지게차 고장 시 응급 견인에 대한 설명으로 적절치 않은 것은?
① 견인은 장거리 이동 시에도 효과적이다.
② 견인되는 지게차에는 운전자가 탑승해서는 안 된다.
③ 견인하는 지게차는 고장 난 지게차보다 커야 한다.
④ 견인되는 지게차에는 고장 난 지게차와 함께 운전자를 조작할 수 있다.

견인은 단거리 이동을 위한 비상 응급 견인이며 장거리 이동 시는 항상 수송트럭으로 운반하여야 한다.

21. 소화하기 힘든 정도로 화재가 진행된 현장에서 제일 먼저 취하여야 할 조치는?
① 소화기 사용
② 화재 신고
③ 인명 구조
④ 경찰서 신고

22. 유류 화재시 소화방법으로 가장 부적절한 것은?
① B급 화재 소화기를 사용한다.
② 다량의 물을 부어 끈다.
③ 모래를 뿌린다.
④ ABC소화기를 사용한다.

진화가 힘든 경우 가장 초우선적으로 이루어져야 할 인명 피해를 최소화하는 것이다.

23. 연소의 3요소에 해당되지 않는 것은?
① 점소
② 산소
③ 점화원
④ 가연물

유류 화재시 물을 뿌리면 더 위험해진다.

화재는 어떤 물질이 산소와 결합하여 연소하면서 열을 방출시키는 산화반응으로, 화재가 발생하는 위해서는 가연성 물질, 산소, 점화원이 반드시 필요하다.

정답
12 ④ 13 ② 14 ① 15 ④ 16 ③ 17 ③
18 ② 19 ④ 20 ① 21 ③ 22 ② 23 ①

24 목재, 섬유 등 일반화재에도 사용되며, 가솔린과 같은 유류나 화재는 화학 약품의 화재에도 적합하나, 전기 화재는 부적당한 특징이 있는 소화기는?

① ABC소화기 ② 모래
③ 포말소화기 ④ 분말소화기

💡 포말소화기는 목재, 섬유, 종이 등 일반화재에도 사용되며, 가솔린과 같은 유류나 화재는 화학 약품의 화재에도 적당하나 전기화재에는 부적당하다.

25 다음은 화재 분류에 대한 설명이다. 기호와 설명이 잘 연결된 것은?

① B급 화재-전기화재
② C급 화재-유류화재
③ D급 화재-금속화재
④ K급 화재-일반화재

💡 화재의 분류
· A급 화재 : 일반 가연물 화재
· B급 화재 : 유류 화재
· C급 화재 : 전기기계 및 기구 화재
· D급 화재 : 금속화재
· K급 화재 : 주방화재

26 소화 작업시 적합하지 않은 것은?

① 산소의 공급을 차단한다.
② 가연물질의 온도를 인화점 이하로 낮춘다.
③ 가열물질의 공급을 차단시킨다.
④ 카바이드 및 유류에는 물을 뿌린다.

💡 연소의 3요소는 가연물, 산소공급원, 점화원으로 이 3가지 중 어느 하나라도 충족되지 않으면 일어나지 않는다.

27 소화작업에 대한 설명으로 틀린 것은?

① 화재가 일어나면 화재 경보를 한다.
② 배선의 부근에 물을 뿌릴 때는 전기가 통하는지 여부를 확인 후에 한다.
③ 가스 밸브를 잠그고 소화기를 사용한다.
④ 카바이드 처리에는 물을 뿌린다.

💡 유류는 대체로 물보다 가벼워 물 위에 소화하는 것이 어렵지 않다. 또한, 카바이드, 생석회, 금속나트륨 등 물과 맞닿을 때 반응하여 위험물 등의 물은 사용하면 안 된다.

28 가동하고 있는 엔진에서 화재가 발생하였다. 불을 끄기 위한 조치 방법으로 옳은 것은?

① 원인 분석을 하고, 모래를 뿌린다.
② 포말 소화기를 사용 후, 엔진 시동스위치를 끈다.
③ 엔진 시동스위치를 끄고, ABC 소화기를 사용한다.
④ 엔진을 급가속하여 팬의 강한 바람을 일으켜 분다.

💡 엔진에서 화재가 발생했을 먼저 점화스위치를 끈 다음 ABC 소화기를 사용한다.

29 전기 화재시 가장 좋은 소화기는?

① 포말 소화기 ② 이산화탄소 소화기
③ 중조산식 소화기 ④ 산 알칼리 소화기

💡 포말 소화기는 유류화재에 적합하지만, 이산화탄소 소화기는 유류나 전기화재 모두에 사용되는 소화기이다.

30 다음 중 금속나트륨이나 금속칼륨 화재의 소화제로서 가장 적합한 것은?

① 물 ② 건조사
③ 분말 소화기 ④ 할론 소화기

💡 금속화재 소화제로는 마른 모래, 흑연, 장석분, 화선토, 포소화기 등이 있으며 주수(냉각)소화는 금지된다.

31 B급 화재에 대한 설명으로 옳은 것은?

① 목재, 섬유류 등의 화재로서 일반적으로 냉각소화를 한다.
② 유류 등의 화재로서 일반적으로 질식효과(공기차단)로 소화한다.
③ 전기기기의 화재로서 일반적으로 전기 절연성을 갖는 소화제로 소화한다.
④ 금속나트륨 등의 화재로서 일반적으로 건조사를 이용한 질식효과로 소화한다.

💡 B급 화재는 휘발유, 벤젠 등의 유류(기름) 화재이다.

32 화재 발생 시 초기 진화를 위해 소화기를 사용하고자 할 때, 다음 보기에서 소화기 사용방법에 따른 순서로 맞는 것은?

a. 안전핀을 뽑는다.
b. 안전핀 걸림 장치를 제거한다.
c. 손잡이를 움켜잡아 분사한다.
d. 노즐을 불쪽으로 향하게 한다.

① a → b → c → d ② c → a → b → d
③ d → b → c → a ④ b → a → d → c

💡 분말소화기 사용법 : 안전핀을 뽑는다. → 호스를 불꽃에 향하게 한다. → 레버를 힘껏 누른다.

33 소화설비 선택 시 고려하여야 할 사항이 아닌 것은?

① 작업의 성질
② 작업자의 성격
③ 화재의 성질
④ 작업장의 환경

💡 작업자의 성격은 소화설비 선택과 관련이 없다.

34 작업장에서 휘발유 화재가 일어났을 경우 가장 적합한 소화방법은?

① 물 호스의 사용
② 불의 확대를 막는 덮개의 사용
③ 소다 소화기의 사용
④ 탄산가스 소화기의 사용

💡 유류 화재는 B급 화재에 해당되며, 탄산가스(이산화탄소) 소화기를 이용한 질식소화가 적합성이 있다.

35 화재발생으로 부득이 화염이 있는 곳을 통과할 때의 요령으로 틀린 것은?

① 물을 낮게 입지 않고 통과한다.
② 분수건으로 입을 막고 눈을 가리고 통과한다.
③ 머리카락, 얼굴, 발, 손 등을 불과 닿지 않게 한다.
④ 몸을 젖은 물수건으로 감싸고 통과한다.

💡 화재현장에서 크고 작은 길을 불이 나타나는 흉흉화상은 부드러운 호흡기 적막에 바로는 증가해서 이하지 못하게 할 수 있으므로 가다가 막힌 합격물은 사용에 이르게 호흡한다.

36 건설기계에 비치하기 가장 적합한 종류의 소화기는?

① A급 화재 소화기
② 포말B 소화기
③ ABC 소화기
④ 포말 소화기

💡 건설기계와 같이 등에는 ABC소화기를 비치하여야 한다. 참고로 ABC소화기는 A급화재와 B급화재 그리고 C급화재에 모두 적응성이 있는 소화기를 말한다.

37 '가연물이 공기 중의 산소 또는 산화제와 반응하여 열과 빛을 발생하면서 산화하는 현상'을 무엇이라 하는가?

① 발열반응
② 자연발화
③ 차환
④ 연소

💡 연소란 가연물이 공기 중의 산소 또는 산화제와 반응하여 열과 빛을 발생하면서 산화하는 현상을 말한다.

38 '가연물이 연소범위에서 직접적인 점화원에 의해 인화될 수 있는 최저온도를 무엇이라 하는가?

① 발화점
② 인화점
③ 차화점
④ 비등점

💡 인화점이란 연소범위에서 외부의 직접적인 점화원에 의해 인화될 수 있는 최저온도, 즉 공기 중에서 가연물 가까이 점화원을 투여하였을 때 착화되는 최저온도이다.

39 다음 중 '소화약제와 소화효과'가 잘못 연결된 것은?

① 물 소화약제 – 냉각, 질식효과
② 포 소화약제 – 억제(부촉매)효과
③ 이산화탄소(CO₂) 소화약제 – 질식, 냉각효과
④ 할로겐화합물 소화약제 – 질식, 억제(부촉매), 냉각효과

💡 소화약제의 종류
- 물소화약제 : 냉각, 질식효과
- 포소화약제 : 질식, 냉각효과
- 분말소화약제 : 질식, 억제(부촉매) 효과
- 이산화탄소(CO₂) 소화약제 : 질식, 냉각효과
- 할로겐화합물 소화약제 : 질식, 억제(부촉매), 냉각효과

40 인화점·발화점·연소점의 온도 순서로 옳은 것은?

① 발화점 〉 연소점 〉 인화점
② 연소점 〉 발화점 〉 인화점
③ 발화점 〉 인화점 〉 연소점
④ 발화점 〉 연소점 〉 인화점

💡 발화점이 가장 높고, 연소점 〉 인화점 순서이다.

정답 36 ③ 37 ④ 38 ② 39 ② 40 ①

PART 03
CBT 복원문제

Craftsman Fork Lift Truck Operator

01 CBT 복원문제

CHECK POINT QUESTION

01 건설기계 운전자가 조종 중 고의로 인명피해를 입히는 사고를 일으켰을 때 면허처분 기준은?
① 면허효력 정지 20일
② 면허효력 정지 30일
③ 등록 말소
④ 면허효력 정지 10일

02 건설기계 등록번호표의 표시내용이 아닌 것은?
① 기종
② 등록번호
③ 등록관청
④ 장비 연식
※ 건설기계 등록번호표에는 등록관청 · 용도 · 기종 및 등록번호를 표시하여야 하며, 인영으로 제작한다.

03 건설기계의 구조 변경 가능 범위에 속하지 않는 것은?
① 수상작업용 건설기계 선체의 형식변경
② 적재함의 용량 증가를 위한 변경
③ 건설기계의 길이 · 너비 · 높이 변경
④ 조종장치의 형식 변경
※ 구조의 변경 및 개조의 범위
• 원동기 · 동력전달장치 · 제동장치 · 주행장치 · 유압장치 · 조향장치 · 작업장치의 형식 변경. 다만, 기종변경, 육상작업용 건설기계 규격의 증가 또는 적재함의 용량증가를 위한 변경은 이를 할 수 없다.
• 건설기계의 길이 · 너비 · 높이 등의 변경
• 수상작업용 건설기계의 선체의 형식변경
• 타이어식을 궤도식으로 변경하는 부속장치의 형식변경

04 특별표지판 부착 대상인 대형 건설기계가 아닌 것은?
① 길이가 15m인 건설기계
② 너비가 2.8m인 건설기계
③ 높이가 6m인 건설기계
④ 총중량 45톤의 건설기계
※ 특별표지판 부착 대상 건설기계
• 길이가 16.7m를 초과하는 건설기계
• 너비가 2.5m를 초과하는 건설기계
• 높이가 4.0m를 초과하는 건설기계
• 최소 회전반경이 12m를 초과하는 건설기계
• 총중량이 40톤을 초과하는 건설기계(다만, 굴착기, 로더 및 지게차는 운전중량이 40톤을 초과하는 경우를 말함)
• 총중량 상태에서 축하중이 10톤을 초과하는 건설기계(다만, 굴착기, 로더 및 지게차는 운전중량 상태에서 축하중이 10톤을 초과하는 경우를 말함)

05 섬동이 불량하거나 사고가 자주 발생하는 건설기계의 안전성 등을 점검하기 위하여 실시하는 검사는?
① 예비검사
② 구조변경검사
③ 수시검사
④ 정기검사
※ 건설기계의 검사
• 신규 등록검사 : 건설기계를 신규로 등록할 때 실시하는 검사
• 정기검사 : 건설공사용 건설기계로서 3년의 범위에서 국토교통부령으로 정하는 검사유효기간의 끝난 후에 계속하여 운행하려는 경우에 실시하는 검사
• 구조변경검사 : 건설기계의 주요 구조를 변경하거나 개조한 경우 실시하는 검사
• 수시검사 : 성능이 불량하거나 사고가 자주 발생하는 건설기계의 안전성 등을 점검하기 위하여 수시로 실시하는 검사와 건설기계 소유자의 신청을 받아 실시하는 검사

06 건설기계의 등록 전에 임시운행 사유에 해당되지 않는 것은?
① 장비 구입 전 이상유무 확인을 위해 1일간 예비 운행을 하는 경우
② 등록신청을 하기 위하여 건설기계를 등록지로 운행하는 경우
③ 수출을 하기 위하여 건설기계를 선적지로 운행하는 경우
④ 신개발 건설기계를 시험 · 연구의 목적으로 운행하는 경우
※ 임시운행 사유
• 등록신청을 하기 위하여 건설기계를 등록지로 운행하는 경우
• 신규등록검사 및 확인검사를 받기 위하여 건설기계를 검사장소로 운행하는 경우
• 수출을 하기 위하여 건설기계를 선적지로 운행하는 경우
• 신개발 건설기계를 시험 · 연구의 목적으로 운행하는 경우
• 판매 또는 전시를 위하여 건설기계를 일시적으로 운행하는 경우

07 디젤기관의 예열 장치에서 코일형 예열 플러그와 비교한 실드형 예열 플러그의 설명 중 틀린 것은?
① 발열량이 크고 열용량도 크다.
② 예열 플러그들 사이의 회로는 병렬로 결선되어 있다.
③ 기계적 강도 및 가스에 의한 부식에 약하다.
④ 예열 플러그 하나가 단선되어도 나머지는 작동된다.

08 디젤기관의 연소실중 연료 소비율이 낮으며 연소 압력이 가장 높은 연소실 형식은?
① 예연소실식
② 와류실식
③ 직접분사실식
④ 공기실식
※ 직접분사실은 연소실이 피스톤 실린더 헤드에 있어 직접 분사되는 식으로, 구조가 간단하고 열손실이 낮고 열효율이 높다.

09 기동 전동기 구성품 중 자력선을 형성하는 것은?
① 전기자
② 계자 코일
③ 슬립링
④ 브러시

10 라디에이터(Radiator)에 대한 설명으로 틀린 것은?
① 라디에이터의 재료 대부분은 알루미늄 합금이 사용된다.
② 단위 면적당 방열량이 커야 한다.
③ 냉각 효율을 높이기 위해 방열판이 설치된다.
④ 공기 흐름 저항이 커야 냉각 효율이 높다.

11 커먼레일 디젤기관의 연료장치 시스템에서 출력요소는?
① 공기 유량 센서
② 인젝터
③ 엔진 ECU
④ 브레이크 스위치
※ 커먼레일 연료분사장치는 연료펌프를 사용하지 않고 연료를 1,350bar 정도로 압축하여 인젝터를 사용하여 연소실 내에 직접 분사하는 전자제어식 디젤기관이다. 따라서 출력요소는 고압의 연료를 연소실에 미립자 형태로 분사하는 인젝터이다.

12 디젤기관 연료과기에 설치된 오버플로 밸브(overflow valve)의 기능이 아닌 것은?
① 여과기 각 부분 보호
② 연료공급펌프 소음발생 억제
③ 운전 중 공기 배출 작용
④ 인젝터의 연료분사시기 제어

◆ 오버플로 밸브의 기능
・연료 내 공기 배출
・연료 여과기 보호
・연료 내 기포 발생 방지
・분사 펌프의 소음 발생 방지

13 4행정 기관에서 1사이클을 완료할 때 크랭크축은 몇 회전 하는가?
① 1회전   ② 2회전
③ 3회전   ④ 4회전

◆ 4행정 기관에서는 크랭크축 2회전에 모든 실린더가 1회씩 폭발한다.

14 엔진오일이 연소실로 올라오는 주된 이유는?
① 피스톤 링 마모
② 피스톤 핀 마모
③ 커넥팅로드 마모
④ 크랭크축 마모

◆ 피스톤링이 마모되면 실린더벽에 뿌려진 오일을 긁어내리지 못하여 연소실로 오일이 올라가 연소된다.

15 교류발전기의 다이오드가 하는 역할은?
① 전류를 조정하고, 교류를 정류한다.
② 전압을 조정하고, 교류를 정류한다.
③ 교류를 정류하고, 역류를 방지한다.
④ 여자 전류를 조정하고, 역류를 방지한다.

◆ 교류발전기에 설치된 다이오드는 스테이터에서 발생된 교류 전류를 직류로 정류하고 배터리의 전류가 발전기로 역류되는 것을 방지한다.

16 축전지의 전해액으로 알맞은 것은?
① 순수한 물   ② 과산화납
③ 해면상납   ④ 묽은 황산

◆ 납산축전지의 전해액은 묽은 황산이다.

17 다음 유압기호가 나타내는 것은?

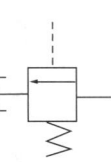

① 릴리프 밸브   ② 감압 밸브
③ 순차 밸브   ④ 무부하 밸브

◆
| 구분 | 릴리프 밸브 | 감압(리듀싱) 밸브 | 순차(시퀀스)밸브 | 무부하 밸브 |

18 유압장치에 방청제와밸브에 대한 설명으로 틀린 것은?
① 유체의 흐름 방향을 변환한다.
② 액츄에이터의 속도를 제어한다.
③ 유체의 흐름 방향을 한쪽으로 허용한다.
④ 유압실린더나 유압모터의 작동 방향을 바꾸는데 사용된다.

속도를 제어하는 것은 유량제어밸브의 역할이다.

19 유압장치에서 작동 및 움직임이 있는 곳의 연결관으로 적합한 것은?
① 플렉시블 호스   ② 구리 파이프
③ 강 파이프   ④ PVC 호스

◆ 유압식 조작기구의 브레이크 파이프 및 호스는 방청 처리된 3~8mm 강파이프 사용하며, 요동이 심한 곳엔 플렉시블 호스를 사용한다.

20 유압계통에 사용되는 오일의 점도가 너무 낮을 경우 나타날 수 있는 현상이 아닌 것은?
① 시동 저항 증가   ② 펌프 효율 저하
③ 오일 누설 증가   ④ 유압회로 내 압력 저하

21 유압펌프 작동 중 소음이 발생할 때의 원인으로 틀린 것은?
① 펌프 축의 편심 오차가 크다.
② 펌프 흡입관 접합부로부터 공기가 유입된다.
③ 릴리프 밸브 출구에서 오일이 배출되고 있다.
④ 스트레이너가 막혀 흡입 용량이 너무 작아졌다.

22 유압장치에 사용되는 오일 실(seal)의 종류 중 O-링이 갖추어야 할 조건은?
① 체결력이 작을 것
② 압축변형이 적을 것
③ 작동 시 마모가 클 것
④ 오일 입‧출입이 가능할 것

◆ 오일 접촉에 사용 시 나타나는 현상
・펌프의 효율 저하
・액추에이터의 작동 저하
・회로 내의 누설
・유압 저하
・유압장치 각 부의 누유

23 건설기계의 유압장치를 표현히 표현한 것은?
① 오일을 이용하여 전기를 생산하는 것
② 기체를 액체로 전환시키기 위해 압축하는 것
③ 오일의 연소에너지를 통해 동력을 생산하는 것
④ 오일의 유압에너지를 이용하여 기계적인 일을 하는 것

24 지게중량에 의한 자유낙하 등을 방지하기 위하여 회로에 배압을 유지하는 밸브는?
① 감압 밸브   ② 체크 밸브
③ 릴리프 밸브   ④ 카운터 밸런스 밸브

◆ 카운터 밸런스 밸브(counter balance valve)는 유압 실린더 등이 자중 낙하되는 것을 방지하기 위하여 배압을 유지시키는 역할을 한다.

25 제중 유압장치의 작동원리는 어느 이론에 바탕을 둔 것인가?
① 열역학 제1법칙 ② 보일의 원리
③ 파스칼의 원리 ④ 가속도 법칙

26 유압 모터의 종류에 포함되지 않은 것은?
① 기어형 ② 베인형
③ 플런저형 ④ 터빈형

27 밀폐된 공간에서 엔진을 가동할 때 가장 주의해야 할 사항은?
① 소음으로 인한 추락 ② 배출가스 중독
③ 진동으로 인한 직업병 ④ 작업 시간

28 해머 작업 시 틀린 것은?
① 장갑을 끼지 않는다.
② 작업에 알맞은 무게의 해머를 사용한다.
③ 해머는 처음부터 힘차게 때린다.
④ 자루가 단단한 것을 사용한다.

29 크레인으로 무거운 물건을 위로 올릴 때 주의할 점이 아닌 것은?
① 달아 올릴 화물의 무게를 파악하여 제한중량 이하에서 작업한다.
② 매달린 화물이 불안전하다고 생각될 때는 작업을 중지한다.
③ 신호의 규정이 없으므로 작업자가 적절히 한다.
④ 신호경보와 지시에 따라 작업한다.

30 전기 기기에 의한 감전 사고를 막기 위하여 필요한 설비로 가장 중요한 것은?
① 접지 설비 ② 방폭등 설비
③ 고압계 설비 ④ 대지 전위 상승 설비

31 진동 장애의 예방대책이 아닌 것은?
① 실외작업을 한다.
② 저진동 공구를 사용한다.
③ 진동업무를 자동화 한다.
④ 방진장갑과 귀마개를 착용한다.

32 벨트를 교체할 때 기관의 상태는?
① 고속상태 ② 중속상태
③ 저속상태 ④ 정지상태

33 다음 중 드라이버 사용방법으로 틀린 것은?
① 날 끝 홈의 폭과 길이가 같은 것을 사용한다.
② 전기 작업 시 자루는 모두 금속으로 되어 있는 것을 사용한다.
③ 날 끝이 수평이어야 하며 둥글거나 빠진 것은 사용하지 않는다.
④ 작은 공작물이라도 한손으로 잡지 않고 바이스 등으로 고정하고 사용한다.

34 화재 및 폭발의 우려가 있는 가스발생장치 작업장에서 지켜야 할 사항으로 맞지 않은 것은?
① 불연성 재료의 사용금지
② 화기의 사용금지
③ 인화성 물질 사용금지
④ 점화원이 될 수 있는 기계 사용금지

35 소화 작업의 기본요소가 아닌 것은?
① 가연물질을 제거하면 된다.
② 산소를 차단하면 된다.
③ 점화원을 제거시키면 된다.
④ 연료를 기화시키면 된다.

36 유류 화재 시 소화방법으로 부적절한 것은?
① 모래를 뿌린다.
② 다량의 물을 부어 끈다.
③ ABC소화기를 사용한다.
④ B급 화재 소화기를 사용한다.

37 지게차의 앞바퀴는 어디에 설치되는가?
① 새크 판의 상 하이동
② 직접 프레임에 설치된다.
③ 너클 암에 설치된다.
④ 등속이음에 설치된다.

38 지게차에서 틸트 실린더의 역할은?
① 포크의 상 하 이동
② 차체 수평유지
③ 마스트 앞 · 뒤 경사각 유지
④ 차체 좌 · 우회전

39 지게차에서 주행 중 핸들이 떨리는 원인으로 틀린 것은?
① 노면에 요철이 있을 때
② 포크가 휘었을 때
③ 힘이 약할 때
④ 타이어 밸런스가 맞지 않을 때

40 지게차의 스프링 장치에 대한 설명으로 맞는 것은?
① 텐덤 드라이브 장치이다.
② 코일 스프링 장치이다.
③ 판스프링 장치이다.
④ 스프링 장치가 없다.

→ 지게차에서는 롤링이 생기면 적하물이 떨어지기 때문에 스프링을 사용하지 않는다.

41 지게차 체인장력 조정법이 아닌 것은?
① 조정 후 로크 너트를 록크시킨다.
② 좌우 체인이 동시에 평행한가를 확인한다.
③ 포크를 지상에서 10~15cm 올린 후 조정한다.
④ 손으로 체인을 눌러보아 양쪽이 다르면 조정 너트로 조정한다.

42 지게차를 경사면에서 운전할 때 안전운전 측면에서 가장 적절한 것은?
① 짐이 언덕 위쪽으로 가도록 한다.
② 짐이 언덕 아래쪽으로 가도록 한다.
③ 운전에 편리하도록 짐의 방향을 정한다.
④ 짐의 크기에 따라 방향이 결정된다.

43 지게차의 작업방법을 설명한 것으로 맞는 것은?
① 화물을 싣고 주행할 때에는 속도를 급격히 밟아서는 안 된다.
② 비탈길을 오르내릴 때에는 마스트를 전면으로 기울인 상태에서 전진 운행한다.
③ 유체식 클러치는 전진이나 후진 중 브레이크를 밟지 않고, 후진을 시켜도 된다.
④ 경사진 곳에서 내려올 때에는 후진하여 천천히 내려온다.

44 축거가 1.2m인 지게차에서 핸들을 꺾었을 때 외측바퀴의 조향각이 45°였다. 최소회전반경은 몇 m인가? (단, sin45°=0.707, sin70°=0.940이다.)
① 1.02   ② 1.19
③ 1.28   ④ 1.75

→ 최소회전반경 = 외측바퀴조향각(sin θ) + 킹핀과의 거리이며, 문제의 경우 킹핀과의 거리 주어지지 않았으므로, 최소회전반경 = 1.2/0.94 ≒ 1.280이다.

45 지게차 작업 시 지게차를 화물에 천천히 접근 시키거나 신속한 화물 적재 작업에 사용하는 것은?
① 인칭 페달
② 가속 페달
③ 브레이크 페달
④ 디셀러레이터 페달

46 지게차 좌우 포크 높이가 틀릴 경우 조정하는 방법으로 맞는 것은?
① 리프트 밸브로 조정한다.
② 리프트 체인의 길이로 조정한다.
③ 틸트 레버로 조정한다.
④ 틸트 실린더로 조정한다.

→ 지게차의 좌우 체인의 길이가 틀리면 리프트 체인의 길이로 조정한다.

47 지게차 리프트 레버의 작동에 대한 설명으로 틀린 것은?
① 리프트 레버로 포크를 내릴 때에는 포크가 상승한다.
② 화물 근처에는 천천히 접근한다.
③ 파렛트에 실린 화물의 안전한 적재 여부를 확인한다.
④ 포크 하강시에는 가속페달을 밟는다.

→ 리프트 실린더는 단동 실린더로 포크 상승 시에는 가속페달을 밟으며, 하강 시에는 가속페달을 밟지 않는다.

48 지게차 적재 작업 시 준수할 사항에 대한 설명으로 틀린 것은?
① 화물 앞에서 일단 정지한다.
② 화물 근처에는 천천히 접근한다.
③ 파렛트 삽입 위치를 확인한 후 포크를 천천히 넣는다.
④ 포크가 파렛트를 밀거나 비비면서 들어가도록 한다.

49 지게차로 화물을 적재하는 방법으로 맞지 않는 것은?
① 운반하려는 화물에 접근 시 주행속도를 줄인다.
② 운반하려는 화물 앞에서 일단 정지한다.
③ 파렛트 삽입 위치를 확인 후 포크를 천천히 넣는다.
④ 지게차를 화물에 접근 시 가속페달을 세게 밟는다.

→ 적재할 화물 접근 시에는 가속 페달을 밟지 않는다.

50 지게차로 간격이 좁은 파렛트 적재를 하는 것이 가장 적절한가?
① 파렛트 폭의 1/2~1/3
② 파렛트 폭의 1/3~2/3
③ 파렛트 폭의 1/2~2/4
④ 파렛트 폭의 1/2~3/4

→ 파렛트에 포크 삽입 시 파렛트를 포크가 들어가지 않도록 한다.

51 파렛트 위에 적재하여 작업하는 포장은?
① 개방형 포장   ② 밀폐형 포장
③ 스키드 포장   ④ 밴들 포장

52 지게차 수신호 방법에서 오른팔을 들고 오른손은 중지 손가락으로 원을 그리는 신호로 맞는 것은?
① 출발   ② 포크 상승
③ 포크 하강   ④ 화물 이동

53 포크를 좌우로 이동 시켜 창고, 컨테이너 안 등의 재한된 공간에서 중앙에서 벗어나는 파렛트의 화물을 적재하는 작업 장치는?
① 램
② 사이드 시프터
③ 힌지드 포크
④ 로테이팅 포크

→ 파렛트 위에 적재한 후 힘의 PP 밴드로 고정하는 포장을 스키드 포장이라고 한다.

54 지게차의 포크 높이 자동 조절장치로 레버를 조작하여 포크 높이를 조정하는 작업 장치는?
① 힌지드 포크
② 사이드 시프터
③ 로테이팅 포크
④ 포크 포지셔너

ⓗ 지게차 포크 간격을 자동으로 조정하는 장치는 포크 포지셔너이다.

55 토크컨버터의 구성적인 지게차의 출발 방법은?
① 저·고속 레버를 저속위치로 하고 클러치 페달을 밟는다.
② 클러치 페달을 조작할 필요 없이 가속 페달을 서서히 밟는다.
③ 저·고속 레버를 저속위치로 하고 브레이크 페달을 밟는다.
④ 클러치 페달에서 서서히 발을 뗄 때면서 가속 페달을 서서히 밟는다.

ⓗ 토크 컨버터형 지게차는 토크컨버터가 클러치 역할을 하기 때문에 가속페달만 밟으면 출발한다.

56 지게차의 작업 용도에 의한 분류 중 틀린 것은?
① 사이드 시프트
② 하이 마스트
③ 3단 시프트
④ 프리 리프트 마스트

ⓗ 3단 마스트형은 마스트가 3단으로 높이 올라가 좁은구가 제한되어 있거나 높은 장소에 짐을 쌓을 수 있는 지게차이다.

57 도로교통법상 모든 차의 운전자가 서행하여야 하는 장소에 해당하지 않는 것은?
① 도로가 구부러진 부근
② 비탈길의 고갯마루 부근
③ 편도 2차로 이상의 다리 위
④ 가파른 비탈길의 내리막

ⓗ 서행하여야 하는 장소
・교통정리를 하고 있지 아니하는 교차로
・도로가 구부러진 부근
・비탈길의 고갯마루 부근
・가파른 비탈길의 내리막
・지방경찰청장이 도로에서의 위험을 방지하고 교통의 안전과 원활한 소통을 확보하기 위하여 필요하다고 인정하여 안전표지로 지정한 곳

58 승차 또는 적재의 방법과 제한에서 운행상의 안전 기준을 넘어서 승차 및 적재 가능한 경우는?
① 도착지를 관할하는 경찰서장의 허가를 받은 때
② 출발지를 관할하는 경찰서장의 허가를 받은 때
③ 관할 시·군수의 허가를 받은 때
④ 동·읍·면장의 허가를 받은 때

59 도로교통법상의 긴급자동차가 아닌 것은?
① 응급 전신·전화 수리공사에 사용되는 자동차
② 긴급한 경찰업무수행에 사용되는 자동차
③ 위독한 환자의 수송을 위한 혈액 운송 차량
④ 학생수송 전용버스

ⓗ 도로교통법상 "긴급자동차"란 소방차, 구급차, 혈액 수리공사에 사용되며 그 본래의 긴급한 용도로 사용되고 있는 자동차를 말한다.

60 그림의 교통안전 표지는?

① 좌·우회전 표지
② 좌·우회전 금지 표지
③ 양측방 일방 통행표지
④ 양측방 통행 금지표지

정답 **01**회 CBT 복원문제

01 ②	02 ④	03 ②	04 ①	05 ③	06 ①	07 ②	08 ③	09 ②	10 ④
11 ②	12 ④	13 ②	14 ④	15 ①	16 ④	17 ②	18 ②	19 ①	20 ①
21 ③	22 ②	23 ②	24 ④	25 ③	26 ④	27 ④	28 ②	29 ③	30 ①
31 ①	32 ④	33 ②	34 ①	35 ④	36 ②	37 ②	38 ②	39 ②	40 ④
41 ①	42 ②	43 ④	44 ③	45 ①	46 ②	47 ②	48 ②	49 ④	50 ④
51 ③	52 ②	53 ②	54 ④	55 ③	56 ③	57 ③	58 ②	59 ④	60 ①

02 CBT 복원문제

CHECK POINT QUESTION

01 건설기계관리법에서 정의한 건설기계 형식을 가장 잘 나타낸 것은?
① 엔진구조 및 성능을 말한다.
② 형식 및 규격을 말한다.
③ 성능 및 용량을 말한다.
④ 구조·규격 및 성능 등에 관하여 일정하게 정한 것을 말한다.

○ 건설기계관리법에서 정의한 건설기계 형식이란 건설기계의 구조·규격 및 성능 등에 관하여 일정하게 정한 것을 말한다.

02 건설기계관리상 경상이란?
① 5일 미만의 치료를 요하는 진단이 있을 때
② 3주 이상의 치료를 요하는 진단이 있을 때
③ 3주 미만의 치료를 요하는 진단이 있을 때
④ 7일 이상의 치료를 요하는 진단이 있을 때

○ 건설기계 등록의 말소는 그 소유자 해당 건설기계가 3주 이상의 치료를 요하는 진단이 있을 때를 말하며, 경상은 3주 미만의 치료를 요하는 진단이 있을 때를 말한다.

03 건설기계등록증을 받은 소유자는 등록번호표를 며칠 이내 시·도지사에게 반납하여야 하는가?
① 10일
② 15일
③ 20일
④ 30일

○ 건설기계 등록의 말소는 그 소유자가 10일 이내에 등록번호표의 봉인을 떼어 낸 후 그 등록번호표를 국토교통부장관 또는 시·도지사에게 반납하여야 한다.

04 건설기계사업을 영위하고자 하는 자는 누구에게 등록하여야 하는가?
① 시·도지사
② 전문 건설기계정비업자
③ 국토교통부장관
④ 시장·군수 또는 구청장

○ 건설기계사업을 하려는 자(대통령령으로 정하는 자기영자인체는 제외)는 대통령령으로 정하는 바에 따라 사업의 종류별로 시장·군수 또는 구청장(자치구의 구청장)에게 등록하여야 한다.

05 건설기계 조종사의 면허취소 사유가 아닌 것은?
① 거짓 또는 부정한 방법으로 건설기계의 면허를 받은 때
② 면허의 정지처분을 받은 후 정지기간 중 건설기계를 조종한 경우
③ 건설기계의 조종 중 고의로 인명피해를 입힌 때
④ 정기검사를 받지 않은 건설기계를 조종한 때

○ 건설기계조종사의 면허 취소 사유
- 거짓이나 그 부정한 방법으로 건설기계조종사면허를 받은 경우
- 건설기계조종사면허의 효력정지기간 중 건설기계를 조종한 경우
- 건설기계 조종사면허증을 다른 사람에게 빌려 준 경우
- 건설기계 조종 중 고의로 과실로 인명피해(사망·중상·경상)을 입힌 경우
- 건설기계 조종 중 과실로 산업안전보건법에 따른 중대재해가 발생한 경우
- 사망자가 1명 이상 발생한 재해
- 3개월 이상의 요양이 필요한 부상자가 동시에 2명 이상 발생한 재해
- 부상자 또는 직업성질병자가 동시에 10명 이상 발생한 재해

06 건설기계 임시운행 검사증의 도색은?
① 청색 페인트 판에 흰색 문자
② 흰색 페인트 판에 검은색 문자
③ 녹색 페인트 판에 검은색 문자
④ 검은색 페인트 판에 흰색 문자

○ 건설기계의 임시운행표 및 등록번호표
- 임시운행표(미등록 및 등록된 건설기계) : 흰색 페인트 바탕에 검은색 문자
- 등록번호표(관용 또는 자가용) : 흰색 바탕에 검은색 문자
- 대여사업용 : 주황색 바탕에 검은색 문자

07 디젤기관의 연료분사에 고압 부분은?
① 탱크와 공급 펌프 사이
② 인젝션 펌프와 분사 사이
③ 연료 필터와 탱크 사이
④ 인젝션 펌프와 탱크 사이

08 디젤기관 연료의 구비 조건에 속하지 않는 것은?
① 발열량이 클 것
② 기화성이 좋아 잘 증발할 것
③ 연소 속도가 느릴 것
④ 착화가 용이할 것

○ 디젤기관 연료의 구비조건
- 적당한 점도를 가지며 점도지수가 높을 것
- 발열량이 크고 착화성이 높을 것
- 분진과 함량이 적을 것
- 세탄가가 높고 카본의 생성이 적을 것

09 디젤기관에만 해당되는 회로는?
① 예열플러그 회로
② 시동 회로
③ 충전 회로
④ 등화 회로

10 기관에 피스톤 링의 작용으로 틀린 것은?
① 기밀 작용
② 오일제어 작용
③ 오일제어 작용
④ 열전도 작용

11 냉각팬의 벨트 유격이 너무 클 때 일어나는 현상으로 옳은 것은?
① 베어링의 마모가 심하다.
② 강한 텐션으로 벨트가 절단된다.
③ 기관 과열의 원인이 된다.
④ 점화시기가 빨라진다.

○ 벨트의 유격이 크다는 것은 벨트가 헐거워진다는 것으로 냉각팬 작동이 원활하지 않아 기관 과열의 원인이 된다.

12 다음 중 교류 발전기의 부품이 아닌 것은?
① 다이오드 ② 슬립 링
③ 스테이터 코일 ④ 전류 조정기

○ 직류(DC) 발전기는 조정기로 컷 아웃 릴레이, 전압 조정기, 전류 조정기만 있으면 되나, 교류(AC) 발전기는 전압 조정기만 있으면 된다.

13 남선 축전지에서 극판의 수를 많게 하면 어떻게 되는가?
① 점압이 낮아진다.
② 점압이 높아진다.
③ 용량이 커진다.
④ 전해액의 비중이 올라간다.

○ 극판의 수를 늘리면 극판이 전해액과 대항하는 면적이 증가함으로 축전지의 용량이 증가하여 이용 전류가 많아진다.

14 무한궤도식 건설기계에서 트랙이 자주 벗겨지는 원인으로 가장 거리가 먼 것은?
① 유격(긴도)이 규정보다 커 트랙이 늘어졌다.
② 트랙의 정렬·하부 롤러가 마모되었다.
③ 최종 구동기어가 마모되어 있다.
④ 트랙의 중심 정렬이 맞지 않았다.

○ 트랙이 벗겨지는 원인
- 프론트 아이들러와 스프로킷 및 상부 롤러의 마모가 클 때
- 고속 주행시 급선회하였을 경우
- 프론트 아이들러와 스프로킷의 중심이 다를 때
- 트랙의 유격(긴도)이 나무 클 때(느슨할 때)
- 리컬 스프링의 장력이 약할 때
- 트랙의 정렬이 맞지 않을 때
- 측면을 경사지어 작업할 때

15 브레이크가 잘 작동되지 않을 때의 원인으로 가장 거리가 먼 것은?
① 라이닝에 오일이 묻었을 때
② 휠 실린더 오일이 누출되었을 경우
③ 브레이크 페달 자유 간극이 작을 때
④ 브레이크 드럼 면적이 클 때

○ 브레이크 배달의 지유 간극이 작으면 브레이크의 작동은 잘 되나 브레이크가 풀리지 않게 된다.

16 라디에이터의 구비 조건으로 틀린 것은?
① 냉각수 흐름에 대한 저항이 적을 것
② 공기 저항이 작을 것
③ 강도가 크고, 가볍고 작을 것
④ 단위 면적당 방열량이 클 것

17 유압장치에서 사용되는 오일의 점도가 너무 낮을 경우 나타날 수 있는 현상이 아닌 것은?
① 펌프 효율 저하 ② 오일 누출 현상
③ 체줄 내의 압력 저하 ④ 시동 시 저항 증가

○ 오일 점도가 낮을 경우 나타나는 현상
- 펌프 효율 저하
- 회로 내의 압력 저하
- 강도가 크고
- 단위 면적당 방열량이 클 것
- 유압장치 각 부위의 누유

18 유압기계에서 회전 펌프가 아닌 것은?
① 기어 펌프 ② 피스톤 펌프
③ 베인 펌프 ④ 나사 펌프

○ 피스톤 펌프는 플런저와 크랭크축을 연결하는 부품으로 왕복 오일의 압송이 이루어진다.

19 유압기의 종류가 아닌 것은?
① 단동형 ② 피스톤형
③ 레이디얼형 ④ 다단형

○ 유압실린더의 종류
- 단동식(스프링식)
- 복동식(다링액식 형식)
- 특수 실린더
- 텔레스코핑(단동, 다단형)
- 스프링 실린더

20 유압 실린더의 구성 부품이 아닌 것은?
① 피스톤 로드 ② 부트 형
③ 실린더 ④ 커넥팅 로드

○ 커넥팅 로드는 엔진에서 피스톤과 크랭크축을 연결하는 부품으로 피스톤의 직선운동을 회전운동으로 바꾸어주는 역할을 한다.

21 유압 모터의 장점이 될 수 있는 것은?
① 소형, 경량으로서 큰 출력을 낼 수 있다.
② 공기와 먼지 등이 침투하여도 성능에는 영향이 없다.
③ 변속, 역전의 제어도 용이하다.
④ 속도나 방향의 제어가 용이하지 않다.

22 필터의 여과 입도 수(mesh)가 너무 높을 때 발생할 수 있는 현상으로 가장 적절한 것은?
① 블로바이 현상
② 맥동 현상
③ 베이퍼록 현상
④ 캐비테이션 현상

○ 캐비테이션 현상(공동현상) 방지 대책
- 한랭 시에는 작동유의 온도를 최소한 20℃ 이상이 되도록 난기 운전을 한다.
- 작동된 점도의 작동유를 선택한다.
- 흡입관에는 스트레이너의 홀수인 것을 방지한다.
- 작동 개통 등의 이물질이 혼입된 것을 방지한다.
- 필터의 여과 입도수를 보온 것으로 사용한다.

23 다음 중 유압 압력계 기호는?

① ② ③ 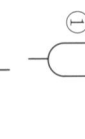 ④

● ①아큐뮬레이터(축압기), ②전동기 ③유압 펌프, ④압력계

24. 유압장치 내에서 국부적으로 소음·진동이 발생하는 현상은?
① 필터링
② 오버랩
③ 캐비테이션
④ 해머드릴 록킹

⊙ 캐비테이션 공동현상 : 유압장치에서 오일 속의 용해 공기가 기포로 되는 현상으로 오일의 압력이 국부적으로 저하되어 포화 증기압이나 공기분리압에 달하여 기포가 발생하는 현상이며, 이 상태로 오일이 충만된 기포가 파괴되면 국부적인 고압이나 소음이 발생하는 현상

25. 방향제어 밸브의 종류가 아닌 것은?
① 셔틀 밸브(shuttle valve)
② 교축 밸브(throttle valve)
③ 체크 밸브(check valve)
④ 방향 변환 밸브(direction control valve)

⊙ 교축 밸브(throttle valve)는 밸브 내 오일 통로의 단면적을 외부로부터 변화시켜 점도가 달라지도록 유량이 변화되지 않도록 설치한 밸브로 유량제어 밸브에 해당한다.

26. 유압장치에서 고압 소용량, 저압 대용량 펌프를 조합 운전할 때 작동압이 규정 이상으로 상승 시 동력 절감을 하기 위해 사용하는 밸브는?
① 감압 밸브(무부하 밸브)
② 릴리프 밸브
③ 시퀀스 밸브
④ 무부하 밸브

⊙ 언로더 밸브(무부하 밸브) : 유압 회로 내의 압력이 최고 압력에 도달하면 펌프에서 송출되는 유량을 탱크로 리턴(return)시켜 유압 펌프를 무부하가 되도록 하는 역할을 한다.

27. 전기 기기에 의한 감전 사고를 막기 위하여 필요한 설비로 가장 중요한 것은?
① 고압계 설비
② 접지 설비
③ 방폭등 설비
④ 대지 전위 상승장치 설비

⊙ 감전사고를 방지하기 위한 가장 중요한 설비는 접지이다.

28. 공구 사용 시 주의해야 할 사용으로 틀린 것은?
① 주위 환경에 주의해서 작업할 것
② 강한 충격을 가하지 않을 것
③ 해머 작업 시 보안경을 쓸 것
④ 손이나 공구에 기름을 바른 다음에 작업할 것

⊙ 작업자의 손이나 공구에 기름이 있으면 공구 사용 시 미끄러질 수 있으므로 공구를 깨끗이 닦아낸 다음 작업에 임해야 한다.

29. 수공구 취급 시 지켜야 될 안전수칙으로 옳은 것은?
① 줄질 후 쇳가루는 입으로 불어 낸다.
② 해머작업 시 손에 장갑을 끼고 한다.
③ 사용 전에 충분한 사용법을 숙지하고 익히도록 한다.
④ 큰 회전력이 필요한 경우 스패너에 파이프를 끼워서 사용한다.

30. 볼트나 너트를 죄거나 푸는 데 사용하는 각종 렌치(wrench)에 대한 설명으로 틀린 것은?
① 조정 렌치 : 제한된 범위 내에서 어떠한 규격의 볼트에도 사용할 수 있다.
② 엘 렌치 : 6각형 볼트·캡 스크루를 풀거나 조일 때 사용한다.
③ 복스 렌치 : 연료 파이프 피팅 작업에 사용한다.
④ 소켓 렌치 : 다양한 크기의 오픈렌치를 바꿔가며 작업할 수 있도록 만든 렌치이다.

31. 안전보건표지판에서 그림이 표시하는 것으로 맞는 것은?

① 독극물 경고
② 폭발물 경고
③ 고압전기 경고
④ 낙하물 경고

32. 보호구의 구비조건으로 틀린 것은?
① 착용이 간편해야 한다.
② 작업에 방해가 안 되어야 한다.
③ 구조와 끝마무리가 양호해야 한다.
④ 유해·위험 요소에 대한 방호성능이 경미할 것

33. 기계 운전 중 안전 측면에서 적절한 것은?
① 빠른 속도로 작업 시는 일시적으로 안전장치를 제거한다.
② 기계장비의 이상으로 정상가동이 어려운 상황에서는 중속 회전 상태로 작업한다.
③ 기계 운전 중 이상한 냄새, 소음, 진동이 날 때는 정지하고, 전원을 OFF 한다.
④ 작업의 속도 및 효율을 높이기 위해 작업 범위 이외의 기계도 같이 작동한다.

⊙ 기계작동 중 안전장치를 절대로 제거해서는 안 되며, 장비에 이상이 발생하면 즉시 작업을 중지하고 이상유무를 점검 수리한 후 작업에 임한다.

34. 용접기에서 사용되는 아세틸렌 도관은 어떤 색으로 구별하는가?
① 흑색
② 청색
③ 녹색
④ 적색

⊙ 도관의 색
• 아세틸렌 : 적색
• 산소 : 녹색

35. 유류 화재 시 소화방법으로 가장 부적절한 것은?
① B급 화재 소화기를 사용한다.
② 다량의 물을 부어 끈다.
③ 모래를 뿌린다.
④ ABC소화기를 사용한다.

⊙ 유류 화재에 물의 사용은 금한다. 이는 물이 기름에 띄어 화재를 더욱 키우기 때문이다.

36 작업장에서 일상적인 안전 점검의 가장 주된 목적은?
① 시설 및 장비의 실제 상태를 점검한다.
② 안전작업 표준의 적정 여부를 점검한다.
③ 위험을 사전에 발견하여 시정한다.
④ 관련법에 정한 점검 여부를 점검하는데 있다.

⊙ 안전 점검의 주된 목적은 사고를 미연에 방지하기 위하여 실시하는 것이다.

37 지게차의 전경각 및 후경각을 조정할시가 적절하게 선경하여 작업을 하여야 하는데 이를 조정하는 레버는?
① 틸트 레버 ② 포크
③ 변속 레버 ④ 전후진 레버

⊙ 틸트 레버는 운전자의 체격이나 체형에 알맞도록 핸들의 위치를 조정하고 틸트 스티어링을 조정하는 레버이다.

38 지게차 스프링장치에 대한 설명으로 맞는 것은?
① 코일 스프링장치이다. ② 판 스프링장치이다.
③ 텔럼 드라이브장치이다. ④ 스프링장치가 없다.

⊙ 지게차(Forklift)는 화물을 운반하거나, 다른 차량이나 하역 작업을 하기 위한 장비이다. 또한, 부착되는 작업 장치(어태치먼트)는 유압으로 작동되며, 스프링장치가 없다.

39 지게차의 제동 장치(브레이크 장치)와 관계가 없는 것은?
① 주행 중인 지게차를 감속시킬 수 있다.
② 주행 중인 지게차를 정지시킬 수 있다.
③ 주차상태를 유지하기 위한 안전성의 이유로 유압식 사용한다.
④ 작업조건에 따라 수시로 비꿀 수 있다.

⊙ 지게차의 브레이크 장치는 주행 중인 지게차를 감속 또는 정지시키거나 주차상태를 유지하기 위한 것과 주차상태를 유지하기 위한 안전성의 이유로 유압식과 배력식이 사용된다.

40 지게차의 일반적인 조향 방식은?
① 허리꺽기 조향 방식이다.
② 앞바퀴 조향 방식이다.
③ 뒷바퀴 조향 방식이다.
④ 작업조건에 따라 수시로 비꿀 수 있다.

⊙ 일반적인 지게차는 앞바퀴 구동식, 뒷바퀴 조향 방식으로 사용되고 있으며, 최소회전반경은 1,800~2,750mm, 안쪽 바퀴의 조향각은 65~75도 하고 있다.

41 적하물에 따라 지게차 포크의 간격을 늘리고 줄이는데 사용되는 것은?
① 틸트 실린더 고정 핀 ② 평거바드 고정 핀
③ 마스트 고정 핀 ④ 리프트 실린더 고정 핀

42 다음 중 장비의 뒷부분에 설치되어 화물을 실었을 때 앞쪽으로 기울어지는 것을 방지하기 위하여 설치되어 있는 것은?
① 기관 ② 변속기
③ 광형추 ④ 클러치

⊙ 지게차 포크 프레임의 맨 뒤쪽에 설치되어 차체가 앞쪽으로 쏠리는 것을 방지하여 화물의 적재 작업 및 지게차의 균형을 유지시키는 역할을 한다.

43 지게차를 운전하여 화물 운반 시 주의사항으로 적합하지 않은 것은?
① 노면이 좋지 않을 때는 저속으로 운행한다.
② 경사지 운전 시 화물을 위쪽으로 한다.
③ 화물 운반거리는 5m 이내로 한다.
④ 노면에서 약 20~30cm 상승 후 이동한다.

⊙ 정상적으로 운반할 화물 운반거리는 크게 제한이 되지 않는다.

44 지게차의 조향핸들에서 바퀴까지의 조작력 전달순서로 가장 적합한 것은?
① 핸들 → 조향 기어 → 드래그 링크 → 피트먼 암 → 타이로드 → 바퀴
② 핸들 → 조향 기어 → 피트먼 암 → 드래그 링크 → 타이로드 → 바퀴
③ 핸들 → 드래그 링크 → 조향 기어 → 피트먼 암 → 타이로드 → 바퀴
④ 핸들 → 피트먼 암 → 드래그 링크 → 조향 기어 → 타이로드 → 바퀴

⊙ 조향핸들에서 바퀴까지의 조작력 전달순서 : 핸들 → 조향 기어 → 피트먼 암 → 드래그 링크 → 타이로드 → 바퀴

45 지게차의 동력 조향장치에 사용되는 실린더로 가장 적합한 것은?
① 단동 실린더 점프형
② 복동 실린더 싱글로드형
③ 복동 실린더 더블로드형
④ 다단 실린더 텔레스코픽형

⊙ 동력 조향장치에 사용되는 유압실린더는 복동로드(양로드형)이 가장 적합하다.

46 지게차 조종 레버의 조작과 가장 거리가 먼 것은?
① 틸팅(tilting) ② 로우어링(lowering)
③ 리프팅(lifting) ④ 파일링(piling)

• 틸팅(tilting) : 마스트 기울임
• 리프팅(lifting) : 포크 상승
• 로우어링(lowering) : 포크 하강

47 지게차로 화물 적재 작업 시 안전수칙에 대한 사용으로 틀린 것은?
① 적재할 화물 앞에 안전한 속도로 감속한다.
② 화물 앞에서 정지하여 마스트를 4° 정도 경사시킨다.
③ 화물의 무게에 따라 포크 간격을 조정하여 화물 중심에 오도록 한다.
④ 지게차가 화물에 대해 똑바로 향하고 파렛트 또는 스키드에 포크를 수평으로 유지하며 천천히 삽입한다.

48 지게차에서 틸트 레버를 운전자 쪽으로 당기면 마스트는 어느 쪽으로 기울어지는가?
① 안쪽으로 ② 뒤쪽으로
③ 아래쪽으로 ④ 위쪽으로

⊙ 지게차의 운반개통
• 리프트 실린더 : 단동 실린더로 레버를 말면 포크가 상승하며, 레버를 당기면 포크 몸 내려간다.
• 틸트 실린더 : 복동 실린더로 레버를 앞으로 밀면 마스트가 앞쪽으로 기울어지고, 레버를 뒤로 당기면 마스트가 뒤쪽으로 기울어진다.

49 지게차의 작업방법 중 틀린 것은?
① 경사지를 내려올 때는 후진으로 진행한다.
② 주행방향을 바꿀 때에는 안전 정지 또는 저속에서 한다.
③ 틸트는 적재물이 떨어지지 않도록 운행한다.
④ 조향륜이 지면에서 5cm 이하로 떨어졌을 때에는 가능한 뒷바퀴의 중량을 높인다.

50 지게차에서 리프트 실린더의 상승력이 부족한 원인과 관계없는 것은?
① 오일 필터의 막힘
② 유압 펌프의 불량
③ 리프트 실린더에서 유압유 누출
④ 틸트 로크 밸브의 밀착 불량

51 다음 중 지게차 작업 장치를 틀린 것은?
① 마스트 ② 체인블록
③ 캐리어 ④ 드럼 클램프

❗ 리퍼(Ripper)는 도저 등에 설치되는 파쇄용 작업 장치에 해당된다.

52 지게차의 작업방법별 설명한 것 중 가장 적합한 것은?
① 유체식 클러치는 앞으로 운행 중 브레이크 페달을 밟지 않고, 후진을 시키도 된다.
② 지게차는 평탄지에서 주행할 때에는 브레이크를 급히 밟아서도 안된다.
③ 짐을 신고 경사지를 내려갈 때에는 변속기를 중립에 둔다.
④ 비탈길을 오르내릴 때에는 마스트를 뒤쪽으로 기울인 상태에서 운행한다.

53 지게차를 경사면에서 운전할 때 안전운전 측면에서 짐의 방향으로 가장 적절한 것은?
① 짐이 언덕 위쪽으로 가도록 한다.
② 짐이 언덕 아래쪽으로 가도록 한다.
③ 운전에 편리하도록 짐의 방향을 정한다.
④ 짐의 크기에 따라 방향이 정해진다.

❗ 경사지 취급 운반 시 내리막길에서는 후진, 오르막길에서는 전진으로 운행한다.

54 지게차의 운전장치를 조작하는 동작의 설명으로 맞지 않는 것은?
① 리프트 레버를 밀면 포크가 내려간다.
② 전·후진 레버를 뒤로 당기면 후진이 된다.
③ 틸트 레버를 뒤로 당기면 마스트는 뒤로 기운다.
④ 전·후진 레버를 앞으로 밀면 후진이 된다.

❗ 전·후진 레버를 앞으로 밀면 전진하고 당기면 후진한다.

55 지게차의 포크 넓이 자동 조절장치로 레버를 조작하여 포크 넓이를 조정하는 작업 장치는?
① 힌지드 쉬프트 포크 ② 사이드 쉬프트 포크
③ 로테이팅 포크 ④ 포크 포지셔너

❗ 지게차 포크 포지셔너는 포크의 좌우를 이동시키기도 한다.

56 지게차 작업 시 꼭 지켜야 할 안전수칙으로 틀린 것은?
① 후진 시는 반드시 뒤쪽을 살필 것
② 이동 시는 반드시 포크를 지상에서 놓고 이동할 것
③ 전·후진 시는 반드시 장비의 상태에서 행할 것
④ 주·정차 시는 반드시 주차 브레이크를 고정시킬 것

❗ 지게차 이동 시 포크는 지면에서 20~30cm 정도 올린다.

57 신호등이 없는 철길건널목 통과방법 중 맞는 것은?
① 차단기가 올라가 있으면 그대로 통과해도 된다.
② 반드시 일시정지를 한 후 안전을 확인하고 통과한다.
③ 차단기가 올라가 있으면 일시정지 하지 않아도 된다.
④ 일시정지 표시가 없으면 서행하면서 통과한다.

58 도로교통법상 가장 우선하는 신호는?
① 경찰공무원의 수신호 ② 신호기의 신호
③ 운전자의 수신호 ④ 안전표지의 지시

❗ 도로를 통행하는 보행자와 모든 차의 운전자는 교통안전시설이 표시하는 신호 또는 지시와, 교통정리를 하는 국가경찰공무원, 자치경찰공무원 또는 경찰보조원(이하 "경찰공무원 등"이라 한다)의 신호 또는 지시를 따라야 한다.

59 도로교통법상 정차 및 주차가 금지되어 있지 않은 장소는?
① 건널목 ② 교차로
③ 횡단보도 ④ 경사로의 정상부근

60 도로교통법상 일지정지를 지 장소가 아닌 곳은?
① 교차로, 도로의 구부러진 곳
② 버스 정류장 부근에 있는 주차금지 구역
③ 비탈길의 고개마루 부근
④ 터널 안

❗ 정차·주차 금지장소
• 교차로, 횡단보도, 건널목이나 보도와 차도가 구분된 도로의 보도(단, 보도와 차도에 걸쳐서 설치 된 노상 주차장이 주차하는 경우 제외)
• 교차로의 가장자리, 도로의 모퉁이 5m 이내인 곳: 교차로 가장자리, 도로 모퉁이
10m 이내의 곳: 안전지대 사방, 버스정류장 표지 기둥·판·선, 건널목 기장자리

❗ 일시정지 금지장소
• 교차로, 도로의 구부러진 곳
• 비탈길의 고개마루 부근, 가파른 비탈길의 내리막
• 터널 안

정답 02회 CBT 복원문제

01	02	03	04	05	06	07	08	09	10
④	②	③	④	④	②	④	②	①	②
11	12	13	14	15	16	17	18	19	20
②	③	④	③	③	②	④	③	③	④
21	22	23	24	25	26	27	28	29	30
②	④	③	③	②	④	②	②	②	④
31	32	33	34	35	36	37	38	39	40
③	②	③	④	②	③	①	④	④	③
41	42	43	44	45	46	47	48	49	50
②	②	④	②	③	②	③	②	④	④
51	52	53	54	55	56	57	58	59	60
②	③	①	④	④	②	②	①	④	②

03 CBT 복원문제

CHECK POINT QUESTION

01 다음 중 건설기계법의 등록구분이 맞는 것은?
① 종합건설기계정비업, 부분건설기계정비업, 전문건설기계정비업
② 종합건설기계정비업, 단종건설기계정비업, 전문건설기계정비업
③ 부분건설기계정비업, 전문건설기계정비업, 개별건설기계정비업
④ 종합건설기계정비업, 특수건설기계정비업, 전문건설기계정비업

  건설기계정비업의 등록 및 구분
  - 등록 : 건설기계정비업의 등록을 하려는 자는 건설기계정비업등록신청서에 국토교통부령이 정하는 서류를 첨부하여 시·도지사, 군수 또는 구청장에게 제출하여야 한다.
  - 구분 : 종합건설기계정비업, 부분건설기계정비업, 전문건설기계정비업

02 건설기계의 임시운행 사유에 해당되는 것은?
① 작업을 위하여 건설현장에서 건설기계를 운행하는 경우
② 정기검사를 받기 위하여 건설기계를 검사장소로 운행하는 경우
③ 등록신청을 위하여 건설기계를 등록지로 운행하는 경우
④ 등록말소를 위하여 건설기계를 폐기장으로 운행하는 경우

  임시운행 사유
  - 등록신청을 하기 위하여 건설기계를 등록지로 운행하는 경우
  - 신규등록검사 및 확인검사를 받기 위하여 건설기계를 검사장소로 운행하는 경우
  - 수출을 하기 위하여 등록말소한 건설기계를 점검·정비의 목적으로 운행하는 경우
  - 신개발 건설기계를 시험·연구의 목적으로 운행하는 경우
  - 판매 또는 전시를 위하여 건설기계를 일시적으로 운행하는 경우

03 고의로 경상 1명의 인명피해를 입힌 건설기계조종사에 대한 면허의 취소, 정지처분 기준으로 맞는 것은?
① 면허효력정지 45일
② 면허효력정지 30일
③ 면허효력정지 90일
④ 면허 취소

04 건설기계검사 중 성능이 불량하거나 사고가 빈발하는 건설기계의 안정성 등을 점검하기 위하여 수시로 실시하는 검사와 건설기계 소유자의 신청에 의하여 실시하는 검사는?
① 신규등록검사
② 정기검사
③ 수시검사
④ 구조변경검사

  건설기계의 검사
  - 신규등록검사 : 건설기계를 신규로 등록할 때 실시하는 검사
  - 정기검사 : 건설공사용 건설기계로서 3년의 범위 내에서 국토교통부령으로 정하는 검사유효기간이 끝난 후에 계속하여 운행하려는 경우에 실시하는 검사와 대기환경보전법 및 소음·진동관리법에 따른 운행차의 정기검사
  - 구조변경검사 : 건설기계의 주요 구조를 변경 또는 개조한 때 실시하는 검사
  - 수시검사 : 성능이 불량하거나 사고가 빈발하는 건설기계의 안정성 등을 점검하기 위하여 수시로 실시하는 검사와 건설기계 소유자의 신청에 의하여 실시하는 검사

05 건설기계 구조 변경 및 범위에 해당되지 않는 것은?
① 원동기의 형식 변경
② 육상 작업용 건설기계의 규격 증가를 위한 구조 변경
③ 작업 장치의 형식 변경
④ 건설기계의 길이·너비·높이 등의 변경

  구조 변경이 되는 사항
  - 건설기계의 기종 변경
  - 육상 작업용 건설기계에 규격의 증가 또는 적재함의 용량 증가를 위한 구조 변경
  - 적재함의 용량 증가를 위한 구조 변경

06 건설기계관리법상 등록되지 않는 건설기계를 사용하거나 운행한 자에 대한 벌칙은?
① 2년 이하의 징역 또는 2천만원 이하의 벌금
② 1년 이하의 징역 또는 1천만원 이하의 벌금
③ 100만원 이하의 벌금
④ 100만원 이하의 과태료

07 건설기계에서 사용하는 경유의 중요한 성질이 아닌 것은?
① 옥탄가
② 비중
③ 착화성
④ 세탄가

  건설기계의 기관은 대부분 디젤기관으로 경유를 사용하는데 경유의 중요한 성질은 세탄가이다. 세탄가는 디젤기관 연료의 착화성을 나타낸 것이다.

08 기관 과열의 주요 원인이 아닌 것은?
① 라디에이터 코어의 막힘
② 냉각장치 내부의 물때 과다
③ 냉각수의 부족
④ 오일량 과다

09 과급기를 부착하였을 때의 장점이 아닌 것은?
① 고지대에서도 출력의 감소가 적다.
② 회전력이 증가한다.
③ 기관 출력이 향상된다.
④ 압축온도의 상승으로 착화지연 시간이 길어진다.

  착화지연이란 연료가 연소실에 분사되어 연소될 때까지의 시간을 말한다. 과급기 부착여부에 따라 변하는 것이 아니고 연소조건 및 실린더 내의 온도 등에 따라 변한다.

10 건설기계에서 기관점검기가 회전하지 않을 경우 점검할 사항이 아닌 것은?
① 축전지 방전 여부
② 배터리 단자의 접속 여부
③ 팬벨트의 이완 여부
④ 배선의 단선 여부

  전동기의 원활한 회전을 위해서는 축전지 상태와 회로부의 단선여부 및 전동기 자체에 의해 영향을 미친다.

11 겨울 축전지 2개를 직렬로 접속하면 어떻게 되는가?
① 전압은 2배가 되고 용량은 같다.
② 전압은 같고 용량은 2배가 된다.
③ 전압과 용량 모두 같다.
④ 전압과 용량 모두 2배가 된다.

  축전지 연결 직렬로 하면 전압이 상승하고 병렬 연결하면 전류가 상승한다.

12 배터리의 충·방전 작용은 다음 어떤 작용을 이용한 것인가?
① 발열 작용
② 자기 작용
③ 화학 작용
④ 발광 작용
☞ 축전지는 화학작용에 의해 전기적 에너지를 화학적으로 보관한다.

13 축전지의 전해액이 자연 감소되었을 때 보충하기 가장 적합한 것은?
① 증류수
② 황산
③ 경수
④ 수돗물
☞ 증류수를 극판 위로부터 10~13mm 정도 보충하면 된다.

14 토크 컨버터의 동력전달 매체로 맞는 것은?
① 플라이 휠
② 유체
③ 벨트
④ 기어
☞ 토크 컨버터는 유체 클러치의 일종으로 내부에 유체로 채우고 임펠러와 터빈 등의 회전 시 원심력에 의해 동력이 전달된다.

15 무한궤도식 건설기계에서 주행장치 트랙에 대한 설명으로 틀린 것은?
① 상부 롤러는 보통 1~2개가 설치되어 있다.
② 하부 롤러는 트랙프레임의 한쪽 아래에 5~7개 설치되어 있다.
③ 상부 롤러는 스프로킷과 아이들러 사이에 트랙이 처지는 것을 방지한다.
④ 하부 롤러는 트랙의 마모를 방지해 준다.
☞ 하부 롤러(Track roller, 트랙 롤러)는 트랙 프레임에 5~7개 정도가 설치되며, 트랙터의 전차 중량을 지지하고, 전차 중량을 균등하게 트랙에 배분하면서 트랙의 회전 위치를 바르게 유지하는데 관련한다.

16 동력전달장치에서 주행축의 벨런스 웨이트에 대한 설명으로 맞는 것은?
① 추진축의 비틀림을 방지한다.
② 변속조작 시 변속을 용이하게 한다.
③ 추진축의 회전수를 높인다.
④ 추진축의 회전 시 진동을 방지한다.
☞ 추진축은 강한 비틀림을 받으면서 고속 회전하는 부분이므로 이에 견딜 수 있도록 밸런스 웨이트 등을 사용하며, 회전평형을 유지하기 위해 밸런스 웨이트(평형추)가 부착되어 있다.

17 실린더의 피스톤이 고속으로 왕복 운동할 때 행정의 끝에서 피스톤이 커버에 충돌하여 발생하는 충격을 흡수하고, 그 충격력에 의해서 발생하는 유압회로의 악영향이나 유압기기의 손상을 방지하기 위해서 설치하는 것은?
① 쿠션기구
② 밸브기구
③ 유압기기
④ 서블기구

18 충압기(아큐뮬레이터)의 사용 목적이 아닌 것은?
① 유압회로 내의 압력 상승
② 충격압력 흡수
③ 유체의 맥동 감소
④ 압력 보상
☞ 아큐뮬레이터의 용도
· 대유량의 맥동을 순간적으로 공급한다.
· 유압 펌프의 맥동을 제거한다.
· 충격 압력을 흡수한다.
· 압력을 보상해 준다.

19 유압장치의 장점이 아닌 것은?
① 속도 제어(speed control)가 용이하다.
② 힘의 역속적 제어가 용이하다.
③ 온도의 영향을 많이 받는다.
④ 운전성, 내마멸성, 방청성이 좋다.
☞ 유압장치의 단점
· 오일의 누설의 위험이 있다.
· 회로의 위험에 영향을 받기 쉽다.
· 배관작업이 복잡하다.
· 공기가 혼입되기 쉽다.

20 유압 관내에 공기가 혼입되었을 때 일어날 수 있는 현상과 가장 거리가 먼 것은?
① 공동 현상
② 기화 현상
③ 숨돌리기 현상
④ 열화 현상

21 유압 실린더를 행정 최종단에서 실린더의 속도를 감속하여 서서히 정지시키고자 할 때 사용되는 밸브는?
① 디셀러레이션 밸브
② 셔틀 밸브
③ 프로필 밸브
④ 디콤프레션 밸브
☞ 실린더 속도조기가 향상시 생긴다.
유류유의 속도가 축진된다.
공동현상으로 충격, 소음상, 포화상태가 된다.

22 유압기기의 과부하 방지를 위한 밸브로 맞는 것은?
① 브레이크 밸브
② 방향제어 밸브
③ 릴리프 밸브
④ 스로틀 밸브
☞ 릴리프 밸브(relief valve)는 유압 펌프의 제어 밸브 내의 배압에 설치되어 고압측의 유압이 시스템의 일정 압력 이상으로 증가하는 것을 방지하고 시스템 내의 압력을 설정하기 최고 압력을 제어하여 회로를 보호한다.

23 유압모터를 선택할 때 고려 사항과 가장 거리가 먼 것은?
① 동력
② 부하
③ 효율
④ 점도

24 유압기기에서 캐비테이션(Cavitation)을 방지하기 위한 방법으로 적합하지 않은 것은?
① 적당한 점도의 작동유를 선택한다.
② 흡입구 중의 공기와 수분 등의 이물질 유입을 방지한다.
③ 유압 펌프의 구동 속도를 규정 속도 이상으로 하지 않는다.
④ 하이드로릭 실린더에 부하가 걸리지 않도록 유압모터를 선택할 때는 부하, 동력, 효율 등을 고려하며, 점도는 유압장치 점검정비 시 점검 및 교환한다.

25. 유압 오일의 중요 중 갖추어야 할 적절한 조건은?
① 탄성이 양호하고 압축성이 적을 것
② 작동 시 마모가 클 것
③ 체적 탄성(또는 탄성) 계수가 작을 것
④ 오일의 누설이 클 것

26. 유압 회로 내에 잔압을 설정해 두는 이유로 가장 적절한 것은?
① 제동 해제 방지
② 유로 파손 방지
③ 오일 산화 방지
④ 작동 지연 방지

27. 동력 전달장치에서 가장 재해가 많이 발생하는 것은?
① 차축
② 기어
③ 피스톤
④ 벨트

28. 안전작업은 복장의 착용상태에 따라 달라진다. 다음에서 점검사항이 아닌 것은?
① 땀을 닦기 위한 수건이나 손수건을 허리나 목에 걸고 작업해서는 안 된다.
② 옷소매 폭이 너무 넓지 않은 것이 좋고, 단추가 달린 것은 되도록 피한다.
③ 물체 추락의 우려가 있는 작업장에서는 안전모를 착용해야 한다.
④ 복장을 단정하게 하기 위해 넥타이를 꼭 매야 한다.

29. 화재예방 조치로서 적합하지 않은 것은?
① 가연성 물질을 인화장소에 두지 않는다.
② 유류 취급 장소에는 방화수를 준비한다.
③ 흡연은 정해진 장소에서만 한다.
④ 화기는 정해진 장소에 취급한다.

30. 화재 발생 시 초기 진화를 위해 소화기를 사용하고자 할 때, 다음 보기에서 소화기 사용방법에 따른 순서로 맞는 것은?

  a. 안전핀을 뽑는다.
  b. 안전핀 걸림 장치를 제거한다.
  c. 손잡이를 꽉 누른다.
  d. 노즐을 불이 있는 곳으로 향하게 한다.

① a → b → c → d
② c → a → b → d
③ d → b → c
④ b → a → d → c

31. 볼트 등을 조일 때 조이는 힘을 측정하기 위하여 쓰는 렌치는?
① 복스 렌치
② 오프 엔드 렌치
③ 소켓 렌치
④ 토크 렌치

32. 수공구를 사용하여 일상정비를 할 경우의 필요 사용으로 가장 부적합한 것은?
① 수공구를 사용할 때는 손에서 잘 놓이도록 한다.
② 수공구는 작업 시 손에서 놓지 않도록 주의한다.
③ 용도 외의 수공구는 사용하지 않는다.
④ 작업을 빨리하기 위해 위에 올라가 작업하는 경우 미끄러지지 않는 공정이 있다.

33. 안전사고의 원인 중 불안전한 행위에 해당되지 않는 것은?
① 안전당한 배치
② 부적당한 자세의 무시
③ 기량의 부족
④ 불안전한 작업행동

34. 안전관리의 근본 목적으로 가장 적절한 것은?
① 생산의 경제적 운용
② 근로자의 생명 및 신체의 보호
③ 생산과정의 시스템화
④ 생산량 증대

35. 작업장에서 실시하는 안전점검의 가장 적절한 것은?
① 안전에 대한 기본방침과 실시 상황 보고
② 장비 및 공구의 정상성 여부
③ 안전보호구의 상태
④ 작업장의 정리, 정돈 상태

36. 안전보건표지의 종류와 형태에서 그림의 표지로 맞는 것은?

① 산화성 물질 경고
② 폭발성 물질 경고
③ 금성독성 물질 경고
④ 인화성 물질 경고

안전보건표지
인화성 물질 경고 | 산화성 물질 경고 | 폭발성 물질 경고 | 급성독성 물질 경고

37 지게차의 기준부하상태란 무엇을 의미하는가?
① 지면으로부터의 높이가 300mm의 수평상태에서 지게차의 포크 윗면에 최대하중이 고르게 가해지는 상태
② 지면으로부터의 높이가 300mm인 수평상태의 지게차의 포크 윗면에 하중이 가해지지 아니한 상태
③ 지면으로부터의 높이가 수평상태의 지게차의 포크 윗면에 최대하중이 고르게 가해지는 상태
④ 지면으로부터의 높이가 최대인 수평상태의 지게차의 포크 윗면에 하중이 가해지지 아니한 상태

38 지게차에서 리프트 실린더의 주된 역할은?
① 마스트를 틸트시킨다.
② 마스트를 이동시킨다.
③ 포크를 상승, 하강시킨다.
④ 포크를 상하로 기울게 한다.

39 지게차의 화물 운반방법 중 틀린 것은?
① 경사지에서 화물을 운반할 때 내리막에서는 후진으로, 오르막에서는 전진으로 운행한다.
② 화물을 적재하고 운반할 때에는 항상 후진으로 운행한다.
③ 운전 중 포크를 지면에서 20~30cm 정도 유지시킨다.
④ 화물 운반 중에는 마스트를 뒤로 4° 가량 경사시킨다.

40 지면이 고르지 않은 야외 벌목장이나 야적장 등의 험준한 지역에서 사용되는 지게차는?
① 사이드 휠 지게차
② 험로용 지게차
③ 방폭형 지게차
④ 습지형 지게차

41 클러치형 지게차의 동력전달 순서로 맞는 것은?
① 엔진 → 변속기 → 앞 구동축 → 중간감속기어 및 차동장치
② 엔진 → 클러치 → 중간감속기어 및 차동장치 → 앞 구동축
③ 엔진 → 클러치 → 중간감속기어 및 차동장치 → 변속기 → 앞 구동축
④ 엔진 → 변속기 → 클러치 → 중간감속기어 및 차동장치 → 앞 구동축

42 지게차에서 마스트의 전경각 및 후경각에 대한 설명으로 틀린 것은?
① 전경각이란 기준무하상태에서 지게차의 마스트를 포크 쪽으로 가장 기울인 경우 마스트가 수직면에 대하여 이루는 기울기를 말한다.
② 후경각이란 기준무하상태에서 지게차의 마스트를 조종실 쪽으로 가장 기울인 경우 마스트가 수직면에 대하여 이루는 기울기를 말한다.
③ 카운터 밸런스 지게차의 전경각은 6° 이하, 후경각은 12° 이하이어야 한다.
④ 사이드 포크형 지게차의 전경각 및 후경각은 각각 5° 이하이어야 한다.

43 지게차의 주차 시키고자 할 때 안전으로 맞는 것은?
① 앞으로 기울어진 경사지에 주차하려면 최대로 하여 포크를 지면에 내려놓는다.
② 평지에 주차하면 아무런 조치가 필요없다.
③ 앞으로 기울어진 경사지에 주차하려는 누설 방지 볼 위에 고임목 10cm 등이 놓는다.
④ 평지에 주차하고 포크는 지면에 밀착 되도록 내려놓는다.

44 지게차의 수신호 방법에서 오른팔을 들고 오른주먹을 고려는 신호로 맞는 것은?
① 화물이동 ② 호출
③ 포크상승 ④ 포크하강

45 지게차에서 자동차와 같이 스프링을 사용하지 않는 이유를 설명한 것 중 맞는 것은?
① 화물에 충격을 주지 위함이다.
② 앞차축이 구동축이기 때문이다.
③ 현가장치가 있으면 조향이 어렵기 때문이다.
④ 불균형 하물이 떨어질 수 있기 때문이다.

46 지게차의 조종 레버 명칭이 아닌 것은?
① 변속 레버
② 밸브 레버
③ 리프트 레버
④ 틸트 레버

47 지게차의 앞바퀴는 어디에 설치되는가?
① 너클 암에 설치된다.
② 새플 판에 설치된다.
③ 등속이음에 설치된다.
④ 직접 프레임에 설치된다.

48 전동식 지게차에 설치되어 부착해야 하는 확인표지판의 내용이 아닌 것은?
① 축전지 판매자의 이름
② 일련번호
③ 정격 볼트(전압)
④ 5시간에 대한 시간당 암페어(용량)

확인표지판 내용(전동식 지게차의 축전지)
- 축전지 제조자의 이름
- 형식
- 일련번호
- 정격 볼트(전압)
- 정격용량(전압)
- 축전지 총중량(케이스 포함)

49 지게차의 작업 장치로 긴 화물이 부착된 구조물을 설치하여 적재한 작업 장치는?
① 램(Ram)
② 푸시 풀(Push pull)
③ 잉고트 클램프(Ingot clamp)
④ 사이드 시프터(Side shifter)

- 램(Ram) : 긴 화물의 부착된 구조물을 포크 대신 설치하여 속이 비어있는 화물을 이동하는 작업 장치(카페트, 전선, 드럼통 등)
- 푸시 풀(Push pull) : 팰리트 대신 슬립시트 위에 놓은 화물을 밀거나 당겨서 적재, 하역하는 기계, 타이어 등
- 잉고트 클램프(Ingot clamp) : 팰리트 단조용 소재를 이용하여 암으로 모재를 잡아서 옮기는 작업 장치(단조공장, 압연공장 등)
- 사이드 시프터(Side shifter) : 포크를 좌우로 이동시켜 차량 중앙에서 벗어나는 팰리트의 화물을 적재하는 작업 장치(창고, 컨테이너 내에서의 작업에 편리함)

50 지게차의 내부압력을 받는 호스, 배관 그 밖의 연결 부분 장치는 유압펌프를 받을 수 있는 작동압력의 몇 배 이상의 압력에 견딜 수 있어야 하는가?
① 6배
② 5배
③ 3배
④ 2배

지게차의 내부압력을 받는 호스, 배관, 그 밖의 연결 부분 장치는 유압펌프가 받을 수 있는 작동압력의 3배 이상의 압력에 견딜 수 있어야 한다.

51 지게차 운전 조작 시 안전한 사항으로 맞지 않는 것은?
① 마스트를 점검방향으로 틸트하고 포크를 지면에 내려놓는다.
② 시동 스위치를 안전하게 두고 주차 브레이크를 작동시킨다.
③ 주・정차 시 지게차의 키를 꽂아두는 구조하지 않는다.
④ 통로나 비상구에는 주차하지 않는다.

주・정차 시는 키를 빼내어 지정된 장소에 보관한다.

52 지게차 제인압력 조작방법이 아닌 것은?
① 좌우 체인이 동시에 평행하게 힘을 내려한다.
② 시동 스위치를 연결하고 포크를 지면에 내려놓는다.
③ 손으로 체인을 눌렀보아 안쪽이 다른면 조정한다.
④ 포크를 지상에서 10~15cm 올린 후 조정한다.

체인장력 조정이 끝나면 로크너트를 토크시켜야 한다.

53 다음 중 지게차의 일일 점검 사항으로 맞지 않는 것은?
① 외관 점검
② 누수, 누유 점검
③ 엔진오일 유량 점검
④ 연료 탱크 내의 침전물 배출

연료탱크 침전물 배출은 정기 점검 사항이다.

54 지게차 작업 장치 중 포크의 한쪽이 기울어지는 가장 큰 원인은?
① 한쪽 롤러(side roller)가 마모
② 한쪽 실린더(cylinder)의 작동유가 부족
③ 한쪽 체인(chain)이 늘어남
④ 한쪽 리프트 실린더(lift cylinder)가 마모

지게차의 한쪽 체인(chain)이 늘어지면 포크의 기울어진다.

55 지게차 작업 시 화물을 적재하고 주행할 때 포크와 지면과 간격으로 가장 적당한 것은?
① 지면에 밀착
② 20~30cm
③ 40~50cm
④ 70~80cm

화물을 적재하고 주행할 때 포크와 지면으로부터 20~30cm 정도의 간격을 유지해야 한다.

56 다음 중 지게차의 작업 장치가 아닌 것은?
① 로테이팅 포크(Rotating fork)
② 로드 스테빌라이저(Load stabilizer)
③ 힌지드 바켓(Hinged bucket)
④ 브레이커(Breaker)

- 로테이팅 포크(Rotating fork) : 포크의 360° 회전 기능이 부가된 포크로 화물 캐리지와 포크가 같이 회전하여 드럼용 등의 작업에 유리함, 식품공장 등
- 로드 스테빌라이저(Load stabilizer) : 상부의 안정판이 유압에 의해 안정 장치(기계의 기능장치)가 되어 깨지기 쉬운 화물이나 불안정한 화물을 실었을 때 안정하게 작업할 수 있게 하는 장치, 벽돌 처리, 도자기 공장 등
- 힌지드 바켓(Hinged bucket) : 힌지드 포크에 버켓을 부착하여 흘러 내릴 위험이 있는 화물(소금, 모래, 설탕, 비료, 석탄, 시멘트, 곡물 등)을 운반
- 브레이커(Breaker) : 굴착기의 작업 장치

57 4차로 고속도로에서 건설기계의 법정 최고속도는 매시 몇 km인가?
① 100km
② 110km
③ 80km
④ 60km

4차로 고속도로에서 건설기계의 법정 최고속도는 매시 80km/h이다.

58 녹색신호에서 교차로 내를 직진 중에 황색신호로 바뀌었을 때, 안전운전 방법 중 가장 옳은 것은?
① 속도를 줄여 조금씩 움직이는 정도의 속도로 서행하면서 진행한다.
② 일시 정지하여 좌우를 살피고 진행한다.
③ 일시 정지하여 다음 신호를 기다린다.
④ 계속 진행하여 교차로를 통과한다.

59 도로교통법상 반드시 서행하여야 할 장소로 지정된 곳으로 가장 적절한 것은?
① 안전지대 우측
② 비탈길의 오르막
③ 교통정리가 행하여지고 있는 교차로
④ 비탈길의 고개마루 부근

녹색신호에서 교차로 내를 직진 중에 황색신호로 바뀌었을 때에는 신속하게 교차로 밖으로 벗어나야 한다.

서행하여야 할 곳
- 교통정리가 행하여지지 아니하고 교통이 빈번한 교차로
- 도로가 구부러진 곳
- 비탈길의 고개마루 부근
- 가파른 비탈길의 내리막

60 일시정지 안전 표지판이 설치된 횡단보도에서 일반드는 것은?

① 경찰공무원의 진행신호를 하여 일시정지 하지 않고 통과하였다.
② 횡단보도 직전에 일시정지하여 안전을 확인한 후 통과하였다.
③ 보행자가 보이지 않아 그대로 통과하였다.
④ 연속적으로 진행 중인 앞차의 뒤를 따라 진행할 때 일시정지 하였다.

💡 일시정지 표지판이 설치된 장소에서는 반드시 일시정지 후 안전을 확인하고 통과하여야 한다.

정답 03회 CBT 복원문제

01 ①	02 ③	03 ④	04 ③	05 ②	06 ①	07 ④	08 ④	09 ④	10 ③
11 ①	12 ③	13 ①	14 ②	15 ④	16 ④	17 ①	18 ①	19 ③	20 ②
21 ①	22 ③	23 ④	24 ④	25 ①	26 ④	27 ④	28 ④	29 ②	30 ④
31 ④	32 ④	33 ②	34 ②	35 ①	36 ④	37 ①	38 ③	39 ②	40 ④
41 ④	42 ④	43 ④	44 ③	45 ④	46 ②	47 ④	48 ①	49 ①	50 ③
51 ③	52 ②	53 ④	54 ③	55 ②	56 ④	57 ③	58 ④	59 ②	60 ③

04 CBT 복원문제

01 건설기계의 주요구조 변경 및 개조의 범위에 해당되지 않는 것은?
① 원동기의 형식 변경
② 유압장치의 형식 변경
③ 유압장치의 형식 변경
④ 건설기계 기종 변경

- 구조 변경이 되는 사항
  • 건설기계의 기종 변경
  • 육상 작업용 건설기계 규격의 증가를 위한 구조 변경
  • 적재함의 용량 증가를 위한 구조 변경

02 건설기계조종사의 적성검사 기준으로 가장 거리가 먼 것은?
① 두 눈을 동시에 뜨고 잰 시력이 0.7 이상이고, 두 눈의 시력이 각각 0.3 이상일 것
② 시각은 150도 이상일 것
③ 언어분별력이 80% 이상일 것
④ 50데시벨(보청기를 사용하는 사람은 40데시벨)의 소리를 들을 수 있을 것

- 작성검사 기준
  • 두 눈을 동시에 뜨고 잰 시력(교정시력을 포함)이 0.7 이상이고 두 눈의 시력이 각각 0.3 이상일 것
  • 55데시벨(보청기를 사용하는 사람은 40데시벨)의 소리를 들을 수 있고, 언어분별력이 80퍼센트 이상일 것
  • 시각은 150도 이상일 것
  • 정신병자·지적장애인·뇌전증환자, 마약·대마·향정신성의약품, 알코올 중독자가 아닐 것

03 건설기계관리법상 중정비란?
① 5일 미만의 지료를 요하는 진단이 있을 때
② 3주 이상의 지료를 요하는 진단이 있을 때
③ 3주 미만의 지료를 요하는 진단이 있을 때
④ 7일 이상의 지료를 요하는 진단이 있을 때

- 건설기계관리법상 중정비는 3주 이상의 지료를 요하는 진단이 있을 때 미만의 지료를 요하는 진단이 있을 때 매를 말한다.

04 등록된 건설기계의 주요 구조를 변경 또는 개조하였을 때는 사유 발생일로부터 며칠 이내에 검사를 받아야 하는가?
① 10일 이내
② 20일 이내
③ 30일 이내
④ 2개월 이내

05 건설기계관리법령상 건설기계조종사면허를 받지 않고 건설기계를 조종한 사람에 대한 벌칙은?
① 2년 이하의 징역 또는 2천만원 이하의 벌금
② 1년 이하의 징역 또는 1천만원 이하의 벌금
③ 300만원 이하의 벌금
④ 300만원 이하의 과태료

- 등록된 건설기계의 주요 구조를 변경 또는 개조하였을 때 실시하는 검사는 구조변경검사로 사유발생일로부터 20일 이내에 검사를 받아야 한다.

○ 건설기계 조종 또는 1천만원 이하의 벌금(주요 사항)
  • 거짓이나 그 밖의 부정한 방법으로 건설기계를 등록한 자
  • 건설기계 등록번호를 지워 없애거나 그 식별을 곤란하게 한 자
  • 건설기계의 주요 구조나 원동기, 동력전달장치, 제어장치 등을 변경 또는 개조한 자
  • 건설기계 사업자로서 또는 수입자이나 건설기계를 불이행한 자
  • 건설기계 정비업을 등록하지 아니하고 건설기계정비업을 한 자
  • 건설기계 조종사면허를 받지 아니하고 건설기계를 조종한 자
  • 건설기계 조종사면허를 거짓이나 그 밖의 부정한 방법으로 받은 자
  • 소속 직원에게 자격을 대여한 상태에서 건설기계를 조종한 자와 그러한 자가 건설기계를 조종하는 것을 알고도 말리지 아니하거나 그러한 자에게 자기의 건설기계를 조종하도록 한 건설기계사업자
  • 건설기계를 도로나 타인의 토지에 버려둔 자

06 건설기계의 임시운행 사유에 해당되지 않는 것은?
① 등록신청을 하기 위하여 건설기계를 등록지로 운행하는 경우
② 수출을 하기 위하여 건설기계를 선적지로 운행하는 경우
③ 판매 또는 전시를 위하여 건설기계를 일시적으로 운행하는 경우
④ 수리를 위해 정비공장으로 이동하기 위하여 운행하는 경우

- 임시운행 사유
  • 등록신청을 하기 위하여 건설기계를 등록지로 운행하는 경우
  • 신규등록검사 및 확인검사를 받기 위하여 건설기계를 검사장소로 운행하는 경우
  • 수출을 하기 위하여 건설기계를 선적지로 운행하는 경우
  • 수출을 하기 위하여 등록말소한 건설기계를 점검·정비의 목적으로 운행하는 경우
  • 신개발 건설기계를 시험·연구의 목적으로 운행하는 경우
  • 판매 또는 전시를 위하여 건설기계를 일시적으로 운행하는 경우

07 축전지 및 발전기에 대한 설명으로 틀린 것은?
① 시동 전 전원은 배터리이다.
② 시동 후 전원은 발전기이다.
③ 시동 후 충전 전원은 배터리로만 공급된다.
④ 발전기가 불량하여도 배터리로 운행이 가능하다.

08 전기장치의 퓨즈가 끊어졌을 때 사항으로 옳은 것은?
① 동일 용량의 것으로 갈아 끼운다.
② 용량이 큰 것으로 갈아 끼운다.
③ 구리선이나 납선으로도 가능하다.
④ 전기장치의 고장개소를 찾아 수리한다.

- 퓨즈는 전기 회로에서 단락이나 과부하 전원의 타거나 과전류가 흐르지 않도록 하는 구성품으로 사용 중인 퓨즈가 끊어졌다고 교체할 때는 동일한 용량의 것을 사용해야 한다.

09 교류발전기의 특징으로 틀린 것은?
① 속도변화에 따른 적용 범위가 넓고 소형, 경량이다.
② 저속에서도 충전이 가능하다.
③ 정류자를 사용하지 않는다.
④ 다이오드를 사용하기 때문에 정류 특성이 좋다.

○ 직류발전기와 교류발전기의 비교

구분	직류(DC)발전기	교류(AC)발전기
중량	무겁다.	가볍다.
정류	브러시와 수명	짧다. 다이오드
정류자	정류자와 브러시	실리콘 다이오드
공전시충전	충전불가능	충전가능
구조	계자코일 고정, 아마추어 회전	스테이터 고정, 로터 회전
사용범위	고속회전에는 견딤	고속회전에 견딤
조정기	컷아웃릴레이, 전압조정기, 전류조정기	전압조정기만 필요

10 기관에서 실린더 마모가 가장 큰 부분은?
① 실린더 아랫부분
② 실린더 윗부분
③ 실린더 중간 부분
④ 실린더 연소실 부분

- 실린더 마모는 피스톤링의 작용과 이물질의 홈임 및 연소생성물에 그 원인이 있으며, 연소실에 가까운 실린더 윗부분이 마모가 가장 크다.

11 디젤기관에 과급기를 부착하는 주된 목적은?

① 출력의 증대
② 냉각효율의 증대
③ 배기효율의 증대
④ 윤활성의 증대

과급기(Supercharger)
기관의 작동 중 흡입공기에 회전력으로 압력을 가하여 실린더로 밀어 넣어주는 일종의 공기 펌프이다.
기관 전체 중량은 10~15%가 무거워지며, 기관의 출력은 35~45% 증대된다.

12 워터 펌프를 구동하는 팬 벨트의 장력이 적을 때의 현상으로 가장 적합한 것은?

① 벨트가 이완된다.
② 냉각수 온도가 높아진다.
③ 기관이 과열된다.
④ 발전기 충전이 과다해진다.

팬 벨트 점검하기
- 벨트 점검 회전상태로 점검
- 소음 발생
- 팬 벨트 미끄럼 촉진

13 액슬 축과 액슬 하우징의 조합방법에서 액슬 축의 지지 방식이 아닌 것은?

① 전부동식
② 반부동식
③ 3/4부동식
④ 전유동식

액슬 축의 하우징에 대한 지지방식에 따라 수직, 수평, 하중이 밀리거나, 지지방식으로는 반부동식, 3/4부동, 식, 전부동식(대형 트럭)이 있다.

14 윤활장치에 사용되고 있는 오일펌프로 적합하지 않은 것은?

① 기어 펌프
② 로터리 펌프
③ 베인 펌프
④ 나사 펌프

윤활장치에 사용되는 오일펌프로는 기어 펌프, 로터리 펌프, 베인 펌프 등이 있으며, 4행정 기관에 주로 사용되는 오일펌프는 로터리식과 기어식이다.

15 오일의 여과 방식이 아닌 것은?

① 자력식
② 분류식
③ 전류식
④ 샨트식

16 건설기계 작업 중 계기판의 경고등이 다음과 같이 켜졌다. 조치해야 할 사항은?

① 냉각수를 보충한다.
② 연료를 보충한다.
③ 시동을 끄고 냉각계통을 점검한다.
④ 작업을 마무리하고 일일점검을 실시한다.

17 유압장치의 장점을 설명한 것이 틀린 것은?

① 소형장치로 큰 출력을 발생한다.
② 무단변속이 가능하고 정확한 위치제어를 할 수 있다.
③ 누유의 염려가 있어도 정밀한 속도와 제어가 가능하다.
④ 과부하에 대한 안전장치가 간단하고 정확하다.

유압장치의 장점
- 무단 변속에 대한 안정성이 간편하고 정확하게 제어한다.
- 동력의 분배와 집중이 자유스에서 쉽게 제어할 수 있다.
- 소형의 힘, 유압 및 회전력의 실어 마찰이 적고 제어하다.
- 전동에 비해 작동이 원활하다, 부품성이 높다.
- 각종 장치로 큰 출력을 발생한다.
- 에너지의 저장이 가능하다.

18 유압회로에 사용되는 유압밸브의 역할이 아닌 것은?

① 일의 관성을 제어한다.
② 일의 방향을 변환시킨다.
③ 일의 속도를 제어한다.
④ 일의 크기를 조정한다.

유압밸브
- 압력제어밸브 : 일의 크기 제어, 릴리프 밸브, 리듀싱 밸브, 시퀀스 밸브, 언로더 밸브,
- 유량제어 : 일의 속도를 제어한다. 체크 밸브, 압력 보상 유량조정밸브, 교축 밸브, 분류 밸브, 감속 밸브,
- 방향제어 : 일의 방향을 변환시킨다.(체크 밸브, 스풀 밸브, 셔틀 밸브)

19 차체중량에 의한 자유낙하 등을 방지하기 위하여 회로에 배압을 유지하는 밸브는?

① 카운터 밸브
② 체크 밸브
③ 릴리프 밸브
④ 카운터 밸런스 밸브

카운터 밸런스 밸브(counter balance valve)는 유압 실린더 등이 자유 낙하되는 것을 방지하기 위하여 배압을 유지시키는 역할을 한다.

20 유압기기의 작동속도를 높이기 위하여 무엇을 변화시켜야 하는가?

① 유압 펌프의 토출유량을 증가시킨다.
② 유압 모터의 압력을 높인다.
③ 유압 모터의 토출량을 높인다.
④ 유압 모터의 크기를 작게 한다.

21 유압장치의 부품을 교환한 후 다음 중 가장 우선 시행해야 할 작업은?

① 최대부하 상태의 운전
② 유압을 점검
③ 유압장치의 공기빼기
④ 유압 오일필터 청소

유압장치의 부품을 교환 후 가장 먼저 공기빼기 작업을 해주어야 한다. 공기빼기 작업은 "엔진 기동 → 난기 운전 실시 → 각 유압실린더를 5분 정도 천천히 반복 작동 시키는 순서로 한다.

22 유압 모터의 종류가 아닌 것은?

① 기어 모터
② 베인 모터
③ 플런저 모터
④ 터빈 모터

유압 모터는 기어형, 베인형, 액시얼 레이디얼 피스톤형, 감압 시동기형, 스크로그형이 있다.

23 아큐뮬레이터(축압기)의 사용 목적이 아닌 것은?

① 유압회로 내의 압력 상승
② 충격압력 흡수
③ 유체의 맥동 감쇠
④ 압력 보상

해설 아큐뮬레이터의 용도
- 대유량의 순간적으로 공급한다.
- 유압펌프의 맥동을 제거한다.
- 충격 압력을 흡수한다.
- 압력을 보상해 준다.

24 그림의 유압 기호는 무엇을 표시하는가?

① 실린더
② 아큐뮬레이터
③ 오일 탱크
④ 유압 실린더 로드

해설 기호는 아큐뮬레이터(축압기)이며 축압기는 유압 에너지의 저장, 충격흡수 등에 이용된다.

25 유압 모터와 유압 실린더의 설명으로 맞는 것은?

① 둘 다 회전운동을 한다.
② 모터는 직선운동, 실린더는 회전운동을 한다.
③ 둘 다 왕복운동을 한다.
④ 모터는 회전운동, 실린더는 직선운동을 한다.

해설 유압 액추에이터는 유압펌프로부터 공급된 작동유의 유압에너지를 이용하여 기계적인 일, 축 직선운 동이나 회전운동으로 변환시키는 장치로 유압 실린더는 직선운동, 유압 모터는 회전운동을 한다.

26 피스톤의 지름이 20mm인 유압 실린더에서 유압이 50kgf/cm² 작용할 때 실린 더에서 발생되는 힘은 약 얼마인가?

① 15.7kg   ② 78.5kg
③ 100kg   ④ 157kg

해설
- 압력 = 힘/단면적
- 단면적 = $\dfrac{\pi D^2}{4} = \dfrac{3.14 \times 2(cm)^2}{4} = 3.14cm^2$
- 힘 = 3.14cm² × 50kgf/cm² = 157kgf

27 산업재해 발생원인 중 직접원인에 해당되는 것은?

① 유전적 요소   ② 사회적 환경
③ 불안전한 행동 ④ 인간의 결함

28 먼지가 많이 발생하는 장소에서 착용해야 하는 마스크는?

① 방독마스크   ② 산소마스크
③ 증기마스크   ④ 방진마스크

해설 호흡용 보호구
- 방독마스크 : 유기용제, 유독가스, 분진 발생작업
- 송기마스크 : 산소마스크, 저장조, 하수구 청소 및 산소결핍 작업장
- 방진마스크 : 분체작업, 연마작업, 광택작업, 배출작업 등 먼지가 많은 작업장

29 장갑을 끼고 작업할 때 위험한 작업은?

① 건설기계운전   ② 타이어 교환 작업
③ 해머 작업   ④ 오일 교환 작업

해설 장갑을 착용하면 안 되는 작업
- 해머 작업
- 드릴 작업
- 연삭 작업
- 정밀기계 작업

30 복스 렌치가 오픈 렌치보다 사용되는 이유로 가장 작업할 중의 것은?

① 볼트, 너트 주위를 완전히 감싸게 되어 있어 사용 중에 미끄러지 않는다.
② 여러 가지 크기의 볼트, 너트에 사용할 수 있다.
③ 값이 싸며, 적은 힘으로 작업할 수 있다.
④ 가볍고, 사용하는데 편리하다.

31 조정렌치 사용 및 관리요령으로 적합하지 않은 것은?

① 볼트를 풀 때는 렌치의 아래턱에 힘이 가해지도록 하여 사용한다.
② 작업할 힘을 가할 때에는 잡아당기면서 작업한다.
③ 입에 맞추어 조정한 후 작업한다.
④ 볼트를 죌 때 힘이 모자라면 렌치 끝에 파이프를 끼워 사용한다.

해설 렌치(Wrench)
- 오픈 렌치 : 스패너라고 하며, 볼트의 머리 6각 중 두 군데만 고정하여 돌리기 때문에 쉽게 손상될 수 있다.
- 복스 렌치 : 작업 중에 스패너보다도 사용하며, 볼트 또는 너트를 조이거나 풀 때는 가해지도록 해야 한다.
- 몽키 렌치 : 오픈 렌치와 같이 볼트, 너트를 쉽게 손상시키지 않고 큰 힘을 걸 수 있어 미끄러지지 않 며, 고정턱에 힘이 걸리도록 볼트, 너트를 돌린다. 볼트, 너트를 풀거나 조일 때는 복스 렌치의 쪽을 이용한다.
- 토크 렌치 : 볼트, 너트를 풀 때 볼트머리에 꼭 끼워져야 한다.
- 조정 렌치는 조정나사의 조정부에 사용을 잘하면 공구로 오일 볼트나 너트를 아무나 깨지게 되 될 때는 고정 조에 힘이 가해지도록 하여야, 연결하여 사용하지 않는다.

32 안전보건표지의 색채와 관련하여 바탕색은?

① 노란색   ② 흰색
③ 파란색   ④ 검은색

33 안전보건표지를 제작할 때의 규격과 가장 거리가 먼 것은?

① 재질   ② 형광
③ 모양   ④ 내용

해설 안전보건표지의 그 종류별로 사용되는 색채, 색도기준 및 용도는 사용 색도 색채의 지정에 따라 제작하여야 하며, 색채표의 내용이 정해져 있다.

34 유류화재 발생 시 화재진압을 위한 가장 효과적인 방법은?

① 물 호스의 사용
② 불어 쪽대를 만드는 덮개의 사용
③ 소다 소화기의 사용
④ 탄산가스 소화기의 사용

해설 유류 및 가스화재는 B급 화재로 탄산가스(CO₂) 소화기, 포말 소화기, 중탄산 약제 소화기를 사용하여 화재를 진압한다.

35 공장에서 엔진 등과 같은 중량물을 이동하고자 한다. 가장 좋은 방법은?
① 여러 사람이 들고 조용히 운반한다.
② 체인 블록이나 호이스트를 사용한다.
③ 로프로 묶고 살살이 당긴다.
④ 지렛대를 이용하여 움직인다.

◈ 중량물은 인력으로만 금지되며, 체인 블록이나 호이스트를 사용해서 운반하여야 한다.

36 기계의 회전부분(기어, 벨트, 체인)에 덮개를 설치하는 이유는?
① 좋은 품질의 제품을 얻기 위하여
② 회전 부분의 속도를 높이기 위하여
③ 제품의 제작과정을 숨기기 위하여
④ 회전부분과 신체의 접촉을 방지하기 위하여

◈ 기계의 회전부분 (기어, 체인, 벨트, 풀리 등)의 위험 사고가 빈번한 곳으로 이곳에 덮개를 설치하여 접촉을 방지하기 위한 안전장치이다.

37 다음 중 지게차에 대한 설명으로 볼 수 없는 것은?
① 화물을 운반하거나 다른 지정에 장비에 적재 또는 하역 작업을 하는 장비이다.
② 앞바퀴 구동식으로 되어 있다.
③ 뒷바퀴 조향식으로 되어 있다.
④ 무한궤도식, 타이어식, 트랙형식 가진 것들 말한다.

◈ 무한궤도식, 타이어식, 트랙형식 굴착기, 기중기 등의 주행장치별 분류이며, 지게차는 타이어식으로 앞열은 장치식 조정식을 가진 것을 말한다.

38 지게차의 구조 중 틀린 것은?
① 마스트(mast)
② 래킹 볼(wrecking ball)
③ 가운터 웨이트(counter weight)
④ 틸트 레버(tilt lever)

◈ 래킹 볼(wrecking ball)은 건물을 해체하거나 철거할 때 사용하는 기구 겸을 말한다.

39 다음 중 지게차의 하중을 지지하는 것은?
① 구동 차축
② 마스트 실린더
③ 차동 구동 장치
④ 차동 장치

◈ 지게차의 하중은 구동 차축이 지지한다.

40 지게차의 하역방법 설명으로 가장 적절하지 못한 것은?
① 집을 내릴 때는 마스트를 앞으로 4° 정도 경사시킨다.
② 집을 내릴 때는 틸트 조작은 필요 없다.
③ 집을 올릴 때는 가속페달 사용은 필요 없다.
④ 집을 내릴 때는 가속페달을 밟는 것이 좋다.

41 지게차에 집을 싣고 창고나 공장을 출입할 때의 주의사항 중 틀린 것은?
① 집이 출입구 높이에 닿지 않도록 주의한다.
② 뿔이나 몸을 자체 밖으로 내밀지 않는다.
③ 주위 장애물 상태를 확인 후 이상이 없을 때 출입한다.
④ 차폭과 출입구의 폭은 확인할 필요가 없다.

◈ 틸트 레버를 당기면 마스트가 뒤쪽으로 기울어지고, 일면 마스트가 앞쪽으로 기울어진다. 따라서, 하물을 적재하고 하역할 때 틸트 레버를 조작이 수반된다.

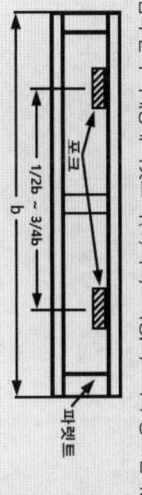

42 지게차 작업 도중에 엔진이 정지 되었을 때 틸트 레버를 당겨도 마스트가 경사되지 않도록 하는 것은?
① 스텝밸브이지
② 틸트 록 밸브
③ 벨 크랭크 기구
④ 체크 밸브

◈ 지게차가 작업 도중에 엔진이 정지되면 틸트 록 밸브가 유압회로를 차단하여 틸트 레버를 조작하여도 마스트가 경사지지 않는다.

43 지게차 포크의 간격은 파렛트 폭의 어느 정도로 하는 것이 가장 적당한가?
① 파렛트 폭의 1/2 ~ 1/3
② 파렛트 폭의 1/2 ~ 2/4
③ 파렛트 폭의 1/2 ~ 3/4
④ 파렛트 폭의 1/3 ~ 2/3

◈ 포크의 간격은 그림과 같이 적재되면 파렛트 폭(b)의 1/2 이상, 3/4 이하 정도 간격을 유지한다.

44 지게차의 적재방법으로 틀린 것은?
① 회물을 무거우면 사람이나 중량물로 카운터 웨이트를 대신한다.
② 회물을 올릴 때는 포크를 수평으로 한다.
③ 회물을 올릴 때는 가속페달을 밟는 동시에 레버를 조작한다.
④ 포크로 물건을 찌르거나 물리지 않는다.

45 지게차의 리프트 체인에 주유하는 가장 적합한 오일은?
① 작동유
② 엔진 오일
③ 솔벤트
④ 자동변속기 오일

◈ 지게차 리프트 체인에는 엔진오일을 주유한다.

46 지게차 주행시 안전사항으로 적합한 것은?
① 지게차의 최고 속도로 운행한다.
② 탐방한 회물시에 사람을 태우고 운행한다.
③ 경고봉, 좁은 장소 등에서는 지게차가 안전히 수행할 수 있다.
④ 후진 시에는 경광등, 후진경보를 등을 사용한다.

◈ 지게차 주행 시 후진할 때는 경광등, 후진경고등 등을 사용해야 하고, 급회전이나 과속을 하면 안 된다.

47 지게차 작업 시 지켜야 할 안전수칙으로 틀린 것은?
① 주 정차 시에는 반드시 주차 브레이크를 고정 시켜야 한다.
② 집을 운반 시에는 반드시 제한속도를 지킨다.
③ 급발진, 급정지, 급선회는 상황에 따라 허용된다.
④ 후진 시에는 반드시 뒤쪽을 살피고 운행해야 한다.

◈ 지게차 작업 시 사고의 위험성이 있으므로 급발진, 급정지, 급선회는 금지되고, 운행 시에는 탐방한 회물에 사람을 태우면 안 된다.

48 지게차의 조향장치에 대한 설명 중 틀린 것은?

① 조향장치는 지게차의 진행방향을 바꾸는 장치이다.
② 지게차는 뒷바퀴로 방향을 바꾸게 되어 있다.
③ 조향 조작방식은 최소 회전반경 1,800 ~ 2,750mm이고, 인쪽 바퀴의 조향각은 65 ~ 75°이다.
④ 조향장치는 유압식과 배력식이 사용된다.

49 지게차 작업 장치 중 핑거보드 위에 설치되어 포크의 적재된 화물을 지지하는 역할을 하는 것은?

① 백 레스트
② 리프트 체인
③ 균형추(카운터 웨이트)
④ 포크

50 지게차 작업 시 수신호의 설명 중 틀린 것은?

① 표크 상승 : 오른팔을 들고 오른손 손가락으로 원을 그린다.
② 표크 하강 : 오른팔을 들고 내리는 동작을 한다.
③ 작업 종료 : 오른팔을 들고 주먹을 쥔다.
④ 화물 이동 : 오른팔을 들고 오른손 손가락으로 이동할 이동 위치를 반복하여 가리킨다.

작업 항목	수신호 방법
표크 상승	오른팔을 들고 오른손 손가락으로 원을 그린다.
표크 하강	오른팔을 들고 내리는 동작을 한다.
화물 이동	오른팔을 들고 오른손 중지손가락으로 이동할 위치를 반복하여 가리킨다.
표크 전경	오른팔을 들고 오른손 손가락을 아래쪽으로 반복하여 가리킨다.
표크 후경	오른팔을 들고 오른손 손가락을 위쪽으로 반복하여 가리킨다.
작업 완경	오른손으로 가슴걸레를 그린다.
정지	오른손을 들고 주먹을 쥔다.
긴급정지	두 손을 넓게 올려 좌우로 크게 흔든다.
작업 종료	양손을 배에 대고 개별 모은다.

51 지게차에서 화물을 취급하는 방법으로 옳지 않은 것은?

① 작업 시 포크를 지면에서 800mm 정도 올려서 주행한다.
② 포크는 화물의 받침대에 속에 들어갈 수 있도록 조작한다.
③ 운반 중 마스트를 뒤로 약 4° 정도 경사시킨다.
④ 운반물을 적재하여 경사지를 주행할 때에는 짐이 언덕 위쪽으로 향하도록 한다.

52 다음 중 엔진식 지게차 설명으로 틀린 것은?

① 기관을 동력원으로 하여 기동성이 좋고, 중량물 적재작업에 대부분 이용되고 있다.
② 사용 연료에 따라 디젤 엔진, 가솔린 엔진, LPG 엔진으로 구분된다.
③ 기온이 낮은 실외에서 지게차의 러치쉥 브루크로 운전한다.
④ 엔진식 마찰 클러치 지게차는 컨버터형으로 분류된다.
⑤ 기온탄압과 러치쉥 지게차로 축전지를 동력원으로 이용하는 전동식 지게차에 해당된다.

53 지게차가 무부하상태에서 최대 조향각으로 운행 시 가장 바깥쪽 바퀴의 접지자국의 그리는 원의 반경을 무엇이라 하는가?

① 운간거리
② 최대 선회 반지름
③ 최소 직각 통로폭
④ 최소 회전 반지름

54 지게차 조종석 계기판에 없는 것은?

① 엔진 회전속도(rpm) 게이지
② 운행거리 적산계
③ 냉각수 온도계
④ 연료계

55 지게차 작업 중 포크를 하강시키는 방법으로 맞는 것은?

① 가속 페달을 밟고 리프트 레버를 앞으로 민다.
② 가속 페달을 밟지 않고 리프트 레버를 뒤로 당긴다.
③ 가속 페달을 밟지 않고 리프트 레버를 앞으로 민다.
④ 가속 페달을 밟고 리프트 레버를 뒤로 당긴다.

56 지게차 작업 시 화물을 인양 했을 때 지게차의 모멘트를 M1, 지게차의 하물을 인양 했을 때 지게차의 뒷바퀴가 들려지는 안 되는 조건으로 가장 알맞은 것은?

- W : 포크 중심에서의 화물의 중량(kg)
- G : 지게차 중심에서의 지게차 중량(kg)
- A : 앞바퀴에서 하물 중심까지의 거리(cm)
- B : 앞바퀴에서 지게차 하물 중심까지의 거리(cm)
- M1 : 화물의 모멘트, M1 = W × A
- M2 : 지게차의 모멘트, M2 = G × B
- 하물의 모멘트(M1) ≤ M2(지게차의 모멘트)

① M1 < M2
② M1 > M2
③ M1 ≤ M2
④ M1 ≥ M2

57 도로교통법상 폭우, 폭설, 안개 등으로 가시거리가 100m 이내일 때 최고속도의 감속기준으로 옳은 것은?

① 20%
② 50%
③ 60%
④ 80%

최고속도의 100분의 50을 줄인 속도로 운행하여야 하는 경우
- 폭우·폭설·안개 등으로 가시거리가 100m 이내인 경우
- 노면이 얼어 붙은 경우
- 눈이 20mm 이상 쌓인 경우

58 교통사고가 발생하였을 때 운전자가 가장 먼저 취해야 할 조치는?

① 즉시 피해자 가족에게 알린다.
② 즉시 사상자를 구호하고 경찰공무원에게 신고한다.
③ 즉시 보험회사에 신고한다.
④ 보험전자에게 신고한다.

💡 차의 교통으로 인하여 사상하거나 물건을 손괴한 때에는 그 차의 운전자 그 밖의 승무원은 즉시 정차하여 사상자를 구호하는 등 필요한 조치를 하여야 한다.

59 다음의 도로명판이 의미하는 바에 대한 설명으로 틀린 것은?

대정로23번길
Daejeong-ro 23beon-gil
1 → 65

① 대정로23번길은 대정로 시작지점부터 약 230미터 지점에서 분기되는 길이다.
② 대정로23번길의 총 길이는 약 650미터 정도이다.
③ 대정로23번길은 대정로 시작지점에서 오른쪽으로 분기되는 길이다.
④ 도로명판이 세워진 현 위치는 대정로23번길의 끝지점이다.

💡 도로명판
• 대정로23번길은 대정로 시작지점부터 약 230미터 지점에서 왼쪽으로 분기되는 약 230m 방향 좁은 길로, 대정로x번길의 반호는 방향을 의미하므로 23 × 10m = 230m
• 도로명판이 세워진 현 위치는 대정로23번길의 끝지점이 '650'이다. (1~65)
• 대정로23번길은 1부터 65까지의 기초 단위가 있으므로 65 × 10m = 650m 정도이다.

60 건설기계 조종 시 자동차 제1종 대형면허가 있어야 하는 기종은?

① 로더
② 지게차
③ 트럭적재식 천공기
④ 기중기

💡 1종 대형면허 운전기종 : 덤프트럭, 아스팔트살포기, 노상안정기, 콘크리트믹서트럭, 콘크리트펌프, 천공기(트럭적재식)

정답 04회 CBT 복원문제

01	④	02	④	03	②	04	②	05	②	06	②	07	③	08	①	09	③	10	②
11	①	12	④	13	④	14	④	15	①	16	②	17	②	18	④	19	④	20	①
21	③	22	④	23	①	24	①	25	④	26	④	27	②	28	④	29	④	30	①
31	①	32	②	33	①	34	④	35	④	36	③	37	④	38	②	39	①	40	②
41	④	42	②	43	③	44	①	45	②	46	④	47	③	48	④	49	①	50	③
51	①	52	③	53	④	54	②	55	④	56	③	57	②	58	②	59	④	60	③

05 CBT 복원문제

01 다음 중 건설기계 범위에 해당되지 않는 것은?
① 자체중량 2톤 미만의 불도저
② 자체중량 2톤 이상의 굴착기
③ 자체중량 2톤 미만의 로더
④ 자체중량 2톤 미만의 엔진식 지게차

◦ 로더는 무한궤도 또는 타이어식으로 적재장치를 가진 자체중량 2톤 이상인 것을 말한다.

02 다음 중 특별 또는 경고표지 부착 대상지 건설기계에 관한 설명이 아닌 것은?
① 대형건설기계에는 조종실 내부의 조종사가 보기 쉬운 곳에 경고표지판을 부착하여야 한다.
② 길이가 16.7m를 초과하는 건설기계에는 특별표지 부착 대상이다.
③ 특별표지판은 등록번호가 표시되어 있는 면에 부착해야 한다.
④ 최소 회전반경 12m를 초과하는 건설기계에도 특별표지 부착 대상이 아니다.

◦ 특별표지 부착 대상 대형건설기계
• 길이가 16.7m를 초과하는 건설기계
• 너비가 2.5m를 초과하는 건설기계
• 높이가 4.0m를 초과하는 건설기계
• 최소회전반경이 12m를 초과하는 건설기계
• 총중량이 40톤을 초과하는 건설기계
• 총중량 상태에서 축중이 10톤을 초과하는 건설기계

03 건설기계관리법상 중송이란?
① 5일 미만의 자료를 요하는 진단이 있는 경우
② 3주 이상의 자료를 요하는 진단이 있는 경우
③ 3주 미만의 자료를 요하는 진단이 있는 경우
④ 7일 이상의 자료를 요하는 진단이 있는 경우

◦ 건설기계관리법상 중송은 3주 이상의 자료를 요하는 진단이 있을 때를 말하며, 경송은 3주 미만의 자료를 요하는 진단이 있는 경우를 말한다.

04 건설기계소유자에게 등록번호 제작 명령을 할 수 있는 기관의 장은?
① 국토교통부장관
② 행정안전부장관
③ 경찰청장
④ 시·도지사

◦ 시·도지사는 등록번호 봉인자를 지정한 때에는 등록번호 봉인자 지정서를 교부하여야 한다.

05 제작자로부터 건설기계를 구입한 자가 무상으로 사후관리를 받을 수 있는 법정 기간은?
① 3월
② 6월
③ 12
④ 18월

◦ 건설기계를 제작한 날로부터 12개월(단, 주행거리 12개월 내에 먼저 계약하는 경우에는 그 해당함) 동안 무상으로 건설기계의 정비 및 정비에 필요한 부품을 공급 하여야 한다.

06 건설기계관리법상 300만원 이하의 과태료에 해당하는 위반 사항은?
① 건설기계를 도로나 타인의 토지에 버려두는 자
② 등록번호표를 부착하지 아니하거나 봉인하지 아니한 건설기계를 운행한 자
③ 등록이 말소된 건설기계를 사용하거나 운행한 자
④ 거짓이나 그 밖에 부정한 방법으로 건설기계 등록을 한 자

07 교통법규에서 스테이터 코어에 발생한 교류는?
① 1년 이하의 징역 또는 1천만원 이하의 벌금
② 300만원 이하의 과태료
③ 2년 이하의 징역 또는 2천만원 이하의 벌금
④ 1년 이하의 징역 또는 1천만원 이하의 벌금

◦ 스테이터 코어에 발생한 교류는 6개의 다이오드(+ 3개, - 3개)에 의해 교류가 직류로 정류되기 위해 외부로 바뀌게 된다.

08 일반적인 축전지에 타미널의 식별법으로 적합한 것은?
① 양극은 (+), 음극은 (-)의 표시로 구분한다.
② 타미널의 굵기로 구분한다.
③ 굵고 가는 것으로 구분한다.
④ 적색과 흑색 등 색상으로 구분한다.

◦ 축전지 타미널의 식별
• 양극 : (+) 또는 (P), 적색, 직경이 큼
• 음극 : (-) 또는 (N), 흑색, 직경이 작음

09 건설기계의 전조등 성능을 유지하기 위하여 가장 좋은 방법은?
① 단선으로 한다.
② 복선식으로 한다.
③ 축전지와 직결시킨다.
④ 굵은선으로 결선 까면다.

◦ 전조등은 복선식으로 연결되어 있으며 병렬로 연결되어 있다.

10 다기통기관의 암출음이 규정보다 저하되는 이유는?
① 실린더 벽이 규정보다 마모되어 있다.
② 냉각수가 규정보다 적다.
③ 엔진오일이 규정보다 많다.
④ 점화시기가 규정보다 다소 느리다.

◦ 실린더 벽이 규정보다 많이 마모되었으면 암출압력의 저하되고, 블로바이 회석되고, 피스톤 슬램 현상이 있다.

11 건식 공기청정기의 효율저하를 방지하기 위한 방법으로 가장 적합한 것은?
① 기름으로 닦는다.
② 마른걸레로 닦아야 한다.
③ 압축공기로 먼지 등을 털어낸다.
④ 물로 깨끗이 세척한다.

◦ 건식 공기청정기는 흡입공기 저항이 저하되기 위해 1,500~30,000km 주행후 압축공기를 이용하여 안쪽에서 바깥쪽으로 불어서 먼지를 털어낸다.

12 기관의 연료분사펌프에 연료를 보내거나 공기빼기 작업을 할 때 필요한 장치는?
① 체크 밸브(check valve)
② 프라이밍 펌프(priming pump)
③ 오버플로 펌프(overflow pump)
④ 드레인 펌프(drain pump)

☞ 기관 연료분사펌프의 프라이밍 펌프는 연료장치 공기빼기 작업 시 연료펌프를 수동으로 작동시키기 위해 둔다.

13 기관에서 크랭크축의 역할은?
① 원활한 직선운동을 하는 장치이다.
② 기관의 진동을 줄이는 장치이다.
③ 직선운동을 회전운동으로 변환시키는 장치이다.
④ 원운동을 직선운동으로 변환시키는 장치이다.

☞ 크랭크축은 피스톤의 상·하 왕복운동을 회전운동으로 바꾼다.

14 엔진의 회전수를 나타낼 때 RPM이란?
① 시간당 엔진회전수
② 분당 엔진회전수
③ 초당 엔진회전수
④ 10분간 엔진회전수

☞ RPM이란 분당 회전속도를 나타내는 깊으로 Revolution Per Minute의 약자이다.

15 연료의 세탄가와 가장 밀접한 관련이 있는 것은?
① 열효율
② 폭발압력
③ 착화성
④ 인화성

☞ 세탄가는 디젤기관에서 연료의 착화성을 나타내는 정량적인 수치로 세탄가 = 세탄 / (세탄 + 메틸나프타렌) × 1000이다. 세탄가가 큰 연료일수록 압축비가 낮아도 노킹이 잘 일어나지 않는다.

16 실린더 마모와 가장 거리가 먼 것은?
① 충력의 강수
② 폭발압력
③ 불안전 연소
④ 거버너의 작동 불량

☞ 거버너(조속기)는 연료분사 펌프 내의 조절 래크 운동에 분사량을 조정하는 장치이다.

17 오일에 펌프의 윤활과 가장 거리가 먼 것은?
① 오일팬 성능이 노후 되었을 때
② 크랭크실의 유량이 오손
③ 오일의 점도가 낮아졌을 때
④ 거버너 내에 누설이 있을 때

☞ 기버너가 낮아질 경우 압력이 저하되고 펌프 효율이 저하 된다.

18 유압유의 흐름을 한쪽으로만 허용하고 반대방향의 흐름을 제어하는 밸브는?
① 릴리프 밸브
② 체크 밸브
③ 카운터 밸런스 밸브
④ 매뉴얼 밸브

지게차운전기능사 필기 총정리문제

• 릴리프 밸브 : 회로 내의 압력을 규정으로 유지
• 체크 밸브 : 유압유의 흐름을 한쪽으로만 허용하고 반대방향의 흐름을 방지하고
• 카운터 밸런스 밸브 : 유압회로 내의 한쪽 흐름에 배압을 만들어 제어하는 작용
• 매뉴얼 밸브 : 실린더가 중력으로 이상으로 낙하하는 것을 방지

19 다음 [보기]에서 유압유 작동유가 갖추어야 할 조건으로 모두 맞는 것은?
ㄱ. 점도에 대한 비압축성일 것
ㄴ. 밀도가 작을 것
ㄷ. 열팽창계수가 작을 것
ㄹ. 체적탄성계수가 작을 것
ㅁ. 온도에 내해 점도가 낮을 것
ㅂ. 발화점이 높을 것

① ㄴ, ㄷ, ㄹ
② ㄴ, ㄷ, ㅁ
③ ㄴ, ㄷ, ㅂ
④ ㄱ, ㄴ, ㄷ, ㅂ

☞ 유압 작동유는 점도지수가 높고, 체적탄성계수는 커야 한다.

20 유압유의 점도에 대한 설명으로 틀린 것은?
① 온도가 상승하면 점도는 저하된다.
② 점성의 점도를 나타내는 척도이다.
③ 온도가 내려가면 점도는 높아진다.
④ 점도가 낮아지면 내부 마찰이 감소한다.

☞ 점성은 운동하는 유체에 내부마찰 저항을 표시한다.

21 유압모터의 회전속도가 가장 느릴 경우의 원인에 해당하지 않는 것은?
① 유압펌프의 오일 토출량 과다
② 유압유의 점도가 너무 높음
③ 각 작동부의 유압이 누설
④ 오일의 내부 누설

☞ 유량은 이론적인 회전속도에 비례하여, 유압펌프의 오일 토출량이 많아지면 모터의 회전속도는 빨라진다.

22 유압유의 내의 유압을 설정압력으로 일정하게 유지하는 밸브는?
① 릴리프 밸브
② 감압 밸브
③ 릴레이 밸브
④ 리턴 밸브

☞ 릴리프 밸브는 유압회로 내의 압력을 일정하게 유지하거나 조정할 수 있어 과부하를 방지한다.

23 유압모터 작동부에서 오일이 누출되고 있을 때 가장 먼저 점검해야 할 것은?
① 실(seal)
② 피스톤
③ 기어
④ 펌프

☞ 실(seal)은 각 오일 회로에서 외부로 누출되는 것을 방지하는 역할을 한다.

24 그림과 같은 유압기호는?

① 유압밸브
② 차단밸브
③ 오일탱크
④ 유압실린더

25 유압 실린더의 작동속도가 느릴 경우, 그 원인으로 옳은 것은?
① 엔진오일 교환 시기가 경과 되었을 때
② 운전실의 내부 실내가 부족할 때
③ 운전실에 있는 가속페달을 작동시켰을 때
④ 릴리프 밸브의 셋팅 압력이 높을 때

☞ 유량의 제어밸브 중 유압기기의 자동 속도는 유량을 통해 조정한다. 따라서, 유압회로 유압이 부족하면 작동속도가 느려진다.

26 유압 오일의 유압유 실린더의 설명으로 맞는 것은?
① 물 다 회전운동을 실린더 한다.
② 모터는 직선운동, 실린더 한다.
③ 둘 다 왕복운동을 한다.
④ 모터는 회전운동, 실린더는 직선운동을 한다.

🔑 유압 액추에이터는 유압펌프로부터 공급되는 유체에너지를 이용하여 기계적인 일을 하는 장치로서, 직선운동을 하는 유압 실린더와 회전운동을 하는 유압 모터로 변환시키는 장치로 왕복운동 유압 실린더, 회전운동은 유압 모터가 한다.

27 안전보건표지의 종류가 아닌 것은?
① 위험표지   ② 경고표지
③ 지시표지   ④ 금지표지

🔑 안전보건표지의 종류에는 금지표지, 경고표지, 지시표지, 안내표지가 있다.

28 배터리 전해액처럼 강산, 알칼리 등의 액체를 취급할 때 가장 적절한 복장은?
① 면직으로 만든 옷   ② 점퍼으로 만든 옷
③ 나일론으로 만든 옷   ④ 고무로 만든 옷

🔑 파포로 침습하는 화학물질 또는 강산성 물질 취급 작업 시에는 보호복을 착용하여야 하며, 침투하기 위해 고무로 만든 옷이 적절하다.

29 다음 중 보호안경을 끼고 작업해야 하는 사항과 가장 거리가 먼 것은?
① 산소용접 작업 시
② 그라인더 작업 시
③ 건설기계 일상점검 작업 시
④ 클러치 탈·부착 작업 시

🔑 보호안경의 사용
・ 바신리는 강한광선으로부터 눈을 보호하기 위하여
・ 유해 약품으로부터 눈을 보호하기 위하여

30 스패너 작업 시 유의할 사항으로 틀린 것은?
① 스패너의 입이 너트의 치수에 맞는 것을 사용한다.
② 안전사고 예방에 가장 유의한다.
③ 점밀한 물품을 쌓을 때는 임팩토를 사용해서는 안 된다.
④ 너트에 스패너를 깊이 물리고 조금씩 앞으로 당기는 식으로 풀고 조인다.

🔑 스패너를 두 개를 겹쳐놓거나 파이프 등을 이어 사용해서는 안 되며, 스패너와 너트 사이에 쐐기를 넣고 사용하는 것도 안전사고의 우려가 있다.

31 물품을 운반할 때 주의할 사항으로 틀린 것은?
① 가벼운 화물은 규정보다 많이 적재하여도 된다.
② 산성고 자루에 피프를 이어서 사용해서는 안 된다.
③ 약하고 가벼운 물품은 위에, 상자에 넣도록 한다.
④ 카바이드 저장소에는 전등을 설치할 경우에는 방폭구조로 하여야 하며, 전등 스위치는 옥외에 설치하여야 한다.

32 전등 스위치가 옥내에 있으면 안 되는 경우은?
① 건성가게 장비 치고   ② 정수자 저장소
③ 카바이드 저장소   ④ 기계류 저장소

---

33 산업재해의 통계적인 분류 중 중상해를 설명한 것 중 옳은 것은?
① 사망 : 업무로 인해서 목숨을 잃게 되는 경우
② 중경상 : 부상으로 인하여 30일 이상의 노동 상실을 가져온 상해 정도
③ 경상해 : 부상으로 1일 이상 7일 이하의 노동 상실을 가져온 상해
④ 무상해 사고 : 응급치치 이하의 상처로 작업에 종사하면서 치료를 받는 상해 정도

🔑 산업재해의 통계적인 분류 중 중상해는 8일 이상의 노동 상실을 말한다.

34 해머 작업 시 안전수칙 설명으로 틀린 것은?
① 열간작업 시에는 해머를 매우 뜨겁지 않도록 주의한다.
② 녹이 있는 재료는 작업할 때는 보호안경을 착용하는 것이 좋다.
③ 자루가 불안정한 것(쐐기 등)은 사용하지 않는다.
④ 장갑 착용 시 정확히 작업해하는 권리는 손상이 및 발생될 사용한다.

🔑 해머 작업 시 장갑을 착용해서는 안 되며, 시작은 약하게 타격한다.

35 가연성 액체, 유류 등 연소 후 재가 거의 없는 화재는 무슨 급별 화재인가?
① A급   ② B급
③ C급   ④ D급

🔑 화재의 분류
・ A급 화재 : 일반화재   ・ B급 화재 : 유류화재
・ C급 화재 : 전기화재   ・ D급 화재 : 금속화재

36 기계운전적 및 작업 시 안전사항으로 맞는 것은?
① 작업의 속도를 높이기 위해 베스트에 조작을 빨리한다.
② 장비의 무게는 무시해도 된다.
③ 작업도구나 작업 중 장애물이 결리해도 동력에 무리가 없으므로 그냥 작업한다.
④ 장비 승·하차 시에는 장비에 장착된 손잡이 및 발판을 사용한다.

37 지게차의 일반적인 조향방식은?
① 앞바퀴 조향방식이다.
② 허리꺾기 조향방식이다.
③ 작업조건에 따라 바뀔 수 있다.
④ 뒷바퀴 조향방식이다.

🔑 지게차는 앞바퀴 구동식, 뒷바퀴 조향방식으로 되어 있다.

38 지게차의 운행사항으로 틀린 것은?
① 틸트는 적재물이 배 베스트에 안전히 당도록 한 후 운행한다.
② 주행 중 노면 상태에 주의하고 노면이 고르지 않은 곳에서는 천천히 운행한다.
③ 내리막길에서는 급회전을 삼간다.
④ 빗바퀴 앞바퀴의 중량 제한은 필요에 따라 무시해도 된다.

🔑 지게차는 화물을 적재 사이 지게차 균형추(counter balance)에 의하여 안정된 상태를 유지할 수 있도록 제조된 장비로서 최대중량 이용해서 적재해야 한다.

39 지게차의 내부연압력을 받는 호스, 배관, 그 밖의 연결 부분 장치는 유압호로기 받을 수 있는 작동압력 및 배 이상의 압력에 견딜 수 있어야 하는가?

① 2배 ② 3배
③ 4배 ④ 5배

40 백 레스트 설치된 장치를 이용하여 식품, 기계, 전자부품 상자 등의 화물을 높이 쌓을 때 굴러 떨어지거나 말려서 운반에는 작업 장치는?

① 사이드 쉬프트 ② 푸시풀
③ 힌지드 포크 ④ 힌지드 클램프

〇 지게차 조향장치의 정격으로 볼 수 없는 것은?
① 동력식 조향장치의 작동
② 조향 조작력으로 조향조작이 가능하다.
③ 설계, 제작 시 조향 기어비를 크게하여 선정할 수 있다.
④ 조향핸들이 유격조정이 자동으로 되어 볼 조인 수명이 반영구적이다.

41 지게차에 사용되는 동력식 조향장치의 정정으로 볼 수 없는 것은?
① 작은 조작력으로 조항조작이 가능하다.
② 조향 핸들의 시미현상을 줄일 수 있다.
③ 설계, 제작 시 조향 기어비를 관계없이 선정할 수 있다.
④ 조향핸들이 유격조정이 자동으로 되어 볼 조인 수명이 반영구적이다.

42 지게차의 전·후진 전환에 대한 내용으로 틀린 것은?
① 전·후진 전환은 지게차를 정지시킨 후에 한다.
② 전·후진 전환 방향의 안전을 확인한다.
③ 전·후진 레버를 앞으로 밀거나 뒤로 당김으로써 전진, 중립, 후진을 선택할 수 있다.
④ 변속을 원하는 위치로 하여 전환한다.

43 기운 테블런스 지게차의 경우 마스트의 전경각과 후경각 기준으로 맞은 것은?
(단, 철판 코일을 들어옮길 수 있는 특수한 구조의 경우 또는 안전에 지장이 없도록 안전경지장치를 설치한 경우가 아닌 경우이다.)

① 전경각 및 후경각은 각각 5도 이하일 것
② 전경각은 6도 이하, 후경각은 12도 이하일 것
③ 전경각은 및 후경각은 각각 6도 이하일 것
④ 전경각은 12도 이하, 후경각은 6도 이하일 것

〇 전·후진 전환은 지게차를 정지시키지 않고 가능하며, 고속에서 전·후진 전환을 피한다.

44 화물을 적재하고 주행할 때 포크와 지면의 간격으로 가장 적당한 것은?
① 지면에 밀착 ② 5~10cm
③ 20~30cm ④ 50~55cm

〇 화물을 적재하고 주행할 때 포크와 지면의 간격은 20~30cm가 좋다.

---

45 지게차의 주차 방법으로 틀린 것은?
① 브레이크 페달을 사용하여 정차한다.
② 기어선택 레버를 중립으로 한다.
③ 주차 브레이크를 작동한다.
④ 포크를 지면에 내려 정지시킨다.

46 경사지역에서 지게차 주행 요령으로 틀린 것은?
① 경사지역 내리막을 내려갈 때에는 중립상태로 주행하지 않는다.
② 포크를 선택 내리막 일직상 지역 하며 하강한다.
③ 화물을 적재하지 않은 경우 경사지역 주행 시 포크를 아래 향해 주행한다.
④ 화물을 적재하지 않은 경사지에 내리막 방향으로 실차주행한다.

47 지게차의 틸트 레버 운전석에서 운전자 몸쪽으로 당기면 마스트는 어떻게 기울어지는가?

• 경사지 주행 요령
• 운전자의 무릎 아래쪽으로 떨어지는 방향으로 기운다.
• 지면 직재 야래쪽 지면에 추락한 일직선으로 하여, 경사지에서 접근 시 브레이크 역할을 할 수 있도록 한다.
• 화물을 적재한 경우 경사지에서는 실자지역에서 주차시 브레이크 역할 할 수 있도록 화물을 직재 방향으로 하여 주행한다.
• 작동 중 모두가 충돌된 반경우립하여 실자한다.
• 경사지에서 작업 시 미끄러짐 및 전도등의 위험이 낮은 주행 때에는 경사지에 직각주행로 실자한다.

48 산단의 안전판(덮개)를 이용하여 화물을 동등중으로 바닥이 고르지 못한 노면에서도 화물을 안전하게 이송할 수 있는 작업장치는?
① 베일 클램프 ② 사이드 쉬프트
③ 모드 스태빌라이저 ④ 포크 포지셔너

49 지게차의 리프트(lift) 레버에 대한 설명으로 옳은 것은?
① 레버를 당기면 포크가 올라가고, 밀면 포크가 내려간다.
② 레버를 당기면 마스트가 운전석 쪽으로 넘어지고, 밀면 포크가 내려간다.
③ 레버를 당기면 마스트가 앞으로 기울어지고, 밀면 마스트가 운전석 쪽으로 넘어진다.
④ 레버를 당기면 마스트가 앞으로 기울어지고, 밀면 마스트가 운전석 쪽으로 넘어온다.

• 리프트 레버와 틸트 레버
• 리프트(lift) 레버: 당기면 포크가 올라가고 내려간다.
• 틸트(tilt) 레버: 당기면 마스트가 운전석 쪽으로 넘어오고, 일면 마스트가 앞으로 기울어진다.

50 지게차의 조작장치 중 전·후진 방향으로 서서히 화물을 전진시키거나 빼는 유압작동으로 신속히 화물을 상·하로 적재시킬 때 사용되는 것은?
① 리프트 실린더
② 스윙 브레이크 페달
③ 인칭조절 페달
④ 틸트 실린더

〇 인칭조절 페달은 변속기 내부에 설치되어 있는 조작장치로 전·후진 방향으로 서서히 화물을 전진시키거나 빼는 유압작동으로 신속히 화물을 상·하로 적재할 시 사용한다.

51 지게차 엔진 정지 후의 점검 사항으로 잘못된 것은?
① 오일, 물의 누출, 걸림장치, 외장, 주행체를 둘러보고 점검한다.
② 연료는 보조 도구를 빼두도록 한다.
③ 엔진실 내외 흙이 묻지 등을 제거한다.
④ 주행체에 부착된 이물질은 제거한다.

52 수동변속기가 장착된 지게차의 동력전달장치에서 클러치판은 어떤 축의 스플라인에 끼워져 있는가?
① 추진축 ② 차동기어 장치
③ 크랭크축 ④ 변속기 입력축

53 지게차에 사용되는 브레이크 오일의 조건으로 적당하지 않은 것은?
① 점도가 알맞고 점도지수가 커야 한다.
② 윤활성이 있어야 한다.
③ 빙점이 높고 비등점이 낮아야 한다.
④ 화학적 안정성이 높아야 한다.

54 지게차 리프트 체인의 마모율이 몇 % 이상이면 교체해야 하는가?
① 2% 이상 ② 3% 이상
③ 5% 이상 ④ 7% 이상

55 지게차 주행 시 전후 안정도와 좌우 안정도로 옳은 것은?
① 전후 안정도 2%, 좌우 안정도 4% 이내
② 전후 안정도 4%, 좌우 안정도 6% 이내
③ 전후 안정도 6%, 좌우 안정도 10% 이내
④ 전후 안정도 8%, 좌우 안정도 6% 이내

56 지게차 포크의 간격은 파렛트 폭의 어느 정도로 하는 것이 가장 적합한가?
① 파렛트 폭의 1/2~1/3 ② 파렛트 폭의 1/3~2/3
③ 파렛트 폭의 1/2~1/4 ④ 파렛트 폭의 1/2~3/4

57 도로교통법상에서 교통안전표지의 구분이 맞는 것은?
① 주의표지, 통행표지, 규제표지, 지시표지, 차선표지
② 주의표지, 규제표지, 지시표지, 보조표지, 노면표시
③ 도로표지, 주의표지, 규제표지, 지시표지, 노면표시
④ 주의표지, 규제표지, 지시표지, 차선표지, 도로표지

58 도로교통법상 철길 건널목을 통과할 때 방법으로 가장 적절한 것은?
① 신호등이 없는 철길 건널목을 통과할 때에는 서행으로 통과하여야 한다.
② 신호등이 있는 철길 건널목을 통과할 때에는 건널목 앞에서 일시정지하여 안전한지의 여부를 확인한 후에 통과할 수 있다.
③ 신호기 등이 표시하는 신호에 따르는 경우에는 정지하지 않고 통과할 수 있다.
④ 신호기와 관련 없는 건널목을 통과할 때에는 건널목 앞에서 일시정지하여 안전한지의 여부를 확인한 후에 통과하여야 한다.

59 자동차가 주행 중 서행하여야 하는 곳을 설명한 사항으로 옳지 않은 것은?
① 4차선 주행차선에서 1차로 부분
② 도로가 구부러진 부근
③ 가파른 고갯길의 내리막
④ 비탈길의 고갯마루 부근

60 다음 도로명판에 대한 설명으로 맞는 것은?

강남대로
Gangnam-daero
1→699

① 왼쪽과 오른쪽 방향용 도로명판이다.
② "1→"이 위치는 도로가 끝나는 지점이다.
③ 강남대로는 총 699m 길이의 도로이다.
④ "강남대로"는 도로의 이름을 나타낸다.

06 CBT 복원문제

01 등록건설기계의 기종별 표시방법으로 옳은 것은?
① 01 : 불도저 ② 02 : 모터그레이더
③ 03 : 지게차 ④ 04 : 덤프트럭

> 모터그레이더 : 08, 지게차 : 04, 덤프트럭 : 06

02 특별표지판을 부착하여야 할 건설기계의 범위에 해당하지 않는 것은?
① 높이가 5미터인 건설기계
② 총중량이 50톤인 건설기계
③ 길이가 16미터인 건설기계
④ 최소회전반경이 13미터인 건설기계

> 특별표지판 부착대상 대형건설기계
> - 길이가 16.7미터 초과하는 건설기계
> - 높이가 4.0m를 초과하는 건설기계
> - 총중량이 40톤을 초과하는 건설기계(다만, 굴착기, 로더 및 지게차는 운전중량이 40톤을 초과하는 경우 말함)
> - 총중량 상태에서 축중이 10톤을 초과하는 건설기계(단, 굴착기, 로더 및 지게차는 운전중량 상태에서 축중이 10톤을 초과하는 경우 말함)
> - 너비가 2.5미터를 초과하는 건설기계
> - 최소회전반경이 12m를 초과하는 건설기계

03 건설기계를 산(매수한) 사람이 등록사항변경(소유권 이전) 신고를 하지 않아 등록사항 변경신고를 독촉하였으나 이를 이행하지 않을 경우 판(매도한) 사람이 할 수 있는 조치로서 가장 적절한 것은?
① 소유권 이전 신고를 조속히 하도록 매수한 사람에게 재차 독촉한다.
② 매도한 사람이 직접 소유권 이전 신고를 한다.
③ 소유권 이전 신고를 위하여 건설기계를 실력으로 회수한다.
④ 아무런 조치를 할 수 없다.

04 3톤 미만 지게차의 소형건설기계 교육시간은?
① 이론 6시간, 실습 12시간
② 이론 4시간, 실습 8시간
③ 이론 12시간, 실습 12시간
④ 이론 10시간, 실습 14시간

> 3톤 미만의 굴착기, 지게차의 경우 이론 6시간, 실습 6시간(총 12시간)을 이수해야 한다.

05 다음 중 건설기계 임시운행 사유가 아닌 것은?
① 등록신청을 하기 위하여 건설기계를 등록지로 운행하는 경우
② 수출을 하기 위하여 건설기계를 선적지로 운행하는 경우
③ 판매 또는 전시를 위하여 건설기계를 일시적으로 운행하는 경우
④ 수리를 위해 정비공장으로 운행하는 경우

06 건설기계 조종사의 면허가 취소되는 사유에 해당하는 경우는?(단, 산업안전보건상 중대재해가 아닌 경우이다.)
① 과실로 인하여 2명을 사망하게 하였을 때
② 면허정지 처분을 받은 자가 그 기간 중에 건설기계를 조종한 때
③ 과실로 인하여 10명에게 경상을 입힌 때
④ 건설기계로 2천만원 이상의 재산 피해를 냈을 때

07 건설기계에 사용하는 축전지 2개를 직렬로 연결하였을 때 변화되는 것은?
① 전압이 증가된다.
② 사용 전류가 증가된다.
③ 비중이 증가된다.
④ 전압 및 이용 전류가 증가된다.

> 축전지 2개를 직렬로 연결하였을 때 전압은 2배로 증가되고 용량은 그대로이다.

08 운전 중 갑자기 계기판에 충전 경고등이 점등되었다. 그 현상으로 맞는 것은?
① 정상적으로 충전이 되고 있음을 나타낸다.
② 충전이 되지 않고 있음을 나타낸다.
③ 충전계통에 이상이 없음을 나타낸다.
④ 주기적으로 점등되었다가 소등되는 것이다.

09 납산 축전지가 방전되어 급속충전 할 때의 설명으로 틀린 것은?
① 충전 중 전해액이 온도가 45℃가 넘지 않도록 한다.
② 충전전류는 축전지 용량의 50% 정도가 좋다.
③ 충전시간을 가능한 짧게 한다.
④ 통풍이 잘되는 곳에서 한다.

> 급속충전은 보충전할 시간적 여유가 없을 때에만 충전하는 충전으로, ①, ②, ④ 이외에 실용량의 1/2~1배의 전류로 충전한다.

10 기관의 냉각팬에 대한 설명 중 틀린 것은?
① 유체 커플링식은 냉각수의 온도에 따라서 작동된다.
② 전동팬은 냉각수의 온도에 따라 작동된다.
③ 전동팬은 저온일 때 작동되지 않는다.
④ 전동팬의 작동과 관계없이 물 펌프는 항상 회전한다.

> 전동팬은 냉각수 온도에 따라 작동되며 엔진이 회전하여도 냉각수의 온도가 낮으면 회전하지 않으므로 마찰이 가장 많이 발생한다.

11 기관 실린더(cylinder) 벽에서 마멸이 가장 크게 발생하는 부분은?
① 상사점 부근
② 하사점 부근
③ 중간 부분
④ 하사점 이하

12 다음기관에서 시동이 되지 않는 원인으로 맞는 것은?
① 연료공급 펌프의 연료공급 압력이 높다.
② 가속 페달을 밟고 시동하였다.
③ 배터리 방전으로 엔진이 회전이 안 된다.
④ 크랭크축 회전속도가 빠르다.

> 배터리가 방전되면 기동전동기를 회전시킬 수 없으므로 시동이 되지 않는다.

13 일반적으로 기관에 많이 사용되는 윤활 방식은?
① 수 급유식 ② 적하 급유식
③ 압송 급유식 ④ 분무 급유식

○ 기관에 많이 사용되는 윤활방식은 오일펌프로 급유하는 압송 급유식이다.

14 운전 중인 기관의 에어클리너가 막혔을 때 나타나는 현상으로 맞는 것은?
① 배출가스 색은 검고, 출력은 저하한다.
② 배출가스 색은 희고, 출력은 정상이다.
③ 배출가스 색은 청백색이고, 출력은 증가된다.
④ 배출가스 색은 무색이고, 출력은 무관하다.

○ 에어클리너가 막히게 되면 공기가 들어가지 못해 출력이 떨어지고 배기색은 검은색이 된다.

15 엔진의 윤활유 소비량이 과다해지는 가장 큰 원인은?
① 기관의 과냉 ② 피스톤 링 마멸
③ 오일 여과지 필터 불량 ④ 냉각펌프 손상

○ 피스톤 링이 실린더 벽에 마모되어 윤활유를 연소실에서 연소시키므로 소비량이 많아지게 된다.

16 진공식 제동 배력 장치의 설명 중에서 옳은 것은?
① 기관의 밸브보어 새면 브레이크가 전혀 듣지 않는다.
② 릴레이 밸브의 다이어프램이 파손되어도 브레이크는 듣는다.
③ 릴레이 밸브나 하이드롤릭 피스톤의 미도작으로도 브레이크는 듣는다.
④ 하이드롤릭 피스톤의 체크 볼이 밀착 불량이면 브레이크는 듣지 않는다.

○ 진공식 제동 배력장치는 고장으로 진공에 의한 브레이크가 듣지 않아도 유압에 의한 브레이크는 작동한다.

17 건설기계에 사용되는 유압 실린더 작용은 어떠한 것을 응용한 것인가?
① 베르누이의 정리 ② 파스칼의 원리
③ 지렛대의 원리 ④ 후크의 법칙

○ 파스칼의 원리 : 밀폐된 용기 중의 정지하고 있는 액체에 전해지는 압력은 모든 방향에 동일하게 작용하고 그 압력은 각 면에 직각으로 작용한다.

18 유압에서 디젤 공급받아 회전운동을 하는 기기를 무엇이라 하는가?
① 펌프 ② 모터
③ 밸브 ④ 불러 리미트

19 유압실린더는 유체의 힘을 어떤 운동으로 바꾸는가?
① 회전운동 ② 직선운동
③ 곡선운동 ④ 비틀림운동

○ 유압실린더는 직선운동으로 변환하여, 유압모터는 회전운동으로 에너지를 변환하는 유압기기를 말한다.

20 공유압 기호 중 그림이 나타내는 것은?

① 유압 동력원 ② 공기압 동력원
③ 전동기 ④ 원동기

21 일반적으로 오일펌프의 구성품이 아닌 것은?
① 스트레이너 ② 배플
③ 드레인 플러그 ④ 압력조정기

○ 오일탱크 구성품으로는 주입구 켭, 배플(칸막이), 드레인 플러그, 유면계 등이 있다.

22 다음 그림과 같이 안쪽과 바깥쪽에 두 개의 로터로 구성되어 있는 오일펌프는?

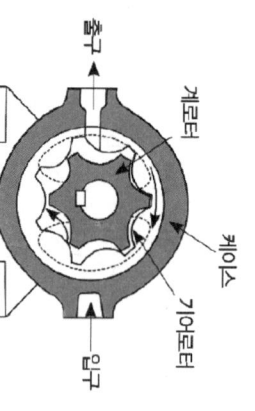

① 기어 펌프 ② 베인 펌프
③ 트로코이드 펌프 ④ 피스톤 펌프

○ 트로코이드 펌프는 2개의 로터로 구성된 펌프라고도 한다.

23 다음 중 액추에이터의 입구 쪽 관로에 설치한 유량제어밸브로 흐름을 제어하여 속도를 제어하는 회로는?
① 시스템 회로(system circuit)
② 블리드 오프 회로(bleed-off circuit)
③ 미터 인 회로(meter-in circuit)
④ 미터 아웃 회로(meter-out circuit)

○ 용어설명
• 미터인 유량제어 방식 : 액추에이터 유압입구 교축시켜 작동속도를 조절하는 방식
• 미터아웃 방식 : 액추에이터 출구 쪽 관로에서 유압을 교축시켜 작동속도를 조절하는 방식

24 작동형, 평형피스톤형 등의 종류가 있어 회로의 압력을 일정하게 유지시키는 밸브는?
① 체크밸브 ② 메이크업 밸브
③ 시퀀스 밸브 ④ 무부하 밸브

25 유압 작동유의 점도가 너무 높을 때 발생되는 현상으로 맞는 것은?
① 동력 손실의 증가 ② 내부 누설의 증가
③ 펌프 효율의 증가 ④ 마찰 마모 감소

○ 점도가 높으면 작동유의 유동 저항이 증가하고, 관 내의 마찰 손실이 커지기 때문에 유압기기 작동이 불활발해지고 동력 손실이 증가한다.

26 유압장치의 구성 요소가 아닌 것은?
① 펌프 ② 오일탱크
③ 유니버설 조인트 ④ 제어밸브

○ 유니버설 조인트(자재이음, universal joint)는 양 축이 동일평면 내에 있고, 그 축선이 30° 이하의 각도로 교차하는 경우에 사용되는 축 이음으로서 훅조인트라고도 한다.

27 보호구의 구비조건으로 틀린 것은?
① 착용이 간편할 것
② 외양과 외관이 아름다울 것
③ 유해·위험요소에 대한 방호성능이 충분할 것
④ 작업에 방해가 되지 않도록 할 것

보호구의 구비조건
- 착용이 간편할 것
- 작업에 방해가 되지 않도록 할 것
- 위험요소에 대한 방호성능이 충분할 것
- 재료의 품질이 양호할 것
- 구조와 끝마무리가 양호할 것
- 외양과 외관이 이울할 것

28 낙하, 충격 또는 감전에 의한 머리의 위험을 방지하는 보호구는?
① 안전대 ② 안전모
③ 안전화 ④ 안전장갑

안전모의 종류
종류	사용구분	비고
AB	물체의 낙하 또는 비래 및 추락에 의한 위험을 방지 또는 경감시키기 위한 것	
AE	물체의 낙하 또는 비래에 의한 위험을 방지 또는 경감하고, 머리 부위 감전에 의한 위험을 방지하기 위한 것	내전압성
ABE	물체의 낙하 또는 비래 및 추락에 의한 위험을 방지 또는 경감하고, 머리부위 감전에 의한 위험을 방지하기 위한 용도로 사용한다.	내전압성

29 볼트를 조일 때 조이는 힘을 측정하기 위하여 쓰는 렌치는?
① 복스 렌치
② 오픈엔드 렌치
③ 소켓 렌치
④ 토크 렌치

토크 렌치는 볼트 등을 스크루 등을 규정된 값으로 조일 때 사용하는 정밀 측정 공구로 다수의 볼트를 토크를 주어 나사산의 파손이나 톨팅을 방지하는 용도로 사용한다.

30 복스 렌치가 오픈 렌치보다 많이 사용되는 이유는?
① 값이 싸며 적은 힘으로 작업할 수 있다.
② 가볍고 사용하는데 간수함으로 사용할 수 있다.
③ 파이프 피팅 조립 등 작업용도가 다양하여 많이 사용된다.
④ 볼트, 너트 주위를 완전히 감싸게 되어 사용 중에 미끄러지지 않는다.

복스 렌치는 오픈 렌치와 동일하지만, 여러 방향에서 사용이 가능해, 안전이 감사게 되어 있어서 사용 중에 미끄러지지 않는 장점이 있다.

31 안전건건표지에서 그림이 나타내는 것은?

① 출입금지 표지   ② 비상구 없음 표지
③ 탑승금지 표지   ④ 보행금지 표지

안전보건표지		
출입금지	탑승금지	보행금지

32 동력 전달장치에서 가장 재해가 많이 발생하는 것은?
① 차축   ② 벨트
③ 피스톤 ④ 기어

동력 전달장치에서 가장 많이 재해가 발생하는 것은 벨트이며 벨트를 교체할 때는 반드시 엔진을 정지한 후에 작업하여야 한다.

33 작업장에서 전기가 의고 없이 정전 되었을 경우 전기로 작동하던 기계·기구의 조치방법으로 틀린 것은?
① 전기가 들어오는 것을 알기 위해 스위치를 켜 둔다.
② 안전을 위해 작업장을 정리해 놓는다.
③ 퓨즈의 단선 유·무를 검사한다.
④ 즉시 스위치를 끈다.

34 전기장치의 퓨즈가 끓어져서 다시 새것으로 교체하였으나 또 끓어졌다면 어떤 조치가 가장 옳은가?
① 계속 교체한다.
② 용량이 큰 것으로 갈아 끼운다.
③ 구리선이나 납선으로 바꾼다.
④ 전기장치의 고장개소를 찾아 수리한다.

전기 사이에는 반드시 전기로 작동하던 기계·기구에서 스파크를 발생하거나, 이는 점화 복구 가동되는 기계·기구에 의한 재해가 발생할 수 있기 때문이다.

35 소화작업의 기본 요소가 아닌 것은?
① 가연물질을 제거하면 된다.
② 산소를 차단하면 된다.
③ 점화원을 기화시키면 된다.
④ 점화원을 냉각시키면 된다.

소화의 원리
- 연소의 3요소인 가연물, 산소, 점화원을 분리한다.
- 연쇄반응 인자의 전달을 차단한다.(부촉매를 사용한다.)

36 화재의 등급과 분류가 올바르게 연결된 것은?
① A급 화재 – 전기화재
② B급 화재 – 유류화재
③ C급 화재 – 금속화재
④ D급 화재 – 주방화재

화재의 등급과 분류
- A급 화재 : 일반화재
- B급 화재 : 유류화재
- C급 화재 : 전기화재
- D급 화재 : 금속화재(Al, Mg)
- K급 화재 : 주방화재

37 지게차 작업장치의 동력전달 기구가 아닌 것은?
① 리프트 체인   ② 볼트 실린더
③ 리프트 실린더 ④ 트랜지 신호

트랜지션은 동력자체의 토크를 파일링는 작업장치이다.

38 평면의 압력에 고무말을 부착하여 종이, 솜, 면직물 등의 화물 작업에 사용하는 작업 장치는?
① 푸시 풀(Push pull)
② 베일 클램프(Bale clamp)
③ 잉고트 클램프(Ingot clamp)
④ 멀티퍼포스 클램프(Multipurpose clamp)

평면 압력에 고무말을 부착한 작업장치는 멀티퍼포스 클램프이다.

39 유사 원형통의 화물 취급에 적합한 지게차의 작업 장치는?
① 베일 클램프
② 램터포스 클램프
③ 로테이팅 클램프
④ 드럼 클램프

○ 브레이커는 굴착작업의 작업장치로 바위나 대신 유압 브레이커를 설치하여 암석, 콘크리트, 아스팔트 등을 파쇄하는 데 사용된다.

40 지게차의 작업장치가 아닌 것은?
① 사이드 시프터
② 램터포스 클램프
③ 힌지드 버킷
④ 브레이커

41 상부의 압력판과 포크로 구성되어 유리병이나 주류 및 음료 등의 깨지거나 불안정한 화물의 떨어짐 방지에 적합한 작업장치는?
① 베일 클램프(Bale clamp)
② 멀티퍼포스 클램프(Multipurpose clamp)
③ 로테이팅 롤 클램프(Rotating roll clamp)
④ 로드 스태빌라이저(Load stabilizer)

○ • 베일 클램프 : 클램프 암(arm)으로 화물을 좌우에서 압착하여 파렛트 없이 운반, 하역, 적재하는 작업장치
• 멀티퍼포스 클램프 : 베일 클램프 임에 고무판을 부착하여 파렛트 없이 운반, 하역, 적재하는 작업장치
• 로테이팅 롤 클램프 : 롤 형태의 클램프 및 회전시켜 운반, 하역, 적재하는 작업장치

42 지게차 회전 방법에 대한 설명으로 틀린 것은?
① 조향 휠을 회전하고자 하는 방향으로 돌리면 지게차는 회전한다.
② 지게차는 조향 실린더에 의해 좌·우로 각각 45°씩 회전한다.
③ 고속에서의 급조향 시 차의 횡전을 피한다.
④ 차포와 조향 차륜의 축은 직각으로 불유지하면 방향이 움직이지 않으므로 전부 위험이 있다.

○ 지게차는 조향 실린더에 의해 좌·우 각각 52°씩 회전한다.

43 지게차에 짐을 싣고 창고나 공장을 출입할 때의 주의사항 중 틀린 것은?
① 짐이 중량이 높이에 닿지 않도록 주의한다.
② 화물이 출입구 지붕에 닿지 않도록 주의한다.
③ 주위에 장애물이 있는지 확인 후 이상이 없어야 출입한다.
④ 지반과 출입구의 폭과 높이를 확인한다.

44 지게차로 적재작업을 할 때 유의사항으로 틀린 것은?
① 운반하려고 하는 화물 가까이 가면 속도를 줄인다.
② 화물 앞에서는 일단 정지한다.
③ 화물을 무너지거나 파손 등의 위험성 여부를 확인한다.
④ 운반할 화물의 기름기, 진흙 등을 확인하고 작업한다.

○ 화물을 들어 올릴 때에는 포크를 지면으로부터 5~10cm 들어 올린 후 화물의 안전 상태와 포크에 대한 편하중이 없는지 점검한 후 이상이 없다면 마스트를 뒤로 4° 기울이고 지면에서 20~30cm 정도 들어올려 무사한 조정상태를 확인 후 유지하며 운반한다.

45 지게차로 기파른 경사지에서 적재물을 운반할 때에는 어떤 방법이 좋겠는가?
① 기어의 변속을 중립에 놓고 내려온다.
② 지그재그로 회전하여 내려온다.
③ 기어의 변속을 저속상태로 내려온다.
④ 적재물을 하여 전진하여 내려온다.

○ 경사지 화물 운반시 내리막길에서는 후진으로 오르막길에서는 전진으로 운행한다.

46 지게차 주차할 때 취급사항으로 틀린 것은?
① 포크를 지면에 완전히 내려놓는다.
② 기관을 정지한 후 주차 브레이크를 작동시킨다.
③ 시동을 끈 후 시동스위치의 키는 그대로 둔다.
④ 포크의 선단이 지면에 닿도록 마스트를 전방으로 적절히 경사시킨다.

○ 시동을 끈 후 시동스위치의 키는 빼내어 보관한다.

47 지게차에서 틸트 레버를 운전자 쪽 반대 방향으로 밀면 마스트는 어떻게 기울어지는가?
① 아래쪽으로 기울어진다.
② 앞쪽으로 기울어진다.
③ 위쪽으로 기울어진다.
④ 뒤쪽으로 기울어진다.

○ 틸트 레버를 당기면 뒤쪽으로 기울어지고, 앞쪽 마스트를 밀면 앞쪽으로 기울어진다.

48 지게차의 스풀링 장치에 대한 설명으로 맞는 것은?
① 앞바퀴 드라이브 장치를 사용한다.
② 코일 스프링 장치를 사용한다.
③ 판 스프링 장치를 사용한다.
④ 스풀링 장치를 사용하지 않는다.

○ 지게차에서는 물건이 떨어질 염려가 있기 때문에 스프링을 사용하지 않는다.

49 지게차 전·후진 방향으로 서서히 화물에 접근시키거나 빼는 전재작업으로 신속히 화물을 상승 또는 적재시킬 때 사용하는 것은?
① 인칭조절 페달
② 액셀러레이터 페달
③ 디셀러레이터 페달
④ 브레이크 페달

○ 인칭조절 페달(작업 엑셀레이크)은 드럼을 위에 있는 파렛트 등 아래 구정에까지 포크를 넣고자 할 때 사용한다. 인칭레달을 밟으면 전진 레버가 있어도 지게차가 앞으로 나가지 않아면서 동력이 유압펌프로 많이 전달되는데 포크가 더 빨리 올라가게 된다.

50 지게차 리프트 실린더의 상승력이 부족한 원인과 거리가 먼 것은?
① 오일 필터의 막힘
② 유압 펌프의 불량
③ 리프트 실린더에서 유압유 누출
④ 틸트 로크 밸브의 작동불량

51 지게차에 주유하는 가장 적합한 오일은?
① 자동변속기 오일
② 작동유
③ 엔진 오일
④ 그리스

○ 틸트 로크 밸브는 지게차가 작업 도중 엔진이 정지되어도 틸트 실린더의 유압회로를 차단하여 유압유 누유에 의한 리프트 체인의 마모가 일어나지 않도록 하는 밸브이며, 2% 이상이면 리프트 체인을 교환해야 한다.

52 지게차의 유압장치 점검할 때 포크의 적절한 위치는?
① 포크를 지면에 내려놓고 점검한다.
② 최대적재량의 하중으로 포크는 지상에서 떨어진 상태로 점검한다.
③ 포크를 최대로 높여 점검한다.
④ 포크를 중간 높이에서 점검한다.

53 지게차의 체인 장력 조정법이 아닌 것은?
① 조정 후 로크 너트를 록크시키지 않는다.
② 좌우 체인이 동시에 평행한지를 확인한다.
③ 포크를 지상에서 10~15cm 올린 후 조정한다.
④ 손으로 체인을 눌러보아 양쪽이 다르면 조정한다.

54 지게차의 앞바퀴는 어디에 설치되는가?
① 새들 핀치에 설치된다.   ② 직접 프레임에 설치된다.
③ 너클 암에 설치된다.   ④ 등속이음에 설치된다.

55 지게차에 관한 설명으로 틀린 것은?
① 짐을 싣기 위해 마스트를 약간 전경시키고 포크를 끼워 물건을 싣는다.
② 틸트 레버는 앞으로 밀면 마스트가 앞으로 기울고 따라서 포크가 앞으로 기운다.
③ 포크를 상승시킬 때는 리프트 레버를 뒤쪽으로, 하강시킬 때는 앞쪽으로 민다.
④ 목적지에 도착 후 물건을 내리기 위해 틸트 실린더를 후경시켜 전진한다.

56 지게차의 적재화물이 크고 운전자의 시계를 방해할 때 운전자의 운전방법으로 틀린 것은?
① 후진으로 주행한다.
② 필요시 경적을 울리면서 사행을 한다.
③ 적재물을 높이 들고 주행한다.
④ 유도자를 붙여 유도운전한다.

57 다음 건물번호판에 대한 설명으로 맞는 것은?

① 세종대로는 도로명, 209는 건물번호이다.
② 세종대로는 주 출입구, 209는 기초번호이다.
③ 세종대로는 도로시작점, 209는 건물주소이다.
④ 세종대로는 도로별 구분기준, 209는 상세주소이다.

58 현장에 경찰 공무원이 없는 장소에서 인명사고와 물건의 손괴를 입힌 교통사고가 발생하였을 때 가장 먼저 취할 조치는?
① 손괴한 물건 및 손괴의 정도를 파악한다.
② 즉시 피해자 가족에게 알리고 함의한다.
③ 승무원에게 사상자를 구호하고 경찰 공무원에게 신고한다.
④ 승무원에게 사상자를 알선하고 회사에 알린다.

59 정차 및 주차금지 장소에 해당되는 것은?
① 건널목 가장자리로부터 15m 지점
② 정류장 표지판으로부터 12m 지점
③ 도로의 모퉁이로부터 4m 지점
④ 교차로의 가장자리로부터 10m 지점

60 노면이 얼어붙은 경우 또는 폭설로 가시거리가 100 미터 이내인 경우 최고속도의 얼마나 감속 운행하여야 하는가?
① 50/100   ② 30/100
③ 40/100   ④ 20/100

07 CBT 복원문제

01 건설기계의 등록신청소를 할 경우 등록번호표는 며칠 이내에 시·도지사에게 반납하여야 하는가?

① 10일   ② 30일
③ 3개월   ④ 6개월

☆ 건설기계의 등록이 말소되거나 사용본거지의 변경 등이 있을 때에는 등록번호표의 봉인을 떼고 그 번호표를 10일 이내에 시·도지사에게 반납하여야 한다.

02 건설기계 검사의 종류가 아닌 것은?

① 신규등록검사   ② 정기검사
③ 임시검사   ④ 수시검사

☆ 건설기계검사
- 신규등록검사 : 건설기계를 신규로 등록할 때 실시하는 검사
- 정기검사 : 건설공사용 건설기계로서 3년의 범위에서 국토교통부령으로 정하는 검사유효기간이 끝난 후에 계속하여 운행하려는 경우에 실시하는 검사와 대기환경보전법 및 소음·진동관리법에 따른 운행차의 정기검사
- 구조변경검사 : 건설기계의 주요 구조를 변경 또는 개조한 때 실시하는 검사
- 수시검사 : 성능이 불량하거나 사고가 자주 발생하는 건설기계의 안전성 등을 점검하기 위하여 수시로 실시하는 검사와 건설기계 소유자의 신청에 의하여 실시하는 검사

03 건설기계등록번호표의 유형별 도색으로 틀린 것은?

① 자가용 : 흰색 바탕에 검은색 문자
② 대여사업용 : 주황색 바탕에 검은색 문자
③ 관용 : 흰색 바탕에 검은색 문자
④ 임시 : 흰색 페인트판에 검은색 문자

04 다음 중 건설기계조종사 면허가 취소되는 경우는?(단, 산업안전보건상 중대재해가 아닌 경우이다.)

① 고의로 사람을 다치게 한 경우
② 과실로 1명을 사망하게 한 경우
③ 과실로 3명에게 중상을 입힌 경우
④ 과실로 10명에게 경상을 입힌 경우

☆ 건설기계조종사 면허의 취소 사유
- 거짓이나 그 밖의 부정한 방법으로 건설기계조종사면허를 받은 경우
- 건설기계조종사면허의 효력정지기간 중 건설기계를 조종한 경우
- 건설기계 조종 중 고의로 사망, 중상, 경상 등을 입힌 경우
- 사망자 1명 이상 발생한 재해
- 3개월 이상의 요양이 필요한 부상자가 동시에 2명 이상 발생한 재해
- 부상자 또는 직업성질병자가 동시에 10명 이상 발생한 재해

05 폐기요청을 받은 건설기계를 폐기하지 아니하거나 등록번호표를 폐기하지 아니한 자에 대한 벌칙은?

① 2년 이하의 징역 또는 2천만원 이하의 벌금
② 1년 이하의 징역 또는 1천만원 이하의 벌금
③ 200만원 이하의 벌금
④ 100만원 이하의 벌금

06 건설기계조종사면허의 적성검사 기준에 해당되지 않는 것은?

① 두 눈을 뜨고 잰 시력이 0.7 이상이고 두 눈의 시력이 각각 0.3 이상일 것
② 55데시벨(보청기를 사용하는 사람은 40데시벨)의 소리를 들을 수 있을 것
③ 시각은 150도 이상일 것
④ 언어분별력이 50% 이상일 것

☆ 적성검사 기준
- 두 눈을 동시에 뜨고 잰 시력(교정시력 포함)이 0.7 이상이고 두 눈의 시력이 각각 0.3 이상일 것
- 55데시벨(보청기를 사용하는 사람은 40데시벨)의 소리를 들을 수 있고, 언어분별력이 80퍼센트 이상일 것
- 시각은 150도 이상일 것
- 정신질환자·뇌전증환자, 마약·향정신성의약품 또는 알코올 중독자가 아닐 것

07 축전지의 용량에 대한 설명으로 옳은 것은?

① 전해액의 양과는 관계가 없다.
② 극판의 수와 관련이 있으며 극판의 크기와는 관계가 없다.
③ 방전 전류에 방전 시간을 곱한 것이다.
④ 격리판의 개수와는 관계가 있다.

08 퓨즈에 대한 설명 중 틀린 것은?

① 퓨즈는 정격용량을 사용한다.
② 퓨즈 용량은 A로 표시한다.
③ 퓨즈는 가는 구리선으로 대용된다.
④ 퓨즈는 표면이 산화되면 끊어지기 쉽다.

09 직렬식 기동 전동기의 코일과 제자 코일은 전원에 대해 어떻게 접속 되어 있는가?

① 전기자 코일은 직렬, 제자 코일은 병렬로 접속되어 있다.
② 모두 직렬로 접속되어 있다.
③ 전기자 코일은 병렬, 제자 코일은 직렬로 접속되어 있다.
④ 전기자 코일과 제자 코일이 있으며, 분권식은 직·병렬로 연결되어 있다.

10 디젤기관의 연소실 형태 중에서 직접 분사실에 대한 설명으로 옳지 않은 것은?

① 열효율이 높고 시동이 쉽다.
② 분사 압력이 낮아 펌프의 노즐이 수명이 길다.
③ 분사 노즐이 상태와 연료의 질에 민감하다.
④ 노크가 일어나기 쉽다.

11 건설기계에서 사용되는 윤활유 여과방식에 해당되지 않는 것은?

① 분류식   ② 전류식
③ 복합식   ④ 합류식

12 동력전달장치에서 추진축의 각도 변화를 가능하게 하는 기구는?

① 슬립 조인트   ② 유니버셜 조인트
③ 파워 시프트   ④ 크로스 멤버

13 과급기의 터보차저를 구동하는 것으로 가장 적합한 것은?

① 엔진의 여과일   ② 엔진의 배기가스
③ 엔진의 흡입가스   ④ 엔진의 여유동력

14 크랭크축 베어링의 윤활유로 사용되는 것은?

① 엔진오일   ② 그리스
③ 엔진오일 베어링 ④ 외부 윤활유

15 건설기계 기관에서 사용하는 윤활유의 구비 성질로 볼 수 없는 것은?

① 인화점 및 발화점이 높을 것
② 비중이 적당할 것
③ 열전도가 양호할 것
④ 산화에 대한 저항이 적을 것

16 기관의 작동 중 라디에이터 캡 쪽으로 물이 상승하면서 연소가스가 누출될 때의 원인으로 맞는 것은?

① 분사 노즐의 동와셔가 불량하다.
② 라디에이터 캡이 불량하다.
③ 물 펌프에 누설이 생겼다.
④ 실린더 헤드에 균열이 생겼다.

17 작동유(유압유) 속에 용해 공기가 기포로 되어 있는 상태를 무엇이라고 하는가?

① 인화 현상
② 노킹 현상
③ 조기 착화 현상
④ 공동 현상

18 유압모터의 단점에 해당되지 않는 것은?

① 작동유에 먼지나 공기가 침입하지 않도록 특히 주의해야 한다.
② 작동유가 누출되면 작동성능에 지장이 있다.
③ 작동유의 점도 변화에 의하여 유압모터의 사용에 제약이 있다.
④ 릴리프 밸브를 부착하여 속도나 방향제어가 곤란하다.

19 유압제어 밸브 중 속도제어 밸브의 역할에 대한 설명으로 틀린 것은?

① 회로에 공급되는 유량을 조절한다.
② 작동유의 흐름을 한쪽 방향으로만 흐르도록 한다.
③ 액추에이터의 작동을 제어하여 유압모터나 유압실린더의 속도를 제어한다.
④ 스프링 밸런스를 조정하는 최고 압력을 제어하고 회로 내의 과부하를 방지하는 역할을 한다.

20 2개 이상의 분기 회로에서 유압 회로의 압력에 의하여 작동순서를 제어하기 위해 사용되는 밸브는?

① 카운터 밸런스 밸브
② 언로더 밸브
③ 릴리프 밸브
④ 시퀀스 밸브

21 유압장치 내의 유압유 점도가 너무 낮을 때 생기는 현상이 아닌 것은?
① 오일이 누설될 수 있다.
② 유압펌프의 효율이 저하된다.
③ 시동 저항이 커진다.
④ 회로의 압력이 저하된다.

22 그림과 같은 실린더의 명칭은?

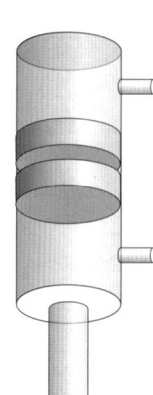

① 단동 실린더
② 단동 실린더 양로드형
③ 복동 실린더 편로드형
④ 복동 실린더 양로드형

⊙ 그림의 실린더는 복동 실린더로 피스톤의 연결부가 1개인 단동, 그림 처럼 2개면 복동이며, 실린더 좌·우로 모두 있으면 양로드, 그림과 같이 편로드형이다.

23 유량이나 1차 측의 압력과 무관하게 분기회로에서 2차측 압력을 설정값까지 감압하여 사용하는 제어 밸브는?
① 시퀀스 밸브
② 감압 밸브
③ 언로더 밸브
④ 카운터 밸런스 밸브

⊙ • 시퀀스 밸브 : 2개 이상의 실린더가 있을 때 순차적인 작동을 하기 위한 압력제어 밸브
• 리듀싱 밸브(감압 밸브) : 유압 회로에서 분기 회로의 압력을 주회로의 압력보다 저압으로 사용하고자 할 때 사용
• 언로더 밸브 : 유압회로의 압력이 설정압력에 이르면 펌프로부터 전체 유량을 직접 탱크로 돌려 보내 펌프를 무부하로 운전시키는 밸브
• 카운터 밸런스 밸브 : 실린더가 중력으로 인하여 제어속도 이상으로 낙하하는 것을 방지

24 다음 유압펌프 중 가장 높은 압력 조건에 사용할 수 있는 펌프는?
① 기어 펌프
② 로터리 펌프
③ 플런저 펌프
④ 베인 펌프

⊙ 플런저 펌프(plunger pump)의 특성
• 고압(150~350kgf/cm²)에 적합하여 가장 높다.
• 기어 펌프에 비하여 효율이 높다.
• 구조가 복잡하고 비싸다.
• 오일의 오염에 극히 민감하다.
• 흡입능력이 가장 낮다.

25 액추에이터의 운동속도를 조정하기 위하여 사용되는 밸브는?
① 압력제어 밸브
② 온도제어 밸브
③ 유량제어 밸브
④ 방향제어 밸브

⊙ 밸브의 역할
• 압력제어 밸브 : 일의 크기를 조정한다.
• 방향제어 밸브 : 일의 방향을 조정한다.
• 유량제어 밸브 : 일의 속도를 조정한다.

26 플런저가 구동축의 직각방향으로 설치되어 있는 유압 모터는?
① 캠형 플런저 모터
② 액시얼형 플런저 모터
③ 블래더형 플런저 모터
④ 레이디얼형 플런저 모터

27 안전보건표지의 색채 기준 중 응급 구호 장비가 있는 색채는?
① 빨간색
② 노란색
③ 녹색
④ 흰색

⊙ • 액시얼형 플런저 : 구동축의 연장선에 설치
• 레이디얼형 플런저 : 구동축의 직각방향에 설치

28 벨트 취급에 대한 안전사항 중 틀린 것은?
① 벨트 교환시 회전을 완전히 멈춘 상태에서 한다.
② 벨트의 회전을 정지시킬 때 손으로 잡지 않는다.
③ 벨트의 적당한 장력을 유지하도록 한다.
④ 벨트에 기름이 묻지 않도록 한다.

색채	용도	사용례
빨간색	금지	정지신호, 소화설비 및 그 장소, 유해행위의 금지
	경고	화학물질 취급장소에서의 유해·위험 경고
노란색	경고	화학물질 취급장소에서의 유해·위험 경고 이외의 위험경고, 주의표지 또는 기계방호물
파란색	지시	특정 행위의 지시 및 사실의 고지
녹색	안내	비상구 및 피난소, 사람 또는 차량의 통행표지
흰색	-	파란색 또는 녹색에 대한 보조색
검은색		문자 및 빨간색 또는 노란색에 대한 보조색

29 작업장에서 취급물 화재가 일어났을 경우 가장 적합한 소화 방법은?
① 탄산가스 소화기의 사용.
② 물의 사용.
③ 모래를 뿌린다.
④ 물 호스의 사용.

30 안전제일에서 가장 먼저 선행되어야 할 이념으로 맞는 것은?
① 재산 보호
② 생산성 향상
③ 신뢰성 향상
④ 인명 보호

31 산업재해에서 안전을 지킴으로써 얻을 수 있는 이점과 가장 거리가 먼 것은?
① 직장의 신뢰도를 높여준다.
② 직장 상·하 동료 간 인간관계가 개선효과도 기대된다.
③ 기업의 투자 경비가 늘어난다.
④ 사내 안전수칙이 준수되어 질서유지가 실현된다.

⊙ 안전관리란 재해로부터 인간의 생명과 재산을 보호하기 위한 계획적이고 체계적인 제반 활동을 의미한다.

32 재해원인 중 인적 원인에 해당되는 것은?
① 안전 방호장치 결함
② 위험물 취급 부주의
③ 작업환경의 결함
④ 보호구의 결함

재해의 직접원인
• 불안전한 행동 (황위, 인적원인) : 위험장소 접근, 안전장치의 기능 제거, 복장·보호구의 잘못 사용, 기계·기구 잘못 사용, 운전 중인 기계장치의 손질, 불안전한 속도 조작, 위험물 취급 부주의, 불안전한 상태 방치, 불안전한 자세 동작, 감독 및 연락 불충분
• 불안전한 상태 (물적 원인) : 물 자체 결함, 안전 방호장치 결함, 복장·보호구의 결함, 작업환경의 결함, 생산 공정의 결함, 경계표시·설비의 결함

33 수공구 사용시 안전수칙으로 바르지 못한 것은?
① 톱 작업은 밀 때 절삭되도록 한다.
② 줄 작업으로 생긴 쇳가루는 브러시로 털어 낸다.
③ 해머작업은 미끄러짐을 방지하기 위해서 반드시 면장갑을 끼고 작업한다.
④ 조정 렌치는 조정조가 있는 부분에 힘을 받지 않게 하여 사용한다.

장갑을 착용하면 안 되는 작업 : 해머작업, 연삭작업, 드릴작업, 정밀기계작업

34 산소-아세틸렌 가스 용접 작업 시의 재해로 거리가 먼 것은?
① 고온과 불꽃에 의해 화재의 우려가 있다.
② 용접 시 발생하는 유해광선에 의한 눈장애의 우려가 있다.
③ 중량 구조물 작업에 의한 건설재해의 우려가 있다.
④ 용접 작업 중 화구에서 뿜어 나오는 순간 화염이 불꽃 일을 수 있다.

산소-아세틸렌 용접 작업은 아세틸렌과 산소의 혼합물을 토치 끝부분에서 연소시켜 점화하는 용접으로 건설재해와는 거리가 멀다.

35 반드시 건설기계정비업체에서 정비하여야 하는 것은?
① 오일의 보충
② 배터리의 교환
③ 장구리의 교환
④ 엔진 탈·부착 정비

연식 작업 · 부착 정비는 반드시 건설기계정비업체를 통해 정비해야 한다.

36 연삭 작업 시 반드시 착용해야 하는 보호구는?
① 방독면
② 장갑
③ 보안경
④ 마스크

분체가 날아 위험이 있는 작업의 경우에는 보안경을 반드시 착용해야 한다.

37 지게차의 운행사항으로 틀린 것은?
① 틸트는 적재물이 빠지스트에 안전히 닿도록 한 후 운행한다.
② 주행 중 노면상태에 주의하고 노면이 고르지 않은 곳에서는 천천히 운행한다.
③ 내리막길에서는 금속전을 삼간다.
④ 지게차의 중량제한은 필요에 따라 무시해도 된다.

지게차의 기준중량을 초과할 작업은 금하도록 한다.

38 지게차의 작업 장치를 단조용 소재를 작업이 알맞으로 클램프와 회전하여 빼내거나 투입하는 작업장치는?
① 램
② 힌지드 쉬포트
③ 사이드 쉬포트
④ 힌지드 포크

39 포크를 좌우로 이동시켜 첩개, 컨테이너 안 등의 팔레트의 화물을 작재하는 작업장치는 무엇인가? 나는 파렛트의 화물을 작재하는 작업장치는 무엇인가?
① 램
② 사이드 쉬포트
③ 힌지드 포크
④ 로테이팅 포크

• 램 : 긴 화물이 부착된 구조물을 포크 대신 설치하여 화물이 속에 끼어있는 화물을 하역하는 작업장치
• 사이드 쉬포트 : 포크를 좌우로 이동시켜 첩개, 컨테이너 안 등의 클램프나 중앙에 하역하는 작업 장치
• 힌지드 쉬포트 : 부착된 포크를 좌우로 이동시켜 파렛트의 화물을 작재하는 작업장치, 컨테이너나 안쪽으로 벗어난 파렛트 적재 화물을 수평으로 이동 작업이 가능한 작업장치
• 로테이팅 포크 : 포크를 좌우 360° 회전이 가능한 작업장치로 부착하여 용기에 담긴 화물을 하역할 때 안전하게 하역하는 작업장치

40 포크의 360° 회전 가능한 부착하여 기계 가공 공장의 칩, 폐기물 처리시 용기에 담긴 화물을 캐리지와 포크가 같이 회전하여 하역하는 작업장치는?
① 램
② 푸시풀
③ 사이드 쉬포트
④ 로테이팅 포크

41 지게차의 리프트 실린더의 역할은?
① 마스트를 틸트시킨다.
② 마스트를 이동시킨다.
③ 포크를 상승, 하강시킨다.
④ 포크를 앞뒤로 기울게 한다.

42 지게차의 운전장치를 조작하는 동작의 설명으로 틀린 것은?
① 전 · 후진 실린더 : 포크의 상승과 하강
② 틸트 실린더 : 마스트 앞, 뒤 경사시키

43 지게차의 조향핸들 절점 역할과 거리가 먼 것은?
① 조향핸들의 조작을 가볍게 한다.
② 타이어 마모를 최소로 한다.
③ 리프트 데이블을 안으로 당기면 포크가 내려간다.
④ 브레이크의 수명을 길게 한다.

44 지게차의 앞바퀴 정렬 역할과 거리가 먼 것은?
① 드래그 링크
② 스태이빌
③ 타이로드
④ 조향기어

타이로드(tie rod)는 타이어식 건설기계에서 조향 바퀴벌크 도일을 조정하는 곳이다.

45 지게차에서 자동차와 같이 스프링을 사용하지 않은 이유를 설명한 것으로 옳은 것은?
① 물건이 생기면 전후 흔들리기 때문이다.
② 현가장치가 있으면 조향이 어렵기 때문이다.
③ 화물에 충격을 줄여주기 위함이다.
④ 앞차축이 구동축이기 때문이다.

♤ 지게차에서는 물건이 생기면 적하물이 떨어지기 때문에 스프링을 사용하지 않는다.

46 지게차 작업 도중에 엔진이 정지 되었을 때 틸트 레버를 밀어도 마스트가 경사되지 않도록 하는 것은?
① 체크 밸브
② 스테빌라이저
③ 틸트 록 밸브
④ 벨 크랭크 기구

♤ 지게차가 작업 도중 엔진이 정지되면 틸트 록 밸브가 유압회로를 차단하여 틸트 레버를 조작해도 마스트가 경사되지 않는다.

47 지게차에 대한 설명으로 맞지 않는 것은?
① 암페어 미터의 지침은 방전되면 (-)쪽을 가리킨다.
② 오일 압력 경고등은 시동 후 워밍업 전에 점등되어야 한다.
③ 연료 게이지 바이어싱면 연료계가 지시 "E"를 가리킨다.
④ 히터 시그널은 연소실의 가열 상태를 표시한다.

♤ 오일 압력 경고등은 오일 회로 내 오일 압력이 커지도등이 기관운전 시 꺼지지 않으면 오일양이 부족하거나 오일펌프의 작동불량, 유압회로의 소손되어 있는 경우이므로 가급적 기관을 정지시키고 오일양이 부족하면 오일을 보충한 후 운전자에게 경고하여 준다.

48 지게차로 짐을 싣고 경사지에서 운반할 위한 주행할 때 안전상 올바른 운전 방법은?
① 포크를 높이 들고 주행한다.
② 내리막길에서는 후진으로 주행한다.
③ 내리막길에서는 변속 레버를 중립에 위치한다.
④ 내리막길 때에는 시동을 끄고 타력으로 주행한다.

49 지게차의 안전운반 작업 방법으로 맞지 않는 것은?
① 화물을 적재 시 붙안정한 상태로 화물을 적재하지 않는다.
② 내리막길 때에는 편리한 상태로 화물을 하역해야 한다.
③ 화물의 적재 상태를 확인한다.
④ 연약한 지반에서는 작업 시 받침판을 사용한다.

♤ 화물을 싣고 중심을 잡을 올릴릴 때는 앞으로 기울이고, 내리막을 때는 배럴 브레이크를 이용하여 사용한다 서서히 운전한다.

50 지게차 주행 시 주의해야 할 사항들 중 틀린 것은?
① 짐을 싣고 주행할 때는 절대로 속도를 내서는 안 된다.
② 노면이 상태에 충분한 주의를 하여야 한다.
③ 포크의 끝을 밖으로 경사지게 해서는 안 된다.
④ 적재 장치에 사람이 사람을 태워서는 안 된다.

♤ 짐을 싣고 주행할 때 포크의 끝을 뒤로 4° 정도 기울여야 한다.

51 평탄한 노면에서의 지게차 하역 시 올바른 방법이 아닌 것은?
① 팔레트에 실은 짐은 안정되고 확실하게 실려 있는가를 확인한다.
② 포크는 상황에 따라 안전한 위치로 이동시킨다.
③ 불안전한 적재의 경우에는 빼르르게 진행시킨다.
④ 팔레트를 사용하지 않고 물건을 걷쳐 실을 때에는 포크에 걸리는 고리를 사용한다.

♤ 지게차 작업시 불안전한 적재를 하지 않고 팔레트를 사용하지 않고 물건을 쌓을 경우 안전한 고려하여 허리작업을 진행하여야 한다.

52 지게차의 적재방법으로 틀린 것은?
① 화물을 올릴 때는 포크를 수평으로 한다.
② 화물을 올릴 때는 가속페달을 밟는 동시에 레버를 조작한다.
③ 포크로 물건을 찌르거나 끌어서 올리지 않는다.
④ 화물 앞에서 일단 정지해야 한다.

♤ 지게차 작업 시 가속페달을 밟으면서 사람이나 타거나 중량물을 올리지 않는다.

53 지게차의 회전 방법에 대한 설명으로 틀린 것은?
① 조향 휠을 회전하고자 하는 방향으로 돌리면 지게차는 회전한다.
② 화물을 올릴 때에는 포크레일을 돌리는 동시에 레버를 조작한다.
③ 고속에서의 급회전 및 경사지에서의 회전을 피한다.
④ 주행 중 엔진이 정지하면 사람이나 중량물을 올리지 않는다.

♤ 지게차 조향 실린더에 좌·우의 각각 52도씩 회전한다.

54 지게차의 조향장치 점검과 가장 거리가 먼 것은?
① 킹, 후진 레버 점검
② 제동장치 점검
③ 리프트 실린더 작동 점검
④ 주차 브레이크 점검

♤ 리프트 실린더 및 틸트 실린더의 작동 점검 및 실(seal)부분 등의 이음새가 누수 여부 점검은 정지 점검과 관련이 있다.

55 지게차 조향핸들이 무거운 원인으로 거리가 먼 것은?
① 타이어의 공기압이 부족할 때
② 조향기어의 백래시가 클 때
③ 압바퀴 정렬이 불량할 때
④ 타이어 마멸이 과대할 때

56 지게차 등의 건설기계에서 작업 전 유압유일 온도를 최소 20°C 이상이 되도록 상승시키는 운전을 무엇이라고 하는가?
① 예비운전
② 점검운전
③ 온기운전
④ 난기운전

♤ 난기운전이란 작업 전 유압유의 온도를 최소 20°C에서 27°C 이상이 되도록 상승시키는 운전으로 시동후 시스하여 정상 작동온도에 도달할 때까지의 시간을 의미한다. 기관운전인 작업 후 유압유기관이 과열되지 않도록 하기 위함이다.

57 자동차의 승차정원에 대한 내용 중 맞는 것은?
① 도로주행 기재된 인원
② 화물자동차 4명
③ 승용자동차 4명
④ 운전자를 제외한 나머지 인원

58 앞지르기를 할 수 없는 경우는?
① 앞차의 좌측에 다른 차가 나란히 진행하고 있을 때
② 앞차가 우측으로 진로를 변경하고 있을 때
③ 앞차가 그 앞차와의 안전거리를 확보하고 있을 때
④ 앞차가 양보 신호를 할 때

59 도로명주소 안내시설 중 도로명판이 아닌 것은?

①

②

③

④ 보기 중 ③항은 건물번호판 중 일반용 건물번호판에 해당된다.

60 편도 3차로인 고속도로에서 건설기계로 주행할 수 있는 차로는?
① 1차로
② 2차로
③ 3차로
④ 모든 차로

정답 07회 CBT 복원문제

01 ①	02 ③	03 ②	04 ①	05 ②	06 ④	07 ②	08 ②	09 ②	10 ②
11 ④	12 ②	13 ②	14 ①	15 ④	16 ④	17 ④	18 ④	19 ①	20 ④
21 ③	22 ③	23 ②	24 ③	25 ③	26 ④	27 ④	28 ②	29 ①	30 ④
31 ③	32 ③	33 ③	34 ③	35 ④	36 ③	37 ④	38 ②	39 ②	40 ④
41 ③	42 ①	43 ③	44 ③	45 ①	46 ③	47 ②	48 ②	49 ②	50 ③
51 ③	52 ④	53 ②	54 ③	55 ②	56 ④	57 ①	58 ①	59 ③	60 ③

지게차운전기능사 필기 총정리문제

2026년 01월 05일 인쇄
2026년 01월 20일 발행

저자 건설기계교육아카데미
발행처 (주)도서출판 책과상상
등록번호 제2020-000205호
발행인 이강복
주소 경기도 고양시 일산동구 장항로 203-191
대표전화 (02)3272-1703~4
팩스 (02)3272-1705
홈페이지 www.sangsangbooks.co.kr
ISBN 979-11-6967-301-3

정가 15,000원

Copyright© 2026
Book & SangSang Publishing Co.

※ 저자와의 협의하에 인지를 생략합니다.